PLC

必读开悟书

西门子 S7-300/400 PLC 从入门到精通

岂兴明 周丽芳 罗志勇 罗萍◎编著

人 民 邮 电 出 版 社
北 京

图书在版编目（C I P）数据

西门子S7-300/400PLC从入门到精通 / 岂兴明等编著
. -- 北京 : 人民邮电出版社, 2019.8
ISBN 978-7-115-51472-1

Ⅰ. ①西… Ⅱ. ①岂… Ⅲ. ①PLC技术－教材 Ⅳ.
①TM571.61

中国版本图书馆CIP数据核字(2019)第106531号

内 容 提 要

本书主要介绍西门子公司 S7-300/400 系列 PLC 的硬件资源、指令系统等基础知识，并详细讲解了编程软件的安装和使用方法、PLC 控制系统的设计方法与步骤，最后通过两个综合实例介绍了 S7-300/400 系列 PLC 在控制领域的应用与开发方法。本书采用图、表、文相结合的方法，使书中的内容通俗易懂又不失专业性。

本书可供工程技术人员自学使用，还可作为相关专业培训的参考教材。

◆ 编　著　岂兴明　周丽芳　罗志勇　罗　萍
责任编辑　黄汉兵
责任印制　彭志环

◆ 人民邮电出版社出版发行　北京市丰台区成寿寺路 11 号
邮编　100164　电子邮件　315@ptpress.com.cn
网址　http://www.ptpress.com.cn
山东华立印务有限公司印刷

◆ 开本：787×1092　1/16
印张：21.75　　2019 年 8 月第 1 版
字数：557 千字　　2019 年 8 月山东第 1 次印刷

定价：79.00 元

读者服务热线：(010)81055493　印装质量热线：(010)81055316
反盗版热线：(010)81055315

前 言

可编程控制器（PLC）以微处理器为核心，将微型计算机技术、自动控制技术及网络通信技术有机地融为一体，是应用十分广泛的工业自动化控制装置。PLC 应用技术具有控制能力强、可靠性高、配置灵活、编程简单、使用方便、易于扩展等优点，不仅可以取代继电器控制系统，还可以进行复杂的生产过程控制及应用于工厂自动化网络，它已成为现代工业控制的四大支柱技术（PLC 技术、机器人技术、CAD/CAM 技术和数控技术）之一。因此，学习、掌握和应用 PLC 技术已成为工程技术人员的迫切需求。

西门子公司生产的 PLC 可靠性高，应用广泛。西门子公司的 S7 系列 PLC 包括 S7-200、S7-300 和 S7-400 三大系列，其中 S7-300 和 S7-400 属于大、中型 PLC。

本书从 PLC 技术初学者自学的角度出发，由浅入深地从入门、提高、实践 3 个方面介绍 S7-300/400 系列 PLC 的基础知识和应用开发方法。入门篇包括可编程控制器概述、S7-300/400 系列 PLC 的硬件系统及内部资源、S7-300/400 系列 PLC 的指令系统；提高篇包括 STEP 7 编程软件的使用方法、S7-300/400 系列 PLC 的用户程序结构、S7-300/400 系列 PLC 的通信与网络、PLC 控制系统的设计方法；实践篇通过两个大型综合实例详细介绍了 S7-300/400 系列 PLC 在现代工业控制系统中的应用开发方法。

本书在编写时力图文字精练，分析步骤详细、清晰，且图、文、表相结合，内容充实、通俗易懂。读者通过对本书的学习，可以全面、快速地掌握 S7-300/400 系列 PLC 的应用方法。本书适合广大初、中级工程技术人员自学使用，也可供技术培训及在职人员进修学习时使用。

本书由岂兴明、周丽芳、罗志勇、罗萍编著。由于作者水平有限且编写时间仓促，书中如有疏漏之处，欢迎广大读者提出宝贵的意见和建议。

编　者

2019 年 3 月

目 录

入 门 篇

提 高 篇

实 践 篇

入门篇

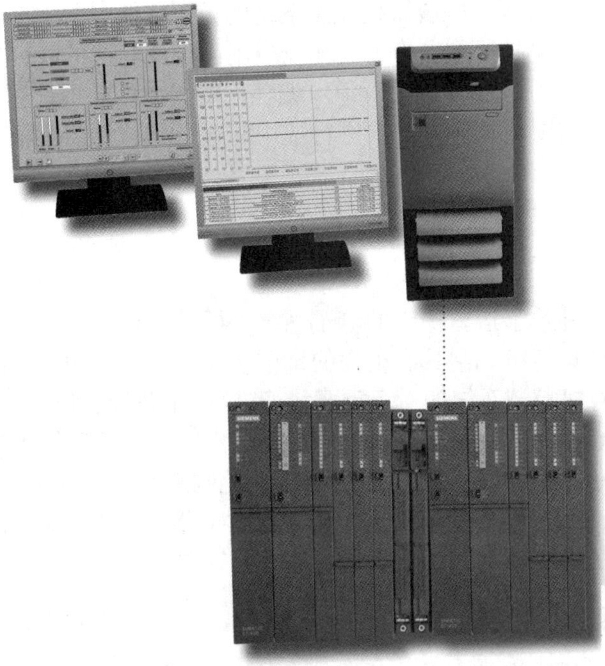

第1章 可编程控制器概述

早期的可编程控制器主要用来实现逻辑控制功能。但随着技术的发展，PLC不仅有逻辑运算功能，还有算术运算、模拟处理和通信联网等功能。PLC这一名称已不能准确反映其功能。因此，1980年美国电气制造商协会（National Electrical Manufacturers Association，NEMA）将它命名为可编程序控制器（Programmable Controller），并简称PC。但是，由于个人计算机（Personal Computer）也简称为PC，为避免混淆，后来仍习惯称其为PLC。

为使PLC生产和发展标准化，1987年国际电工委员会（International Electrotechnical Commission，IEC）颁布了可编程控制器标准草案第三稿，对可编程控制器定义如下："可编程控制器是一种数字运算操作的电子系统，专为在工业环境下应用而设计。它采用可编程序的存储器，用来在其内部存储执行逻辑运算、顺序控制、定时、计数和算术运算等操作的指令，并通过数字式和模拟式的输入和输出，控制各种类型的机械或生产过程。可编程序控制器及其有关外围设备，都应按易于与工业系统连成一个整体、易于扩充其功能的原则设计。"

该定义强调了PLC应用于工业环境，必须具有很强的抗干扰能力、广泛的适应能力和广阔的应用范围，这是PLC区别于一般微机控制系统的重要特征。

综上所述，可编程序控制器是专为工业环境应用而设计制造的计算机。PLC具有丰富的输入/输出接口，并具有较强的驱动能力。但可编程控制器产品并不针对某一具体工业应用，在实际应用时，其硬件需要根据实际需求进行选用配置，其软件需要根据控制需求进行设计编制。

1.1 PLC的产生与发展

可编程控制器是一种数字运算操作的电子系统，即计算机。不过，PLC是专为在工业环境下应用而设计的工业计算机。它具有很强的抗干扰能力，广泛的适应能力和应用范围，这也是其区别于其他计算机控制系统的一个重要特征。这种工业计算机采用"面向用户的指令"，因此编程更方便。PLC能完成逻辑运算、顺序控制、定时、计数和算术运算等操作，具有数字量和模拟量输入/输出能力，并且非常容易与工业控制系统连成一个整体，易于"扩充"。由于PLC引入了微处理器及半导体存储器等新一代电子器件，并用规定的指令进行编程，因此PLC是通过软件方式来实现"可编程"的，程序修改灵活、方便。

1.1.1 PLC技术的产生

20世纪20年代，继电器控制系统开始盛行。继电器控制系统就是将继电器、定时器、接触器等元器件按照一定的逻辑关系连接起来而组成的控制系统。继电器控制系统结构简单、操作方便、价格低廉，在工业控制领域一直占据着主导地位。但是，继电器控制系统具有明显的缺点：体积大，噪声大，能耗大，动作响应慢，可靠性差，维护性差，功能单一，采用硬连线逻辑控制，设计安装调试周期长，通用性和灵活性差等。

1968 年，美国通用汽车公司（GM）为了提高竞争力，更新汽车生产线，以便将生产方式从少品种大批量转变为多品种小批量，公开招标一种新型工业控制器。为尽可能减少更换继电器控制系统的硬件及连线，缩短重新设计、安装、调试周期，降低成本，GM 提出了以下 10 条技术指标。

1）编程方便，可现场编辑及修改程序。

2）维护方便，最好是插件式结构。

3）可靠性高于继电器控制装置。

4）数据可直接输入管理计算机。

5）输入电压可为市电 115V（国内 PLC 产品电压多为 220V）。

6）输出电压可以为市电 115V，电流大于 2A，可直接驱动接触器、电磁阀等。

7）用户程序存储器容量大于 4KB。

8）体积小于继电器控制装置。

9）扩展时系统变更最少。

10）成本与继电器控制装置相比，有一定的竞争力。

1969 年，美国数字设备公司根据上述要求，研制出了世界上第一台可编程控制器（PLC）：型号为 PDP-14 的一种新型工业控制器。它把计算机的完备功能、灵活及通用等优点和继电器控制系统的简单易懂、操作方便、价格便宜等优点结合起来，制成了一种适合于工业环境的通用控制装置，并把计算机的编程方法和程序输入方式加以简化，用“面向控制过程，面向对象”的“自然语言”进行编程，使不熟悉计算机的人也能方便地使用。它在 GM 公司的汽车生产线上试用成功，取得了显著的经济效益，开创了工业控制的新局面。

1.1.2　PLC 的发展历史

PLC 问世时间虽然不长，但是随着微处理器的出现，大规模、超大规模集成电路技术的迅速发展和数据通信技术、自动控制技术、网络技术的不断进步，PLC 也在迅速发展。其发展过程大致可分为以下 5 个阶段。

（1）从 1969 年到 20 世纪 70 年代初期

CPU 由中、小规模数字集成电路组成，存储器为磁芯式存储器；控制功能比较简单，主要用于定时、计数及逻辑控制。这一阶段 PLC 产品没有形成系列，应用范围不是很广泛，与继电器控制装置比较，可靠性有一定的提高，但仅仅是其替代产品。

（2）从 20 世纪 70 年代初期到 20 世纪 70 年代末期

这一阶段 PLC 采用 CPU 微处理器、半导体存储器，使整机的体积减小，而且数据处理能力获得很大提高，增加了数据运算、传送、比较、模拟量运算等功能。这一阶段 PLC 产品已初步实现了系列化，并具备软件自诊断功能。

（3）从 20 世纪 70 年代末期到 20 世纪 80 年代中期

由于大规模集成电路的发展，PLC 开始采用 8 位和 16 位微处理器，数据处理能力和速度大大提高；PLC 开始具有了一定的通信能力，为实现 PLC“分散控制，集中管理”奠定了重要基础；软件上开发出了面向过程的梯形图语言及助记符语言，为 PLC 的普及提供了必要条件。在这一阶段，发达的工业化国家已经在多种工业控制领域开始应用 PLC 控制。

（4）从 20 世纪 80 年代中期到 20 世纪 90 年代中期

超大规模集成电路促使 PLC 完全计算机化，CPU 已经开始采用 32 位微处理器；PLC 数学运算、数据处理能力大大提高，增加了运动控制、模拟量 PID 控制等功能，联网通信能力进一步加强；PLC 在功能不断增加的同时，体积也在不断减小，可靠性更高。在此阶段，国际电工委员会颁布了 PLC 标准，使 PLC 向标准化、系列化发展。

（5）从 20 世纪 90 年代中期至今

这一阶段 PLC 产品实现了特殊算术运算的指令化，通信能力进一步加强。

1.2 PLC 的技术特点

PLC 是由继电器控制系统和计算机控制系统相结合发展而来的。与传统的继电器控制系统相比，PLC 具有诸多优点，详见表 1–1。

表 1-1　　PLC 与传统继电器控制系统比较

类型 比较项目	PLC	传统继电器控制系统
结构	紧凑	复杂
体积	小巧	大
扩展性	灵活，逻辑控制由内存中的程序实现	困难，硬件连线实现逻辑控制功能
触点数量	无限对（理论上）	4～8 对继电器
可靠性	强，程序控制无磨损现象，寿命长	弱，硬件器件控制易磨损、寿命短
自检功能	有，动态监控系统运行	无
定时控制	精度高，范围宽，从 0.001s 到若干天甚至更长	精度低，定时范围窄，易受环境湿度、温度变化影响

PLC 是专为工业环境下应用而设计的，以用户需求为主，采用了先进的微型计算机技术。PLC 与工业 PC、DCS、PID 等其他工业控制器相比，市场份额超过 55%。主要原因是 PLC 具有继电器控制、计算机控制及其他控制不具备的显著特点。

1. 运行稳定、可靠性高、抗干扰能力强

PLC 选用了大规模集成电路和微处理器，使系统器件数大大减少，而且在硬件和软件的设计制造过程中采取了一系列隔离和抗干扰措施，使它能适应恶劣的工作环境，所以具有很高的可靠性。PLC 控制系统平均无故障工作时间可达到 2 万小时以上，高可靠性是 PLC 成为通用自动控制设备的首选条件之一。PLC 的使用寿命一般在 4 万～5 万小时，西门子、ABB 等品牌的微小型 PLC 寿命可达 10 万小时以上。在机械结构设计与制造工艺上，为使 PLC 更安全、可靠地工作，采取了很多措施以确保 PLC 耐振动、耐冲击、耐高温（有些产品的工作环境温度达 80～90℃）。另外，PLC 的软件与硬件采取了一系列提高可靠性和抗干扰能力的措施，如系统硬件模块冗余、采用光电隔离、掉电保护、对干扰的屏蔽和滤波、在运行过程中运行模块热插拔、设置故障检测与自诊断程序及其他措施。

（1）硬件措施

PLC 的主要模块均采用大规模或超大规模集成电路，大量开关动作由无触点的电子存储

器完成，I/O 系统设计有完善的通道保护和信号调理电路。

① 对电源变压器、CPU、编程器等主要部件，采用导电、导磁良好的材料进行屏蔽，以防外界干扰。

② 对供电系统及输入线路采用多种形式的滤波，如 LC 或 π 型滤波网络，以消除或抑制高频干扰，削弱了各种模块之间的相互影响。

③ 对微处理器这个核心部件所需的+5V 电源，采用多级滤波，并用集成电压调节器进行调整，以适应交流电网的波动并削弱过电压、欠电压的影响。

④ 在微处理器与 I/O 电路之间，采用光电隔离措施，有效地隔离 I/O 接口与 CPU 之间的联系，减少故障和误动作，各 I/O 口之间也彼此隔离。

⑤ 采用模块式结构有助于在故障情况下短时修复，一旦查出某一模块出现故障，能迅速替换，使系统恢复正常工作；同时也有助于更迅速地查找故障原因。

（2）软件措施

PLC 编程软件具有极强的自检和保护功能。

① 采用故障检测技术，软件定期检测外界环境，如掉电、欠电压、锂电池电压过低及强干扰信号等，以便及时进行处理。

② 采用信息保护与恢复技术，当偶发性故障条件出现时，不破坏 PLC 内部的信息。一旦故障条件消失，就可以恢复正常，继续原来的程序工作。所以，PLC 在检测到故障条件时，立即把现状态存入存储器，软件配合对存储器进行封闭，禁止对存储器的任何操作，以防止存储信息被冲掉。

③ 设置警戒时钟 WDT，如果程序循环执行时间超过了 WDT 的规定时间，预示程序进入死循环，立即报警。

④ 加强对程序的检查和校验，一旦程序有错，立即报警，并停止执行。

⑤ 对程序及动态数据进行电池后备，停电后，利用后备电池供电，有关状态和信息就不会丢失。

2. 设计、使用和维护方便

用 PLC 实现对系统的各种控制是非常方便的。首先，PLC 控制逻辑的建立是通过程序来实现的，而不是通过硬件连线来实现的，更改程序比更改接线方便得多；其次，PLC 的硬件高度集成化，已集成为各种小型化、系列化、规格化、配套的模块。各种控制系统所需的模块，均可在市场上选购到各 PLC 生产厂家提供的丰富产品。因此，硬件系统配置与建造同样方便。

用户可以根据工程控制的实际需要，选择 PLC 主机单元和各种扩展单元进行灵活配置，提高系统的性价比。若生产过程对控制功能的要求提高，则 PLC 可以方便地对系统进行扩充，如通过 I/O 扩展单元来增加输入/输出点数，通过多台 PLC 之间或 PLC 与上位机的通信来扩展系统的功能；利用 CRT 屏幕显示进行编程和监控，便于修改和调试程序，易于故障诊断，缩短维护周期。设计开发在计算机上完成，采用梯形图 LAD、语句表 STL 和功能块图 FBD 等编程语言，还可以利用编程软件在各语言之间相互转换，满足不同层次工程技术人员的需求。

PLC 采用了软件来取代继电器控制系统中大量的中间继电器、时间继电器、计数器等器件，控制柜的设计安装接线工作量大为减少。同时，PLC 的用户程序可以在实验室模拟调试，减少了现场的调试工作量。并且，PLC 的低故障率、很强的监视功能以及模块化等特点，使维修极为方便。

3. 体积小、质量轻、能耗低

PLC 是将微电子技术应用于工业设备的产品，其结构紧凑、坚固、体积小、质量轻、能耗低。PLC 具有强抗干扰能力，易于安装在各类机械设备的内部。例如，三菱公司的 FX_{2N}-48MR 型 PLC，外形尺寸仅为 182mm×90mm×87mm，质量为 0.89kg，能耗为 25W；具有很好的抗振、适应环境温度和湿度变化的能力；在系统的配置上既固定又灵活，输入/输出可达 24～128 点；另外，该 PLC 还具有故障检测和显示功能，使故障处理时间缩短为 10min，对维护人员的技术水平要求也不太高。

4. 通用性强、控制程序可变、使用方便

现代 PLC 不仅有逻辑运算、计时、计数、顺序控制等功能，还具有数字和模拟量的输入输出、功率驱动、通信、人机对话、自检、记录显示等功能，既可控制一台生产机械、一条生产线，又可控制一个生产过程。

PLC 的功能很全面，可以满足大部分工程生产自动化控制的要求。这主要与 PLC 具有丰富的处理信息的指令系统及存储信息的内部器件有关。PLC 的指令多达几十条、几百条，不仅可以进行各式各样的逻辑问题处理，还可以进行各种类型数据的运算。PLC 内存中的数据存储器种类繁多，容量宏大。I/O 继电器可以存储 I/O 信息，存储容量少则几十、几百条，多达几千、几万条，甚至十几万条。PLC 内部集成了继电器、计数器、计时器等功能，并可以设置成失电保持或失电不保持，以满足不同系统的使用要求。PLC 还提供了丰富的外部设备，可建立友好的人机界面，进行信息交换。PLC 可输入程序、数据，也可读出程序、数据。

PLC 不仅精度高，而且可以选配多种扩展模块、专用模块，功能已经涵盖了工业控制领域的绝大部分。随着计算机网络技术的迅速发展，通信和联网功能在 PLC 的应用中越来越重要，将网络上层的大型计算机的强大数据处理能力和管理功能与现场网络中 PLC 的高可靠性结合起来，可以形成一种新型的分布式计算机控制系统。利用这种新型的分布式计算机控制系统，可以实现远程控制和集散系统控制。

1.3 可编程控制器的功能

PLC 是一种专门为当代工业生产自动化而设计开发的数字运算操作系统，可以把它简单理解成专为工业生产领域而设计的计算机。目前，PLC 已经广泛地应用于钢铁、石化、机械制造、汽车、电力等各个行业，并取得了可观的经济效益。特别是在发达的工业国家，PLC 已广泛应用于各个工业领域。随着性价比的不断提高，PLC 的应用领域还将不断扩大。因此，PLC 不仅拥有现代计算机所拥有的全部功能，还具有一些为适应工业生产而特有的功能。

1. 开关量逻辑控制功能

开关量逻辑控制是 PLC 的最基本功能，PLC 的输入/输出信号都是通/断的开关信号，而且输入/输出的点数可以不受限制。在开关量逻辑控制中，PLC 已经完全取代了传统的继电器控制系统，实现了逻辑控制和顺序控制功能。目前，用 PLC 进行开关量控制涉及许多行业，如机场电气控制、电梯运行控制、汽车装配、啤酒灌装生产线等。

2. 运动控制功能

PLC 可用于直线运动或圆周运动的控制。目前，制造商已经提供了拖动步进电动机或伺服电动机的单轴或多轴位置控制模块，即把描述目标位置的数据传送给模块，模块移动单轴或多轴到目标位置。当每个轴运动时，位置控制模块保持适当的速度和加速度，确保运动平稳。PLC 还提供了变频器控制的专用模块，能够实现对变频电机的转差率控制、矢量控制、直接转矩控制、*U*/*f* 控制。

3. 闭环控制功能

PLC 通过模块实现 A/D、D/A 转换，进而对模拟量进行控制，包括对稳定、压力、流量、液位等连续变化模拟量的 PID 控制，已广泛应用于锅炉、冷冻、核反应堆、水处理、酿酒等领域。

4. 数据处理功能

现代的 PLC 具有数学运算（包括函数运算、逻辑运算、矩阵运算）、数据处理、排序和查表、位操作等功能，可以完成数据的采集、分析和处理，也可以和存储器中的参考数据相比较，并将这些数据传递给其他智能装备。有些 PLC 还具有支持顺序控制功能，可以与数字控制设备紧密结合，实现 CNC 功能。数据处理一般用于大、中型控制系统中。

5. 联网通信功能

PLC 的通信包括 PLC 与 PLC 之间、PLC 与上位计算机及其他智能设备之间的通信。PLC 与计算机之间具有串行通信接口，利用双绞线、同轴电缆将它们连成网络，实现信息交换。PLC 还可以构成“集中管理，分散控制”的分布式控制系统。联网可以增加系统的控制规模，甚至可以实现整个工厂生产的自动化控制。

1.4　可编程控制器的分类

目前，PLC 的品种很多，性能和型号规格也不统一，结构形式、功能范围各不相同，一般按外部特性进行如下分类。

1.4.1　按照 PLC 的控制规模分类

（1）小型 PLC

小型 PLC 的 I/O 点数一般在 128 点以下，其中 I/O 点数小于 64 点的为超小型或微型 PLC。其特点是体积小、结构紧凑，整个硬件融为一体，除了开关量 I/O 以外，还可以连接模拟量 I/O 以及其他各种特殊功能模块。它能执行包括逻辑运算、计时、计数、算术运算、数据处理和传送、通信联网等各种应用指令。它的结构形式多为整体式。小型 PLC 产品应用的比例最高。

（2）中型 PLC

中型 PLC 的 I/O 点数一般在 256～2 048 点，采用模块化结构，程序存储容量小于 13KB，可完成较为复杂的系统控制。I/O 的处理方式除了采用 PLC 通用的扫描处理方式外，还能采用直接处理方式，通信联网功能更强，指令系统更丰富，内存容量更大，扫描速度更快。

（3）大型 PLC

大型 PLC 的 I/O 点数一般在 2 048 点以上，采用模块化结构，程序存储容量大于 13KB。大型 PLC 的软、硬件功能极强，具有极强的自诊断功能，通信联网功能强，可与计算机构成集散型控制以及更大规模的过程控制，形成整个工厂的自动化网络，实现工厂生产管理自动化。

1.4.2　按照 PLC 的控制性能分类

（1）低档 PLC

主要以逻辑运算为主，具有逻辑运算、定时、计数、移位、自诊断、监控等基本功能，还可有少量的模拟量输入/输出、算术运算、数据传送和比较、通信等功能。一般用于单机或小规模过程。

（2）中档 PLC

除了具有低档 PLC 的功能以外，还加强了对开关量、模拟量的控制，提高了数字运算能力，如算术运算、数据传送和比较、数值转换、远程 I/O、子程序等，而且加强了通信联网功能。可用于小型连续生产过程的复杂逻辑控制和闭环调节控制。

（3）高档 PLC

除了具有中档 PLC 的功能以外，还增加了带符号算术运算、矩阵运算、位逻辑运算、平方根运算及其他特殊功能函数运算、制表及表格传送等功能。高档 PLC 进一步加强了通信网络功能，适用于大规模的过程控制。

1.4.3　按照 PLC 的结构分类

根据结构形式的不同，PLC 可分为整体式和模块式两种。

（1）整体式 PLC

将 I/O 接口电路、CPU、存储器、稳压电源封装在一个机壳内，通常称为主机。主机两侧分装有输入、输出接线端子和电源进线端子，并有相应的发光二极管指示输入/输出的状态。通常小型或微型 PLC 常采用这种结构，适用于简单控制的场合，如西门子的 S7-200 系列、松下的 FP1 系列、三菱的 FX 系列产品。

（2）模块式 PLC

模块式 PLC 为总线结构，在总线板上有若干个总线插槽，每个插槽上可安装一个 PLC 模块，不同的模块实现不同的功能，根据控制系统的要求来配置相应的模块，如 CPU 模块（包括存储器）、电源模块、输入模块、输出模块及其他高级模块、特殊模块等。大型的 PLC 通常采用这种结构，一般用于比较复杂的控制场合，如西门子的 S7-300/400 系列、三菱的 Q 系统产品。

1.5　可编程控制器的编程语言和发展趋势

1.5.1　PLC 的编程语言

由于 PLC 是专门为工业控制而开发的装置，其主要使用者是广大电气技术人员，为了满足他们的传统习惯，PLC 的主要编程语言采用比计算机语言相对简单、易懂、形象的专用语言。PLC 的编程语言多种多样，不同的 PLC 厂家提供的编程语言也不相同。常用的编程语言包括如下 4 种。

（1）梯形图（LAD）

梯形图（LAD）编程语言是从继电器控制系统原理图的基础上演变而来的。梯形图是目前 PLC 应用最广、最受电气技术人员欢迎的一种编程语言。梯形图与继电器控制原理图相似，具有形象、直观、实用的特点。PLC 的梯形图与继电器控制系统梯形图的基本思想是一致的，只是在使用符号和表达方式上有一定的区别。梯形图具有直观易懂的优点，很容易被工厂熟悉继电器控制的人员掌握，特别适合于数字量逻辑控制。

梯形图由触点、线圈和用方框表示的指令框组成。触点代表逻辑输入条件，如外部的开关、按钮和内部条件等。线圈通常代表逻辑运算的结果，常用来控制外部的指示灯、交流接触器和内部的标志位等。指令框用来表示定时器、计数器或数学运算等附加指令。使用编程软件可以直接生成和编辑梯形图，并将它下载到 PLC 中。

梯形图的一个关键概念是“能流”（Power Flow），这仅是概念上的“能流”。如图 1-1 所示，触点和线圈等组成的独立电路称为网络（Network）。把左边的母线假想为电源的“火线”，而把右边的母线假想为电源的“零线”。如果有“能流”从左至右流向线圈，则线圈被激励；如果没有“能流”，则线圈未被激励。

“能流”可以通过激励（ON）的常开触点和未被激励（OFF）的常闭触点自左向右流动。“能流”在任何时候都不会通过触点自右向左流动。如图 1-1 所示，当 I0.0 和 I0.1 或 Q4.0 和 I0.1 触点都接通后，线圈 Q4.0 才能接通（被激励），只要其中一个触点不接通，线圈就不会接通。

要强调指出的是，引入“能流”的概念，仅仅是为了和继电接触器控制系统相比较，可以对梯形图有一个深入的认识，其实“能流”在梯形图中是不存在的。

梯形图中的触点和线圈可以使用物理地址，如 I0.1、Q4.0 等。如果在符号表中对某些地址定义了符号，如令 I0.0 的符号为“启动”，在程序中可用符号地址“启动”来代替物理地址 I0.1，使程序便以阅读和理解。

用户可以在网络号的右边加上网络的标题，在网络号的下面为网络加上注释。用户还可以选择在梯形图下面自动加上该网络中使用的符号信息（Symbol Information）。

如果将两块独立电路放在同一个网络内将会出错。如果没有跳转指令，网络中程序的逻辑运算按从左到右的方向执行，与“能流”的方向一致。网络之间按从上到下的顺序执行，执行完所有的网络后，下一次循环返回最上面的网络（网络 1）重新开始执行。

（2）语句表（STL）

语句表（STL）编程语言类似于计算机中的助记符语言，它是 PLC 最基础的编程语言。语句表编程是用一个或者几个容易记忆的字符来代表 PLC 的某种操作功能。它是一种类似于微型计算机的汇编语言中的文本语言，多条语句组成一个程序段。语句表比较适合经验丰富的程序员使用，可以实现某些不能用梯形图或功能块图表示的功能。图 1-2 所示的是与图 1-1 梯形图所对应的语句表。

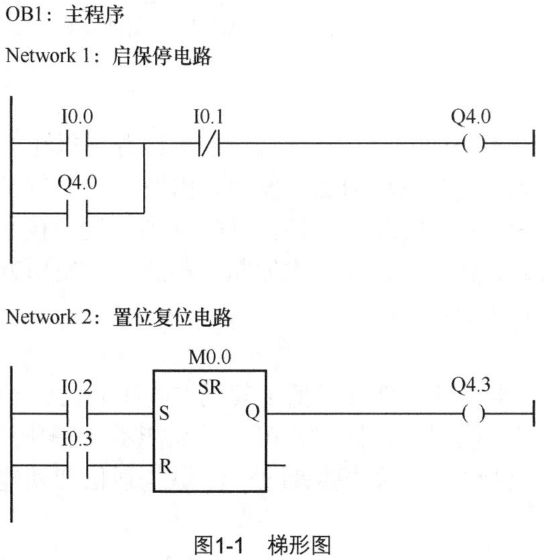

图1-1 梯形图

```
OB1：主程序
Network 1：启保停电路
A(
O    I    0.0
O    Q    4.0
)
AN   I    0.1
=    Q    4.0
Network 2：置位复位电路
A    I    0.2
S    M    0.0
A    I    0.3
R    M    0.0
A    M    0.0
=    Q    4.3
```

图1-2 语句表

（3）功能块图（FBD）

功能块图（FBD）使用类似于布尔代数的图形逻辑符号来表示控制逻辑。一些复杂的功能

（如数学运算功能等）用指令框来表示，有数字电路基础的人很容易掌握。功能块图用类似于与门、或门的方框来表示逻辑运算关系，方框的左侧为逻辑运算的输入变量，右侧为输出变量，输入、输出端的小圆圈表示“非”运算，方框被“导线”连接在一起，信号自左向右流动。

利用 FBD 可以查看像普通逻辑门图形的逻辑盒指令。它没有梯形图编程器中的触点和线圈，但有与之等价的指令，这些指令是作为盒指令出现的，程序逻辑由这些盒指令之间的连接决定。也就是说，一条指令（如 AND 盒）的输出可以用来允许另一条指令（如定时器）执行，这样可以建立所需要的控制逻辑。这样的连接思想可以解决范围广泛的逻辑问题。FBD 编程语言有利于程序流的跟踪，但在目前使用较少。与图 1-1 梯形图相对应的功能块图如图 1-3 所示。

（4）逻辑符号图

如图 1-4 所示，逻辑符号图包括与（AND）、或（OR）、非（NOT）、定时器、计数器、触发器等。

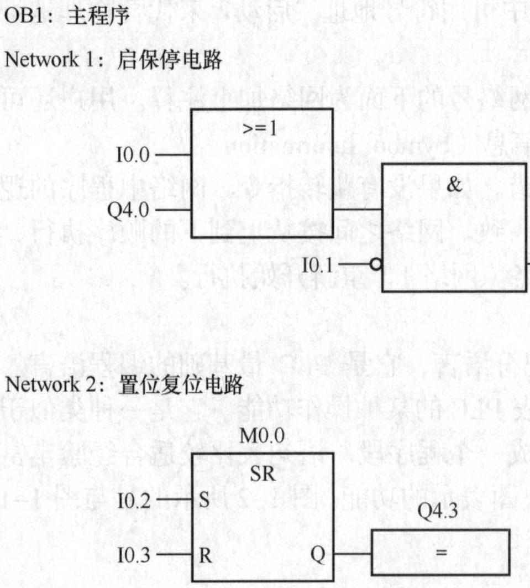

图1-3　功能块图

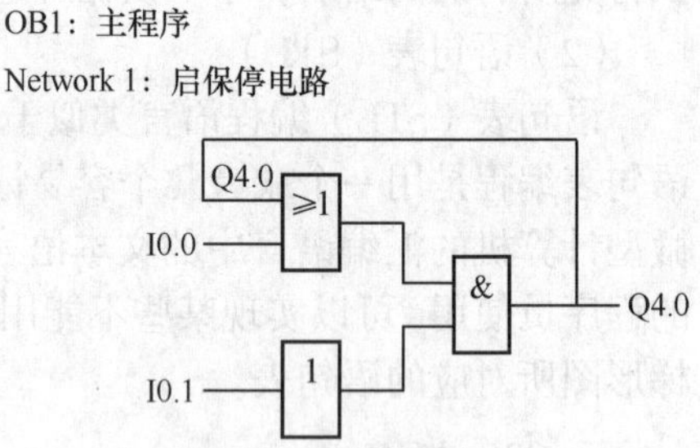

图1-4　逻辑符号图

1.5.2　PLC 的发展趋势

PLC 诞生不久就在工业控制领域占据了主导地位，日本、法国、德国等国家相继研制出各自的 PLC。PLC 技术随着计算机和微电子技术的发展而迅速发展，由最初的 1 位机发展到现在 16 位、32 位高性能微处理器，还实现了多处理器的多通道处理。另外，通信技术使 PLC 的应用得到了进一步发展。PLC 正在向高集成化、小体积、大容量、高速度、使用方便、高性能和智能化等方向发展。具体表现在以下几个方面。

1. 小型化、低成本

微电子技术的发展，大幅度提高了新型器件的功能并降低了其成本，使 PLC 结构更为紧凑，PLC 的体积越来越小，使用起来越来越方便灵活。同时，PLC 的功能不断提升，人们将原来大、中型 PLC 才具有的功能移植到小型 PLC 上，如模拟量处理、数据通信和其他更复杂的功能指令，而其价格却在不断下降。

2. 大容量、模块化

大型 PLC 采用多处理器系统，有的采用了 32 位微处理器，可同时进行多任务操作，处理速度大幅提高，特别是增强了过程控制和数据处理功能。而且存储容量也大大增加。PLC 的另一个发展方向是大型 PLC，具有上万个输入/输出量，广泛用于石化、冶金、汽车制造等领域。

PLC 的扩展模块发展迅速，大量特定的复杂功能由专用模块来完成，主机仅仅通过通信设备箱模块发布命令和测试状态。PLC 的系统功能进一步增强，控制系统设计进一步简化，如计数模块、位置控制和位置检测模块、闭环控制模块、称重模块等。尤其是，PLC 与个人计算机技术相结合后，使 PLC 的数据存储、处理功能大大增强；计算机的硬件技术也越来越多地应用于 PLC 上，并可以使用多种语言编程，直接与个人计算机相连进行信息传递。

3. 多样化和标准化

各个 PLC 生产厂家均在加大力度开发新产品，以求更大的市场占有率。因此，PLC 产品正在向多样化方向发展，出现了欧洲、美国、日本等多个流派。与此同时，为了避免各种产品间的竞争而导致技术不兼容，国际电工委员会（IEC）不断为 PLC 的发展制定一些新的标准，对各种类型的产品进行归纳或定义，为 PLC 的发展制定方向。目前，越来越多的 PLC 生产厂家能提供符合 IEC 1131–3 标准的产品，甚至还推出了按照 IEC 1131–3 标准设计的“软件 PLC”在个人计算机上运行。

4. 网络通信增强

目前，PLC 可以支持多种工业标准总线，使联网更加简单。计算机与 PLC 之间以及各个 PLC 之间的联网和通信能力不断增强，使工业网络可以有效地节省资源、降低成本，提高系统的可靠性和灵活性。

5. 人机交互

PLC 可以配置操作面板、触摸屏等人机对话装置，不仅为系统设计开发人员提供了便捷的调试手段，还为用户提供了一个掌控 PLC 运行状态的窗口。在设计阶段，设计开发人员可以通过计算机上的组态软件，方便快捷地创建各种组件，设计效率大大提高；在调试阶段，调试人员可以通过操作面板、状态指示灯、触摸屏等反馈的报警、故障代码，迅速定位故障源，分析并排除各类故障；在运行阶段，用户可以方便地根据反馈的数据和各类状态信息掌控 PLC 的运行情况。

1.6　可编程控制器的组成及工作原理

PLC 的工作原理是建立在计算机基础上的，故其 CPU 是以分时操作的方式来处理各项任务的，即串行工作方式，而继电器–接触器控制系统是实时控制的，即并行工作方式。那么如何让串行工作方式的计算机系统完成并行方式的控制任务呢？通过可编程控制器的工作方式和工作过程的说明，可以理解 PLC 的工作原理。

1.6.1　PLC 的组成

PLC 是微型计算机技术和控制技术相结合的产物，是一种以微处理器为核心的用于控制的特殊计算机，因此，PLC 的基本组成与一般的微型计算机系统相似。

PLC 的种类繁多，但是其结构和工作原理基本相同。PLC 虽然专为工业现场应用而设计，但是其依然采用了典型的计算机结构，主要是由中央处理器（CPU）、存储器（EPRAM、ROM）、输入/输出单元、扩展 I/O 接口、电源几大部分组成的。小型的 PLC 多为整体式结构，中、大型 PLC 则多为模块式结构。

如图 1-5 所示，对于整体式 PLC，所有部件都装在同一机壳内。而模块式 PLC 的各部件相互独立封装成模块，各模块通过总线连接，安装在机架或导轨上（如图 1-6 所示）。无论哪种结构类型的 PLC，都可根据用户需要进行配置和组合。

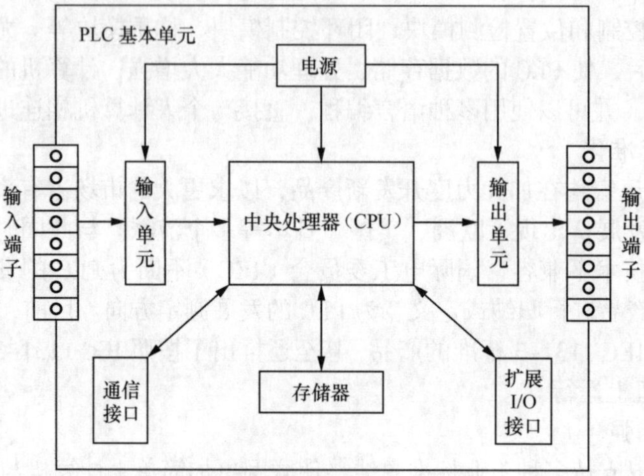

图1-5　整体式PLC硬件结构框图

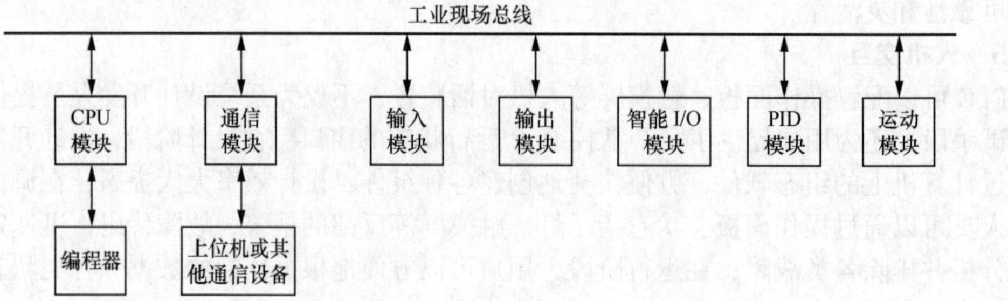

图1-6　模块式PLC硬件结构框图

1. 中央处理器（CPU）

同一般的微型计算机一样，CPU 也是 PLC 的核心。PLC 中所配置的 CPU 可分为 3 类：通用微处理器（如 Z80、8086、80286 等）、单片微处理器（如 8031、8096 等）和位片式微处理器（如 AMD29W 等）。小型 PLC 大多采用 8 位通用微处理器和单片微处理器；中型 PLC 大多采用 16 位通用微处理器或单片微处理器，大型 PLC 大多采用高速位片式微处理器。

目前，小型 PLC 为单 CPU 系统，而中、大型 PLC 则大多为双 CPU 系统，甚至有些 PLC 中配置了多达 8 个 CPU。对于双 CPU 系统，一般一个为字处理器，另外一个为位处理器。字处理器为主处理器，用于执行编程器接口功能，监视内部定时器、扫描时间，处理字节指令以及对系统总线和位处理器进行控制等。位处理器为从属处理器，主要用于位操作指令和实现 PLC 编程语言向机器语言的转换。位处理器的采用，提高了 PLC 的速度，使 PLC 更好地满足实时控制要求。

CPU 的主要任务包括控制用户程序和数据的接收与存储；用扫描的方式通过 I/O 部件接收现场的状态或数据，并存入输入映像寄存器中；诊断 PLC 内部电路的工作故障和编程中的语法错误等；PLC 进入运行状态后，从存储器中逐条读取用户指令，经过命令解释后按指令规定的任务进行数据传递、逻辑或算术运算等；根据运算结果，更新有关标志位的状态和输出映像寄存器的内容，再经输出部件实现输出控制、制表打印或数据通信等功能。

不同型号的 PLC，其 CPU 芯片是不同的，有些采用通用 CPU 芯片，有些采用厂家自行设计的专用 CPU 芯片。CPU 芯片的性能关系到 PLC 处理控制信号的能力和速度，CPU 位数越高，系统处理的信息量越大，运算速度越快。PLC 的功能随着 CPU 芯片技术的发展而提高和增强。

在 PLC 中，CPU 按系统程序赋予的功能，指挥 PLC 有条不紊地进行工作，归纳起来主要有以下几个方面。

① 接收从编程器输入的用户程序和数据。

② 诊断电源、PLC 内部电路的工作故障和编程中的语法错误等。

③ 通过输入接口接收现场的状态或数据，并存入输入映象寄存器或数据寄存器中。

④ 从存储器逐条读取用户程序，经过解释后执行。

⑤ 根据执行的结果，更新有关标志位的状态和输出映象寄存器的内容，通过输出单元实现输出控制。

2. 存储器

存储器主要有两种：可读/写操作的随机存储器 RAM，只读存储器 ROM、PROM、EPROM、EEPROM。PLC 的存储器由系统程序存储器、用户程序存储器和数据存储器 3 部分组成。

系统存储器用来存放由 PLC 生产厂家编写的系统程序，并固化在 ROM 内，用户不能直接更改。它使 PLC 具有基本的功能，能够完成 PLC 设计时规定的各项工作。系统程序质量的好坏，在很大程度上决定了 PLC 的运行。

① 系统管理程序，它主要控制 PLC 的运行，使整个 PLC 按部就班地工作。

② 用户指令解释程序，通过用户指令解释程序，将 PLC 的编程语言变为机器语言指令，再由 CPU 执行这些指令。

③ 标准程序模块与系统调用，包括许多不同功能的子程序及其调用管理程序，如完成输入/输出及特殊运算等的子程序，PLC 的具体工作都是由这部分程序来完成的，这部分程序的多少决定了 PLC 性能的高低。

用户程序存储器（程序区）和用户功能存储器（数据区）总称为用户存储器。用户程序存储器用来存放用户根据控制任务而编写的程序。用户程序存储器根据所选用的存储器单元类型的不同，可以使用 RAM、EPROM（紫外线可擦除 ROM）或 EEPROM 存储器，其内容可以由用户任意修改。用户功能存储器用来存放用户程序中使用器件的状态（ON/OFF）/数值数据等。在数据区中，各类数据存放的位置都有严格的划分，每个存储单元有不同的地址编号。用户存储器容量的大小，关系到用户程序容量的大小，是反映 PLC 性能的重要指标之一。

用户程序是根据 PLC 的控制对象的需要编制的，是由用户根据对象生产工艺和控制要求而编制的应用程序。为了便于读出、检查和修改，用户程序一般存于 CMOS 静态 RAM 中，用锂电池作为后备电源，以保证掉电时不会丢失信息。为了防止干扰对 RAM 中程序的破坏，当用户程序经过运行正常时，不需要改变，可将其固化在只读存储器 EPROM 中。现在许多 PLC 直接采用 EEPROM 作为用户存储器。

工作数据是 PLC 运行过程中经常变化、存取的一些数据。工作数据存放在 RAM 中，以适应随机存取的要求。在 PLC 的工作数据存储器中，设有存放输入/输出继电器、辅助继电器、定时器、计数器等逻辑器件的存储区，这些器件的状态都是由用户程序的初始化设置和运行情况而确定的。根据需要，部分数据在掉电后，用后备电池维持其现有的状态，这部分在掉电时可保存数据的存储区域称为保持数据区。

3. 输入/输出单元

输入/输出单元通常也称为 I/O 单元，是 PLC 与工业生产现场之间的连接部件。PLC 通过输入接口可以检测被控对象的各种数据，以这些数据作为 PLC 对被控对象进行控制的依据；同时，PLC 又通过输出接口将处理后的结果送给被控制对象，以实现控制的目的。

由于外部输入设备和输出设备所需的信号电平是多种多样的，而 PLC 内部 CPU 处理的信息只能是标准电平，因此 I/O 接口要实现这种转换。I/O 接口一般具有光电隔离和滤波功能，以提高 PLC 的抗干扰能力。另外，I/O 接口上通常还有状态指示，工作状况直观，便于维护。

输入/输出单元包含两部分：接口电路和输入/输出映像寄存器。接口电路用于接收来自用户设备的各种控制信号，如限位开关、操作按钮、选择开关以及其他传感器的信号。通过接口电路将这些信号转换成 CPU 能够识别和处理的信号，并存入输入映像寄存器。运行时，CPU 从输入映像寄存器读取输入信息并进行处理，将处理结果放到输出映像寄存器中。输入/输出映像寄存器由输出点相对的触发器组成，输出接口电路将其由弱电控制信号转换成现场需要的强电信号输出，以驱动电磁阀、接触器、指示灯等被控设备的执行元件。

PLC 提供了具有多种操作电平和驱动能力的 I/O 接口，有各种各样功能的 I/O 接口供用户选用。由于在工业生产现场工作，PLC 的输入/输出接口必须满足两个基本要求：抗干扰能力强、适应性强。输入/输出接口必须能够不受环境的温度、湿度、电磁、振动等因素的影响；同时又能够与现场各种工业信号相匹配。目前，PLC 能够提供的接口单元包括数字量（开关量）输入接口、数字量（开关量）输出接口、模拟量输入接口、模拟量输出接口等。

（1）开关量输入接口

开关量输入接口把现场的开关量信号转换成 PLC 内部处理的标准信号。为防止各种干扰信号和高电压信号进入 PLC，影响其可靠性或造成设备损坏，现场输入接口电路一般有滤波电路和耦合隔离电路。滤波电路有抗干扰的作用，耦合隔离电路有抗干扰及产生标准信号的作用。耦合隔离电路的管径器件是光耦合器，一般由发光二极管和光敏晶体管组成。

常用的开关量输入接口按使用电源的类型不同可分为开关量直流输入接口（图 1-7）、开关量交流/直流输入接口（图 1-8）和开关量交流输入接口（图 1-9）。如图 1-7 所示，输入接口电路的电源可由外部提供，也可由 PLC 内部提供。

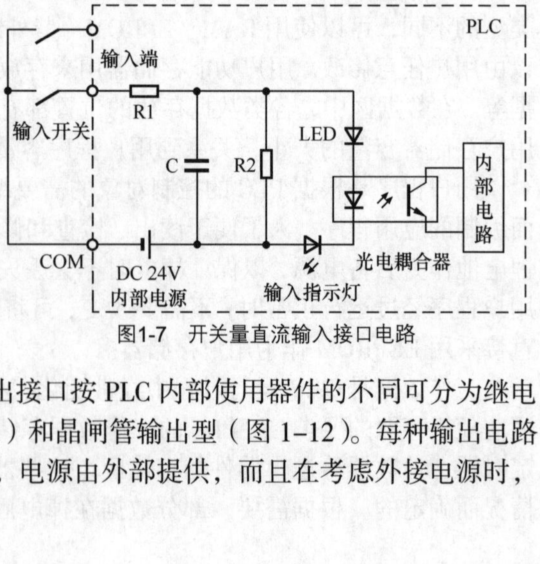

图1-7 开关量直流输入接口电路

（2）开关量输出接口

开关量输出接口把 PLC 内部的标准信号转换成执行机构所需的开关量信号。开关量输出接口按 PLC 内部使用器件的不同可分为继电器输出型（图 1-10）、晶体管输出型（图 1-11）和晶闸管输出型（图 1-12）。每种输出电路都采用电气隔离技术，输出接口本身不带电源，电源由外部提供，而且在考虑外接电源时，还需考虑输出器件的类型。

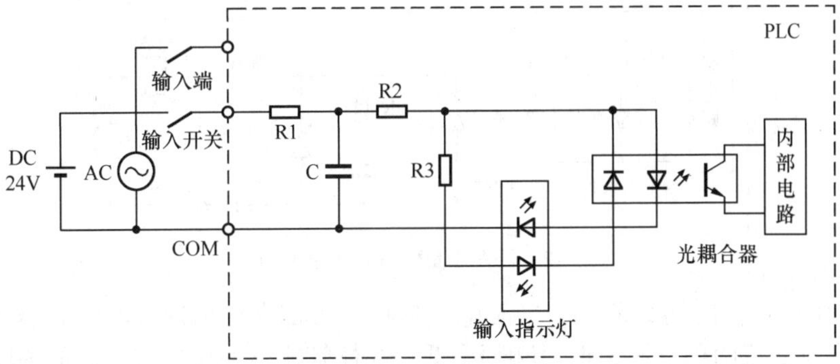

图1-8　开关量交流/直流输入接口电路

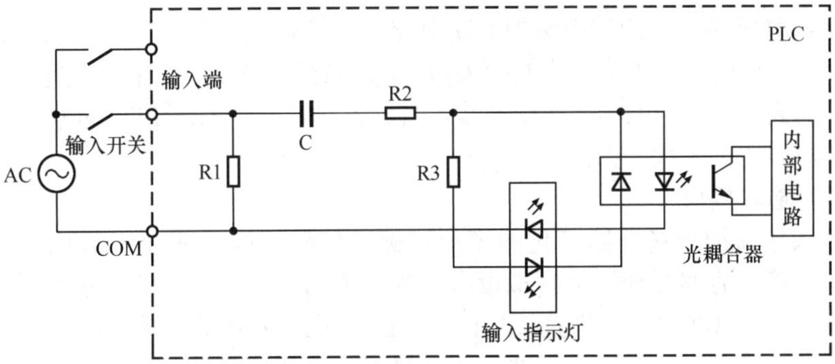

图1-9　开关量交流输入接口电路

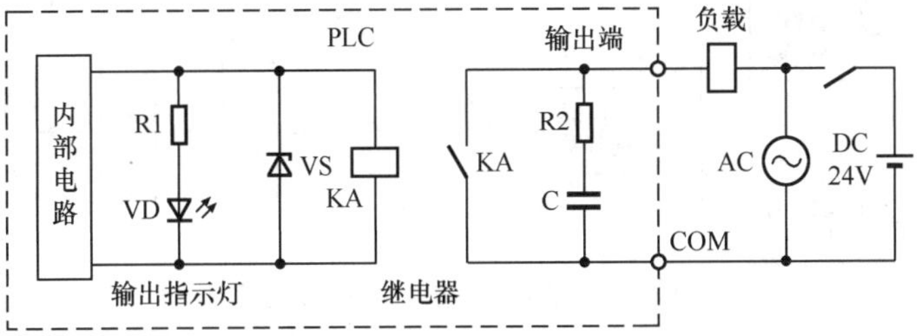

图1-10　开关量继电器输出型接口电路

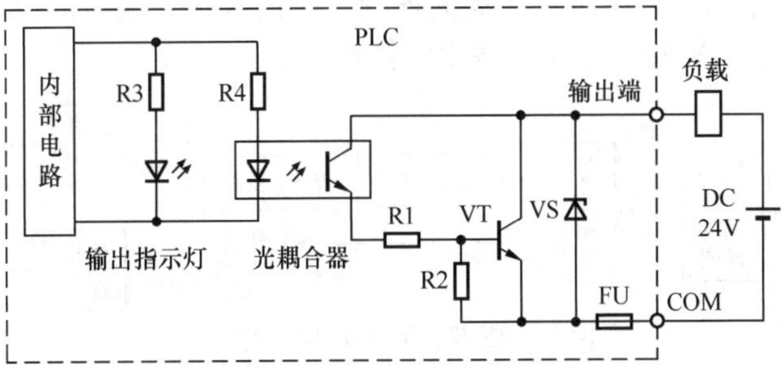

图1-11　开关量晶体管输出型接口电路

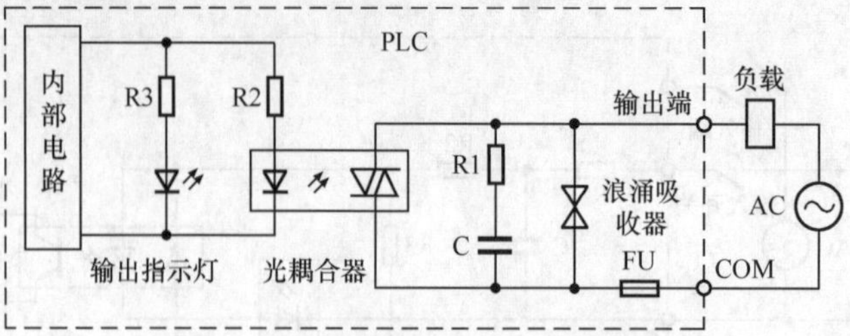

图1-12　开关量晶闸管输出型接口电路

从图 1-10～图 1-12 可以看出，各类输出接口中也都有隔离耦合电路。继电器型输出接口可用于直流及交流两种电源，但通断频率低；晶体管输出型接口有较高的通断频率，但是只适用于直流驱动的场合，晶闸管输出型接口却仅适用于交流驱动场合。

为了避免 PLC 因瞬间大电流冲击而损坏，输出端外部接线必须采取保护措施：在输入/输出公共端设置熔断器保护；采用保护电路对交流感性负载一般用阻容吸收回路，对直流感性负载使用续流二极管。由于 PLC 的输入/输出端是靠光耦合的，在电气上完全隔离，输出端的信号不会反馈到输入端，也不会产生地线干扰或其他串扰，因此 PLC 的输入/输出端具有很高的可靠性和极强的抗干扰能力。

（3）模拟量输入接口

模拟量输入接口把现场连续变化的模拟量标准信号转换成适合 PLC 内部处理的数字信号。模拟量输入接口能够处理标准模拟量电压和电流信号。由于工业现场中模拟量信号的变化范围并不标准，所以在送入模拟量接口前，一般需要经转换器处理。如图 1-13 所示，模拟量信号输入后一般经多路转换后，再进行 A/D 转换，存入锁存器，再经光电隔离电路转换为 PLC 的数字信号。

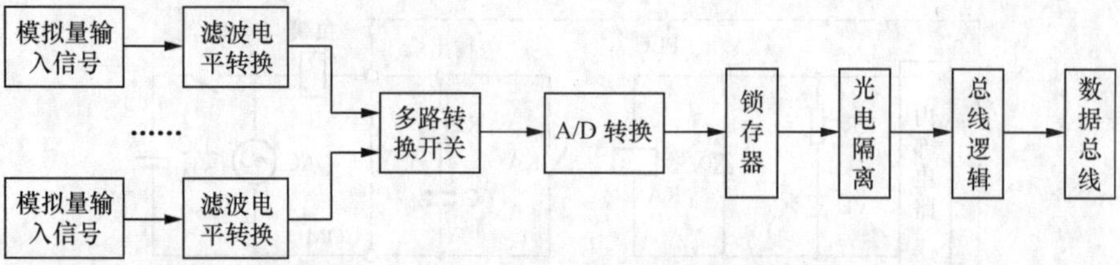

图1-13　模拟量输入接口的内部结构框图

（4）模拟量输出接口

如图 1-14 所示，模拟量输出接口将 PLC 运算处理后的数字信号转换成相应的模拟量信号输出，以满足工业生产过程中现场所需的连续控制信号的需求。模拟量输出接口一般包括光电隔离、D/A 转换、多路转换开关、输出保持等环节。

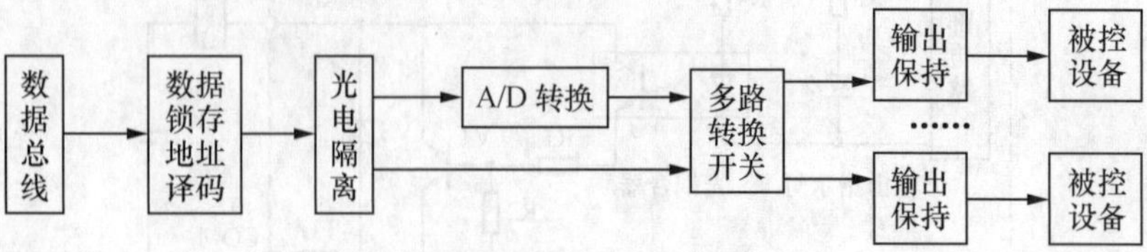

图1-14　模拟量输出接口的内部结构框图

4. 智能接口模块

智能接口模块是一个独立的计算机系统模块，它有自己的 CPU、系统程序、存储器、与

PLC 系统总线相连的接口等。智能接口模块是为了适应较复杂的控制工作而设计的，作为 PLC 系统的一个模块，通过总线与 PLC 相连，进行数据交换，如高速计数器工作单元、闭环控制模块、运动控制模块、中断控制模块、温度控制单元等。

5. 通信接口模块

PLC 配有多种通信接口模块，这些模块大多配有通信处理器。PLC 通过这些通信接口可与监视器、打印机、其他 PLC、计算机等设备实现通信。PLC 与打印机连接，可将过程信息、系统参数等输出打印；与监视器连接，可将控制过程图像显示出来；与其他设备连接，可组成多机系统或连成网络，实现更大规模控制；与计算机连接，可组成多级分布式控制系统，实现控制与管理相结合。

6. 电源部件

电源部件的功能是将交流电转换成 PLC 正常运行的直流电。PLC 配有开关电源，小型整体式 PLC 内部有一个开关式稳压电源。电源一方面可为 CPU 板、I/O 板及控制单元提供工作电源（DC 5V），另一方面可为外部输入元件提供 DC 24V（200mA）电源。与普通电源相比，PLC 电源的稳定性好、抗干扰能力强。对电网提供的电源稳定度要求不高，一般运行电源电压在其额定值±15%的范围内波动。PLC 电源一般使用的是 220V 的交流电源，也可以选配 380V 的交流电源。由于工业环境存在大量的干扰源，这就要求电源部件必须采取较多的滤波环节，还需要集成电压调整器以适应交流电网的电压波动，对过电压和欠电压都有一定的保护作用。另外，电源部件还需要采取较多的屏蔽措施来防止工业环境中的空间电磁干扰。常用的电源电路有串联稳压电源、开关式稳压电路和含有变压器的逆变式电路。

7. 编程装置

编程装置的作用是编制、编译、调试和监视用户程序，也可在线监控 PLC 内部状态和参数，与 PLC 进行人机对话。它是开发、应用、维护 PLC 不可或缺的工具。编程装置可以是专用编程器，也可以是配有专用编程软件包的通用计算机系统。专用编程器是由厂家生产的，专供该厂家生产的 PLC 产品使用，它主要由键盘、显示器和外存储器接插口等部件组成。专用编程器分两种：简易型编程器和智能型编程器。

简易型的编程器只能进行联机编程，且往往需要将梯形图转化成机器语言助记符（指令表）后，才能输入。它一般由简易键盘和发光二极管或其他显示器件组成。简易型编程器体积小、价格低，可以直接插在 PLC 的编程插座上，或通过专用电缆与 PLC 连接，以方便编程和调试。有些简易型编程器带有存储盒，可用来存储用户程序，如三菱的 FX-20P-E 简易型编程器。

智能型的编程器又称图形编程器，不仅可以联机编程，还可以脱机编程，具有 LCD 或 CRT 图形显示功能，也可以直接输入梯形图并通过屏幕进行交换。本质上它就是一台专用便携计算机，如三菱的 GP-80FX-E 智能型编程器。智能型编程器使用更加直观、方便，但价格较高，操作也比较复杂。大多数智能型编程器带有磁盘驱动器，提供录音机接口和打印机接口。

专用编程器只能对特定厂家的几种 PLC 进行编程，使用范围有限，价格较高。同时，由于 PLC 产品的不断更新换代，所以专用编程器的生命周期也很有限。因此，现在的趋势是使用以个人计算机为支撑的编程装置，用户只需购买 PLC 厂家提供的编程软件和应用的硬件接口装置。这样，用户只用较少的投资即可得到高性能的 PLC 程序开发系统。

如表 1-2 所示，PLC 编程可采用的 3 种方式分别具有各自的优缺点。

表 1-2　3 种 PLC 编程方式的比较

比较项目＼类型	简易型编程器	智能型编程器	计算机组态软件
编程语言	语句表	梯形图	梯形图、语句表等
效率	低	较高	高
体积	小	较大	大（需要计算机连接）
价格	低	中	适中
适用范围	容量小、用量少产品的组态编程及现场调试	各型产品的组态编程及现场调试	各型产品的组态编程，不易于现场调试

8. 其他部件

PLC 还可以选配的外部设备包括编程器、EPROM 写入器、外部存储器卡（盒）、打印机、高分辨率大屏幕彩色图形监控系统和工业计算机等。

EPROM 写入器是用来将用户程序固化到 EPROM 存储器中的一种 PLC 外部设备。为了使调试好的用户程序不易丢失，经常用 EPROM 写入器将用户程序从 PLC 内的 RAM 保存到 EPROM 中。

PLC 可用外部的磁带、磁盘、存储盒等来存储 PLC 的用户程序，这种存储器件称为外存储器。外存储器一般通过编程器或其他智能模块提供的接口，实现与内部存储器之间相互传递用户程序。

综上所述，PLC 主机在构成实际硬件系统时，至少需要建立两种双向信息交换通道。最基本的构造包括 CPU 模块、电源模块、输入/输出模块。此时，PLC 通过不断地扩展模块来实现各种通信、计数、运算等功能，通过灵活地变更控制规律来实现对生产过程或某些工业参数的自动控制。

1.6.2 PLC 的软件系统

软件是 PLC 的“灵魂”。当 PLC 硬件设备搭建完成后，通过软件来实现控制规律，高效地完成系统调试。PLC 的软件系统包括系统程序和用户程序。系统程序是 PLC 设备运行的基本程序；用户程序使 PLC 能够实现特定的控制规律和预期的自动化功能。

1. 系统程序

系统程序是由 PLC 制造厂商设计编写的，并存入 PLC 的系统存储器中，用户不能直接读写与更改。系统程序一般包括系统诊断程序、输入处理程序、编译程序、信息传递程序、监控程序等。PLC 的系统程序有以下 3 种类型。

（1）系统管理程序

系统管理程序控制着系统的工作节拍，包括 PLC 运行管理（各种操作的时间分配）、存储器空间管理（生成用户数据区）和系统自诊断管理（如电源、系统出错、程序语法、句法检验等）。

（2）编译和解释程序

编译程序将用户程序变成内码形式，以便于对程序进行修改、调试。解释程序能将编程语言转变为机器语言，以便 CPU 操作运行。

（3）标准子程序与调用管理程序

为提高运行速度，在程序执行中某些信息处理（如 I/O 处理）或特殊运算等是通过调用标准子程序来完成的。

2. 用户程序

PLC 的用户程序是用户利用 PLC 的编程语言，根据控制要求编制的程序。在 PLC 的应用中，最重要的是用 PLC 的编程语言来编写用户程序，以实现控制目的。根据系统配置和控制要求而编制的用户程序，是 PLC 应用于工程控制的一个最重要的环节。

控制一个任务或过程，是通过在 RUN 模式下，使主机循环扫描并连续执行用户程序来实现的，用户程序决定了一个控制系统的功能。程序的编制可以使用编程软件在计算机或其他专用编程设备中进行（如图形输入设备、编程器等）。

广义上的程序由 3 部分组成：用户程序、数据块和参数块。

1．用户程序

用户程序在存储器空间中又称为组织块（OB），它处于最高层次，可以管理其他块，可采用各种语言（如 STL、LAD、FBD 等）来编制。不同机型的 CPU，其程序空间容量也不同。用户程序的结构比较简单，一个完整的用户程序应当包含一个主程序（OB1）、若干子程序和若干中断程序 3 部分。不同的编程设备，对各程序块的安排方法也不同。PLC 程序结构示意图如图 1-15 所示。

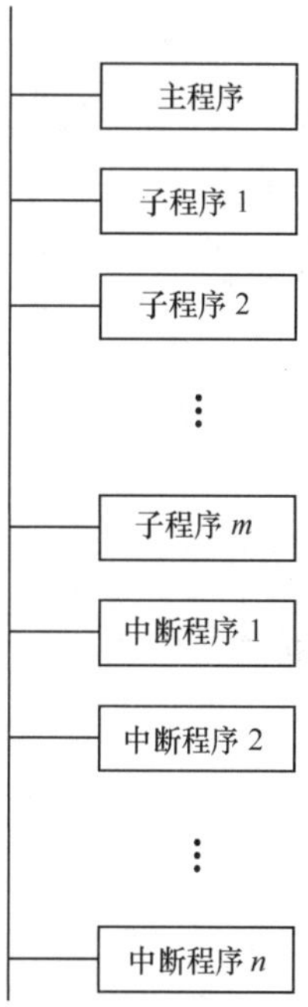

图1-15　PLC程序结构示意图

用编程软件在计算机上编程时，利用编程软件的程序结构窗口双击主程序、子程序和中断程序的图标，即可进入各程序块的编程窗口。编译时，编程软件自动对各程序段进行连接。

2．数据块（DB）

数据块为可选部分，它主要存放控制程序运行所需的数据，在数据块中允许以下数据类型：布尔型，表示编程元件的状态；二进制、十进制或十六进制；字母、数字和字符型。

3．参数块

参数块也是可选部分，它主要存放的是 CPU 的组态数据，如果在编程软件或其他编程工具上未进行 CPU 的组态，则系统以默认值进行自动配置。

1.6.3　PLC 的工作原理

1．PLC 的扫描工作方式

PLC 的工作原理是建立在计算机工作原理基础之上的，即通过执行反映控制要求的用户程序来实现的。PLC 控制器程序的执行是按照程序设定的顺序依次完成相应的电器的动作，PLC 采用的是一个不断循环的顺序扫描工作方式。每一次扫描所用的时间称为扫描周期或工作周期。CPU 从第一条指令执行开始，按顺序逐条地执行用户程序直到用户程序结束，然后返回第一条指令，开始新一轮的扫描，PLC 就是这样周而复始地重复上述循环扫描过程的。

PLC 的工作方式是用串行输出的计算机工作方式实现并行输出的继电器–接触器工作方式。其核心手段就是循环扫描。每个工作循环的周期必须足够小以至于我们认为是并行控制。PLC 运行时，是通过执行反映控制要求的用户程序来完成控制任务的，需要执行众多的操作，但 CPU 不可能同时去执行多个操作，它只能按分时操作（串行工作）方式，每一次执行一个操作，按顺序逐个执行。由于 CPU 的运算处理速度很快，因此从宏观上来看，PLC 外部出现的结果似乎是同时（并行）完成的。这种循环工作方式称为 PLC 的循环扫描工作方式。

用循环扫描工作方式执行用户程序时，扫描是从第一条指令开始的，在无中断或跳转控制的情况下，按程序存储顺序的先后，逐条执行用户程序，直到程序结束。然后再从头开始扫描执行，周而复始重复运行。

如图 1-16 所示，从第一条程序开始，在无中断或跳转控制的情况下，按照程序存储的地址序号递增的顺序逐条执行程序，即按顺序逐条执行程序，直到程序结束；之后，再从头开始扫描，并周而复始地重复进行。

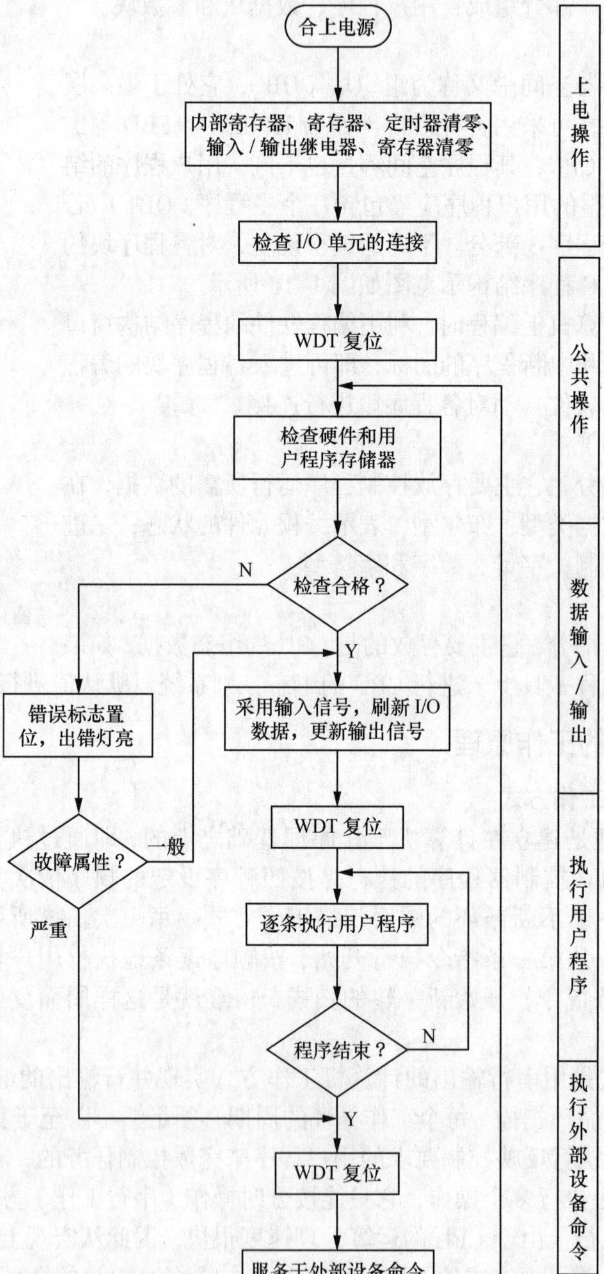

图1-16 PLC的工作过程

PLC 运行的工作过程包括以下 3 部分。

第一部分是上电处理。可编程控制器上电后对 PLC 系统进行一次初始化工作，包括硬件初始化，I/O 模块配置运行方式检查，停电保持范围设定及其他初始化处理。

第二部分是扫描过程。可编程控制器上电处理完成后，进入扫描工作过程：先完成输入处理，再完成与其他外部设备的通信处理，进行时钟、特殊寄存器更新。因此，扫描过程又被分为 3 个阶段：输入采样阶段、程序执行阶段和输出刷新阶段。当 CPU 处于 STOP 模式时，转入执行自诊断检查；当 CPU 处于 RUN 模式时，还要完成用户程序的执行和输出处理，再转入执行自诊断检查，如果发现异常，则停机并显示报警信息。

第三部分是出错处理。PLC 每扫描一次，执行一次自诊断检查，确定 PLC 自身的动作示范正常，如 CPU、电池电压、程序存储器、I/O、通信等是否异常或出错，如检查出异常，则 CPU 面板上的 LED 灯及异常继电器会接通，在特殊寄存器中会存入出错代码。当出现致命错误时，CPU 被强制为 STOP 模式，停止所有的扫描。

PLC 运行正常时，扫描周期的长短与 CPU 的运算速度、I/O 点的情况、用户应用程序的长短及编程情况等均有关。通常用 PLC 执行 1KB 指令所需时间来说明其扫描速度(一般为 1～10ms/KB)。值得注意的是，不同的指令其执行所需时间是不同的，从零点几微秒到上百微秒不等，故选用不同指令所用的扫描时间也将会不同。若高速系统要缩短扫描周期，可从软、硬件两个方面考虑。

2. PLC 的工作原理

一般来说，当 PLC 开始运行后，其工作过程可以分为输入采样阶段、程序执行阶段和输出刷新阶段。完成上述 3 个阶段即称为一个扫描周期，如图 1-17 所示。

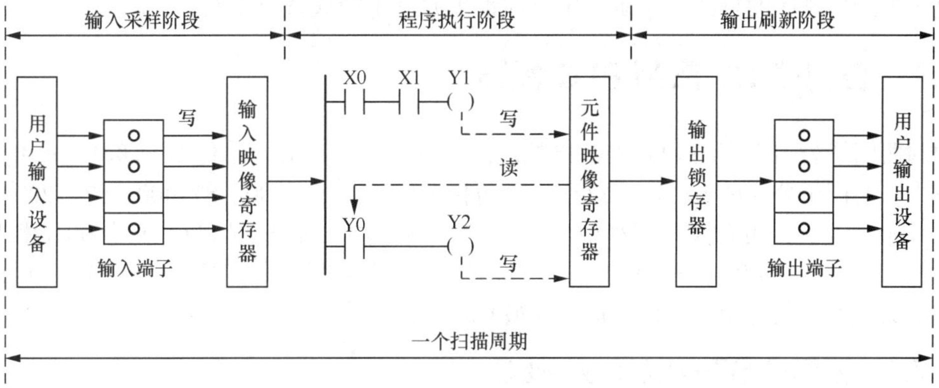

图1-17　PLC的扫描工作过程

（1）输入采样阶段

PLC 在输入采样阶段，首先扫描所有输入端子，并将各输入状态存入对应的输入映像寄存器中，此时，输入映像寄存器被刷新，接着进入程序执行阶段。在程序执行阶段或输出刷新阶段，输入元件映像寄存器与外界隔绝，无论输入信号如何变化，其内容均保持不变，直到下一个扫描周期的输入采样阶段才将输入端的新内容重新写入。

（2）程序执行阶段

PLC 根据梯形图程序扫描原则，按先左后右、先上后下的顺序逐行扫描，执行一次程序，并将结果存入元件映像寄存器中。如果遇到程序跳转指令，则根据跳转条件是否满足来决定程序的跳转地址。当指令中涉及输入/输出状态时，PLC 首先从输入映像寄存器“读入”上一阶段采入的对应输入端子状态，从元件映像寄存器“读入”对应元件的当前状态；然后进行相应的运算，运算结果存入元件映像寄存器中。对于元件映像寄存器，每个元件（除输入映像寄存器外）的状态会随着程序的执行而发生变化。

（3）输出刷新阶段

在所有指令执行完毕后，输出映像寄存器中所有输出继电器的状态（“1”或“0”）在输出刷新阶段被转存到输出锁存器中，再通过一定的方式输出，驱动外部负载。

3. PLC 的输入/输出原则

根据 PLC 的工作原理和工作特点，可以归纳出 PLC 的输入/输出原则，如下所示。

① 输入映像寄存器的数据取决于输入端子板上各输入点在上一刷新周期的接通和断开状态。

② 程序执行结果取决于用户所编程序和输入/输出映像寄存器的内容及其他各元件映像寄存器的内容。

③ 输出映像寄存器的数据取决于输出指令的执行结果。

④ 输出锁存器中的数据，由上一次输出刷新期间输出映像寄存器中的数据决定。

⑤ 输出端子的接通和断开状态，由输出锁存器决定。

4. PLC 的中断处理

综上所述，外部信号的输入总是通过 PLC 扫描由“输入传送”来完成，这就不可避免地带来了“逻辑滞后”。PLC 可以像计算机那样采用中断输入的方法，即当有中断申请信号输入后，系统会中断正在执行的程序而转去执行相关的中断子程序；系统有多个中断源时，按重要性有一个先后顺序的排队；系统能由程序设定允许中断或禁止中断。

1.7 西门子 S7 系列 PLC 概述

德国西门子公司生产的 PLC 在我国的应用非常广泛，在冶金、化工、印刷生产线等领域都有应用。西门子公司的 S7 系列 PLC 产品包括 S7-200、S7-300、S7-400、S7-1200 等。其中，S7-200 为整体式的微型（超小型）PLC，S7-300 为模块式小型 PLC，S7-400 为模块式中型高性能 PLC，S7-1200 是一款紧凑型、模块式 PLC。由于第 2 章将详细介绍 S7-300、S7-400 的结构组成，本节仅介绍 S7-200 和 S7-1200 的特点。

1.7.1 西门子 S7-200 系列 PLC

S7-200 系列 PLC 是德国西门子公司设计和生产的一类超小型 PLC。S7-200 系列的最小配置为 8DI/6DO，可扩展 2～7 个模块，最大 I/O 点数为 64DI/64DO、12AI/4AO。它具有体积小、价格低廉等优点。

S7-200 推出的 CPU22×系列 PLC（它是 CPU21×的替代产品）具有多种可供选择的特殊功能模块和人机界面（HMI），所以其系统容易集成，并且可以非常方便地组成 PLC 网络。它同时拥有功能齐全的编程和工业控制组态软件，因此，在设计控制系统时更加方便、简单，可以完成大部分功能的控制任务。

S7-200 系列 PLC 属于超小型机，采用整体式结构。因此，配置系统时，当输入/输出端口数量不足时，可以通过扩展端口来增减输入/输出的数量，也可以通过扩展其他模块的方式来实现不同的控制功能。S7-200 系列 PLC 带有部分输入/输出单元，既可以单机运行，也可以扩展其他模块运行，其特点是结构简单、体积较小，具有比较丰富的指令集，能实现多种控制功能，具有非常好的性价比，所以广泛应用于各个行业之中。

CPU22×系列 PLC 的主机模块的外形如图 1-18 所示，该模块包括一个 CPU、数字 I/O、通信口及电源，这些器件都被集成到一个紧凑独立的设备中。该模块的主要功能为：采集的输入信号通过 CPU 运算后，将生成结果传给输出装置，然后输出点输出控制信号，驱动外部负载。

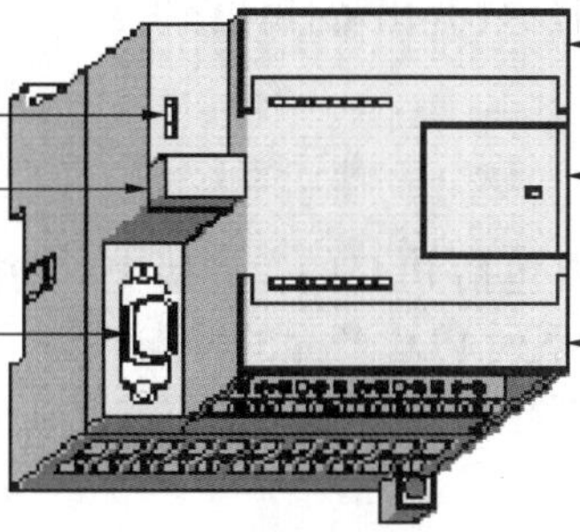

图1-18　CPU22×系列PLC主机模块的外形

1.7.2　西门子 S7-1200 系列 PLC

如图 1-19 所示，S7-1200 是一款紧凑型、模块式 PLC，可完成简单逻辑控制、高级逻辑控制、HMI 和网络通信等任务，具有支持小型运动控制系统、过程控制系统的高级应用功能，可实现简单却高度精确的自动化任务。

S7-1200 系统有 5 种不同模块，分别为 CPU1211C、CPU 1212C、CPU1214C、CPU1215C 和 CPU1217C。其中的每一种模块都可以进行扩展，以满足系统的需要。可在任何 CPU 的前方加入一个信号板，轻松扩展 I/O 容量，同时不影响控制器的实际大小。可将信号模块连接至 CPU 的右侧，进一步扩展 I/O 容量。CPU1212C 可连接 2 个信号模块，CPU1214C、CPU1215C 和 CPU1217C 可连接 8 个信号模块。最后，所有的 S7-1200 CPU 控制器的左侧均可连接多达 3 个通信模块，便于实现端到端的串行通信。

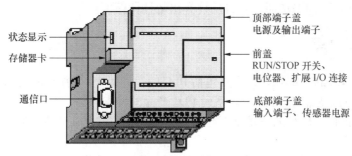

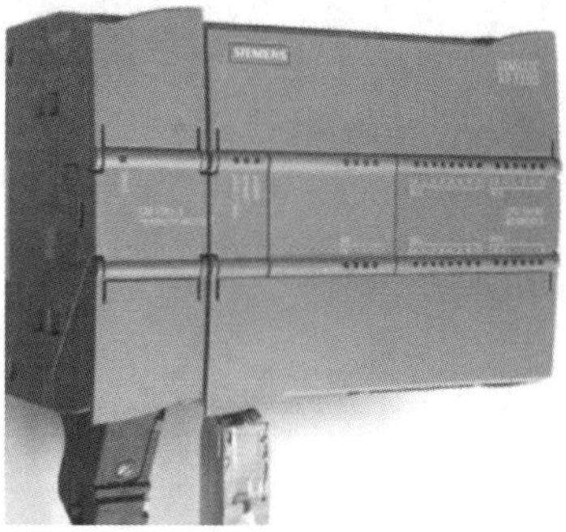

图1-19　S7-1200系列PLC

所有的 S7-1200 硬件都有内置的卡扣，可简单方便地水平或竖直安装在标准的 35mm DIN 导轨上。这些内置的卡扣也可以卡入到已扩展的位置，当需要安装面板时，可提供安装孔。所有的 S7-1200 硬件都经过专门设计，以节省控制面板的空间。例如，CPU1214C 的宽度仅为 110 mm，CPU1212C 和 CPU1211C 的宽度仅为 90 mm。

S7-1200 具有用于进行计算和测量、闭环回路控制和运动控制的集成技术，用于速度、位置或占空比控制的高速输出，是一个功能非常强大的系统，可以实现多种类型的自动化任务。S7-1200 控制器集成了两个高速输出，可用作脉冲序列输出或调谐脉冲宽度的输出。当作为 PTO 进行组态时，以高达 100kHz 的速度提供 50%的占空比脉冲序列，用于控制步进马达和伺服驱动器的开环回路速度和位置。当作为 PWM 输出进行组态时，将提供带有可变占空比的固定周期数输出，用于控制马达的速度、阀门的位置或发热组件的占空比。西门子

S7-1200 支持控制步进马达和伺服驱动器的开环回路速度和位置。使用轴技术对象和国际认可的 PLCopen 运动功能块，在工程组态软件西门子 STEP 7 中可轻松组态该功能。除了“home”和“jog”功能，也支持绝对移动、相对移动和速度移动。

西门子 S7-1200 最多可支持 16 个 PID 控制回路，用于简单的过程控制应用。借助 PID 控制器技术对象和工程组态软件 西门子 STEP 7 中提供的支持编辑器，可轻松组态这些控制回路。西门子 STEP 7 中随附的 PID 调试控制面板，简化了回路调整过程，并为单个控制回路提供了自动调整和手动控制功能，同时为调整过程提供了图形化的趋势视图。另外，西门子 S7-1200 支持 PID 自动调整功能，可自动计算出最佳调整值。

1.8 本章小结

本章简述了 PLC 的基本知识，主要包括 PLC 的发展历史、功能特点、工作原理、性能指标、系统基本组成以及部分西门子 S7 系列 PLC 产品的特点。

本章的重点是了解 PLC 的技术发展趋势及其功能特点，难点是熟练地掌握 PLC 的工作原理和系统基本组成。

通过本章的学习，读者对 PLC 有了一定程度的理解，为后续的设计开发打下坚实的基础。

第2章 S7-300/400系列PLC的硬件系统及内部资源

硬件设备是搭建PLC控制系统的基本条件，是任何工程实际项目的基础。因此，技术人员必须掌握PLC硬件系统的特点、组成。而每个品牌的PLC产品都有差别，主要体现在CPU、输入/输出、信号处理、通信、存储器管理等方面。这也是不同品牌、不同型号的PLC的区别。在第一章中，已经介绍了PLC的通用基本结构和工作原理，本章将主要介绍西门子公司的S7-300/400系列PLC的特性、硬件系统及内部资源。

2.1 硬件系统基本构成

2.1.1 概述

SIMATIC S7系列PLC是德国西门子公司于1995年以来推出的性价比较高的PLC系列产品。SIMATIC S7系列包括：微型SIMATIC S7-200系列，最小配置为8DI/6DO，可扩展2～7个模块，最大I/O点数为64DI/64DO、12AI/4AO；中、小型SIMATIC S7-300系列，最多可扩展32个模块；中、高档性能的SIMATIC S7-400系列，最多可扩展300多个模块。

S7-300/400系列PLC均采用模块式结构，由机架和模块组成。品种繁多的CPU模块、信号模块和功能模块能满足各种领域的自动控制任务，用户可以根据系统的具体需求选择合适的模块，维修时更换模块也很方便。当系统规模扩大和更为复杂时，可以增加模块，对PLC进行扩展。简单实用的分布式结构和强大的通信联网能力，使其应用十分灵活。近年来，它广泛应用于机床、纺织机械、包装机械、通用机械、控制系统、普通机床、楼宇自动化、电器制造工业等诸多领域。

2.1.2 S7-300/400系列PLC的组成

S7-300/400系列PLC是基于模块化结构设计的，各种模块之间可以进行组合和扩展。它的主要组成部分有机架（或导轨）、电源（PS）模块、中央处理单元（CPU）模块、接口模块（IM）、信号模块（SM）、功能模块（FM）和通信处理器（CP）模块。

1. 机架（或导轨）

如图2-1所示，机架用来安装和固定PLC的各类模块。表2-1给出了S7-300/400机架的特点。

2. 电源（PS）模块

电源模块用于将AC 120/230V电源或DC 24V转换为DC 24V和DC 5V电源，供CPU、I/O

模块、传感器和执行器使用。它与 CPU 模块和其他信号模块之间通过电缆连接，而不是通过背板总线连接。

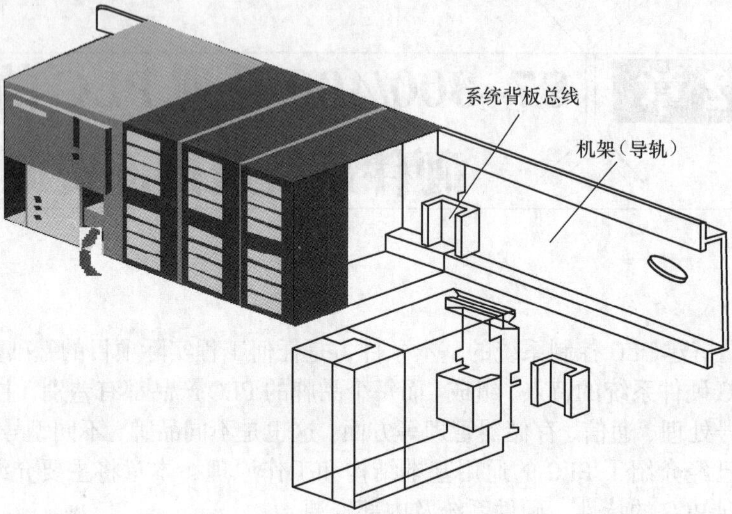

图2-1 PLC机架示意图

表 2-1 S7-300 和 S7-400 的机架

PLC 名称	导轨介绍
S7-300	S7-300 的机架是特质不锈钢或者铝制型板（称为导轨），它的长度有 160mm、482mm、530mm、830mm、2000mm 共 5 种，可根据实际需要选择。电源模块、CPU 及其信号模块都可方便地安装在机架上。除 CPU 模块外，每块信号都带有总线连接器，安装时先将总线连接器装在 CPU 模块上，并固定在机架上，然后依次将各模块装入，通过背板总线将各模块从物理上和电气上连接起来即可
S7-400	S7-400 的机架为各类模块提供支架和电源，并通过背板总线连接各模块。采用分布式总线（P 总线和 C 总线），使 CPU 与中央 I/O 间的通信速度非常快，P 总线（I/O 总线）用于 I/O 信号的高速交换和对信号模块数据的高速访问；C 总线（通信总线，也称为 K 总线）用于在 C 总线各站之间的高速数据交换，C 和 K 分别是英语单词 Communication 和德语单词 Konununikation（通信）的缩写。两种总线分开后，控制和通信分别有各自的数据通道

S7-300 系列 PLC 可供选择的电源模块有：PS305（2A）、PS307（2A）、PS307（5A）、PS307（10A）等。

PS305（2A）电源模块的特点为：连接直流电源（输入电压为 DC 24V/48V/72V/96V/110V）；输出电流为 2A，输出电压为 DC 24V；防短路和开路保护；可靠的隔离特性，符合 EN 60950 标准；可用作负载电源。

PS307系列电源模块是西门子公司为S7-300 PLC专配的DC 24V电源，可安装在S7-300 PLC的专用导轨上，其额定输出电流有 2A、5A、10A 等多种。PS307 系列电源模块除输出额定电流不同，它们的工作原理和各种参数都基本相同。

图 2-2 所示为 PS307 电源模块的布置示意图，图 2-3 所示为 PS307 电源模块的基本电

路原理图。

PS307 系列电源模块的特点包括：连接单相交流系统（输入电压为 AC 120V/230V，50/60Hz）；输出电流为 2A/5A/10A，输出电压为 DC 24V；防短路和开路保护；可靠的隔离特性，符合 EN 60950 标准；可用作负载电源。

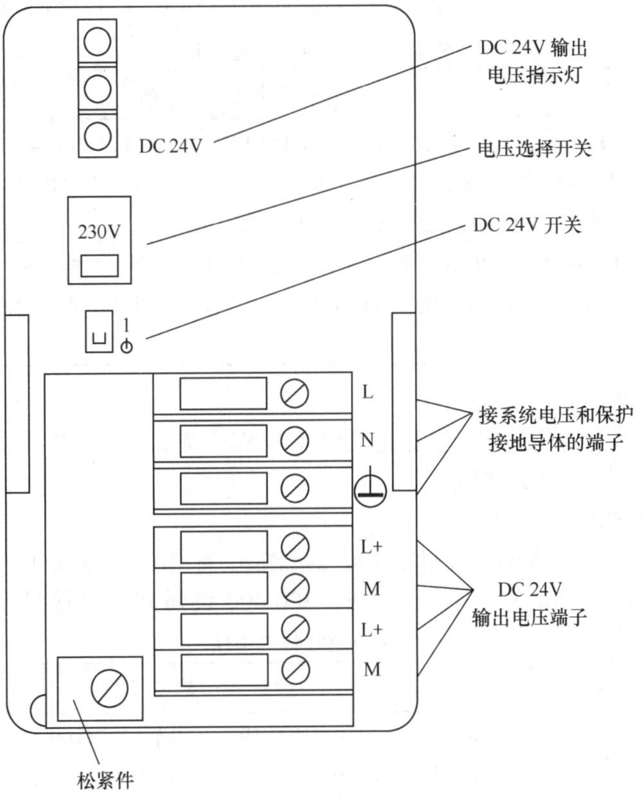

图2-2　PS307电源模块的布置示意图

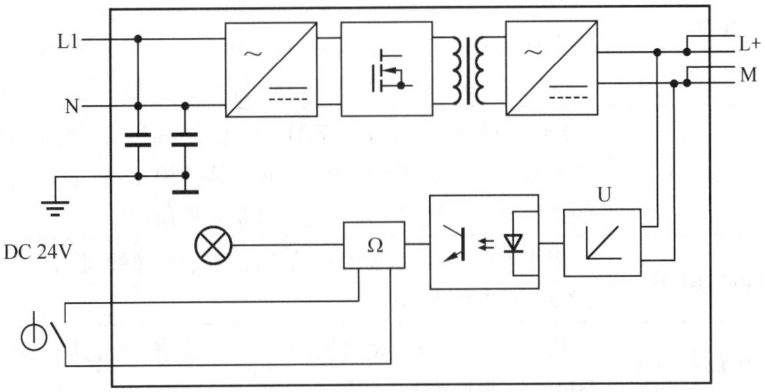

图2-3　PS307电源模块的基本电路原理图

PS307 系列电源模块的输入和输出有可靠的隔离，输出正常电压为 24V 时，绿色 LED 亮；输出过载时，LED 闪烁；输出过电流时，以 PS307（10A）为例，输出电流大于 13A 时，电压跌落，跌落后自动恢复；输出短路时，输出电压消失，短路故障排除后，电压自动恢复。

3. 中央处理单元（CPU）模块

SIMATIC S7-300/400 系列 PLC 提供了多种不同性能的 CPU 模块，以满足用户不同的要求，如表 2-2 所示。各种 CPU 有不同的性能，如有的 CPU 模块集成有数字量和模拟量输入/输出点，有的 CPU 集成有 PROFIBUS-DP 等通信接口。CPU 模块前面板上有状态故障指示灯、模式开关、24V 电源端子、电池盒、存储器模块盒（有的 CPU 没有）等。

表 2-2　　S7-300/400 中央处理单元

PLC 类别	中央处理单元介绍
S7-300	S7-300 PLC 的 CPU 模块种类有 CPU312IFM、CPU313、CPU314、CPU315、CPU315-2DP 等。CPU 模块除完成执行用户程序的主要任务外，还为 S7-300 PLC 背板总线提供 DC 5V 电源，并通过 MPI 与其他中央处理器或编程装置通信
S7-400	S7-400 PLC 的 CPU 模块种类有 CPU412-1、CPU413-1/413-2DP、CPU414-1/414-2DP、CPU416-1 等。S7-400 PLC 的 CPU 模块都具有实时时钟功能、测试功能、内置两个通信接口等特点

4. 接口模块（IM）

接口模块用于多机架配置时连接主机架（或称中央机架，CR）和扩展机架（ER），S7-300/400 的接口模块如表 2-3 所示。

5. 信号模块（SM）

信号模块是数字量输入/输出模块和模拟量输入/输出模块的总称，使不同的过程信号电压或电流与 PLC 内部的信号电平匹配，S7-300/400 系列 PLC 的信号模块如表 2-4 所示。

表 2-3　　S7-300/400 接口模块

PLC 类别	接口模块	模块说明
S7-300	IM360	IM360 接口模块具有的特性：用于 S7-300 机架 0 的接口；通过连接电缆将数据从 IM360 传送到 IM361；IM360 与 IM361 之间的最大距离为 10m
	IM361	IM361 接口模块具有的特性：DC 24V 电源；用于 S7-300 机架 1 到机架 3 的接口；通过 S7-300 背板总线的最大输出电流为 0.8A；通过连接电缆将数据从 IM360 传送到 IM361 或从 IM361 传送到 IM361；IM360 和 IM361 之间的最大距离为 10m；IM361 和 IM361 之间的最大距离为 10m
	IM365	IM365 接口模块具有的特性：为机架 0 和机架 1 预先组合好的配对模块；总电流为 1.2A，其中每个机架最大能使用 0.8A；已固定连接好一根长 1m 的连接电缆；机架 1 中只能安装信号模块
S7-400	IM460/461-0	用于不带 PS 发送器的局域连接，带通信总线，其中 IM460-0 为发送 IM，IM461-0 为接收 IM
	IM460/461-1	用于带 PS 发送器的局域连接，不带通信总线，其中 IM460-1 为发送 IM，IM461-1 为接收 IM
	IM460/461-3	IM460/461-3 接口模块，用于最长 102m 的远程连接，带通信总线，其中 IM460-3 为发送 IM，IM461-3 为接收 IM
	IM460/461-4	用于最长 605m 的远程连接，不带通信总线，其中 IM460-4 为发送 IM，IM461-4 为接收 IM

续表

PLC 类别	接口模块	模块说明
S7-400	IM463-2	用于 S5 扩展单元与 S7-400 的分布式连接。在 S7-400 系列 PLC 的中央机架（CR）中使用 IM463-2，在 S5 扩展单元中使用 IM314。可以连接到 S7-400 的 S5 扩展单元为 EU183U、EU185U、EU186U、ER701-2、ER701-3，并可以使用适合于这些 EU 与 ER 的各种数字量和模拟量 I/O 模块
S7-400	IM467/IM 467 FO	IM467/IM 467 FO 接口模块为 PROFIBUS-DP 主站接口，可以在现场实现编程器、PC 与现场设备之间的快速通信。PROFIBUS-DP 现场设备是指诸如 ET 200 分布式 I/O 设备、驱动器、阀、开关及其他设备。 IM467/IM 467 FO 接口模块使用在 S7-400 系列 PLC 中，它允许 S7-400 与 PROFIBUS-DP 连接。在中央机架（CR）中最多可使用 4 个 IM467/IM 467 FO 接口模块，没有插槽限制；IM467/IM 467 FO 与 CPU443-5 扩展型不能同时使用；传输速率可通过软件设置为 9.6kbit/s～12Mbit/s

表 2-4 S7-300/400 信号模块

PLC 类别	信号模块介绍
S7-300	数字量输入模块 SM321、数字量输出模块 SM322，数字量输入/输出模块 SM323、模拟量输入模块 SM331、模拟量输出模块 SM332、模拟量输入/输出模块 SM334 和 SM335。模拟量输入模块可以输入热电阻、热电偶、DC 4～20mA、DC 0～10V 等多种不同类型和不同量程的模拟信号。每个信号模块都配有自编码的螺栓锁紧型前连接器，外部过程信号可方便地连在信号模块前连接器上
S7-400	数字量输入模块 SM421 和数字量输出模块 SM442，模拟量输入模块 SM431 和模拟量输出模块 S432

6. 功能模块（FM）

功能模块主要用于实时性强、存储计数量较大的过程信号处理任务，S7-300/400 系列 PLC 的功能模块如表 2-5 所示。

表 2-5 S7-300/400 的功能模块

PLC 类别	功能模块介绍
S7-300	计数器模块 FM350-1/2、快速/慢速进给驱动位置控制模块 FM351、电子凸轮控制器模块 FM352、步进电动机定位模块 FM353、伺服电动机定位模块 FM354、定位和连续路径控制模块 FM338、闭环控制模块 FM355 和 FM355-2/2C/2S、称重模块 SIWAREX U/M、智能位控制模块 SINUMERIK FM-NC 等
S7-400	计数器模块 FM450-1、快速/慢速进给驱动位置控制模块 FM451、电子凸轮控制器模块 FM452、步进电动机和伺服电动机定位模块 FM453、闭环控制模块 FM455、应用模块 FM458-1DP、S5 智能 I/O 模块等

7. 通信处理器（CP）模块

通信处理器模块是一种智能模块，它用于 PLC 之间、PLC 与计算机或其他智能模块之间的通信，可以将 PLC 接入 PROFIBUS-DP、AS-i 和工业以太网，或用于实现点对点通信等。通信处理器可以减轻 CPU 处理通信的负担，并减少用户对通信的编程工作，S7-300/400 系列 PLC

的通信处理器模块的介绍如表 2-6 所示。

表 2-6　S7-300/400 系列 PLC 的通信处理器模块

PLC 类别	通信处理器模块介绍
S7-300	S7-300 系列 PLC 有多种用途的通信处理器模块，如 CP340、CP342-5DP、CP343-FMS 等。其中，既有为装置进行点对点通信设计的模块，也有为 PLC 上网到西门子的低速现场总线网 SINEC L2 和高速网 SINEC H1 而设计的网络接口模块
S7-400	S7-400 系列 PLC 的通信处理器模块有 CP441-1、CP441-2、CP443-5、CP443-1 TF 等。它们用来与各种通信设备互联

2.1.3　S7-300/400 系列 PLC 的结构

1. S7-300 系列 PLC 的结构

S7-300 系列 PLC 采用紧凑的、无槽位限制的模块化组合结构，根据应用功能的不同，可选用不同型号和不同数量的模块，并可以将这些模块安装在同一个机架（导轨）或者多个机架上。与 CPU312IFM 和 CPU313 配套的模块只能安装在同一个机架上。机架是一种 PLC 专用的金属机架，只需将模块装在 DIN 标准的安装机架上，然后用螺栓锁紧就可以了。有多种不同长度规格的机架供用户选择。

S7-300 系列 PLC 的结构如图 2-4 所示，电源模块安装在机架的最左边，CPU 模块紧靠电源模块；如果有接口模块（IM），接口模块放在 CPU 模块的右侧；除了电源模块、CPU 模块和接口模块外，一个机架上最多只能再安装 8 个信号模块、通信处理器模块或功能模块。

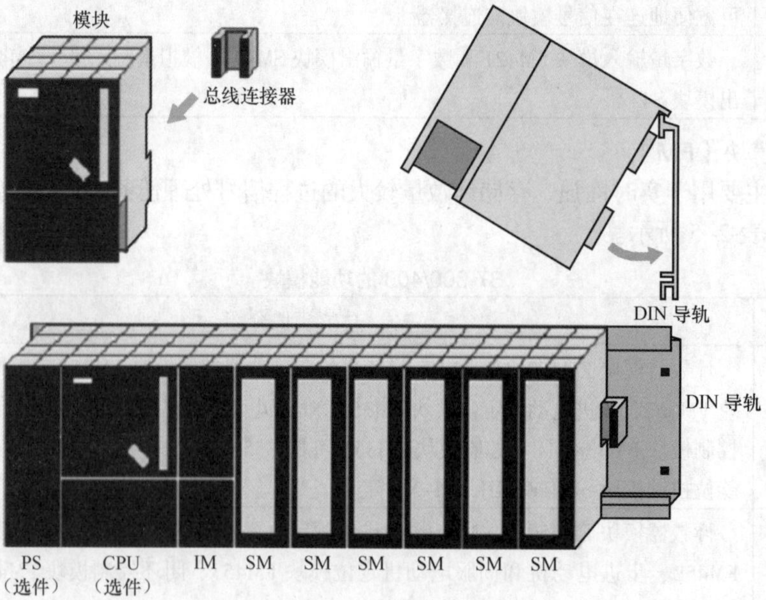

图2-4　S7-300系列PLC的结构

如果系统任务需要的信号模块、功能模块和通信处理器模块总数超过 8 块，则可以增加扩展机架（ER）来进行系统的扩展，如图 2-5 所示。CPU314/315/315-2DP 最多可以扩展 4 个机架，包括带 CPU 的中央机型（CR）和 3 个扩展机架（ER），每个机架可以插 8 个模块（不包括电源模块、CPU 模块和接口模块），4 个机架最多可以安装 32 个模块。

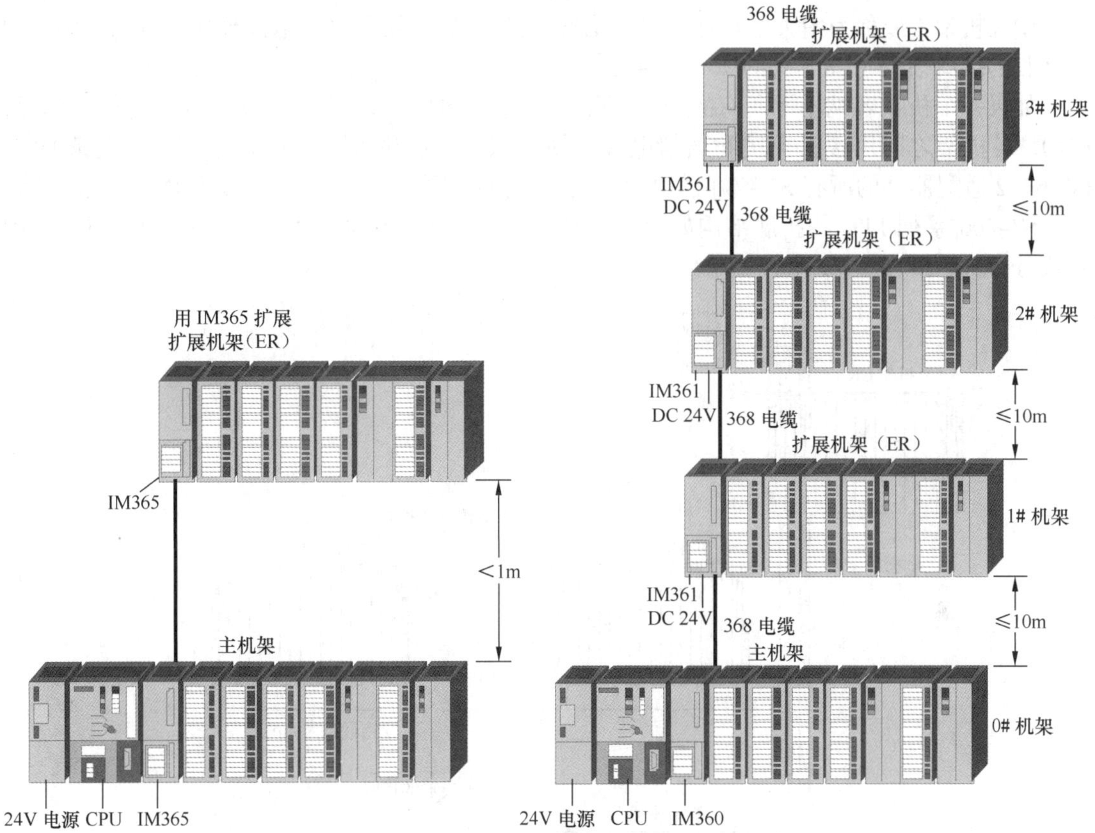

图2-5　S7-300系列PLC的扩展结构（CPU314以上）

2. S7-400 系列 PLC 的结构

S7-400 系列 PLC 采用模块化无风扇设计，适用于可靠性要求极高的大型复杂的控制系统。其标准模块的尺寸为 25mm（宽）× 290mm（高）× 210mm（深）。

S7-400 系列 PLC 的结构如图 2-6 所示。S7-400 系列 PLC 的模块安装采用无槽位规则，除电源和扩展机架（ER）的接口模块外，所有模块均可插入任何槽位。

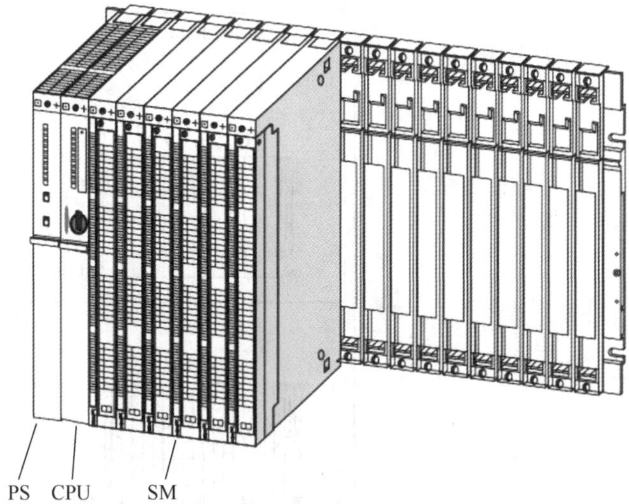

图2-6　S7-400系列PLC的结构

S7-400 系列 PLC 的机架用来固定模块、提供模块工作电压和实现局部接地，并通过信号总线将不同模块连接在一起。模块插座焊在机架中的总线连接板上，模块插在模块插座上，有不同槽数的机架供用户选用。

S7-400 系列 PLC 提供了多种级别的 CPU 模块和种类齐全的通用功能模块，使用户能根据需要组合成不同的专用系统。S7-400 系列 PLC 采用模块化设计，性能范围宽广，不同模块可以灵活组合，扩展十分方便。

中央机架（或称为中央处理器，CR）必须配置 CPU 模块和一个电源模块，可以安装除用于接收的接口模块（IM）外的所有 S7-400 模块。

如果一个机架容纳不下所有的模块，可以增设一个或者多个扩展机架（或称为扩展单元，EU），各机架之间用接口模块和通信电缆交换信息，扩展机架可以安装除 CPU、发送 IM、IM463-2 适配器外的所有 S7-400 模块，但是电源模块不能与 IM461-1（接收 IM）一起使用。

S7-400 系列 PLC 的扩展结构如图 2-7 所示。当中央控制器不够用时，S7-400 可以集中式或分布式扩展多达 21 个扩展单元。

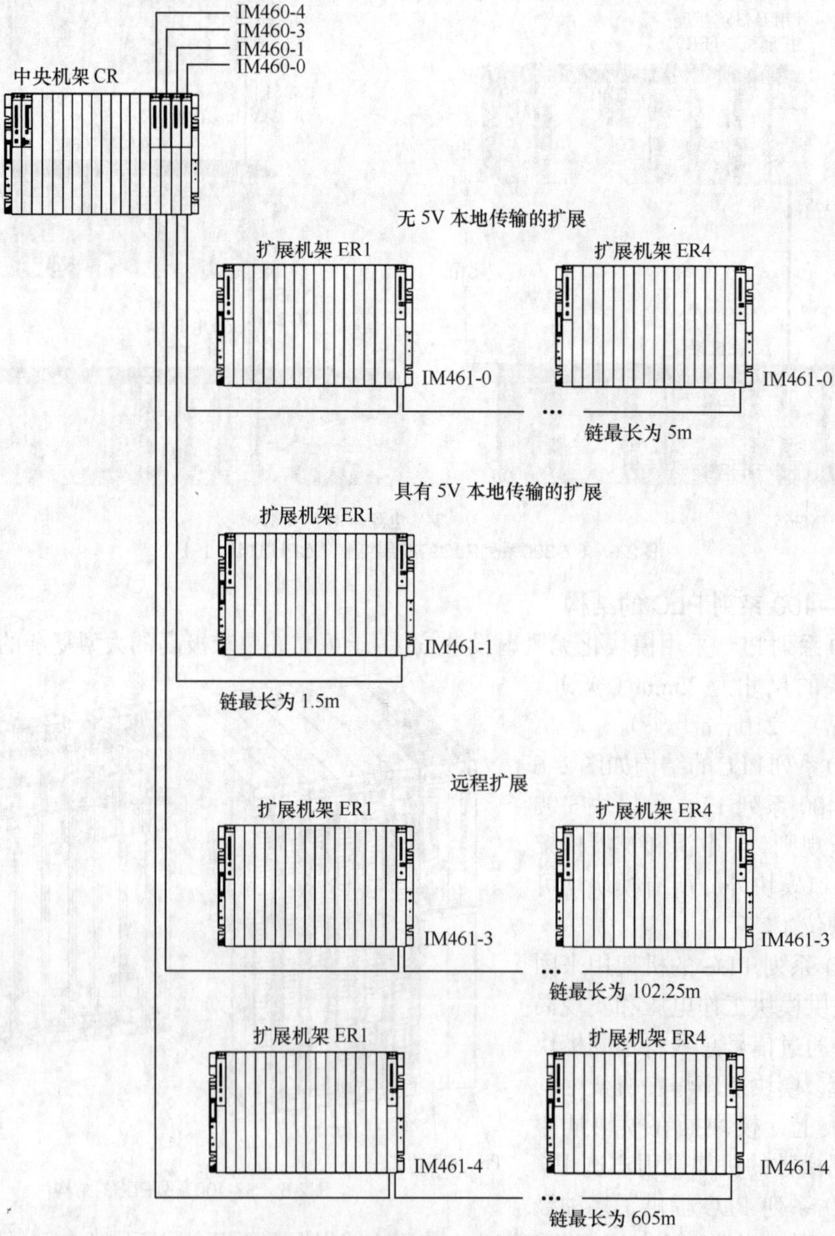

图2-7　S7-400系列PLC的扩展结构

S7-400 系列 PLC 具有以下 5 个特点。

① 运行速度高，存储器容量大，I/O 扩展能力强，可以扩展 21 个机架。

② 有极强的通信能力，容易实现分布式结构和冗余控制系统，集成的 MPI（多点接口）能建立最多 32 个站的简单网络。大多数 CPU 集成有 PROFIBUS-DP 主站接口，可以用来建立高速的分布式系统。从用户的角度看，分布式 I/O 的处理与集中式 I/O 没有什么区别，具有相同的配置、寻址和编程方法。CPU 能与在通信总线和 MPI 上的站点建立联系，最多为 16～44 个站点，通信传输速率最高 12Mbit/s。

③ 通过钥匙开关和口令实现安全保护。

④ 诊断功能强，最新的故障和中断时间保存在 FIFO（先入先出）缓冲区中。

⑤ 集成地 HMI（人机接口）服务，用户只需要为 HMI 服务定义源和目的地址，系统会自动地传送信息。

S7-400 系列 PLC 与 S7-300 系列 PLC 一样，都用 STEP 7 编程软件编程，编程语言与编程方法完全相同。

2.2 CPU 模块及性能特点

SIMATIC S7-300/400 系列 PLC 提供了不同性能的 CPU 模块，以满足用户不同的要求。

2.2.1 S7-300 系列 PLC 的 CPU 模块

S7-300 有 CPU312IFM、CPU313、CPU314、CPU314IFM、CPU315/315-2DP、CPU316-2DP、CPU318-2DP 等多种不同的中央处理单元模块可供选择。CPU312IFM、CPU314IFM 是带有集成的数字量和模拟量输入/输出的紧凑型 CPU 模块，用于要求响应快速并具有许多特殊功能的装备。CPU313、CPU314、CPU315 模块上不带集成的 I/O 端口，其存储容量、指令执行速度、可扩展的 I/O 点数、计数器/定时器数量、软件块数量等随序号的递增而增加。CPU315-2DP、CPU316-2DP、CPU318-2DP 模块都具有现场总线扩展功能。CPU 模块以梯形图（LAD）、功能块（FBD）或语句表（STL）进行编程。

1. CPU 模块的性能概述

中央处理单元（CPU）模块的技术参数如表 2-7 所示，包括存储器容量、指令执行时间、最大 I/O 点数、位存储器、计数器、定时器数量等。

表 2-7 S7-300 CPU 的技术参数

项目	SIMATIC S7-300				
	CPU312IFM	CPU313	CPU314	CPU315	CPU315-2DP
存放程序和数据的 RAM（内置）	6KB/典型 2KB 语句	12KB/典型 4KB 语句	24KB/典型 8KB 语句	48KB/典型 16KB 语句	48KB/典型 16KB 语句
每 1KB 二进制语句执行时间（ms）	0.6	0.6	0.3	0.3	0.3
位存储器（个）	1024	2048	2048	2048	2048
计数器（个）	32	64	64	64	64
定时器（个）	64	128	128	128	128

续表

项目	SIMATIC S7-300				
	CPU312IFM	CPU313	CPU314	CPU315	CPU315-2DP
数字量输入/输出（主机）（点数）	144/16	128/0	512/0	1024/0	1024/0 可自由编址
模拟量输入/输出（主机）（点数）	32	32	64	128	128 可自由编址
操作员接口系统	■	■	■	■	■
通信口	MPI	MPI	MPI	MPI	MPI
网络	SINEC L2/L2 DP	SINEC L2/L2 DP	SINEC L2/L2 DP	SINEC L2/L2 DP	SINEC L2/L2 DP
实时时钟	—	—	内置	内置	内置

注：① ■=适用/可用。

② —=不可安装/未安装。

③ 1 语句=3 字节（典型）。

S7-300 系列 PLC CPU 的性能参数如表 2-8 所示。

表 2-8　　S7-300 系列 PLC CPU 的性能参数

CPU 名称	性能参数
CPU312IFM CPU 模块	CPU312IFM CPU 是用于小型设备的不采用模拟技术的紧凑型 CPU 模块，模块上的数字 I/O 端口允许直接与过程相连。CPU312IFM 内置 6KB 的 RAM，其装载存储器为内置 20KB 的 RAM 和 20KB 的 EPROM，指令执行速度为 600ms/二进制指令
CPU313 CPU 模块	CPU313 是具有更大程序存储器、低成本的解决方案，适用于对速度要求较高、程序较大的小型应用领域。CPU313 内置 12KB 的 RAM，其装载存储器为内置 20KB 的 RAM，可用存储卡扩充装载存储器，最大容量为 256KB，指令执行速度为 600ms/二进制指令。扩展模块只能装在一个机架上，最大扩展 128 点数字量和 32 路模拟量通道
CPU314 CPU 模块	CPU314 适用于要求高速处理和中等 I/O 规模的任务。它可以装载中等规模的程序，并具有中等的指令执行速度。CPU314 内置 24KB 的 RAM，其装载存储器为内置 40KB 的 RAM，可用存储卡扩充装载存储器，最大容量可为 512KB，指令执行速度为 300ms/二进制指令。最大可扩展 512 点数字量和 64 路模拟量通道。CPU314 内装硬件实时时钟
CPU314IFM CPU 模块	CPU314IFM 是响应快速并具有许多特殊功能的紧凑型 CPU 模块。扩展的特殊功能和特殊 I/O 可以构成特殊的解决方案，如高速计数、频率测量、开环定位控制、闭环控制、过程中断等。CPU314 IFM 内置 32KB 的 RAM，可用存储卡扩充装载存储器，最大容量为 512KB，指令执行速度为 300ns/二进制指令。CPU314 IFM 内装硬件实时时钟
CPU315/CPU 318-2DP CPU 模块	CPU315 是具有中到大容量程序存储器和大规模 I/O 配置的 CPU 模块。CPU315-2DP 是具有中到大容量程序存储器和 PROFIBUS-DP 主/从接口的 CPU 模块，用于包括分布式及集中式 I/O 的任务中。CPU315/CPU318-2DP 具有 48/64KB、内置 80/96KB 的装载存储器（RAM），可用存储卡扩充装载存储器，最大容量为 512KB，指令执行速度为 300ns/二进制指令，最大可扩展 1024/1048 点数字量或 128/256 路模拟量通道。其他特性与 CPU314 相同

续表

CPU 名称	性能参数
CPU316-2DP CPU 模块	CPU316-2DP 是具有大容量程序存储器和 PROFIBUS-DP 主/从接口以及大规模 I/O 点配置的功能强大的 CPU 模块。它用于包括分布式及集中式 I/O 的任务中。CPU316-2DP 具有 128KB 的工作存储器。CPU316-2DP 可调用 256 个功能块（FB，0～256），512 个功能调用块（FC，0～512），511 个数据块（DB，1～511，0 保留）

2. CPU 模块的面板

S7-300 系列 PLC CPU 模块的面板上有状态和故障指示 LED、模块选择开关、通信接口等，如图 2-8 所示，其面板的操作说明如表 2-9 所示。大多数 CPU 还有后备电池盒，存储器卡插座可以插入多达数兆字节的 Flash EPROM 卡或微存储器卡（简称为 MMC），用于掉电后程序和数据的保存。

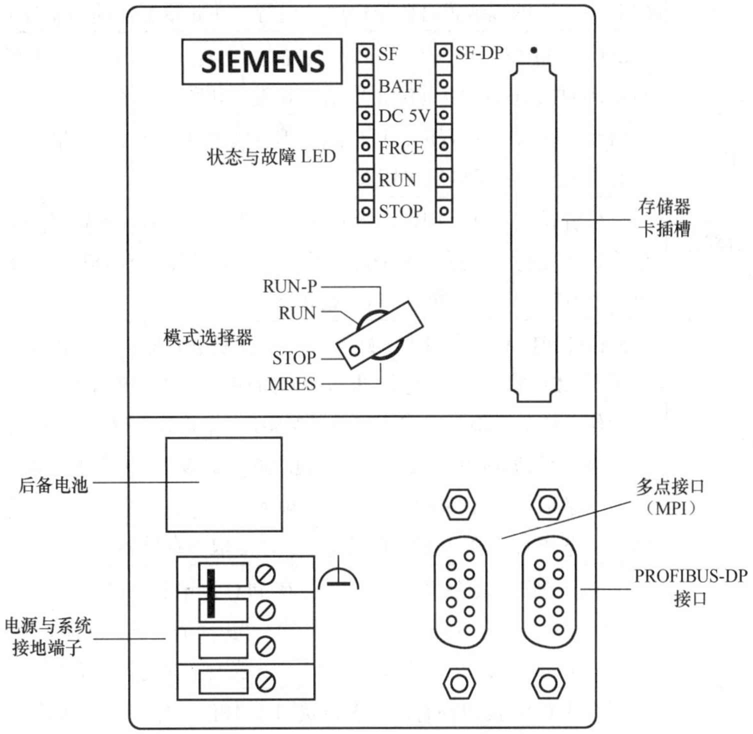

图2-8　CPU318-2DP面板示意图

表 2-9　S7-300 系列 PLC CPU 面板的操作说明

面板按钮名称		功能及说明
状态与故障指示灯 LED	SF	系统出错/故障指示，红色。该 LED 指示灯亮的原因有：CPU 硬件故障、固件故障、编程出错、参数设置出错、算术运算出错、定时器出错、存储卡故障（只在 CPU313 和 CPU314 以上）、电池故障或电源接通时无后备电池（只用于 CPU313 和 CPU314 上）、外部 I/O 故障或错误。可通过编程装置读出诊断缓冲器中的内容，以确定故障/错误的具体原因
	BATF	电池故障指示，红色，电池电压或没有电池时亮
	DC 5V	+5V 电源指示，绿色，CPU 和 S7-300 总线的 5V 电源正常时亮

续表

面板按钮名称		功能及说明
状态与故障指示灯LED	FRCE	强制信号指示，黄色，至少有一个 I/O 被强制时亮，部分低序号 CPU 该指示灯功能为保留（未用）
	RUN	运行模式指示，绿色，CPU 处于 RUN 状态时亮，重新启动时以 2Hz 的频率闪亮，HOLD 状态时以 0.5Hz 的频率闪亮
	STOP	停止模式指示，黄色，CPU 处于 STOP、HOLD 状态或重新启动时亮，请求存储器复位时以 2Hz 的频率闪亮
	SF-DP	用于指示现场总线及 DP 接口的错误
模式选择器	RUN-P（可编程运行方式）	CPU 扫描用户程序，既可以用编程装置从 CPU 中读出，也可以由编程装置装入 CPU 中。用编程装置可监控程序的运行，在此位置钥匙不能拔出
	RUN	CPU 扫描用户程序，可以用编程装置读出并监控 PLC CPU 中的程序，但不能改变装载存储器中的程序。在此位置可以拔出钥匙，以防止程序在正常运行时被改变运行方式
	STOP	CPU 不扫描用户程序，可以通过编程装置从 CPU 中读出，也可以下载程序到 CPU，在此位置可以拔出钥匙
	MRES（清除存储器方式）	该位置瞬间接通，用以清除 CPU 的存储器。MRES 位置不能保持，在这个位置松手时开关将自动返回 STOP 位置。将钥匙开关从 STOP 状态扳到 MRES 位置，可复位存储器，使 CPU 回到初始状态
微存储器卡（MMC）		Flash EPROM 微存储卡（MMC）用于在断电时保护用户程序和某些数据，它可以扩展 CPU 的存储器容量，也可以将有些 CPU 的操作系统保存在 MMC 中，这对于操作系统的升级是非常方便的。MMC 用作装载存储器或便携式保存媒体。 如果在写访问过程中拆下 SIMATIC 微存储器卡，卡中的数据会被破坏。在这种情况下必须将 MMC 插入 CPU 中并删除它，或在 CPU 中格式化存储器卡。只有在断电状态或 CPU 处于 STOP 模式时，才能取下存储器卡
电池盒		电池盒是安装后备锂电池的盒子，在 PLC 断电后，锂电池用来保证实时时钟的正常运行，并可以在 RAM 中保存用户程序和更多的数据，保存的时间为 1 年。有的低端 CPU（如 CPU312IFM 与 CPU313）因为没有实时时钟，所以没有配备锂电池
通信接口		所有的 CPU 模块都有一个多点接口（MPI），有的 CPU 模块有一个 MPI 和一个 PROFIBUS-DP 接口，有的 CPU 模块有一个 MPI/DP 接口和一个 DP 接口。 MPI 用于 PLC 与其他西门子 PLC、PG/PC（编程器或个人计算机）、OP（操作员接口）的通信。CPU 通过 MPI 或 PROFIBUS-DP 接口在网络上自动地广播它设置的总线参数（即波特率），PLC 可以自动地“挂到”MPI 网络上。 PROFIBUS-DP 的传输速率最高 12Mbit/s，用于与其他西门子带 DP 接口的 PLC、PG/PC、OP 和其他 DP 主站和从站的通信
电源接线端子		电源模块的 L1、N 端子接 AC 220 电源，电源模块的接地端子和 M 端子一般用短路片短接后接地，机架的导轨也应接地。 电源模块上的 L+和 M 端子分别是 DC 24V 输出电压的正极和负极，用专用的电源连接器或导线连接电源模块和 CPU 模块的 L+和 M 端子

CPU 模块上的 M 端子（系统的参考点）一般是接地的，接地端子与 M 端子用短接片连接。某些大型工厂（如化工厂或发电厂）为了监视对地的短路电源，可能采用浮动参考电位，这时应将 M 点与接地点之间的短接片去掉，可能存在的干扰电流通过集成在 CPU 中 M 点与接地点之间的 RC 电路，如图 2-9 所示，对接地母线放电。

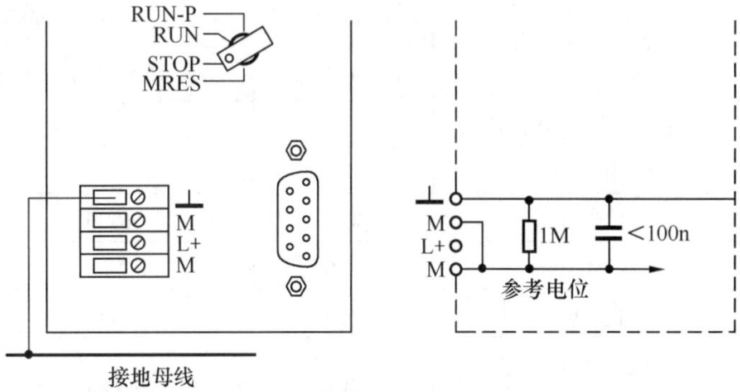

图2-9　S7-300的浮动参考电位

3. CPU 模块的测试和诊断故障功能

S7-300 系列 PLC 的中央处理单元（CPU）提供了测试和诊断故障功能，通过编程装置和 STEP 7 软件可以查看这些相应内容。CPU 模块的测试功能包括状态变量、强制变量、状态块 3 种，它们的功能及用法如表 2-10 所示。编程器在程序执行过程中可显示信号状态，可改变与用户程序无关的变量，输出存储器堆栈中的内容。

表 2-10　S7-300 系列 PLC CPU 模块的测试功能

名称	功能及说明
状态变量	“状态变量”测试功能用于监视用户程序执行过程中所选定的过程变量的数值。它的作用是在规定的点（循环结束/开始，从 RUN 到 STOP 转变时）监视选定的过程变量（输入、输出、位存储器、定时器、计数器、数据块等）
状态块	“状态块”测试功能与“状态变量”测试功能的作用类似，只是监视的对象不同。“状态块”是监视一个和程序顺序相关的块，用来支持启动和故障诊断。它提供了在指令执行中监视某一内容的可能性，如累加器、地址寄存器、状态寄存器、DB 寄存器等
强制变量	“强制变量”测试功能可以给所选定的过程变量强制赋值，强制改变用户程序的执行条件。它的作用是在规定的点（循环结束/开始，从 RUN 到 STOP 转变时）给选定的过程变量赋值。同样的，可强制改变用户程序的执行条件

2.2.2　S7-400 系列 PLC 的 CPU 模块

1. CPU 模块的性能概述

S7-400 系列 PLC 的 CPU 模块种类有 CPU412-1、CPU413-1/413-2DP、CPU414-1/414-2DP、CPU416-1。CPU414-1 和 CPU414-2DP 适用于中等性能，对程序规模、指令处理速度及通信要求较高的场合；CPU416-1 适用于高性能要求的复杂场合，具有集成 DP 接口的 CPU 可作为 PROFIBUS-DP 的主站。

部分中央处理单元（CPU）的技术参数如表 2-11 所示，包括存储器容量、指令执行时间、I/O 点数、位存储器、计数器、定时器数量、通信接口等。

表 2-11　S7-400 CPU 的技术参数

项目	SIMATIC S7-400			
	CPU412-1	CPU413-1/413-2DP	CPU414-1/414-2DP	CPU416-1
存放程序和数据的 RAM（内置）（KB）	48	72	128	512

续表

项目	SIMATIC S7-400			
	CPU412-1	CPU413-1/413-2DP	CPU414-1/414-2DP	CPU416-1
每 1KB 二进制语句执行时间（ms）	0.2	0.2	0.1	0.08
位存储器（个）	4096	4096	8192	16384
计数器（个）	256	256	256	512
定时器（个）	256	256	256	512
数字量输入/输出（主机）（点数）	4000	16000	64000	128000
模拟量输入/输出（主机）（点数）	256	1024	4096	8192
通信口	MPI	MPI，SINEC L2/L2-DP	MPI，SINEC L2/L2-DP	MPI
网络	SINEC L2/H1	SINEC L2/H1	SINEC L2/H1	SINEC L2/H1
实时时钟	内置	内置	内置	内置

S7-400 系列 PLC 的 CPU 模块的共同特性如表 2-12 所示。

表 2-12　　S7-400 系列 PLC 的 CPU 模块的共同特性

特征名称	性能参数
中央机架与扩展模块	S7-400 有 1 个中央机架，可扩展 21 个扩展机架。使用 UR1 或 UR2 机架时最多安装 4 个 CPU。每个中央机架最多使用 6 个 IM（接口模块），通过适配器在中央机架上可以连接 6 块 S5 模块
实时时钟功能	CPU 有后备时钟和 8 个计数器，8 个时钟位存储器，有日期时间同步功能，同步时在 PLC 内和 MPI 上可以作为主站和从站
IEC 定时器/计数器功能	S7-400 都有 IEC 定时器/计数器（SFB 类型），每一优先级嵌套深度 24 级，在错误 OB 中附加 2 级
测试功能	可以测试 I/O、位操作、DB（数据块）、分布式 I/O、定时器和计数器；可以强制 I/O、位操作和分布式 I/O。有状态和单步执行功能，调试程序时可以设置断点
功能模块（FM）和通信处理器（CP）	功能模块（FM）和通信处理器（CP）的块数只受槽的数量和通信的连接数量的限制。S7-400 可以与编程器和操作员面板（OP）通信，有全局通信功能。在 S7 通信中，可以作为服务器和客户机，分别为编程器（PG）和 OP 保留了一个连接
CPU 模块内置的第一个通信接口的功能	第一个通信接口可以作为 MPI（默认装置）和 DP 主站，有光隔离功能。 作为 MPI 接口时，可以与编程器和 OP 通信，作为路由器。全局数据通信的 GD 包最大为 64KB。S7 标准通信每个作业的用户数据最大为 76Byte，S7 通信每个作业的用户数据最大为 64KB。内置的各通信接口最大传输速率为 12Mbit/s。 作为 DP 主站时，可以与编程器和 OP 通信，支持内部节点通信，有等时线和 SYNC/FREEZE 功能，除 S7-412 外，有全局通信、S7 标准通信和 S7 通信功能。最多有 32 个

续表

特征名称	性能参数
	DP 从站，可以作为路由器，插槽数最多 512 个。最大地址区为 2KB，每个 DP 从站的最大可用数据为 244Byte 输入/244Byte 输出
CPU 模块内置的第二个通信接口的功能	第二通信接口可以作为 DP 主站（默认设置）和 PtP（点对点）接口，有光隔离功能。作为 DP 主站时，可以与编程器和 OP 通信，支持内部节点通信，有等时线和 SYNC/FREEZE 功能。每个 DP 从站的最大可用数据为 244Byte 输入/244Byte 输出

2. CPU 模块的面板

S7-400 系列 PLC CPU 模块的面板上有状态和故障指示 LED、模式选择开关、存储卡插座、通信接口、外部后备电源输入接口等，如图 2-10 所示，面板的操作说明如表 2-13 所示。其中 S7-400 系列 PLC 不同型号的 CPU 的面板上元件不完全相同。

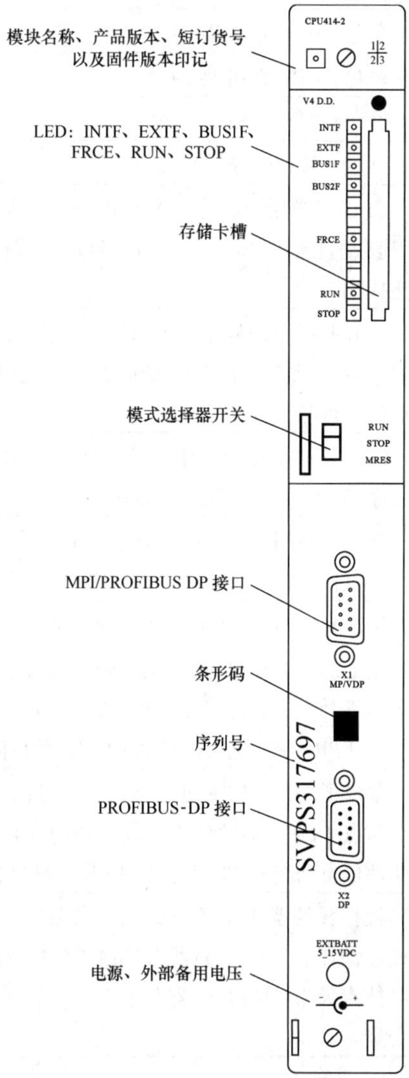

图2-10 S7-400系列PLC CPU41x-2的面板示意图

表 2-13 S7-400 系列 PLC CPU 面板操作说明

面板按钮名称		功能及说明
状态与故障指示灯 LED	INTF	红色，内部故障
	EXTF	红色，外部故障
	FRCE	黄色，强制工作
	RUN	绿色，运行状态
	STOP	黄色，停止状态
	BUS1F	红色，MPI/PROFIBUS DP 接口 1 的总线故障
	BUS2F	红色，MPI/PROFIBUS DP 接口 2 的总线故障
	MSTR	黄色，CPU 运行
	REDF	红色，冗余错误
	RACK0	黄色，CPU 在机架 0 中
	RACK1	黄色，CPU 在机架 1 中
	IFM1F	红色，接口子模块 1 故障
	IFM2F	红色，接口子模块 2 故障
模式选择器	RUN-P（可编程运行方式）	CPU 扫描用户程序，既可以用编程装置从 CPU 中读出，也可以由编程装置装入 CPU 中。用编程装置可监控程序的运行，在此位置钥匙不能拔出
	RUN	CPU 扫描用户程序，可以用编程装置读出并监控 PLC CPU 中的程序，但不能改变装载存储器中的程序。在此位置可以拔出钥匙，以防止程序在正常运行时被改变运行方式
	STOP	CPU 不扫描用户程序，可以通过编程装置从 CPU 中读出，也可以下载程序到 CPU。在此位置可以拔出钥匙
	MRES（清除存储器方式）	该位置瞬间接通，用以清除 CPU 的存储器。MRES 位置不能保持，在这个位置松手时开关将自动返回 STOP 位置
存储器卡插槽	RAM 卡	用 RAM 卡可以扩展 CPU 装载存储器的容量
	Flash EPROM 卡	用 Flash EPROM 卡存储程序和数据，即使没有后备电池的情况下，其内容也不会丢失。可以在编程器或者 CPU 上编写 Flash EPROM 卡的内容。Flash EPROM 卡也可以扩展 CPU 装载存储区的容量
通信接口		集成了 MPI 和 DP 通信接口，并可选配 PROFIBUS-DP、工业以太网和点对点（PtP）通信模块。通过 PROFIBUS-DP 或 AS-i 现场总线，可以周期性地自动交换 I/O 模块的数据（过程映像数据交换）
后备电源		根据模块类型的不同，可以使用一个或两个后备电池，为存储在装载存储器、工作存储器 RAM 中的用户程序和内部时钟提供后备电源，保持存储器中的存储器位、定时器、计数器、系统数据和数据块中的变量

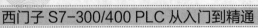

2.3　输入/输出模块及模块地址的确定

输入/输出模块统称为信号模块（SM），包括数字量（开关量）输入模块、数字量输出模块、数字量输入/输出模块、模拟量输入模块、模拟量输出模块和模拟量输入/输出模块。

2.3.1　S7-300 系列 PLC 的信号模块

S7-300 系列 PLC 的输入/输出模块的外部接线接在插入式的前连接器的端子上，前连接器插在前盖后面的凹槽内。无须断开前连接器上的外部连线，就可以迅速地更换模块。第一次插入连接器时，有一个编码元件与之啮合，这样该连接器就只能插入同样类型的模块中。

信号模块面板上的 LED 用来显示各数字量输入/输出点的信号状态，模块安装在 DIN 标准导轨上，通过总线连接器与相邻的模块连接。模块的默认地址由所在的位置决定，也可以用 STEP 7 指定模块的地址。

1. 数字量模块

（1）数字量输入模块 SM321

数字量输入模块将现场过程送来的数字 1 信号电平转换成 S7-300 内部信号电平。数字量输入模块有直流输入方式和交流输入方式。对现场输入器件，仅要求提供开关触点即可。输入信号进入模块后，一般都经过光电隔离和滤波，然后才送至输入缓冲期等待 CPU 采样。采样时，信号经过背板总线进入输入映像区。

图 2-11 所示为直流 32 点数字量输入模块的内部电路和外部端子接线图，图中只画出了 2 路输入电路，其中的 M 为同一输入组内输入信号的公共端，L+为负载电压输入端。

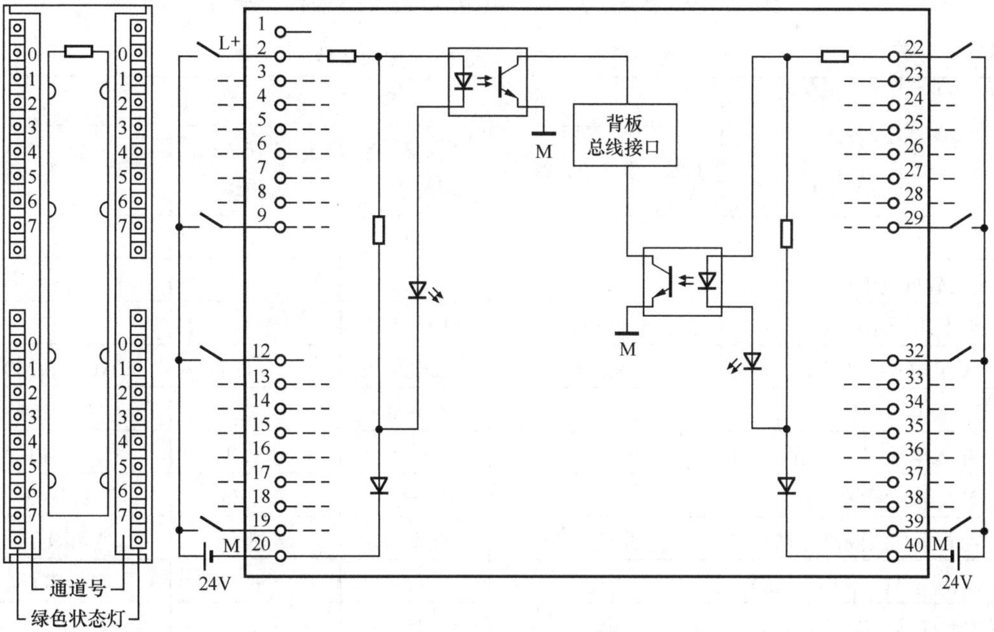

图2-11　直流32点数字量输入模块的内部电路及外部端子接线图

图 2-12 所示为交流 32 点数字量输入模块的内部电路及外部端子接线图。其中的 1N 和

1L、2N 和 2L、3N 和 3L、4N 和 4L 等分别为同一输入组内各输入信号的交流电源零线和相线输入端。

数字量输入模块 SM321 的技术特性如表 2-14 所示。模块的每个输入点有一个绿色发光二极管显示输入状态，输入开关闭合（即有输入电压）时，二极管点亮。

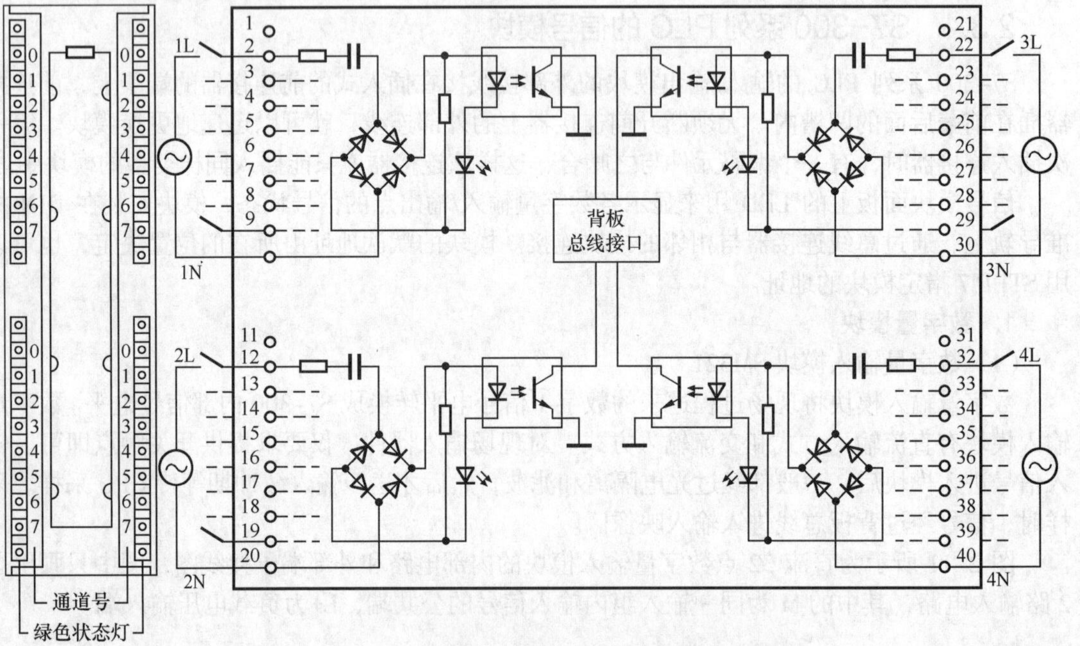

图2-12　交流32点数字量输入模块的内部电路及外部端子接线图

表 2-14　　数字量输入模块 SM321 的技术特性

技术特性	SM321 模块			
	直流 16 点输入模块	直流 32 点输入模块	交流 16 点输入模块	交流 8 点输入模块
输入点数	16	32	16	8
额定负载直流电压 L+（V）	24	24	—	—
负载电压范围（V）	20.4～28.8	20.4～28.8	—	—
额定输入电压（V）	DC 24	DC 24	AC 120	AC 120/230
额定输入电压“1”范围（V）	13～30	13～30	79～132	79～264
额定输入电压“2”范围（V）	−3～5	−3～5	0～20	0～40
输入电压频率（Hz）	—	—	47～63	47～63
与背板总线隔离方式	光耦合	光耦合	光耦合	光耦合
输入电流（“1”信号）(mA)	7	7.5	6	6.5/11
最大允许静态电流（mA）	15	15	1	2
典型输入延迟时间（ms）	1.2～4.8	1.2～4.8	25	25
消耗背板总线最大电流(mA)	25	25	16	29

续表

技术特性	SM321 模块			
	直流 16 点输入模块	直流 32 点输入模块	交流 16 点输入模块	交流 8 点输入模块
消耗 L+最大电流（mA）	1	—	—	—
功率损耗（W）	3.5	4	4.1	4.9

（2）数字量输出模块 SM322

数字量输出模块 SM322 将 S7-300 内部信号电平转换成过程所要求的外部信号电平，同时具有隔离和功率放大功能，可直接用于驱动电磁阀、接触器、小型电动机、灯、电动机启动器等，输出电流的典型值为 0.5～2A，负载电源由外部现场提供。

数字量输出模块按输出开关器件的种类不同，可分为晶体管输出方式、晶闸管输出方式和继电器触点输出方式。晶体管输出方式的模块只能带直流负载，属于直流输出模块；晶闸管输出方式属于交流输出模块；继电器触点输出方式的模块属于交直流两用输出模块。从响应速度上看，晶体管输出方式响应最快，继电器触点输出方式响应最慢；从安全隔离效果及应用灵活性角度来看，继电器触点输出方式最佳。

32 点数字量晶体管输出模块的内部电路及外部端子接线图如图 2-13 所示。晶体管输出模块只能驱动直流负载，具有过载能力差、响应速度快等特点，适合动作比较频繁的应用场合。

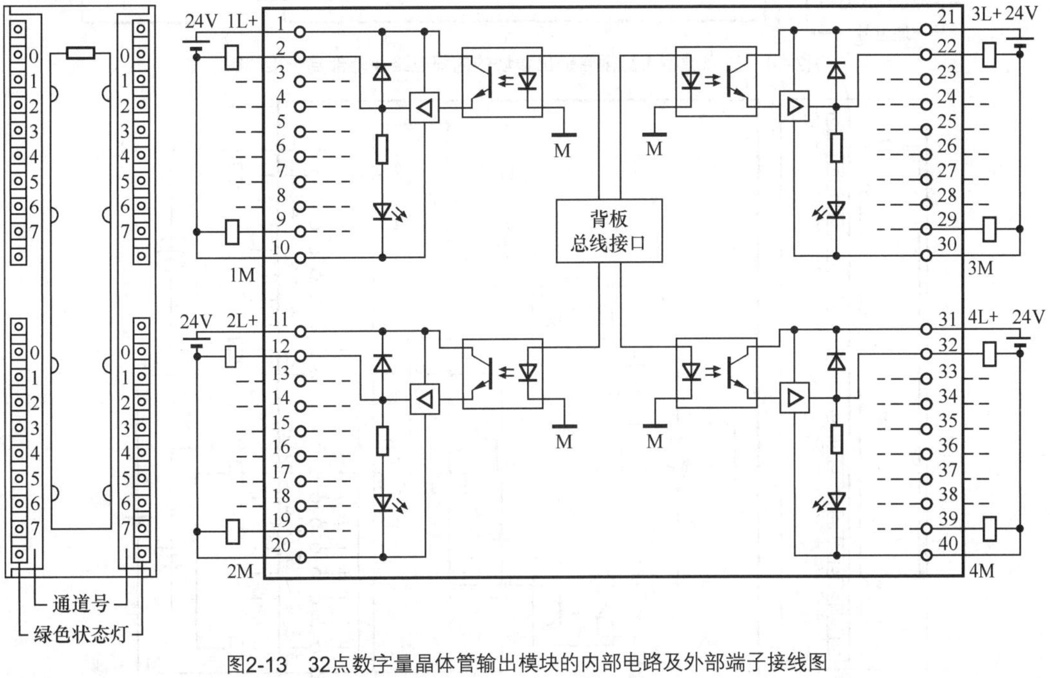

图2-13　32点数字量晶体管输出模块的内部电路及外部端子接线图

32 点数字量晶闸管输出模块的内部电路及外部端子接线图如图 2-14 所示。晶闸管输出模块一般只能驱动交流负载，具有响应速度快、过载能力差等特点，适合动作比较频繁的应用场合。

16 点数字量继电器触点输出模块的内部电路及外部端子接线图如图 2-15 所示。继电器触点输出模块既能用于交流负载，也能用于直流负载，具有负载电压范围宽、道通压降小、承受瞬时过电压、过电流的能力强等优点，但继电器动作时间长，不适合要求频繁动作的应用场合。

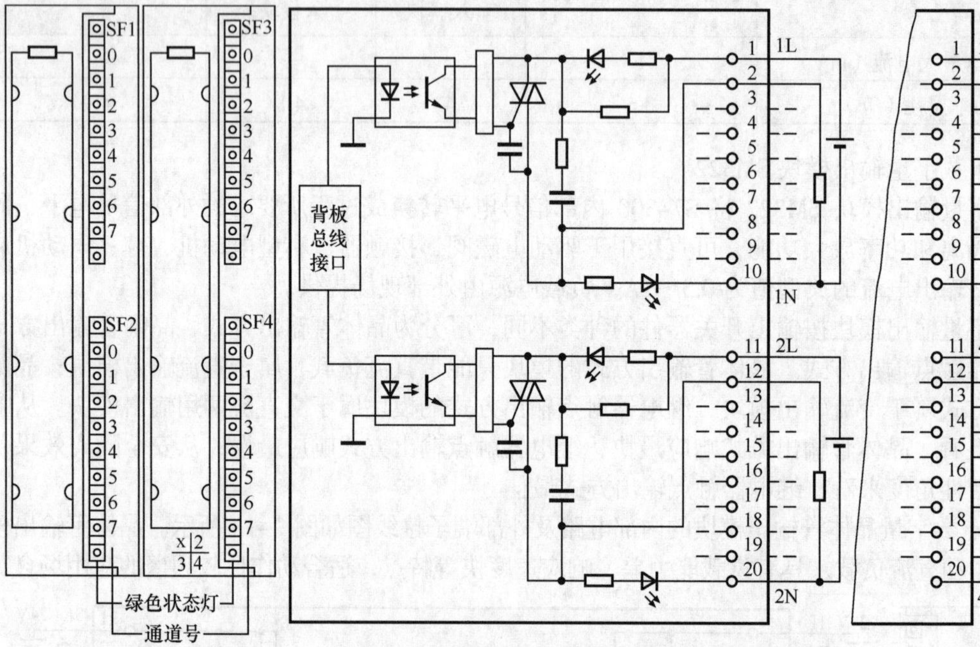

图2-14　32点数字量晶闸管输出模块的内部电路及外部端子接线图

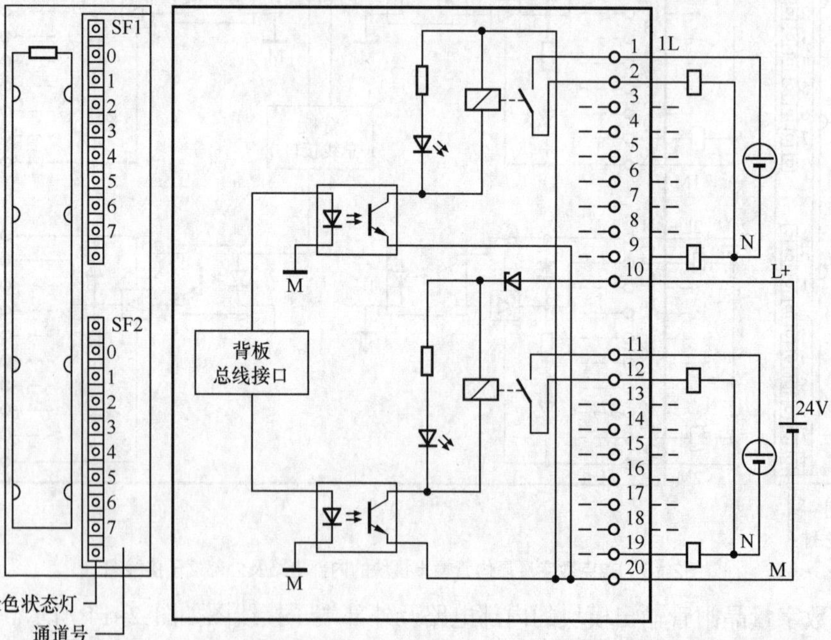

图2-15　16点数字量继电器触点输出模块的内部电路及外部端子接线图

数字量输出模块 SM322 的技术特性如表 2-15 所示。模块的每个输出点有一个绿色发光二极管显示输出状态，输出逻辑“1”时，发光二极管点亮。

表 2-15　　数字量输出模块 SM322 的技术特性

技术特性		SM322						
		16 点晶体管	32 点晶体管	16 点晶闸管	8 点晶体管	8 点晶闸管	8 点继电器	16 点继电器
输出点数		16	32	15	8	8	8	16
额定电压（V）		DC 24	DC 24	DC 120	DC 24	AC 120/230	—	—
额定电压范围（V）		DC 20.4～28.8	DC 20.4～28.8	AC 93～132	DC 20.4～28.8	AC 93～264	—	—
与总线隔离方式		光耦	光耦	光耦	光耦	光耦	光耦	光耦
最大输出电流	“1”信号（A）	0.5	0.5	0.5	2	1	—	—
	“2”信号（A）	0.5	0.5	0.5	0.5	2	—	—
最小输出电流（“1”信号）（mA）		5	5	5	5	10	—	—
触点开关容量（A）		—	—	—	—	—	2	2
触点开关频率	阻性负载（Hz）	100	100	100	100	10	2	2
	感性负载（Hz）	0.5	0.5	0.5	0.5	0.5	0.5	0.5
	灯负载（Hz）	100	100	100	100	1	2	2
触点使用寿命（次）		—	—	—	—	—	10^6	10^6
短路保护		电子保护	电子保护	熔断保护	电子保护	熔断保护	—	—
诊断		—	—	红色 LED 指示	—	红色 LED 指示	—	—
电流消耗（从 L+）（mA）		120	200	3	60	2	—	—
功率消耗（W）		4.9	5	9	6.8	8.6	2.2	4.5

在选择数字量输出模块时，应确定电压的种类和大小、工作频率和负载的类型（电阻性、电感性负载、机械负载或者白炽灯）。除了每一点的输出电流外，还应注意每一组的最大输出电流。此外，因每个模块的端子共地情况不同，还要考虑现场输出信号负载回路的供电情况。例如，现场需输出 4 点信号，但每点用的负载回路电源不同，此时 8 点继电器输出模块将是最佳的选择，选用其他输出模块将增加模块的数量。

（3）数字量输入/输出模块 SM323

数字量输入/输出模块 SM323 是在一块模块上同时具备输入点和输出点的信号模块。SM323 模块的输入和输出电路均设有光电隔离电路，输出点采用晶体管输出，并设有电子式短路保护装置，在额定输入电压下输入延时为 1.2～4.8ms。DI16/DO16 模块的内部电路及外部端子接线图如图 2-16 所示。

（4）数字量输入/可配置输入或输出模块 SM327

SM327 数字量输入/可配置输入或输出模块具有 8 个独立输入点、8 个可独立配置为输入或输出点、带隔离功能、额定输入电压和额定负载电压均为 DC 24V、输出电流为 0.5A、在 RUN 模式下可动态地修改模块的参数等功能。SM327 数字量模块的内部电路及外部端子接线图如图 2-17 所示。

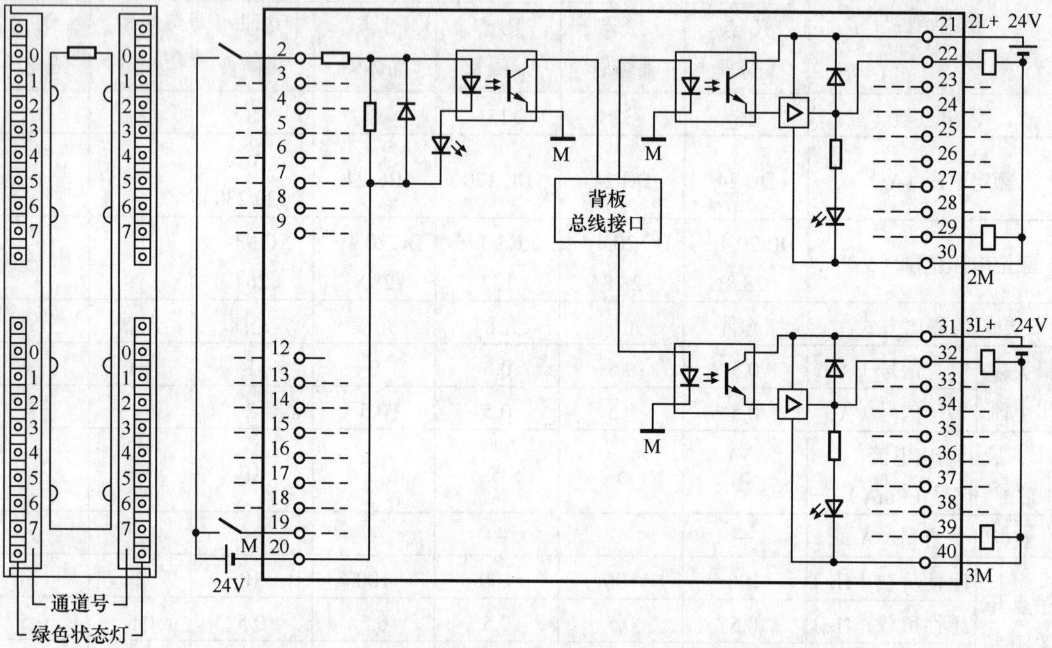

图2-16　SM323 DI16/DO16内部电路及外部端子接线图

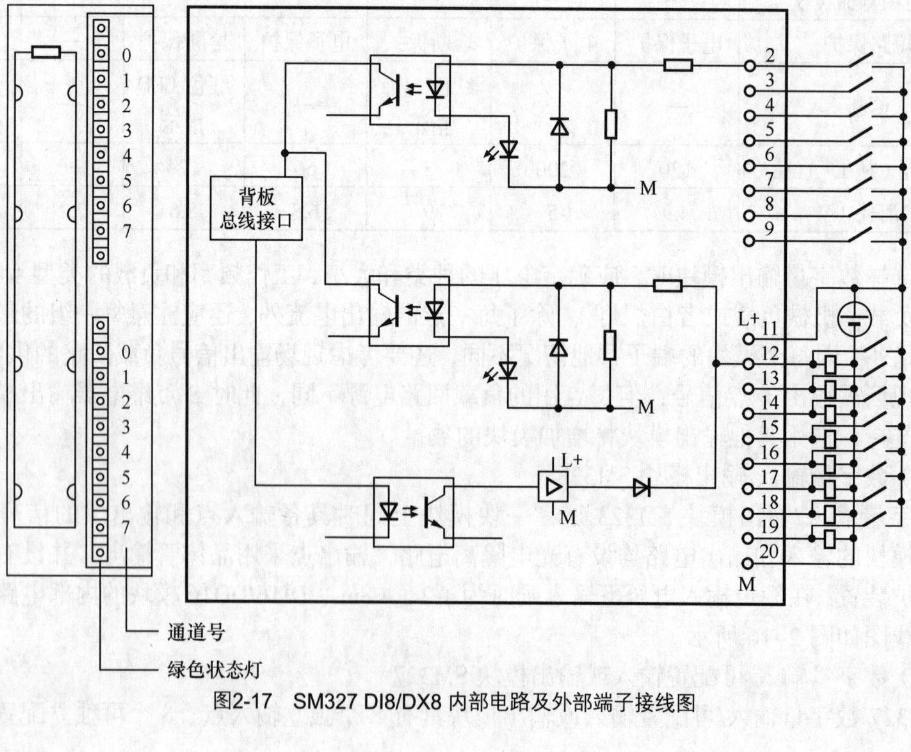

图2-17　SM327 DI8/DX8 内部电路及外部端子接线图

（5）仿真模块 SM374

SM374 主要用于程序的调试，比较适合于教学，还可以仿真 DI16/DO16、DI8/DO8 的数字量模块。SM374 仿真模块的操作面板如图 2-18 所示。

SM374 面板上有 1 个功能设定开关，可以仿真所需要的数字量模块；有 16 个开关，用于输入状态的设置；有 16 个绿色 LED 指示灯，用于指示 I/O 状态。

需要注意，当 CPU 处于 RUN 模式时，不能通过开关进行模式设置。

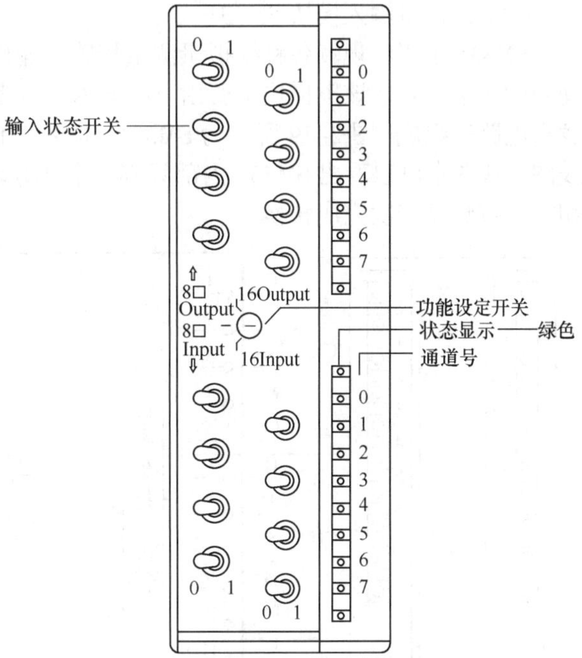

图2-18　SM374仿真模块的操作面板

2. 模拟量模块

生产过程中有大量连续变化的模拟量需要用 PLC 来测量或控制，有的是非电量，如温度、压力、流量、液位、物体的成分（如气体中的含氧量）、频率等；有的是强电电量，如发电动机机组的电流、电压、有功功率、无功功率、功率因数等。

模拟量模块包括模拟量输入模块（AI）SM331、模拟量输出模块（AO）SM332、模拟量输入/输出模块（AI/AO）SM334 等。

（1）模拟量值的表示方法

S7-300/400 的 CPU 用 16 位二进制补码定点数来表示模拟量值。其中，最高位（第 15 位）为符号位，正数的符号位为 0，负数的符号位为 1。

模拟量输入模块的模拟量值与模拟量之间的对应关系如表 2-16 所示，模拟量的上、下限（±100%）分别对应于十六进制模拟量值 6C00H 和 9400H（H 表示十六进制数）。

表 2-16　　模拟量输入模块的模拟量值与模拟量之间的对应关系

范围	双极性						单极性					
	百分比（%）	十进制	十六进制（H）	±5V（V）	±10V（V）	±20mA/mA	百分比（%）	十进制	十六进制（H）	0~10V（V）	0~20mA（mA）	4~20mA（mA）
上溢出	118.51	32767	7FFF	5.926	11.852	23.70	118.515	32767	7FFF	11.852	23.70	22.96
超出范围	117.589	32511	7EFF	5.879	11.759	23.52	117.589	32511	7EFF	11.759	23.52	22.81
正常方位	100.000	27648	6C00	5	10	20	10.000	27648	6C00	10	20	20
	0	0	0	0	0	0	0	0	0	0	0	4
	−100.000	−27648	9400	−5	−10	−20						
低于范围	−117.593	−32512	8100	−5.879	−11.759	−23.52	−17.593	−4864	ED00		−3.52	1.185
下溢出	−118.519	−32768	8000	−5.926	−11.851	−23.70						

（2）模拟量输入模块 SM331

SM331 用于将现场各种模拟量测量传感器输出的直流电压或电流信号转换为 PLC 内部处理用的数字信号。该类模块主要由 A/D 转换器、转换开关、恒流源、补偿电路、光隔离器、逻辑电路等组成。图 2-19 所示为 SM331 AI8 × 13 位模拟量输入模块的内部电路及外部端子接线图，从图中可以看出 SM331 内部只有一个 A/D 转换器，各路模拟信号可以通过转换开关的切换，按顺序依次完成转换。

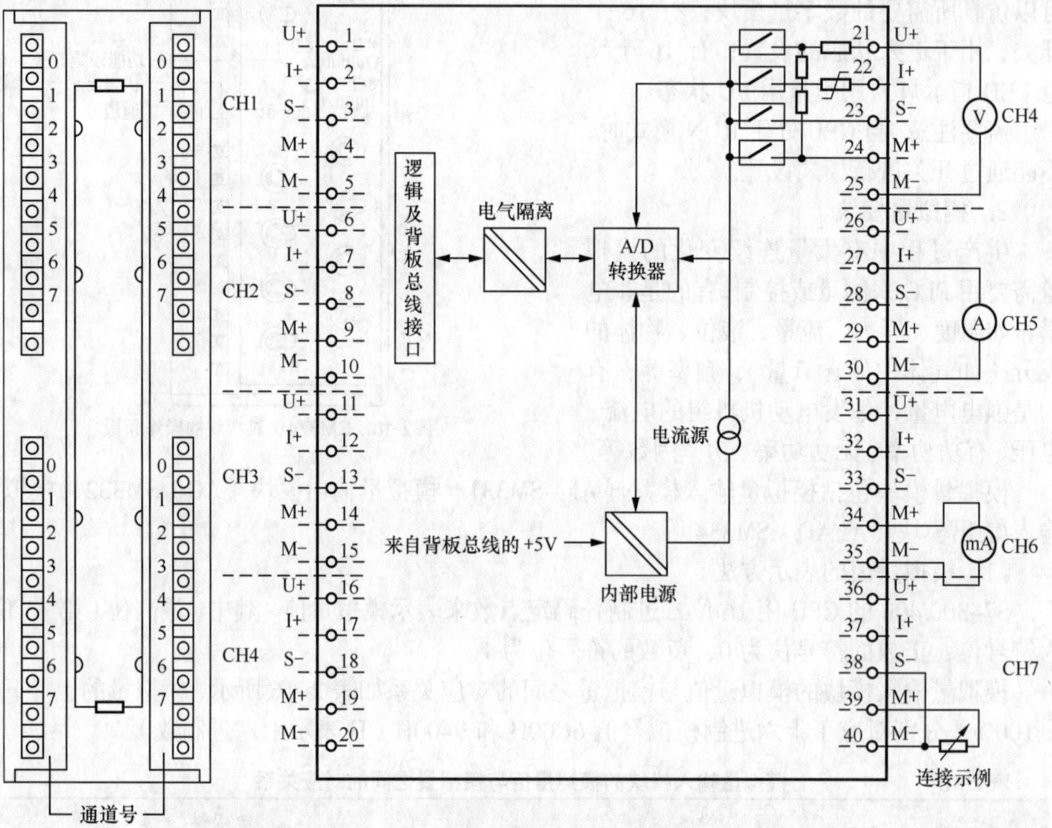

图2-19　SM331 AI8 × 13位模拟量输入模块的内部电路及外部端子接线图

（3）模拟量输出模块 SM332

SM332 用于将 S7-300 系列 PLC 的数字信号转换成系统所需要的模拟量信号，控制模拟量调节器或执行机构。SM332 目前有 4 种模块，其中 SM332 AO4 × 12 位模块的内部电路及外部端子接线图如图 2-20 所示。

（4）模拟量输入/输出模块

模拟量输入/输出模块有 SM334 和 SM335 两个子系列，SM334 为通用模拟量输入/输出模块，SM335 为高速模拟量输入/输出模块，并具有一些特殊功能。图 2-21 所示为 SM334 AI4/AO 2 × 8/8 位模块的内部电路及外部端子接线图。

（5）模拟量输入模块的接线

在使用模拟量输入模块时，根据测量方法的不同，可以将电压、电流传感器、电阻器等不同类型的传感器连接到模拟量输入模块。

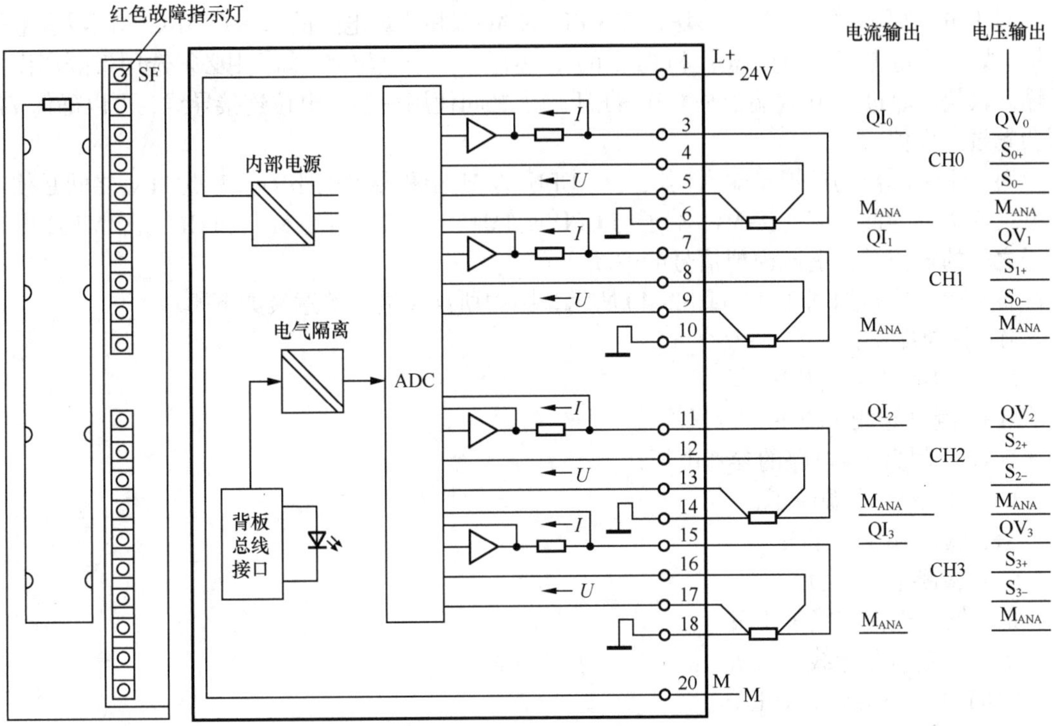

图2-20　SM332 AO4 × 12位模拟量输出模块的内部电路及外部端子接线图

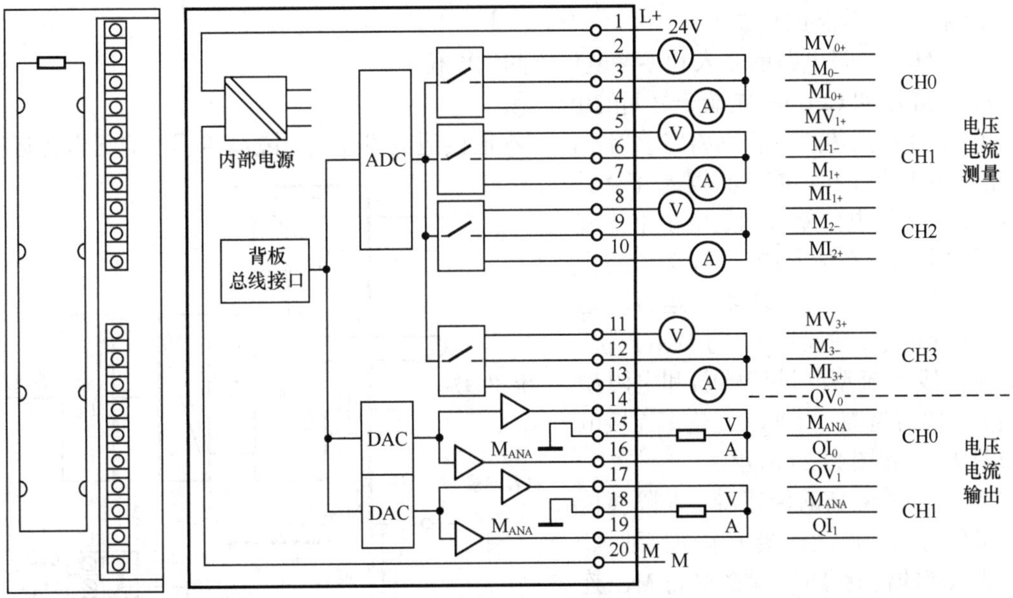

图2-21　SM334 AI4/AO2 × 8/8位模块的内部电路及外部端子接线图

为了减少电子干扰，对于模拟信号应使用屏蔽双绞线电缆。模拟信号电缆的屏蔽层应两端接地。如果电缆两端存在电位差，将会在屏蔽层中产生等电势耦合电流，造成对模拟信号的干扰，在这种情况下，应让电缆的屏蔽层接地。

对于带隔离的模拟量输入模块，在 CPU 的 M 端和测量电路的参考点 M_{ANA} 之间没有电气连接。如果测量电路参考点 M_{ANA} 和 CPU 的 M 端存在一个电位差 U_{ISO}，则必须选用带隔离模拟量输入模块。通过在 M_{ANA} 端子和 CPU 的 M 端子之间使用一根等电位连接导线，可以确保 U_{ISO} 不会超过允许值。

对于不带隔离的模拟量输入模块，在 CPU 的 M 端和测量电路的参考点 M_{ANA} 之间必须建立电气连接。为此，应连接 M_{ANA} 端子与 CPU 或 IM153 的 M 端子。M_{ANA} 和 CPU 或 IM153 的 M 端子之间的电位差会造成模拟信号的中断。

各种参考连接如图 2-22～图 2-40 所示，图中所涉及端子的意义如下所示。

M：接地端子；

M+：测量导线（正）；

M−：测量导线（负）；

M_{ANA}：模拟测量电路的参考电压；

L+：DC 24V 电源端子；

S+：检测端子（正）；

S−：检测端子（负）；

I_{C+}：恒定电流导线（正）；

I_{C-}：恒定电流导线（负）；

COMP+：补偿端子（正）；

COMP−：补偿端子（负）；

P5V：模块逻辑电源；

K_{V+}和 K_{V-}：分路比较端子；

U_{CM}：M_{ANA} 测量电路的输入和参考电位之间的电位差；

U_{ISO}：M_{ANA} 和 CPU 的 M 端子之间的电位差。

① 连接隔离传感器。隔离传感器不能与本地接地电线连接，隔离传感器应无电势运行。对于隔离传感器，在不同传感器之间会引起电位差，这些电位差可能是由于干扰或传感器的本地分布情况造成的。为了防止在具有强烈电磁干扰的环境中运行时超过 U_{CM} 的允许值，建议将 M−与 M_{ANA} 连接，而对于二线电流型测量传感器和电阻型传感器，切勿将 M−和 M_{ANA} 互连。连接电路如图 2-22 和图 2-23 所示。

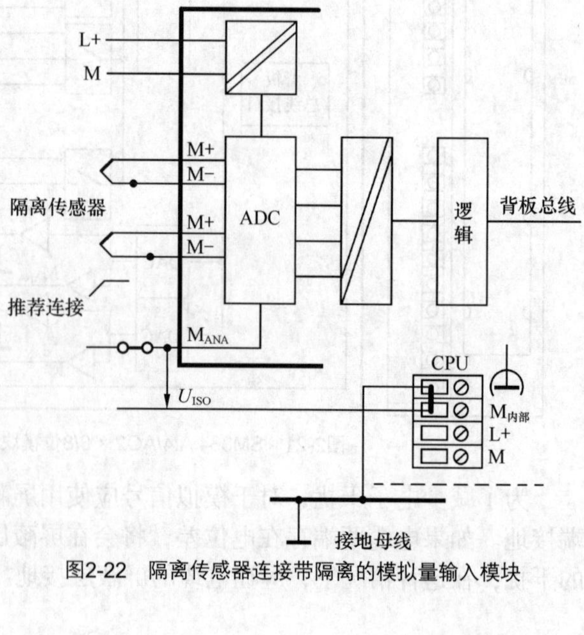

图2-22　隔离传感器连接带隔离的模拟量输入模块

② 连接非隔离的传感器。非隔离传感器可以与本地电线连接（本地接地）。使用非隔离的传感器时，请务必将 M_{ANA} 连接至本地接地。由于本地条件或干扰，在本地分布的各个测量点之间会造成电位差 U_{CM}（静态或动态）。若电位差 U_{CM} 超过允许值，必须在测量点之间使用等电位连接导线。

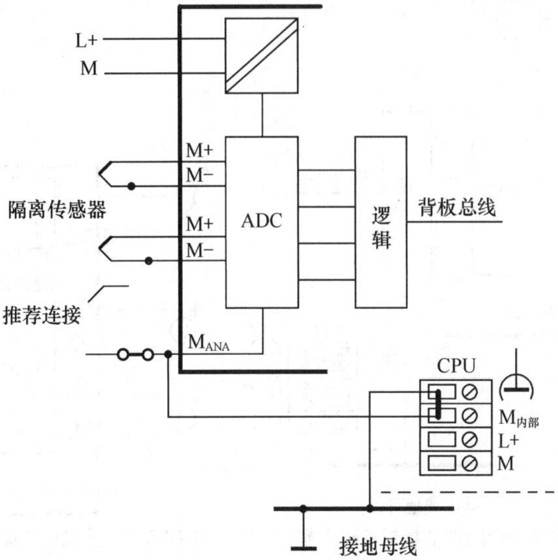

图2-23 隔离传感器连接不带隔离的模拟量输入模块

如果将非隔离的传感器连接到光隔离的门口，如图 2–24 所示，CPU 既可以在接地模式下运行，也可以在未接地模式下运行。如果将非隔离的传感器连接到不带隔离的模块，如图 2–25 所示，CPU 只能在接地模式下运行。非隔离的二线变送器和非隔离的阻性传感器均不能与非隔离的模拟输入一起使用。

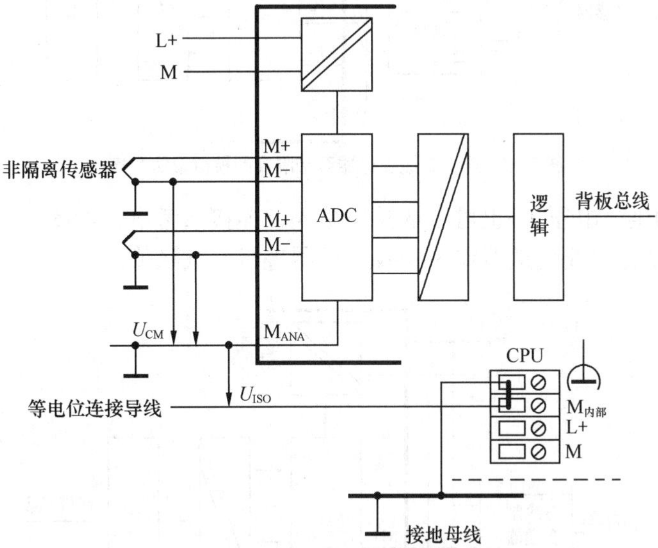

图2-24 非隔离的传感器连接带隔离的模拟量输入模块

③ 连接电压传感器。电压传感器与模拟量输入模块的连接参考电路如图 2–26 所示。

④ 连接二线变送器。二线变送器可通过模拟量输入模块的端子进行短路保护供电，并将所测得的变量转换为电流，二线变送器必须是一个带隔离的传感器，连接参考电路如图 2–27 所示。

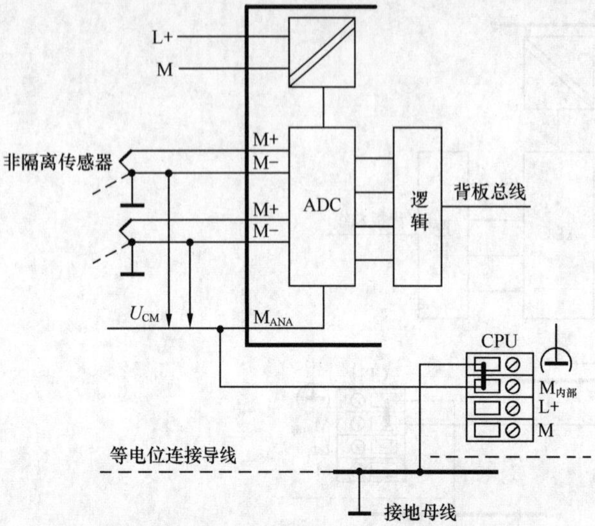

图2-25　非隔离的传感器连接不带隔离的模拟量输入模块

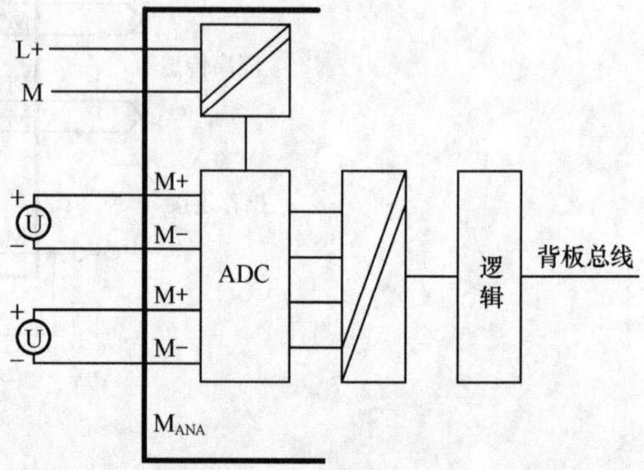

图2-26　连接电压传感器至带隔离的模拟量输入模块

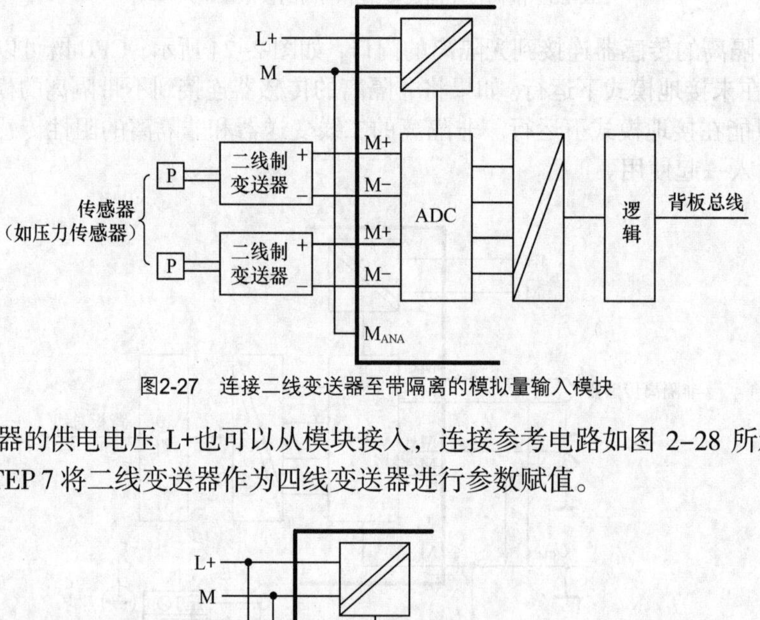

图2-27　连接二线变送器至带隔离的模拟量输入模块

二线变送器的供电电压 L+也可以从模块接入，连接参考电路如图 2–28 所示。这种方式则必须使用 STEP 7 将二线变送器作为四线变送器进行参数赋值。

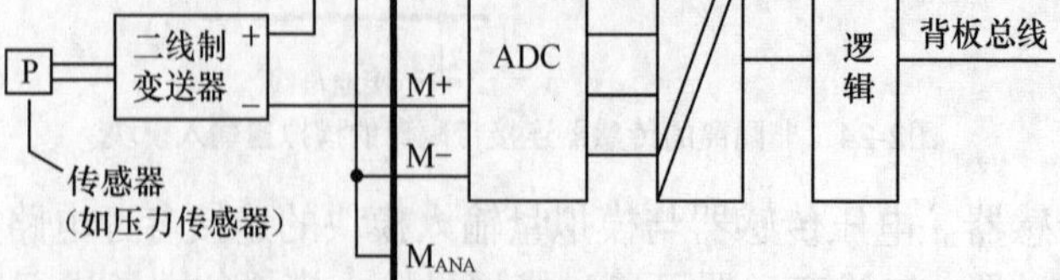

图2-28　连接从L+供电的二线变送器至带隔离的输入模块

⑤ 连接四线变送器。四线变送器与模拟量输入模块的连接参考电路如图 2–29 所示。

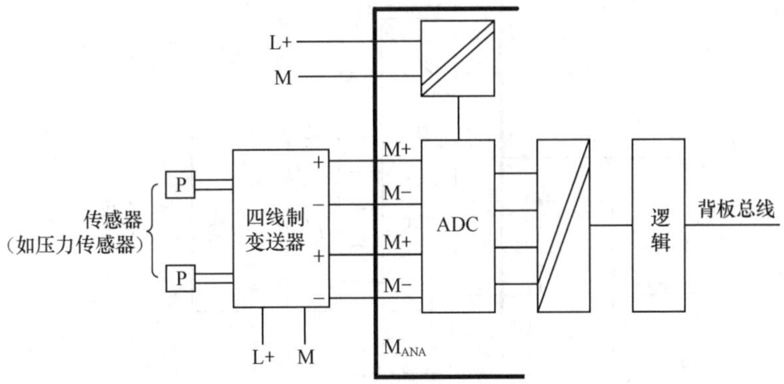

图2-29 连接四线变送器至带隔离的模拟量输入模块

⑥ 连接热敏电阻和普通电阻。热敏电阻和普通电阻均可以使用二线制、三线制或四线制端子进行接线。对于四线端子和三线端子，模块可以通过端子 I_{C+}和 I_{C-}提供恒定电流以补偿测量电缆中产生的电压降。如果使用 4 位或 3 位端子进行测量，可以补偿 2 位端子的测量，测量结果将更精确。

在带有 4 个端子模块上连接二线电缆时，需在热敏电阻上将 I_{C-}和 M+短接，I_{C+}和 M−短接，如图 2−30 所示。

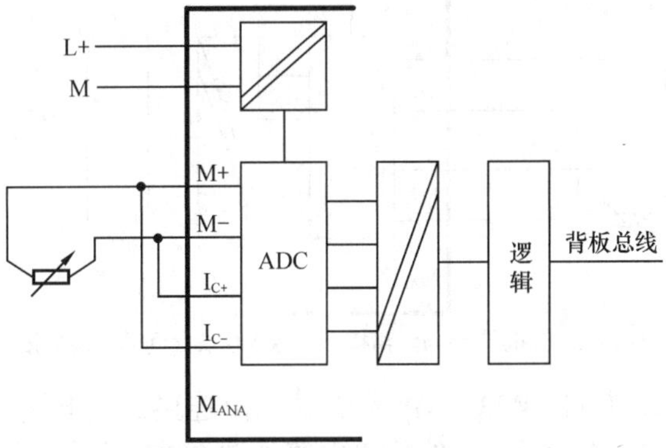

图2-30 热敏电阻与隔离模拟量输入模块之间的二线连接

在带有 4 个端子模块上连接三线电缆时，通常应当短接 M−和 I_{C-}，并确保所连接电缆 I_{C+}和 M+都直接连接到热敏电阻，如图 2−31 所示。SM331 AI8 × RTD 接法例外，其连接电路如图 2−32 所示，必须确保 I_{C-}和 M−电缆直接连接到热敏电阻上。

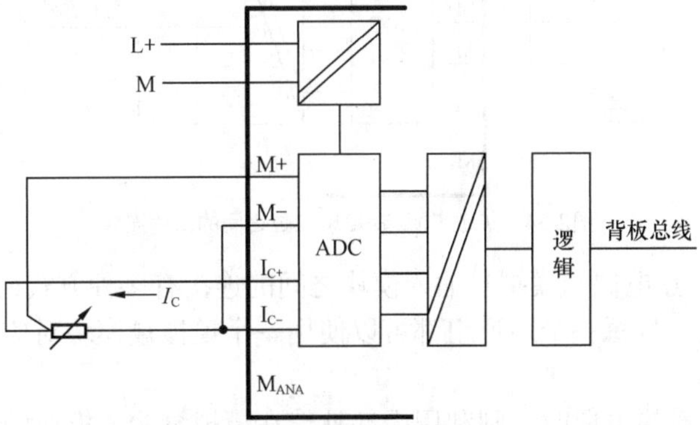

图2-31 热敏电阻与隔离模拟量输入模块之间三线连接

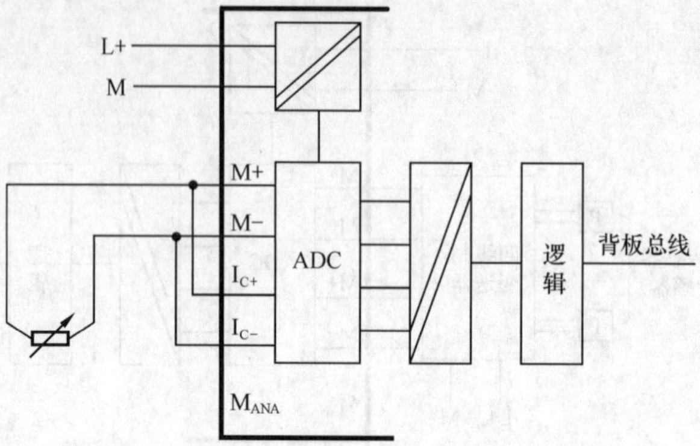

图2-32　热敏电阻与AI8 × RTD之间的三线连接

在带有 4 个端子模块上连接四线电缆时，通过 M+和 M−端子测量在热敏电阻上产生的电压。连接电缆时要注意极性，在热敏电阻上将 I_{C+}和 M+短接，I_{C-}和 M−短接，并确保所连接电缆 I_{C+}、M+、I_{C-}和 M−都直接连接到了热敏电阻，如图 2-33 所示。

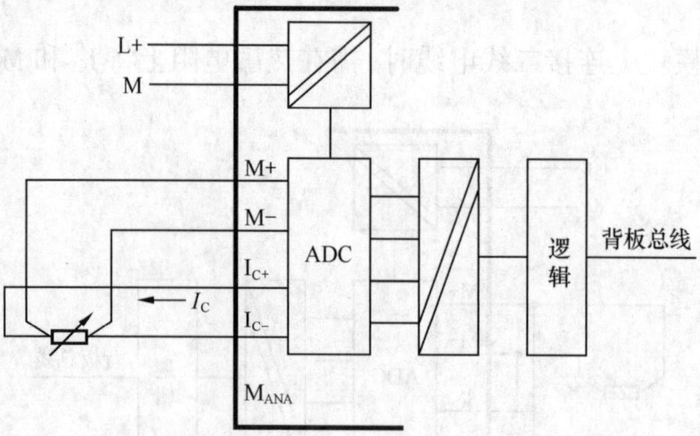

图2-33　热敏电阻与隔离模拟量输入模块之间的四线连接

在带有 3 个端子模块（如 SM331 AI8 × 13 位）上连接二线电缆时，需短接模块的 M−和 S−端子，连接电路如图 2-34 所示。三线连接电路如图 2-35 所示。在带有 3 个端子上连接四线电缆时，电缆的第 4 线必须悬空，连接电路如图 2-36 所示。

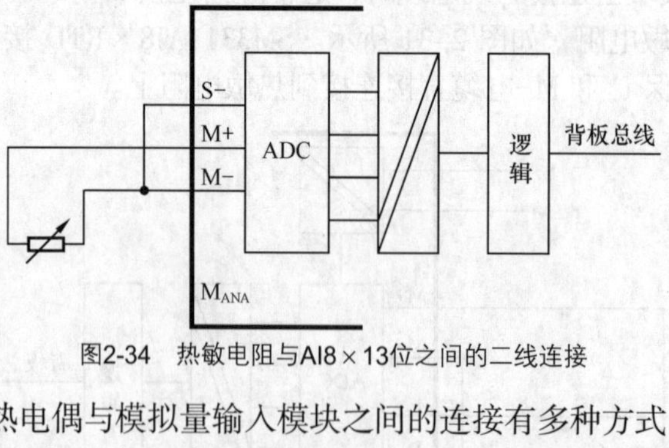

图2-34　热敏电阻与AI8 × 13位之间的二线连接

⑦ 连接热电偶。热电偶与模拟量输入模块之间的连接有多种方式，可以直接连接，也可以使用补偿导线连接，且每一个通道组都可以使用一个模拟量模块对应的热电偶，与其他通道无关。

使用内部补偿连接热电偶时，则利用内部补偿在模拟量输入模块的端子上建立参考点。

在这种情况下，请将补偿电路直接连接到模拟量模块上，内部温度传感器会测量模块的温度并返回补偿电路，但内部补偿没有外部补偿精确，使用内部补偿的参考连接如图 2-37 所示。

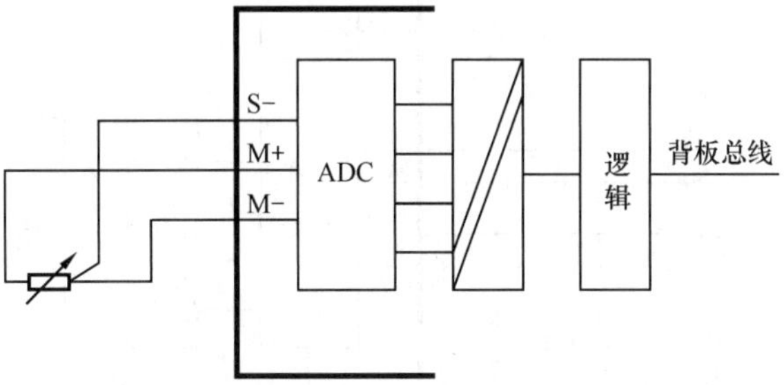

图2-35 热敏电阻与AI8 × 13位之间的三线连接

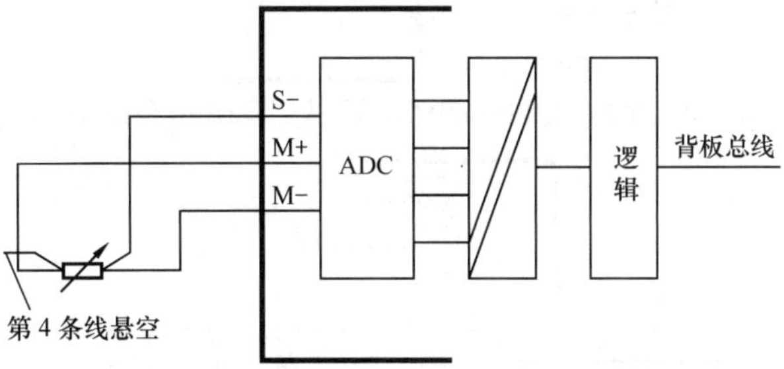

图2-36 热敏电阻与AI8 × 13位之间的四线连接

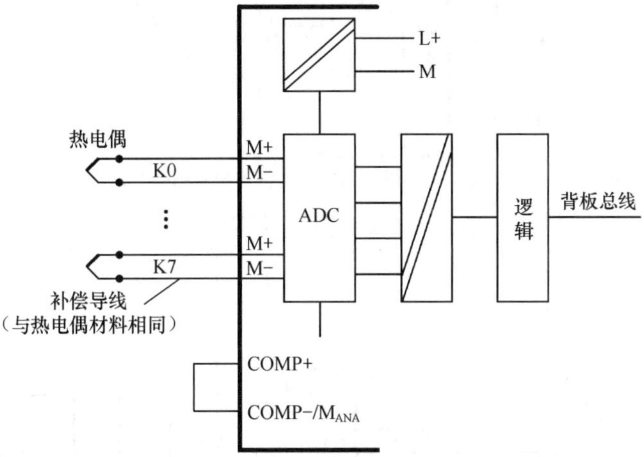

图2-37 使用内部补偿的热电偶连接带隔离的模拟量输入模块

通过补偿盒连接热电阻时，补偿盒应连接到模块的 COMP 端子，可以将补偿盒放置在热电偶的参考结处。补偿盒必须单独供电，且电源必须精确滤波（如通过接地屏蔽线圈）。补偿盒上不需要热电偶端子，应将热电偶端子短路。这种补偿方式下，一个通道组的参数一般对通道组所有通道都有效（如输入电压、积分时间等），只适用于一种热电偶类型，即使用外部补偿运行的所有通道都必须使用相同类型，参考电路如图 2-38 所示。

连接带温度补偿的热电偶时，可以通过参考结（带 0℃或 50℃循环控制）连接热电偶，此时的 8 个输入均可用作测量通道，参考连接如图 2-39 所示。

利用热敏电阻也可以连接热电偶，此时参考结端子处的温度由范围为−25～85℃的热电偶温度发送器确定，参考连接如图 2-40 所示。

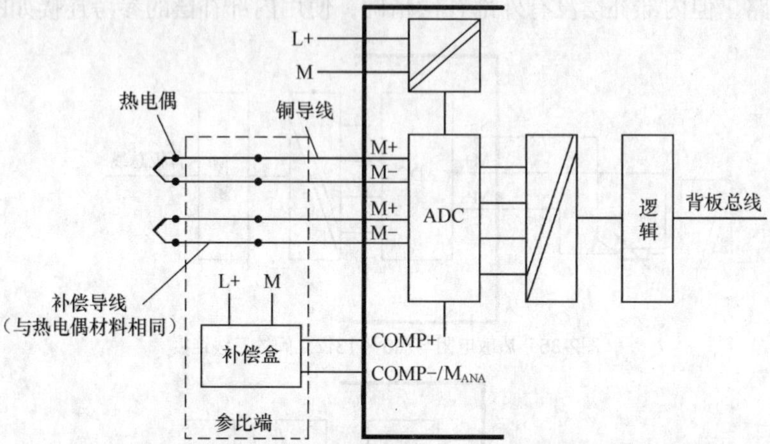

图2-38　通过补偿盒将热电偶连接到带隔离的模拟量输入模块

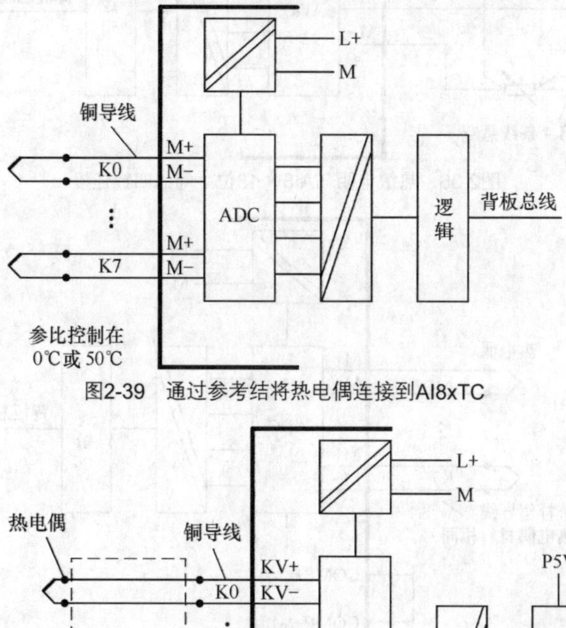

图2-39　通过参考结将热电偶连接到AI8xTC

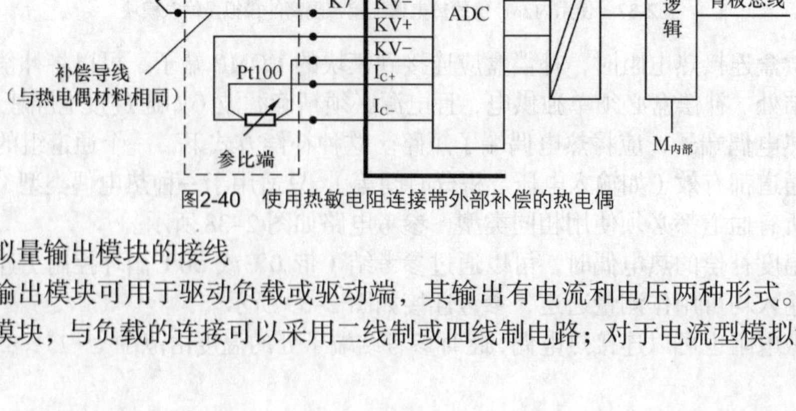

图2-40　使用热敏电阻连接带外部补偿的热电偶

（6）模拟量输出模块的接线

模拟量输出模块可用于驱动负载或驱动端，其输出有电流和电压两种形式。对于电压型模拟量输出模块，与负载的连接可以采用二线制或四线制电路；对于电流型模拟量输出模块，与负载的连接只能采用二线制电路。各种参考连接如图 2-41～图 2-44 所示，图中各符号的意义如下。

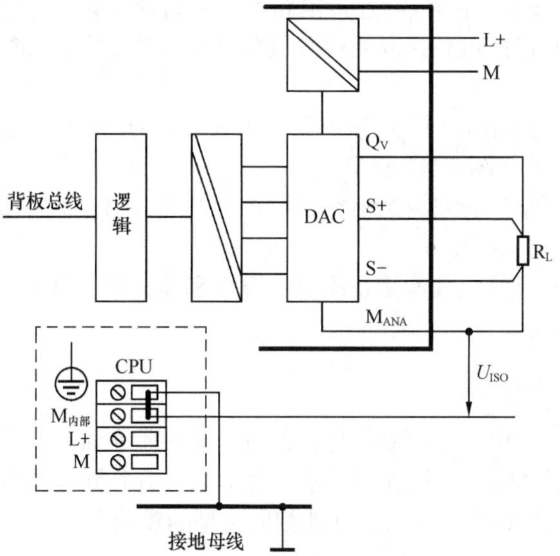

图2-41　电压输出型隔离模块的四线制连接

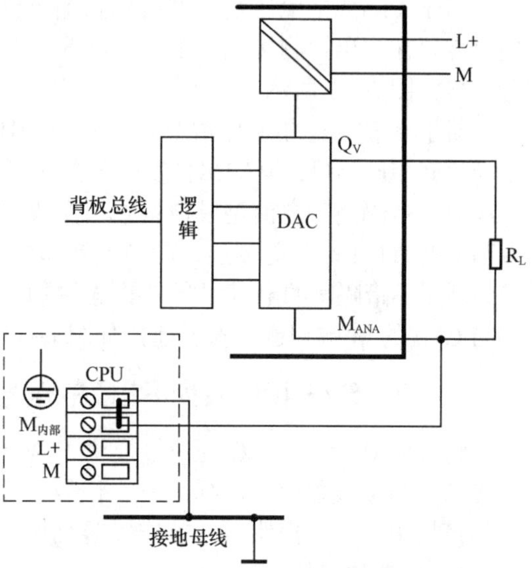

图2-42　电压输出型非隔离模块的二线制连接

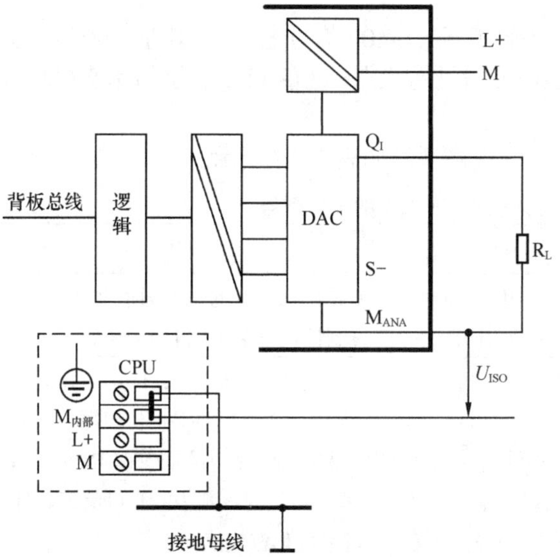

图2-43　电流输出型隔离模块的二线制连接

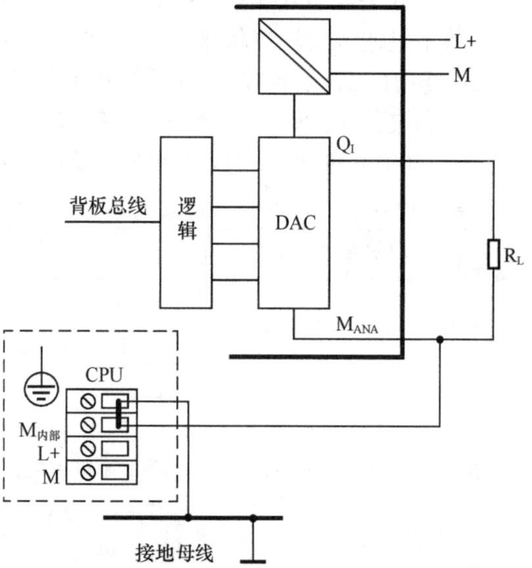

图2-44　电流输出型非隔离模块的二线制连接

M：接地端子；

L+：DC 24V 电源端子；

S+：检测端子（正）；

S−：检测端子（负）；

Q_V：电压输出端；

Q_I：电流输出端；

R_L：负载阻抗；

M_{ANA}：模拟测量电路的参考电压；

U_{ISO}：M_{ANA}和 CPU 的 M 端子之间的电位差。

对于带隔离的电压输出型模拟量输出模块，采用四线制连接电路可实现高精度输出，连接时需要在输出检测接线端子（S−和 S+）之间连接负载，以便检测负载电压并进行修正，参考连接如图 2-41 所示。

对于不带隔离的电压输出型模拟量输出模块，若采用二线制电路，则只需将 Q_V 和 M_{ANA} 端子与负载相连即可，其输出精度一般，参考连接如图 2-42 所示。

对于带隔离的电流型模拟量输出模块，必须将负载连接到该模块的 Q_I 和 M_{ANA} 端，而 M_{ANA} 端与 CPU 的 M 端不能相连，参考连接如图 2-43 所示。

对于不带隔离的电流型模拟量输出模块，必须将负载连接到该模块的 Q_I 和 M_{ANA} 端，而 M_{ANA} 端与 CPU 的 M 端相连，参考连接如图 2-44 所示。

2.3.2 S7-400 系列 PLC 的信号模块

将 S7-400 系列 PLC 的信号模块（SM）插入机架并用螺钉拧紧即可，模块紧靠插入式前连接器。当接线器第一次插入时，记号元件便会嵌入，该连接器就只能插入具有相同电压范围的模块中。更换模块时，前连接器及其完全接好的线可用于其他相同类型的模块。

1. 数字量模块

（1）数字量输入模块 SM421

数字量输入模块将传来的外部数字信号电平转换成 S7-400 信号电平，模块适于连接开关和二线 BERO 接近开关。模块的绿色 LED 指示输入信号的状态；红色 LED 分别指示当模块处于诊断和过程中断时的内部和外部错误。

S7-400 系列 PLC 的数字量输入模块 SM421 的规格型号如表 2-17 所示。

表 2-17　S7-400 系列 PLC 的数字量输入模块 SM421 的规格型号

型号	说明
SM421：DI32 × DC 24V	32 点输入，隔离为一组 32 通道（也就是说，所有的输入通道共地）；额定负载电压：DC 24V；适用于二/三/四线制接近开关（BERO）
SM421：DI16 × DC 24V	16 点输入，隔离为一组 8 通道；额定负载电压：DC 24V；适用于开关和二/三/四线制接近开关（BERO）；每 8 个通道有 2 个短路保护传感器；外部冗余电源可以给传感器供电；传感器电源状态显示；内部故障（INTF）和外部故障（EXTD）错误显示；诊断可编程；可编程诊断中断；可编程硬件中断；可编程输入延时；在输入范围内可参数化替代值
SM421：DI16 × AC 120V	16 点输入，隔离；额定输入电压：AC 120V
SM421：DI16 × DC 24/60V	16 点输入，单独隔离；额定输入电压：DC 24/60V；内部故障（INTF）和外部故障（EXTF）故障显示；可编程诊断；可编程诊断中断；可编程硬件中断；可编程输入延时
SM421：DI16 × AC 120/230V	16 点输入，隔离（或者隔离为 4 组）；额定输入电压：AC 120/230V
SM421：DI32 × AC 120V	32 点输入，隔离；额定输入电压：AC 120V

（2）数字量输出模块 SM422

数字量输出模块将 S7-400 内部信号转换成过程要求的外部信号电平。模块适用于连接电磁阀、接触器、小电动机、灯、电动机启动器等。绿色 LED 指示输出状态，红色 LED 指示内外故障，在 6E S7 422-1FF 和 6E S7 422-1FH 上显示熔丝和负载掉电。

S7-400 系列 PLC 的数字量输出模块 SM422 的规格型号如表 2-18 所示。

表 2-18　　S7-400 系列 PLC 的数字量输出模块 SM422 的规格型号

型号	说明
SM422：DO16 × DC 24V/2A	16 点输出，隔离为 2 组；输出电流：2A；额定负载电压：DC 24V；即使没插入前连接器，也能通过状态 LED 指示系统状态
SM422：DO16 × DC 20～125V/1.5A	16 点输出，各通道均有熔丝，具有反极性保护，隔离为 2 组，8 个一组；输出电流：1.5A；额定负载电压：DC 20～125V；内部故障（INTF）及外部故障（EXTF）的组故障显示；可编程诊断；可编程替代值输出
SM422：DO32 × DC 24V/0.5A	32 点输出，隔离为 1 组 32 通道；每 8 个通道一组进行供电；输出电流：0.5A；额定负载电压：DC 24V；即使没插入前连接器，也能通过状态 LED 指示系统状态
SM422：DO32 × DC 24V/0.5A	32 点输出，带熔丝保护，隔离为 4 组，每 8 组通道一组；输出电流：0.5A；额定负载电压：DC 24V；内部故障（INTF）及外部故障（EXTF）的组故障显示；可编程诊断；可编程诊断中断；可编程替代值输出；即使没插入前连接器，也能通过状态 LED 指示系统状态
SM422：DO8 × AC 120/230/5A	8 点输出，隔离为 8 组，每组 1 个通道；输出电流：5A；额定负载电压：AC 120/230V；即使没插入前连接器，也能通过状态 LED 指示系统状态
SM422：DO16 × AC 120/230V/2A	16 点输出，隔离为 4 组，每 4 通道一组；输出电流：2A；额定负载电压：AC 120/230V；即使没插入前连接器，也能通过状态 LED 指示系统状态
SM422：DO16 × AC 20～120V/2A	16 点输出，隔离为 16 组，每 1 通道 1 组；输出电流：2A；额定负载电压：AC 20V～120V；内部故障（INTF）及外部故障（EXTF）的组故障显示；可编程诊断；可编程诊断中断；可编程替代值输出
SM422：DO16 × AC 30～230V/继电器 5A	16 点输出，隔离为 8 组，每 2 通道 1 组；输出电流：5A；额定负载电压：AC 30～230V；即使没插入前连接器，也能通过状态 LED 指示系统状态

2. 模拟量模块

（1）模拟量输入模块 SM431

模拟量输入模块将过程模拟量信号转换成 S7-400 内部可处理的数字量信号，电压和电流传感器、热电偶、电阻和热电阻均可作为传感器连接。分辨率可设置为 13～16 位；测量范围可设为基本电流、电压和电阻测量范围，用接线或量程卡设定，微调设定用 STEP 7 软件的硬件组态功能在编程器上实现；某些模块可传送诊断或极限值中断到 PLC 的 CPU。

S7-400 系列 PLC 的模拟量输入模块 SM431 的规格型号如表 2-19 所示。

表 2-19　　S7-400 系列 PLC 的模拟量输入模块 SM431 的规格型号

型号	说明
SM431：AI8 × 13 位	8 点输入，可测量电压/电流；4 点输入，用于测量电阻；无量程选择限制；13 位分辨率；通道间及所连接传感器的参考电动势和 M_{ANA} 之间的最大允许共模电压为 AC 30V

续表

型号	说明
SM431：AI8 × 14 位	8 点输入，可测量电压/电流；4 点输入，用于测量电阻和温度；无量程选择限制；14 位分辨率；特别适用于测量温度；可设置温度传感器类型；传感器特性曲线的显性化；二线变送器连接时需要 DC 24V
SM431：AI8 × 14 位	快速 A/D 转换，特别适用于高速动态处理；8 点输入，可测量电压/电流；4 点输入，用于测量电阻；无量程选择限制；14 位分辨率；只有连接二线变送器需要 DC 24V；模拟部分与 CPU 隔离；通道间及通道与中央接地点间的最大共模电压为 AC 8V
SM431：AI16 × 13 位	16 点输入，可测量电压/电流；无量程选择限制；13 位分辨率；模拟部分与总线无隔离；通道间及通道与中央接地点间的最大共模电压为 DC/AC 2V
SM431：AI16 × 16 位	16 点输入，可测量电压/电流；8 点输入，用于测量电阻；无量程选择限制；16 位分辨率；可编程诊断；可编程诊断中断；当超过极限值时可编程硬件中断；可编程扫描结束中断；模拟部分与 CPU 隔离；通道间及通道与中央接地点间的最大共模电压为 AC 120V
SM431：AI8 × RTD × 16 位	8 点输入，用于测量电阻；热电阻可参数化；16 位分辨率；8 个通道更新时间为 25ms；可编程诊断；可编程诊断中断；当超过极限值时可编程硬件中断；模拟部分与 CPU 隔离
SM431：AI8 × 16 位	8 路隔离差分输入，用于测量电压/电流/温度；无量程选择限制；16 位分辨率；可编程诊断；可编程诊断中断

（2）模拟量输出模块 SM432

模拟量输出模块将 S7-400 的数字值转换成用于过程的模拟量信号。模拟量输出模块 SM432 只有一个型号：AO8 × 13 位，其输出点数为 8 点，每个输出通道均可编程为电压输出和电流输出；13 位分辨率；模拟部分与 CPU 隔离；通道间及通道与 M_{ANA} 间的最大共模电压为 DC 3V；额定负载电压为 DC 24V，输出电压范围为±10V、0～10V 和 1～5V；输出电流范围为±20mA、0～20mA 和 4～20mA；电压输出的最小负载阻抗为 1kΩ；有短路保护，短路电流为 28mA；电流输出的最大阻抗为 500Ω；开路电压最大 18V；每通道最大转换时间为 420μs；运行误差极限（0～60℃，对应输出范围）为±0.5%（电压）和±1%（电流）；基本误差（25℃对应输出范围）为±0.2%（电压）和±0.3%（电流）。

2.3.3 模块诊断与过程中断

1．模块诊断功能

部分 S7-300/400 系列 PLC 的信号模块具有对信号进行监视（诊断）和过程中断的智能功能。通过诊断可以确定数字量模块获取的信号是否正确，或模拟量模块的处理是否正确，具体内容如表 2-20 所示。

表 2-20 模块诊断功能说明

模块诊断名称	功能说明
数字量输入/输出模块	数字量输入/输出模块可以诊断无编码器电源、无外部辅助电压、无内部辅助电压、熔断器熔断、看门狗故障、EPROM 故障、RAM 故障、过程报警丢失等
模拟量输入模块	模拟量输入模块可以诊断出无外部电压、共模故障、组态参数错误、断线、测量范围上溢出或者下溢出等。模拟量输出模块可以诊断出无外部电压、组态参数错误、断线和对地短路等

2. 过程中断

通过过程中断，可以对过程信号进行监视和响应。

根据设置的参数，可以选择数字量输入模块每个通道组是否在信号的上升沿、下降沿，或两个边沿都产生中断。信号模块可以对每个通道的一个中断进行暂存。

模拟量输入模块通过上限值和下限值定义一个工作范围，模块将测量值与上、下限值进行比较。如果超限，则执行过程中断。

执行过程中断时，CPU 暂停执行用户程序，或暂停执行低优先级的中断程序，来处理相应的诊断中断功能块。

2.3.4 信号模块地址的确定

1. S7-300 系列 PLC 信号模块的地址

S7-300 系列 PLC 信号模块的开关量地址由地址标识符、地址的字节部分和位部分组成，一个字节由 0～7 这 8 位组成。地址标识符 I 表示输入，Q 表示输出，M 表示位存储器。例如，I3.2 是一个数字量输入的地址，小数点前面的 3 是地址的字节部分，小数点后的 2 表示这个输入点是 3 号字节中的第 2 位。

开关量除了按位寻址外，还可以按字节、字和双字寻址。例如，输入量 I2.0～I2.7 组成输入字节 IB2，B 是 Byte 的缩写。字节 IB2 和 IB3 组成一个输入字 IW2，W 是 Word 的缩写，其中的 IB2 为最高字节。IB2～IB5 组成一个输入双字 ID2，D 是 Double Word 的缩写，其中的 IB2 为最高位字节。将组成字和双字的第一个字节的地址作为字和双字的地址。

S7-300 系列 PLC 信号模块的字节地址与模块所在的机架号和槽号有关，位地址与信号线接在模块上的端子位置有关。

对于数字量模块，从 0 号机架的 4 号槽开始，每个槽位分配 4Byte（4 个字节，等于 32 个 I/O 点）的地址。S7-300 系列 PLC 最多可能有 32 个数字量模块，共占用地址 32 × 4Byte = 128Byte。数字量 I/O 模块内最小的位地址（如 I0.0）对应的端子位置最高，最大的位地址（如 16 点输入模块的 I1.7）对应的端子位置最低。

对于模拟量模块，以通道为单位，一个通道占一个字地址（或者两个字节地址）。例如，模拟量输入通道 IW640 由字节 IB640 和 IB641 组成。一个模拟量模块最多有 8 个通道，从 0 号机架的 4 号槽开始，每个槽位分配 16Byte（16 个字节，即 8 个字，等于 8 个通道）的地址。

S7-300 为模拟量模块保留了专用的地址区域，字节地址范围为 IB256～IB767。可以用于装载指令和传送指令访问模拟量模块。

SM 的字节地址分配如表 2-21 所示，SM 的地址举例如表 2-22 所示。

表 2-21 SM 的字节地址分配

机架号	模块类型	槽号							
		4	5	6	7	8	9	10	11
0	数字量	0~3	4~7	8~11	12~15	16~19	20~23	24~27	28~31
	模拟量	256~271	272~287	288~303	304~319	320~335	336~351	352~367	368~383
1	数字量	32~35	36~39	40~43	44~47	48~51	52~55	56~59	60~63
	模拟量	384~399	400~415	416~431	432~447	448~463	464~479	480~495	496~511
2	数字量	64~67	68~71	72~75	76~79	80~83	84~87	88~91	92~95
	模拟量	512~527	528~543	544~559	560~575	576~591	592~607	608~623	624~639
3	数字量	96~99	100~103	104~107	108~111	112~115	116~119	120~123	124~127
	模拟量	640~655	656~671	672~687	688~703	704~719	720~735	736~751	752~767

表 2-22 SM 的地址举例

机架号	模块类型	槽号					
		4	5	6	7	8	9
0	模块类型	16 点数字量输入	16 点数字量输入	32 点数字量输入	32 点数字量输入	16 点数字量输入	8 通道模拟量输入
	地址	I0.0~I1.7	I4.0~I5.7	I8.0~I11.7	I12.0~I15.7	Q16.0~Q17.7	IW336~IW350
1	模块类型	8 通道模拟量输入	8 通道模拟量输出	2 通道模拟量输出	8 点数字量输出	32 点数字量输出	—
	地址	IW384~IW386	QW400~QW414	QW416~QW418	Q44.0~Q44.8	Q48.0~Q51.7	—

2. S7-400 系列 PLC 信号模块的地址

S7-400 系列 PLC 信号模块的地址是在 STEP 7 软件中用硬件组态工具将模块配置到机架时自动生成的。根据同类模块所在的机架号和在机架中的插槽号，按从小到大的顺序自动连续分配地址的，用户可以修改模块的起始地址。每个 8 点、16 点和 32 点数字量模块分别占用 1Byte、2Byte 和 4Byte 地址。假设 32 点数字量输入模块各输入点的地址为 I44.0~I47.7，模块内各点的地址按从上到下的顺序排列。其中，I44.0 对应的接线端子在最上面，I47.7 对应的接线端子在最下面。

S7-400 的模拟量模块默认的起始地址从 512 开始，每个模拟量输入/输出各占 2Byte（两个字节，即 1 个字），模块内最上面的通道使用模块的起始地址。同类模块的地址按顺序连续排列。例如，某 8 通道模拟量输出模块的起始地址为 832，从上到下各通道的地址分别为

QW832，QW834…QW846。

信号模块默认地址举例如表 2-23 所示。

表 2-23　　SM 的地址举例

0 号机架			1 号机架		
槽号	模块种类	地址	槽号	模块种类	地址
1	PS417 10A		1	32 点 DI	IB4～IB7
2	电源模块		2	16 点 DO	QB2，QB3
3	CPU412-2DP	IB0，IB1	3	16 点 DO	QB4，QB5
4	16 点 DO	QB0，QB1	4	8 通道 AO	QW528～QW542
5	16 点 DI	IB0，IB1	5	8 通道 AI	IW544～IW558
6	8 通道 AO	QW512～QW526	6	16 点 DO	QB6，QB7
7	16 通道 AI	IW512～IW542	7	8 通道 AI	IW560～IW574
8	16 点 DI	IB2，IB3	8	32 点 DI	IB8～IB11
9	IM460-1	4093	9	IM461-0	4092

2.4　S7-300/400 系列 PLC 的内部资源

S7-300/400 系列 PLC 的 CPU 内部资源如图 2-45 所示，除了 3 个基本存储区（系统存储区、装载存储区和工作存储区）外，CPU 中还有外设 I/O 存储区、累加器、地址寄存器、数据块地址寄存器、状态字寄存器等。CPU 程序所能访问的存储区为系统存储区的全部、工作存储区中的数据块（DB）、临时本地数据存储区（L 堆栈，或临时局域存储区）、外设 I/O 存储区（P）等。

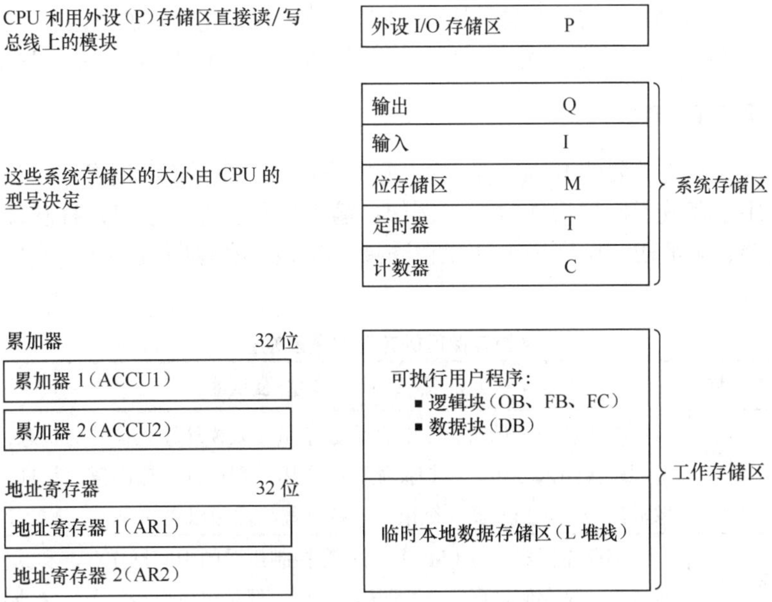

图2-45　S7-300系列PLC的CPU内部资源

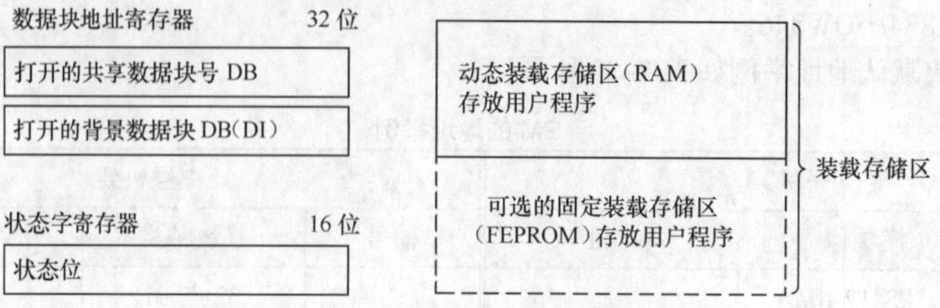

图2-45 S7-300系列PLC的CPU内部资源（续）

2.4.1 装载存储区

装载存储区是 CPU 模块中的部分 RAM、内置的 EEPROM 或选用的可拆卸 Flash EPROM（FEPROM）卡，用于保存不包含符号地址、注释的用户程序和系统数据（组态、连接和模块参数等）。

有的 CPU 有集成的装载存储器，有的可以用微存储器卡（MMC）来扩展，CPU31xC 的用户程序只能装入插入式的 MMC。断电时数据保存在 MMC 存储器中，因此，数据块的内容基本上被永久保留。

下载程序时，用户程序（逻辑块和数据块）被下载到 CPU 的装载存储器，CPU 把可执行部分复制到工作存储器，符号表和注释保存在编程设备中。

2.4.2 工作存储区

工作存储区占用 CPU 模块中的部分 RAM，它是集成的高速存取的 RAM 存储器，用于存储 CPU 运行时所执行用户程序单元（逻辑块和数据块）的复制件。为了保证程序执行的快速性和不过多地占用工作存储器，只有与程序执行有关的块被装入工作存储区。

CPU 工作存储区也为程序块调用安排了一定数量的临时本地数据存储区（或称为 L 堆栈），用来存储程序块被调用时的临时数据，访问局域数据比访问数据块中的数据更快。用户生成块时，可以声明临时变量（TEMP），它们只在执行该块时有效，执行完后就被覆盖了。也就是说，L 堆栈中的数据在程序块工作时有效，并一直保持，当新的块被调用时，L 堆栈将进行重新分配。

2.4.3 系统存储区

系统存储区为不能扩展的 RAM，是 CPU 为用户程序提供的存储器组件，被划为若干个地址区域，分别用于存放不同的操作数据。例如，输入过程映像、输出过程映像、位存储器、定时器和计数器、块堆栈（B 堆栈）、中断堆栈（I 堆栈）和诊断缓冲区，它们的功能及说明如表 2-24 所示。

表 2-24 系统存储区的存储对象及功能

存储区地址区域名称	功能及说明
输入/输出（I/O）过程映像表	在扫描循环开始时，CPU 读取数字量输入模块输入信号的状态，并将它们存入过程映像输入表中。在扫描循环中，用户程序计算输出值，并将它们存入过程映像输出表。在扫描循环结束时，将过程映像输出表的内容写入数字量输出模块
内部存储器标志位	内部存储器标志位（M）用来保存控制逻辑的中间操作状态和其他控制信息。虽然名为“位存储器区”，表示按位存取，但是也可以按字节、字或双字来存取

续表

存储区地址区域名称	功能及说明
定时器（T）存储器区	定时器相当于继电器系统中的时间继电器。给定时器分配的字用于存储时间基值和时间值（0～999），时间值可以用二进制或 BCD 码方式读取
计数器（C）存储器区	计数器用来累计其计数脉冲上升沿的次数，有加计数器、减计数器和加/减计数器。给计数器分配的字用于存储计数当前值（0～999），计数值可以用二进制或 BCD 码方式读取
数据块	数据块用来存放程序数据信息，分为可被所有逻辑公用的“共享”数据块（DB，简称数据块）和被功能块（FB）特定占用的“背景”数据块（DI）。 DBX 是数据块中的数据位，DBB、DBW 和 DBD 分别是数据块中的数据字节、数据字和数据双字。 DI 为背景数据块，DIX 是背景数据块中的数据位，DIB、DIW 和 DID 分别是背景数据块中的数据字节、数据字和数据双字
诊断缓冲区	诊断缓冲区是系统状态列表的一部分，包括系统诊断事件和用户定义的诊断事件的信息。这些信息按它们出现的顺序排列，第一行中是最新的事件。 诊断事件包括模块的故障、写处理的错误、CPU 中的系统错误、CPU 的运行模式切换错误、用户程序中的错误、用户用系统功能 SFC52 定义的诊断错误等

系统存储区可通过指令在相应的地址区内对数据直接进行寻址。

2.4.4　外设 I/O 存储区与累加器

1. 外设 I/O 存储区

通过外设 I/O 存储区（PI 和 PO），用户可以不经过过程映像输入和过程映像输出，直接访问本地的和分布式的输入模块和输出模块。不能以位（bit）为单位访问外设 I/O 存储区，只能以字节、字和双字为单位访问。

外设输入（PI）和外设输出（PO）存储区除了和 CPU 型号有关外，还和具体的 PLC 应用系统的模块配置相联系，其最大范围为 64KB。

S7-300 系列 PLC 的输入映像表 128Byte 是外设输入存储区（PI）首 128Byte 的映像，是在 CPU 循环扫描中读取输入状态时装入的。输出映像表 128Byte 是外设输出存储区（PO）的首 128Byte 的映像。CPU 在写输出时，可以将数据直接输出到外设输出存储区（PO），也可以将数据传送到输出映像表，在 CPU 循环扫描更新输出状态时，将输出映像表的值传送到物理输出。

S7-300 由于模拟量模块的最小地址已超过了 I/O 映像表的最大值 128Byte，因此只能以字节、字或双字的形式通过外设 I/O 存储区（PI 和 PO）直接存取，不能利用 I/O 映像表进行数据的输入和输出。而开关量模块既可以用 I/O 映像表，也可以通过外设 I/O 存储区进行数据的输入和输出。

2. 累加器（ACCUx）

32 位累加器用于处理字节、字和双字的寄存器。S7-300 有两个累加器（ACCU1 和 ACCU2），S7-400 有 4 个累加器（ACCU1～ACCU4）。可以把操作数送入累加器，并在累加器中进行运算和处理，保存在 ACCU1 中的运算结果可以传送到存储区。处理 8 位或 16 位数据时，数据放在累加器的低端（右对齐）。

2.4.5 状态寄存器

状态字是一个 16 位寄存器，如图 2-46 所示，用于存储 CPU 执行指令的状态。状态字中的某些位用于决定某些指令是否执行和以什么样的方式执行，执行指令时可能改变状态字中的某些位，用位逻辑指令和字逻辑指令可以访问和检测它们。

15	9	8	7	6	5	4	3	2	1	0
保留		BR	CC1	CC0	OS	OV	OR	STA	RLO	FC

图2-46　状态字的位

状态字位的功能如表 2-25 所示。

表 2-25　状态字位的功能

位的名称	功能及说明
$\overline{FC}$	状态字的第 0 位称为首次检测位（$\overline{FC}$）。若该位的状态为 0，则表明一个梯形逻辑网络的开始，或指令为逻辑串的第一条指令。CPU 对逻辑串第一条指令的检测（称为首次检测）产生的结果直接保存在状态字的 RLO 位中，经过首次检测存放在 RLO 中的 0 或 1 称为首次检测结果。该位在逻辑串的开始时总是为 0，在逻辑串指令执行过程中该位为 1，输出指令或与逻辑运算有关的转移指令（表示一个逻辑串结束的指令）将该位清零
RLO	状态字的第 1 位称为逻辑运算结果位（Result of Logic Operation，RLO），该位用来存储执行位逻辑指令或比较指令的结果。RLO 的状态为 1，表示有能流流到梯形图中的运算点处；为 0 则表示无能流流到该点。可以用 RLO 触发跳转指令
STA	状态字的第 2 位称为状态位（STA），执行位逻辑指令时，STA 总是与该位的值一致
OR	状态字的第 3 位称为域值位（OR），在先逻辑“与”后逻辑“或”的逻辑运算中，OR 位暂存逻辑“与”的操作结果，以便进行后面的逻辑“或”运算。其他指令将 OR 位复位
OV	状态字的第 4 位称为溢出位（OV），如果算术运算或浮点数比较指令执行时出现错误（如溢出、非法操作和不规范的格式），溢出位被置 1
OS	状态字的第 5 位称为溢出状态保持位（OS，或称为存储器溢出位）。OV 位被置 1 时 OS 位也被置 1，OV 位被清零时 OS 位仍保持 1，所以它保存了 OV 位，用于指明前面的指令执行过程中是否产生过错误。只有 JOS（OS=1 时跳转）指令、块调用指令和块结束指令才能复位 OS 位
CC1 和 CC0	状态字的第 7 位和第 6 位称为条件码位（CC1 和 CC0）。这两位用于表示在累加器 1（ACCU1）中产生的算术运算结果与 0 的大小关系、比较指令的执行结果或移位指令的移出位状态（如表 2-26 和表 2-27 所示）
BR	状态字的第 8 位称为二进制结果位（BR）。它将字处理程序与位处理联系起来，在一段既有位操作又有字操作的程序中，用于表示字操作结果是否正确。将 BR 位加入程序后，无论操作结果如何，都不会造成二进制逻辑链中断。在梯形图的方框指令中，BR 位与 ENO 有对应关系，用于表明方框指令是否被正确执行：如果执行出现了错误，BR 位为 0，ENO 也为 0；如果功能被正确执行，BR 位为 1，ENO 也为 1
保留	状态字的 9～15 位未使用

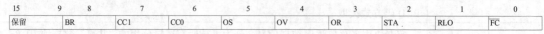

表 2-26　　算术运算后的 CC1 和 CC0

CC1	CC0	算术运算无溢出	整数算术运算有溢出	浮点数算术运算有溢出
0	0	结果=0	整数相加下溢出（负数绝对值过大）	正数、负数绝对值过小
0	1	结果<0	乘法下溢出；加减法上溢出（正数过大）	负数绝对值过大
1	0	结果>0	乘除法上溢出；加减法下溢出	正数上溢出
1	1	—	除法或 MOD 指令的除数为 0	非法的浮点数

表 2-27　　指令执行后的 CC1 和 CC0

CC1	CC0	比较指令	移位和循环移位指令	字逻辑指令
0	0	累加器 2 = 累加器 1	移出位为 0	结果为 0
0	1	累加器 2 < 累加器 1	—	—
1	0	累加器 2 > 累加器 1	—	结果不为 0
1	1	非法的浮点数	移出位为 1	—

2.4.6　系统存储器区域的划分及功能

DB 和 DI 地址寄存器分别用来保存打开的“共享”数据块（DB）和“背景”数据块（DI）的编号。S7-300/400 系列 PLC 的存储区及其功能如表 2-28 所示，表中给出的最大地址范围不一定是实际可使用的地址范围，实际可使用的地址范围由 CPU 的信号和硬件组态（Configuring，配置、设置，在 PLC 中称为组态）决定。

表 2-28　　存储区及其功能

区域名称	区域功能	访问区域的单元	标识符	最大地址范围
输入过程映像存储区（I）	在循环扫描的开始，操作系统从过程中读入输入信号存入本区域，供程序使用	输入位	I	0～65535.7
		输入字节	IB	0～65535
		输入字	IW	0～65534
		输入双字	ID	0～65532
输出过程映像存储区（Q）	在循环扫描期间，程序运算得到的输出值存入本区域。循环扫描的末尾，操作系统从中读出输出值并将其传送至输出模块	输出位	Q	0～65535.7
		输出字节	QB	0～65535
		输出字	QW	0～65534
		输出双字	QD	0～65532
位存储器（M）	本区域提供的存储器用于存储在程序中运算的中间结果	存储器位	M	0～255.7
		存储器节	MB	0～255
		存储器字	MW	0～254
		存储器双字	MD	0～252
外部输入（PI）	通过本区域，用户程序能够直接访问输入和输出模块（即外部输入和外部输出）	外部输入字节	PIB	0～65535
		外部输入字	PIW	0～65534
		外部输入双字	PID	0～65532
外部输出（PQ）		外部输出字节	PQB	0～65535
		外部输出字	PQW	0～65534
		外部输出双字	PQD	0～65532

续表

区域名称	区域功能	访问区域的单元	标识符	最大地址范围
定时器	定时器指令访问本区域可得到定时剩余时间	定时器（T）	T	0~255
计数器（C）	计数器指令访问本区域可得到当前计数器值	计数器（C）	C	0~255
数据块	本区域包含所有数据库的数据。如果需要同时打开两个不同的数据块，则可用“OPN DB”打开一个，用“OPN DI”打开另一个。用指令“L DBWi”和“L DIWi”进一步确定被访问数据块中的具体数据。在用“OPN DI”指令打开一个数据时，打开的是与功能块（FB）和系统功能块（SFB）相关联的背景数据块	用“OPN DB”打开数据块数据位	DBX	0~65535.7
		数据字节	DBB	0~65535
		数据字	DBW	0~65534
		数据双字	DBD	0~65532
		用“OPN DI”打开数据块数据位	DIX	0~65535.7
		数据字节	DIB	0~65535
		数据字	DIW	0~65534
		数据双字	DID	0~65532
本地数据（L）	本区域存放逻辑块（OB、FB 或 FC）中使用的临时数据，也称为动态本地数据，一般用作中间暂存器。当逻辑块结束时，数据丢失，因为这些数据是存储在本地数据堆栈（L 堆栈）中的	临时本地数据位	L	0~65535.7
		临时本地数据字节	LB	0~65535
		临时本地数据字	LW	0~65534
		临时本地数据双字	LD	0~65532

2.5 分布式 I/O

西门子的 ET 200 是基于 PROFIBUS-DP 现场总线的分布式 I/O 系统。PROFIBUS 是为全集成自动化定制的开放式现场总线系统，它将现场设备连接到控制装置，并保证在各个部件之间的高速通信,从 I/O 传送信号到 PLC 的 CPU 模块只需毫秒级的时间。ET200 可作为 PROFIBUS-DP 网络系统的从站。由于 ET200 只需要很小的空间，因此能使用体积更小的控制柜。集成的连接器代替了过去繁杂的电缆连接，加快了安装过程，紧凑的结构使成本大幅度降低。

ET200 能在非常严酷的环境（如酷热、严寒、强压、潮湿或多粉尘）中使用，能提供连接光纤 PROFIBUS 网络的接口，不需要采用费用昂贵的抗电磁干扰措施。

在启动 ET200 前，可以通过 BT200 总线测试单元来检查总线电缆、接口的状态。在运行时，可用诊断工具提供不同部件的状态信息，快速和高效地确定过程中发生的故障。PLC 还可以通过 PROFIBUS 通信网络从 I/O 设备调用诊断信息，并可以接收到易于理解的报文。STEP 7 软件包可以自动地检测系统故障，并采取必要的响应措施。

2.5.1　ET200 集成的功能

分布式 I/O ET200 集成了以下 6 个功能。

① 电动机启动器。集成的电动机启动器用于异步电动机的单向或可逆启动，可以直接控制 7.5kW 以下的电动机，一个站可以带 6 个电动机启动器。通过 PROFIBUS 现场总线网络可以调用开关状态和诊断信息，运行时能更换电动机启动器。

② 变频器和阀门控制。ET200X 可以方便地安装上阀门，直接由 PROFIBUS 总线控制，并由 STEP 7 软件包组态来实现阀门控制。ET200X 用于电气传动的模块可以提供变频器的所有功能。

③ 智能传感器。光电式编码器或光电开关等可以与使用智能传感器（IQ Sensor）的 ET200S 进行通信。可以直接在控制器上进行所有设置，然后将数值传送到传感器。传感器出现故障时，系统诊断功能自动发出报警信号。

④ 分布式智能。ET200S 中的 IM151/CPU 类似于大型 S7 控制器的功能，可以用 S7 对它进行编程。它能传送 I/O 子任务，能快速响应对时间要求很高的信号，因而减轻了中央控制器的负担并简化了对部件的管理。

⑤ 安全技术。ET200 可以在冗余设计的容错控制系统或安全自动化系统中使用。集成的安全计数能显著地降低接线费用。安全技术包括紧急断开开关、安全门的监控以及众多与安全有关的电路。

⑥ 功能模块。ET200M 和 ET2005 还能以模块化的方法扩展功能，可扩展的附加模块有计数器、定位模块等。

2.5.2　ET200 的分类

ET200 可分为表 2-29 所示的 8 个子系列。

表 2-29　　ET200 的子系列

<table>
<tr><th colspan="2">名称</th><th>功能及说明</th></tr>
<tr><td colspan="2">ET200B</td><td>ET200B 是整体式的一体化分布式 I/O 系统，有交流或直流的数字量 I/O 模块和模拟量 I/O 模块，具有模块诊断功能</td></tr>
<tr><td colspan="2">ET200eco</td><td>ET200eco 是经济实用的分布式 I/O 系统。它的数字量 I/O 具有很高的保护等级（IP67），在运行时更换模块，不会中断总线或供电</td></tr>
<tr><td colspan="2">ET200is</td><td>ET200is 是本质安全系统，通过紧固和本质安全的设计，适用于有爆炸危险的场合。能在运行时更换各种模块</td></tr>
<tr><td rowspan="3">ET200L</td><td>ET200L</td><td>整体式单元，不可扩展，只有数字量 I/O 模块</td></tr>
<tr><td>ET200L-SC</td><td>整体式单元，通过灵活连接系统（Smart Connect）最多可扩展 8 个数字量/模拟量模块</td></tr>
<tr><td>ET200L-SC IM-SC</td><td>完全模块化的灵活连接系统，最多可以扩展 16 个模块</td></tr>
<tr><td colspan="2">ET200M</td><td>ET200M 是多通道模块化的分布式 I/O 系统，可采用 S7-300 的全系列模块，最多可扩展 8 个模块，可以连接 256 个 I/O 通道，适用于大点数、高性能的应用。它有支持 HART 协议的模块，可以将 HART 仪表接入现场总线。它具有集成的模块诊断功能，在运行时可以更换有源模块。提供与 S7-400H 系统相连的冗余接口模块和 IM153-2 集成光纤接口。其中，户外型 ET200M 为野外应用设计，温度范围可达-25～+60℃</td></tr>
</table>

续表

名称	功能及说明
ET200R	ET200R 适用于机器人控制。坚固的金属外壳和高的保护等级（IP65），可抗冲击、防尘和不透水，适用于恶劣的工业环境，可以用于没有控制柜的 I/O 系统。由于 ET200R 中集成有转发器功能，因而能减少机器人硬件部件的数量
ET200S	ET200S 是分布式 I/O 系统，特别适用于需要电动机启动器和安全装置的开关柜。一个站最多可连接 64 个子模块，模块种类丰富，有带通信功能的电动机启动器和集成的安全防护系统（适用于机床及重型机械行业）和智能传感器等，集成有光纤接口
ET200X	ET200X 是具有高保护等级 IP65/67 的分布式 I/O 系统，其功能相当于 S7-300 的 CPU314。最多 7 个具有多种功能的模块连接在一块模板上，可以连接电动机启动器、气动元件以及变频器，有气动模块和气动接口，实现了机、电、气一体化。可以直接安装在机器上，节省了开关柜。它封装在一个坚固的玻璃纤维的塑料外壳中，可以用于粉末和水流喷溅的场合

2.6 本章小结

本章主要介绍了 S7-300/400 系列 PLC 的硬件结构及内部资源。通过本章的介绍，使读者对 S7-300/400 系列 PLC 的硬件系统有了初步的认识，为后面程序指令系统等内容的学习打下好的基础。

S7-300/400 系列 PLC 的硬件结构主要由机架（或导轨）、电源（PS）模块、中央处理单元（CPU）模块、接口模块（IM）、信号模块（SM）、功能模块（FM）和通信处理器（CP）模块等组成。另外，本章还重点介绍了 S7-300/400 系列 PLC 的信号模块（SM）。

本章还简单地介绍了 S7-300/400 系列 PLC 的内部资源，对 S7-300/400 系列 PLC 的存储区、累加器和状态寄存器也进行了相应的介绍。

第3章 S7-300/400系列PLC的指令系统

PLC的程序由两部分组成：一是操作系统，二是用户程序。操作系统由PLC生产厂家提供并支持用户程序的运行；用户程序是用户为完成特定的控制任务而编写的应用程序。用户要开发应用程序，就要用到PLC的编程语言。

STEP 7是与西门子公司S7系列PLC相配套的支持用户开发应用程序的软件包。STEP 7软件包提供了梯形图（LAD）、语句表（STL，又称指令表）和功能块图（FBD）3种基本编程语言，这3种语言可以在STEP 7中相互转换。此外，还支持其他可选的编程语言，如标准控制语言（SCL，又称结构化控制语言）、顺序控制图形编程语言（GRAPH，又称顺序功能图）、图形编程语言（HiGraph，又称状态图）、连续功能图（CFC）、C语言等。用户可以选择其中一种语言编程，如果需要，也可混合使用几种语言编程。这些编程语言都是面向用户的，它使控制程序的编写工作大大简化。对用户来说，开发、输入、调试和修改程序都极为方便。

在众多的S7编程语言中，本章主要介绍常用的语句表和梯形图编程语言。语句表和梯形图编程语言是一个完备的指令系统，支持结构化编程方法。指令系统包括二进制操作、数字运算、组织功能、功能块编程等。二进制操作又称位逻辑操作，它可以对二进制操作数的信号进行扫描并完成逻辑运算。

3.1 指令系统的基本知识

3.1.1 数制

1. 二进制数

二进制数只有0和1两个符号，按照逢二进一的规则运算。

0和1可以用来表示开关量（或称为数字量）的两种不同的状态。例如，触点的断开和接通、线圈的通电和断电等。

二进制常数用2#表示，如2#1111_0110_1001_0001是16位二进制常数。

2. 十六进制数

十六进制数的16个数字是0～9和A～F（对应于十进制数的10～15），按照逢十六进一的规则运算，每个数字占二进制数的4位。

十六进制常数表示法如下。

① B#16#、W#16#、DW#16#分别用来表示十六进制字节、字和双字常数，如W#16#13BE

表示十六进制字常数。

② 用字符“H”表示十六进制常数，如 W#16#13BE 可以表示为 13BEH。

3. BCD 码

BCD 码就是用二进制数表示十进制数，每个十进制数用 4 位二进制数来表示。例如，十进制数 9 对应的二进制数为 1001。4 位二进制数共有 16 种组合，BCD 码只用其前 10 个组合来表示 0～9，其余 6 种组合（1010～1111）没有使用。

3.1.2 数据类型

STEP 7 编程语言中大多数指令要与具有一定大小的数据对象一起进行操作。例如，位逻辑指令以二进制数执行它们的操作；装载和传送指令以字节、字或双字来执行它们的操作。不同的数据类型具有不同的格式选择和数制。程序所用的数据可指定一种数据类型。指定数据类型时，要确定数据大小和数据的位结构。

STEP 7 中的数据可分为 3 种类型：基本数据类型、复合数据类型和参数类型。

1. 基本数据类型

基本数据类型有布尔型（BOOL，位数据）、字节数据、字数据、双字数据、16 位整数、32 位整数、32 位浮点数等，每种数据类型在分配存储空间时有固定长度。例如，布尔数据类型为 1 位，一个字节（BYTE）是 8 位，一个字（WORD）是双字节（16 位），双字是 4 字节（32 位）。STEP 7 中所支持的基本数据类型如表 3-1 所示。

表 3-1　基本数据类型说明

数据类型	位数	说明
布尔：BOOL	1	位　范围：TRUE 或 FALSE
字节：BYTE	8	字节　范围：0～255
字：WORD	16	字　范围：0～65535
双字：DWORD	32	双字　范围：0～（2^{32}−1）
字符：CHAR	8	字符　范围：任何可打印的字符（ASCII>31，不含 DEL 和”）
整型：INT	16	整型　范围：−32768～32767
双整型：DINT	32	双字整型　范围：-2^{31}～（2^{31}−1）
实数：REAL	32	IEEE 浮点数
时间：TIME	32	IEC 时间，增量为 1ms（毫秒）
日期：DATE	32	IEC 时间，增量为 1d（天）
当天时间：TOD（Time_of_day）	32	间隔为 1ms（毫秒），每天时间：小时（0～23），分（0～59），秒（0～59），毫秒（0～999）
S5 系统时间	32	定时器的预置时间范围：0H_0M_0S_0MS～2H_46M_30S_0MS，增量为 10ms（毫秒）

2. 复合数据类型

通过组合基本数据类型和已存在的复合数据类型可生成复合数据类型。STEP 7 中的 4 种复合数据类型如表 3-2 所示。

表 3-2 复合数据类型说明

数据类型	说明
日期_时间：DT Day_and_Time	定义 8 字节，用于存储年（字节 0）、月（字节 1）、日（字节 2）、时（字节 3）、分（字节 4）、秒（字节 5）、毫秒（字节 6 和字节 7 的一半）和星期（字节 7 的另一半），用 BCD 格式保存。星期天的代码为 1，星期一至星期六的代码为 2～7。例如，DT#2004-07-15-12：30：15.200 为 2004 年 7 月 15 日 12 时 30 分 15.2 秒
字符串：STRING	可定义多达 254 个字符（CHAR），组成一维数组。字符串的默认大小为 256 字节，存放 256 个字符，外加两个字节字头。可定义字符实际数目来减少预留空间，如 STRING [7] “Siemens”
数组：ATTAY	将一组同一类型的数据组合在一起，形成一个单元
结构：STRUCT	将一组不同的数据组合在一起，形成一个单元

此外，用户还可以定义复合数据类型，称为用户数据类型（User_Defined Data Types，UDT）。利用 STEP 7 程序编辑器产生的可命名结构，通过将大量数据组织到 UDT 中，在生成数据块或在变量声明表中声明变量时，利用 UDT 数据类型输入更加方便。

3. 参数类型

参数类型是为在逻辑块之间传递参数的形参（形式参数）定义的数据类型。STEP 7 提供以下 4 种类型的参数。

（1）定时器（TIMER）或计数器（COUNTER）

指定执行逻辑块时要使用的定时器和计数器。对应的实参（实际参数）应为定时器或计数器的编号，如 T3、C21。

（2）块（BLOCK）

指定一个块用作输入和输出，参数声明决定了使用块的类型，如 FB、FC、DB 等。块参数类型的实参应为同类型块的绝对地址编号（如 FB2）或符号名（如“Motor”）。

（3）指针（POINTER）

指针式指向一个变量的地址，即用地址作为实参。例如，P#M50.0 是指向 M50.0 的双字地址指针。

（4）任意参数（ANY）

当实参的类型不能确定或可使用任何数据类型时，可使用该参数，其占 10Byte（字节）。

此外，参数也可以是用户自定义的数据类型，参数类型说明如表 3-3 所示。

表 3-3 参数类型说明

参数	字节（Byte）长度	说明
定时器：TIMER	2	在被调用的逻辑块内定义一个特殊定时器格式：T1
计数器：COUNTER	2	在被调用的逻辑块内定义一个特殊计数器格式：C1
块：BLOCK Block_FB Block_FC Block_DB Block_SDB	2	指定一个块用作输入和输出格式 FB2 FC101 DB42 SDB210

续表

参数	字节（Byte）长度	说明
指针：POINTER	6	定义内存单元格式：P#M50.0
ANY	10	当实参的数据类型为未知格式 P#M50.0 byte 10 P#M50.0 word 5

4. **数据的格式标记**

在程序设计中，各指令涉及的数据类型是以其标记来体现的。大多数标记对应于特定的数据类型或参数类型，有些标记可表示多种数据类型。STEP 7 提供下列数据格式的标记。

（1）时间/日期标记

时间/日期标记如表 3-4 所示，这些时间/日期标记不仅用来为 CPU 输入日期和时间，也可为定时器赋值。

表 3-4　时间/日期标记说明

标记	数据类型	说明	示例
T#（Time#）	时间（Time）	T#天 D_小时 H_分 M_秒 S_毫秒 MS（输入时可省去下画线）	T#0D_1H_10M_22S_0MS
D#（Date#）	日期（Date）	D#年_月_日	D#2009_5_13
TOD#（Time_of_day#）	当天时间（Time_of_day）	TOD#小时：分：秒.毫秒	TOD#12:12M:22S.100MS
DT#（Date_and_Time#）	日期和时间（(Date_and_Time）	DT#年_月_日_小时：分：秒.毫秒	DT#2009_5_13_19：01.355

（2）数值标记

数值标记说明如表 3-5 所示，STEP 7 提供了数值的不同格式，这些标记用来输入常数或检测数据。它包括二进制格式、布尔格式（真或假）、字节格式（输入字或双字时每个字节中的值）、计时器常数格式、十六进制、带符号的整数格式（含 16 位和 32 位）、实数格式（浮点数）。

表 3-5　数值标记说明

标记	数据类型	说明	示例
2#	WORD DWORD	二进制：16 位（字） 32 位（双字）	2#001_0000_1101_1100 2#001_0000_1101_1100_1001_1100_1001_1111
True/False	BOOL	布尔值（真=1，假=0）	TRUE
B#（"）或 Byte#（"）	WORD DWORD	字节：16 位（字） 32 位（双字）	B#（10，20） B#（1，14，19，123）
B#16#或 Byte#16#	BYTE	十六进制：8 位（字节）	B#16#4F
W#16#或 Word#16#	WORD	十六进制：16 位（字）	W#16#4F12
DW#16#或 DWord#16#	DWORD	十六进制：32 位（双字）	DW#16#09A2_FF12

续表

标记	数据类型	说明	示例
Integer	INT	IEC 整数格式：16 位（其中，最高位为符号位，补码存储）	612 -2270
L#	DINT	"长"整数格式：32 位（其中，最高位为符号位，补码存储）	L#44520 L#338245
Real number	REAL	IEC 实数（浮点数）格式：32 位	3.14 1.234e + 13
C#	WORD	计数器常数：16 位，0～999（BCD 码）	C#500

（3）字符/文字标记

STEP 7 允许输入字符/文字信息，字符/文字标记说明如表 3-6 所示。

表 3-6 字符/文字标记说明

标记	数据类型	说明	示例
'Character'	CHAR	ASCII 字符：8 位	'A'
'String'	STRING	IEC 字符串格式：可达 254 个字符	'Siemens'

（4）参数类型标记

参数类型标记说明如表 3-7 所示。

表 3-7 参数类型标记说明

标记	说明	示例
定时器	Tnn（nn 为定时器号）	T10
计数器	Cnn（nn 为计数器号）	C25
FB 块	FBnn（nn 为 FB 块号）	FB100
FC 块	FCnn（nn 为 FC 块号）	FC20
DB 块	DBnn（nn 为 DB 块号）	DB101
SDB 块	SDBnn（nn 为 SDB 块号）	SDB210
指针	P#存储区地址	P#M50.0
任意参数	P#存储区地址_数据类型_长度	P#M10.0word5

5. 指令的基本组成

指令是程序的最小独立单位，用户程序是由若干条顺序排列的指令构成的。对应语句表（STL）和梯形图（LAD）两种编程语言，指令也有语句指令与梯形逻辑指令之分。它们的表达形式不同，但表示的内容是相同或类似的。

（1）语句指令

一条语句指令由一个操作码和一个操作数组成，操作数由标识符和参数组成。操作码定义要执行的功能，告诉 CPU 该做什么；操作数为执行该操作所需要的信息，告诉 CPU 用什么去做。

例如：　　A　　I1.0

以上示例是一条位逻辑操作指令。其中，"A"是操作码，表示执行"与"操作；"I1.0"

是操作数，指出这是对输入继电器 I1.0 进行的操作。

有些语句指令不带操作数，其操作对象是唯一的，故为简便起见，不再特别说明。例如，“NOT”是对逻辑操作结果（RLO）取反。

（2）梯形逻辑指令

梯形逻辑指令用图形元素表示 PLC 要完成的操作。在梯形逻辑指令中，其操作码是用图素表示的，该图素形象地表明了 CPU 做什么，其操作数的表示方法与语句指令相同。

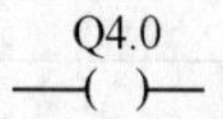

图3-1 梯形逻辑指令

如图 3-1 所示，在该梯形逻辑指令中，“—( )—”可认为是操作码，表示一个二进制赋值操作；Q4.0 是操作数，表示赋值的对象。

梯形逻辑指令也可不带操作数，如“—|NOT|—”表示对逻辑操作结果（RLO）取反的操作。

6. 操作数

（1）标识符与标识参数

一般情况下，指令的操作数位于 PLC 的存储器中，此时操作数由操作数标识符和标识参数组成。操作数标识符告诉 CPU 操作数放在存储器的哪个区域及操作数的位数；标识参数则进一步说明操作数在该存储区域内的具体位置。

操作数的标识符由主标识符和辅助标识符组成。主标识符表示操作数所在的存储区，辅助标识符进一步说明操作数的位数长度。若没有辅助标识符则指操作数的位数是 1 位。主标识符有 I（输入过程映像存储区）、Q（输出过程映像存储区）、M（位存储区）、PI（外部输入）、PQ（外部输出）、T（定时器）、C（计数器）、DB（数据块）、L（本地数据）；辅助标识符有 X（位）、B（字节）、W（字，2 个字节）、D（双字，4 个字节）。

PLC 的物理存储器是以字节为单元的，所以存储单元规定为字节单元。位地址参数用一个点与字节地址分开，如 M10.1，其中“10”为位地址参数，“1”表示其字节地址。

当操作数长度是字或双字时，标识符后给出的标识参数是字或双字内的最低字节单元号。字节、字和双字的相互关系及表示方法如图 3-2 所示。当使用宽度为字或双字的地址时，应保证没有生成任何重叠的字节分配，以免造成数据读写错误。

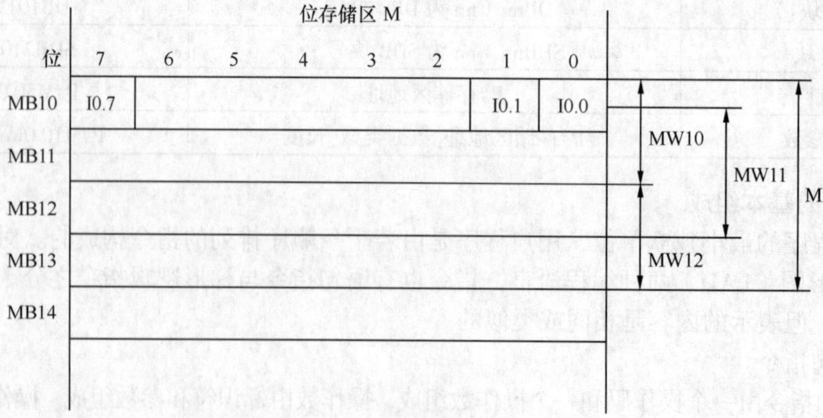

图3-2 以字节单元为基准标记存储器单元

（2）操作数的表示法

在 STEP 7 中，操作数有两种表示方法：物理地址（绝对地址）表示法和符号地址表示法。

① 物理地址（绝对地址）表示法。用物理地址表示操作数时，要明确指出操作数所在的存储区，该操作数位数和具体位置。

例如，Q4.0 是用物理地址表示的操作数，其中 Q 表示这是一个在输出过程映像区中的输出位，具体位置是第 4 个字节的第 0 位。

② 符号地址表示法。STEP 7 允许用符号地址表示操作数。符号名必须先定义后使用，而且符号必须是唯一的，不能重名。定义符号时，需要指明操作存储区、操作数的位数、具体位置及数据类型。采用符号地址表示法可使程序的可读性增强，并可降低编程时由于笔误造成的程序错误。

例如，Q4.0 可用符号名 MOTOR_ON 来替代表示。

7. 寻址方式

操作数是指令的操作或运算对象。寻址方式是指令取得操作数的方式，操作数可以直接给出或者间接给出。可用作 STEP 7 指令操作对象的操作数包括常数、S7 状态字中的状态位、S7 的各种寄存器、数据块（DB）、功能块（FB 和 FC）、系统功能块（SFB 和 SFC）和 S7 各存储区中的单元。

S7 的寻址方式可分为立即寻址、直接寻址、存储器间接寻址和寄存器间接寻址。

（1）立即寻址

立即寻址时的操作数是常数或常量，并且操作数直接在指令中。有些指令的操作数是唯一的，为简化起见，并不在指令中写出。立即寻址的程序说明如表 3-8 所示。

表 3-8　立即寻址的程序说明

命令		程序说明
LAD	STL	
	SET	把 RLO 置 1
	OW　W#16#320	将常量 W#16#320 与 ACCU1 相“或”
	L　1352	把整数 1352 装入 ACCU1
	L　‘ABCD’	把 ASCII 码字符 ABCD 装入 ACCU1
	L　C#100	把 BCD 码常数 100（计数值）装入 ACCU1
	AW　W#16#3A12	常数 W#16#3A12 与 ACCU1 的低位相“与”，运算结果在 ACCU1 的低字中

（2）直接寻址

直接寻址包括对寄存器和存储器的直接寻址。在直接寻址的指令中，直接给出操作数的存储单元地址，包括寄存器或存储器的区域、长度和位置。

例如，用 MW200 指定位存储区中的字，地址为 200；MB100 表示以字节方式存取；MW100 表示存取 MB100、MB101 组成的字；MD100 表示存取 MB100～MB103 组成的双字。直接寻址的程序说明如表 3-9 所示。

表 3-9　直接寻址的程序说明

命令		程序说明
LAD	STL	
	A　I0.0	对输入位 I0.0 进行“与”逻辑操作
	S　L20.0	把本地数据位 L20.0 置 1

续表

命令		程序说明
LAD	STL	
	= M115.4	使存储区位 M115.4 的内容等于 RLO 的内容
	L IB10	把输入字节 IB10 的内容装入 ACCU1
	T DBD12	把 ACCU1 中的内容传送给数据双字 DBD12

（3）存储器间接寻址

在存储器间接寻址指令中给出一个指针的存储器，该存储器的内容是操作数所存单元的地址。使用存储器间接寻址可以改变操作数的地址，在循环程序中经常使用存储器间接寻址。存储器间接寻址的说明如表 3-10 所示。

表 3-10 存储器间接寻址的说明

命令		注释
LAD	STL	
	L QB[DBD10]	将输出字节装入 ACCU1，输出字节的地址指针在数据双字 DBD10 中。如果 DBD10 的值为 2#0000 0000 0000 0000 0000 0000 0010 0000，装入的是 QB4
	A I[MD2]	对由 MD2 指出的输入位进行“与”逻辑操作。如果 MD2 的值为 2# 0000 0000 0000 0000 0000 0000 0101 0110，则是对 I10.6 进行“与”逻辑操作

地址指针可以是字或双字，定时器（T）、计数器（C）、数据块（DB）、功能块（FB）和功能（FC）的编号范围均小于 65535，使用字指针就够了。其他地址则要使用双字指针，如果要用双字格式的指针访问一个字、字节或双字存储器，必须保证指针的位地址编号为 0，只有双字 MD、LD、DBD 和 DID 能作为双字地址指针。字指针和双字指针的格式如图 3-3 所示。

31　24	23　16	15　8	7　0
x 0 0 0　0 r r r	0 0 0 0　0 b b b	b b b b　b b b b	b b b b　b × × ×

位31=0表明是区域内间接寻址；位31=1表明是区域间寄存器间接寻址；
位24、25和26（r r r）：区域标识（如表3-12所示）
位3~18（b b b b b b b b b b b b b b b b）：被寻址的字节编号（范围0~65535）
位0~2（× × ×）：被寻址的位编号（范围为0~7）

图3-3 存储器间接寻址的指针格式

显示如何产生字或双字指针并用其进行寻址举例如表 3-11 所示。

表 3-11 显示如何产生字或双字指针并用其进行寻址举例

命令		程序说明
LAD	STL	
	L +5	将整数+5 装入 ACCU1
	T MW2	将 ACCU1 的内容传送给存储字 MW2，此时 MW2 的内容为 5
	OPN DB[MW2]	打开由 MW2 指定的数据块，即打开数据块 5
	L P#8.7	将 2# 0000 0000 0000 0000 0000 0000 0100 0111（二进制数）装入 ACCU1
	T MD2	将 ACCU1 的内容传送给 MD2，此时 MD2 的内容为 2# 0000 0000 0000 0000 0000 0000 0100 0111

续表

命令		程序说明
LAD	STL	
	L P#4.0	将 2# 0000 0000 0000 0000 0000 0000 0010 0000 装入 ACCU1，ACCU1 中原内容装入 ACCU2
	+I	将 ACCU1 和 ACCU2 的内容相加，在 ACCU1 中得到“和”为 2# 0000 0000 0000 0000 0000 0000 0110 0111
	T MD4	将 ACCU 的当前内容传送给存储字 MD4
	A I[MD2]	对输入位 I8.7 进行“与”逻辑操作
	= Q[MD4]	将 RLO 的值赋给输出位 Q12.7

（4）寄存器间接寻址

在 S7 中有两个地址寄存器，分别是 AR1 和 AR2。通过地址寄存器，可以对各存储区的存储器内容实现寄存器间接寻址。地址寄存器的内容加上偏移量形成地址指针，该指针指向数值所在的存储单元。地址寄存器存储的双字地址指针的格式如图 3-4 所示。地址寄存器存储的双字地址指针的格式有两种，其长度均为双字。

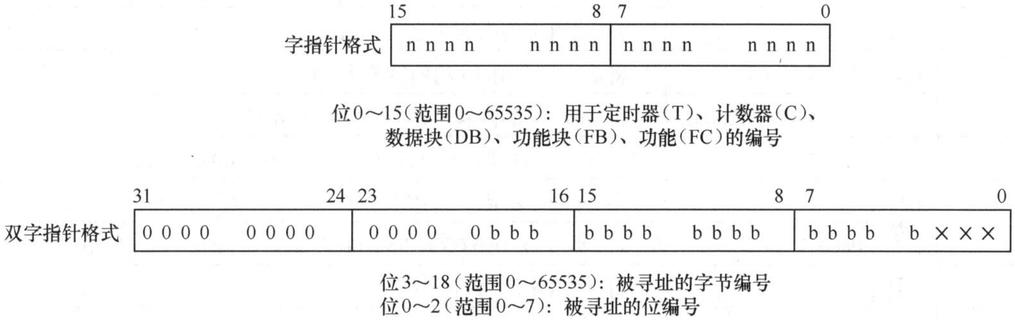

图3-4 寄存器间接寻址的指针格式

第一种地址指针格式包括被寻址数值所在存储单元地址的字节编号和位编号，至于对哪个存储区寻址，会在指令中直接给出。这种指针格式适用于在确定的存储区内寻址，即区内寄存器间接寻址。

第二种地址指针格式中还包含了数值所在存储区的说明位（存储区域标志位），这样就可通过改变这些位实现跨区寻址，这种指针格式用于区域间寄存器间接寻址。区域标志位的组合状态如表 3-12 所示。

表 3-12 区域间寄存器间接寻址的区域标志位（rrr，第 24～26 位）

rrr（第 24～26 位）	区域标识符	存储区
000	P	I/O，外设 I/O
001	I	输入过程映像
010	Q	输出过程映像
011	M	位存储区
100	DBX	共享数据块

续表

rrr（第 24～26 位）	区域标识符	存储区
101	DLX	背景数据块
111	L	本地数据

如果要用寄存器指针访问单个字节、字或双字，则必须保证指针中位地址编号为 0。下面的例子说明如何使用这两种指针格式实现间接寻址。寄存器间接寻址举例如表 3-13 所示。

表 3-13　寄存器间接寻址举例

命令		程序说明
LAD	STL	
	L　P#8.6	将 2# 0000 0000 0000 0000 0000 0000 0100 0110 装入 ACCU1
	LAR1	将 ACCU1 的内容传送至 AR1
	A　I[AR1，P#0.0]	AR1 加偏移量 P#0.0，指明是对输入为 I8.6 进行“与”操作
	=　Q[AR1，P#4.1]	AR1 加偏移量 P#4.1，结果为 2# 0000 0000 0000 0000 0000 0000 0110 0111，指明是对输出位 Q12.7 进行赋值操作
	L　P#8.0	将 2# 0000 0000 0000 0000 0000 0000 0100 0000 装入 ACCU1
	LAR2	将 ACCU1 的内容传送至 AR2
	L　IB[AR2，P#2.0]	将输入字节 IB10 的内容装入 ACCU1
	T　MW[AR2，P#200.0]	将 ACCU1 的内容传送至存储字 MW208
	L　P#I8.7	将 2# 1000 0001 0000 0000 0000 0000 0100 0111 装入 ACCU1
	LAR1	将 ACCU1 的内容传送至 AR1
	L　P#Q8.7	将 2# 1000 0010 0000 0000 0000 0000 0100 0111 装入 ACCU1
	LAR2	将 ACCU1 的内容传送至 AR2
	A　[AR1，P#0.0]	AR1 加偏移量 P#0.0，指明是对输入位 I8.7 进行“与”操作
	=　[AR2，P#4.1]	AR2 加偏移量 P#1.1，指明是对输出位 Q10.0 进行赋值操作
	L　P#I8.0	将输入位 I8.0 的双字 I8.0 的双字指针装入 ACCU1
	LAR2	将 ACCU1 的内容传送至 AR2
	L　P#M8.0	将存储器位 M8.0 的双字指针装入 ACCU1
	LAR1	将 ACCU1 的内容传送至 AR1
	L　B[AR2，P#2.0]	将输入字节 IB10 的内容装入 ACCU1
	T　D[AR1，56.0]	将 ACCU1 的内容传送至存储双字 MD64

3.2　S7-300/400 系列 PLC 的基本指令

3.2.1　位逻辑指令

1．触点指令

STEP 7 中提供的触点指令如表 3-14 所示，在触点指令中分为标准触点指令、取反指令和沿检测指令。

表 3-14 触点指令

	LAD	说明	STL	说明
触点指令	—||—	常开触点（地址）	A	“与”操作
	—|/|—	常闭触点（地址）	A（	“与”操作嵌套开始
	—|NOT|—	信号流反向	AN	“与非”操作
	—(N)—	RLO 下降沿检测	AN（	“与非”操作嵌套开始
	—(P)—	RLO 上升沿检测	O	“或”操作
	NEG	地址下降沿检测	O（	“或”操作嵌套开始
	POS	地址上升沿检测	ON	“或非”操作
			ON（	“或非”操作嵌套开始
			X	“异或”操作
			X（	“异或”操作嵌套开始
			XN	“异或非”操作
			XN（	“异或非”操作嵌套开始
			）	嵌套闭合
			NOT	非操作（RLO 取反）
			FN	下降沿
			FP	上升沿

（1）标准触点指令

触点表示一个位信号的状态，地址可以选择 I、Q、M、DB、L 数据区，触点可以是输入信号、程序处理的中间点及与其他站点通信的数据位信号，在 LAD 中常开触点指令为“—| |—”，常闭触点为“—|/|—”，当前值为 1 时，常开触点闭合；当前值为 0 时，常闭触点闭合。使用 LAD 编程时，标准触点间的“与”“或”“异或”操作没有相应指令，需要通过标准指令搭接出来。使用 STL 编程时，对常开触点使用 A（与）、O（或）、X（异或）指令，对常闭触点使用 AN（与非）、ON（或非）、XN（异或非）指令，两段程序的逻辑操作，需要使用嵌套符号“( )”。

（2）取反指令

取反指令（—| NOT |—、NOT）可改变能流输入的状态，将当前值由 0 变为 1，或由 1 变为 0。

（3）沿检测指令

信号沿的检测分为上升沿检测（—(P)—、FP）和下降沿检测（—(N)—、FN），沿信号在程序中比较常见，如电动机启动、停止信号、故障信号的捕捉等都是通过沿信号实现的。上升沿检测指令每检测一次 0 到 1 的正跳变，让能流接通一个扫描周期，下降沿检测指令每检测一次 1 到 0 的负跳变，让能流接通一个扫描周期。—(P)—与 POS、—(N)—与 NEG 功能相同，前者检测指令前面 RLO 信号的跳变，后者检测一个位地址的跳变。

使用触点指令的示例程序如表 3-15 所示。

表 3-15　　触点指令的示例程序

LAD	STL	程序说明
标准触点和取反指令的使用		
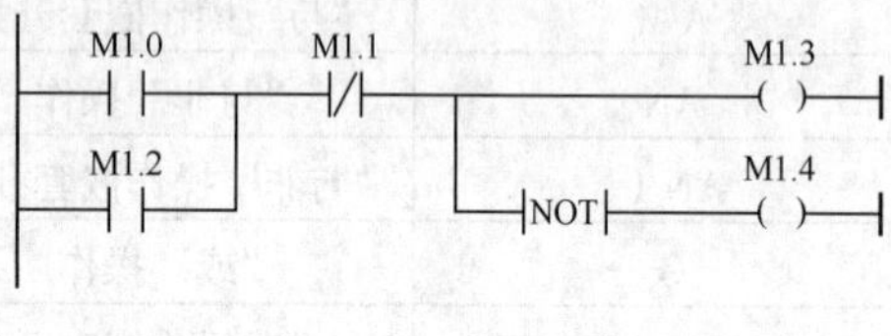	A(O M 1.0 O M 1.2) AN M 1.1 = L 20.0 A L 20.0 BLD 102 = M 1.3 A L 20.0 NOT = M 1.4	常开触点 M1.0 与 M1.2 相“或”，逻辑结果赋值给线圈 M1.3，逻辑结果取反赋值给线圈 M1.4，M1.3 和 M1.4 的状态相反。在 STL 程序中，程序段间的关系使用嵌套符号“( )”
沿检测指令的使用		
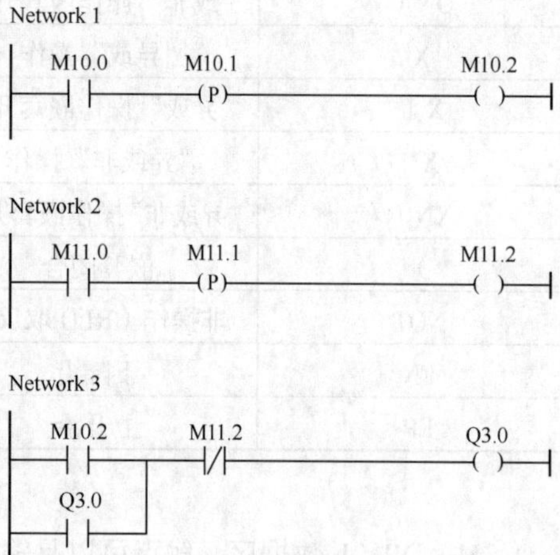	A M 10.0 FP M 10.1 = M 10.2 A M 11.0 FP M 11.1 = M 11.2 A(O M 10.2 O Q 3.0) AN M 1.2 = Q 3.0	程序实现最简单的电动机自锁功能，在程序段 1、2 中分别检测触点 M10.0、M11.0 的上升沿信号，将检测结果赋值到线圈 M10.2、M11.2。当 M10.0 从 0 到 1 跳变，M10.2 产生脉冲信号使线圈 Q3.0 输出，然后通过自己的触点信号保持输出状态，当 M11.0 从 0 到 1 跳变，M11.2 产生脉冲信号使线圈 Q3.0 断开

所有的触点指令不能对外设输入/输出区进行操作，如 A PI0.0 指令为非法的。在程序中能流不能反向，“或”操作不能短路，如图 3-5 所示，在这些情况下，STEP 7 会自动检查，程序不能进行有效的连接。

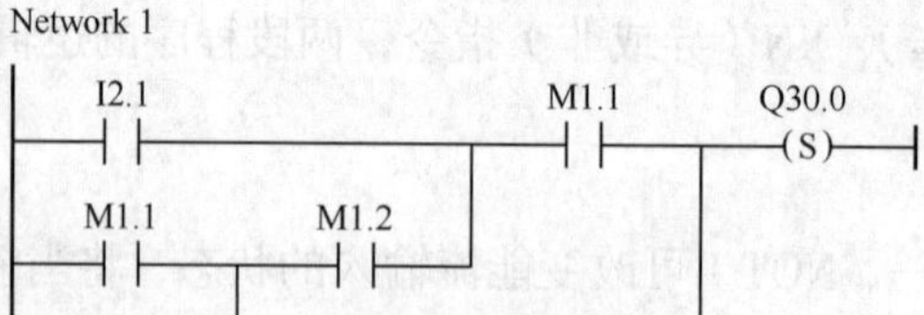

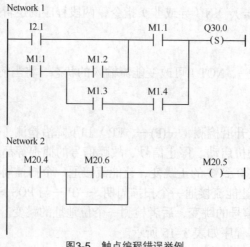

图3-5　触点编程错误举例

2. 线圈指令

STEP 7 中提供的线圈指令如表 3-16 所示，在线圈指令中分为输出指令和置位/复位指令。

表 3-16 线圈指令

	LAD	说明	STL	说明
线圈指令	—()	结果输出/赋值	=	赋值
	—(#)—	中间输出		
	—(R)	复位	R	复位
	—(S)	置位	S	置位
	RS	复位置位触发器		
	SR	置位复位触发器		

（1）线圈输出指令

线圈指令对一个位信号进行赋值，地址可以选择 Q、M、DB、L 数据区，线圈可以是输出信号或程序处理的中间点。当触发条件满足（RLO = 1），线圈被赋值 1；当条件再次不满足时（RLO = 0），线圈被赋值 0。在程序处理中，每个线圈可以带有若干个触点（没有限制），线圈的值决定常开触点、常闭触点的状态。在 LAD 编程中，线圈输出指令为“—()”，总是在一个程序段的最右边，如果需要得到逻辑处理的中间状态，可以使用中间输出指令“—(#)—”进行查询，中间输出指令不能在一个程序段的两端使用；在 STL 编程中，只有赋值指令“=”，中间输出指令可以通过编程实现。

（2）置位/复位指令

如表 3-17 所示，当触发条件满足（RLO = 1），置位指令将一个线圈置 1，当条件再次不满足（RLO = 0），线圈值保持不变，只有触发复位指令才能将线圈值复位为 0。单独的复位指令也可以对定时器、计数器的值进行清零。LAD 编程中 RS、SR 触发器带有触发优先级，置位、复位信号同时为 1 时，优先级高的指令触发。STL 编程中没有 RS、SR 触发器，置位、复位的优先级与指令在程序中的位置有关，通常指令在后的优先级高。

表 3-17 线圈指令的示例程序

LAD	STL	程序说明
线圈输出指令		
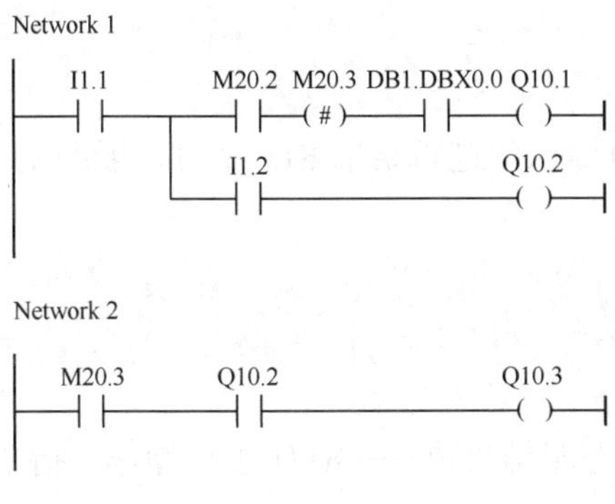 	Network 1 : Title: A I 1.1 = L 20.0 A(A L 20.0 A M 20.2 = M 20.3 A M 20.3) A DB1.DBX 0.0 = Q 10.1 A L 20.0 A I 1.2 = Q 10.2 Network 2 : Title: A M 20.3 A Q 10.2 = Q 10.3	在程序段 1 中，将地址 I1.1 和 M20.2 的“与”结果存储于中间输出 M20.3 中，再和变量 DB1.DBX0.0 相“与”，将结果输出到输出线圈 Q10.1，同样将地址 I1.1 和 I1.2 的“与”结果输出到输出线圈 Q10.2。 在程序段 2 中，将线圈 M20.3 和 Q10.2 的触点信号相“与”的结果输出到输出线圈 Q10.3

续表

LAD	STL	程序说明
置位、复位指令		
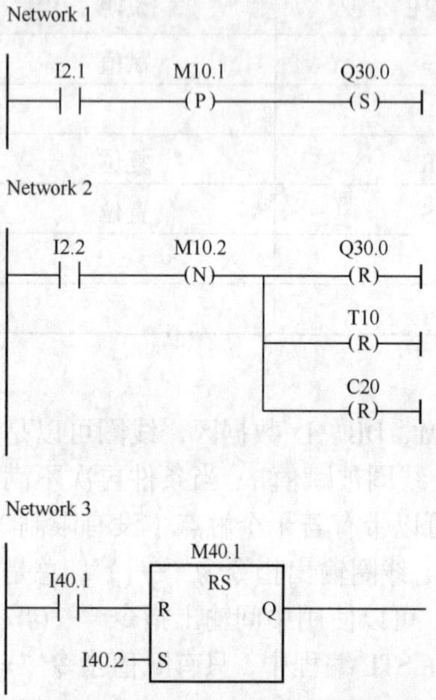	**Network 1** A I 2.1 FP M 10.1 S Q 30.0 **Network 2** A I 2.2 FN M 10.2 R Q 30.0 R T 10 R C 20 **Network 3** A I 40.1 R M 40.1 A I 40.2 S M 40.1 NOP 0	在程序段 1 中，I2.1 上升沿置位 Q30.0。 在程序段 2 中，只有 I2.2 产生下降沿才能复位 Q30.0。同时，I2.2 产生的下降沿信号复位定时器 T10 和计数器 C20 中的值。 在程序段 3 中，I40.1 和 I40.2 同时为 1 时，将置位 M40.1

所有的线圈指令不能对外设输入、输出区进行操作。例如，= P Q0.0 指令为非法的。只有触发条件才能触发输出或置位、复位。例如，在 STL 程序中，触发条件为状态字的 RLO 位，为 1 时触发。示例程序如下。

```
Network 1:
L    1
=    Q    10.2
```

在程序段 1 中，Q10.2 不能被赋值，因为 L1（装载到累加器 1 中）不能使 RLO 位变为 1。示例程序如下。

```
Network 2:
S    Q    10.3
```

在程序段 2 中，Q10.3 能否被置位，需要参考 RLO 位的状态，如果需要程序无条件置位 Q10.3，可以在置位语句前加上条件，程序如下。

```
Network 3:
AN   M    20.0
S    Q    10.3
```

可以将 M20.0 作为一个未用的触点，语句 AN M20.0 默认的逻辑结果 RLO 为 1，也可以直接使用 SET 指令将当前的 RLO 置位，程序如下。

```
Network 4:
SET
S    Q    10.3
```

3. RLO 操作指令

在位操作中，还有一些指令可以直接对状态字中的逻辑结果位——RLO 进行操作，指令如表 3-18 所示。

表 3-18 RLO 操作指令

	LAD	说明	STL	说明
RLO 操作指令	—(SAVE)	将 RLO 存入 BR 寄存器	SAVE	把 RLO 存入 BR 寄存器
			CLR	RLO 清零（=0）
			SET	RLO 置位（=1）

—(SAVE) /SAVE 指令将 RLO 状态存入 BR 寄存器，如果没有存储 BR 位信号，编写的函数或函数块使用 LAD 语言直接调用时，函数的输出 ENO 不使能，函数显示为虚线，如图 3-6 所示，FC1 的 ENO 不输出，M100.1 不能为 1。

从程序显示上看，FC1 似乎没有调用，实际已经调用，只是显示问题，在调用 FC1 前加入条件（常开或常闭触点）或在 FC1 的程序结尾使用 SAVE 指令，可以改变 FC1 调用的显示状态，如在 FC1 结尾加入如下语句。

```
Network X:
SET
SAVE
```

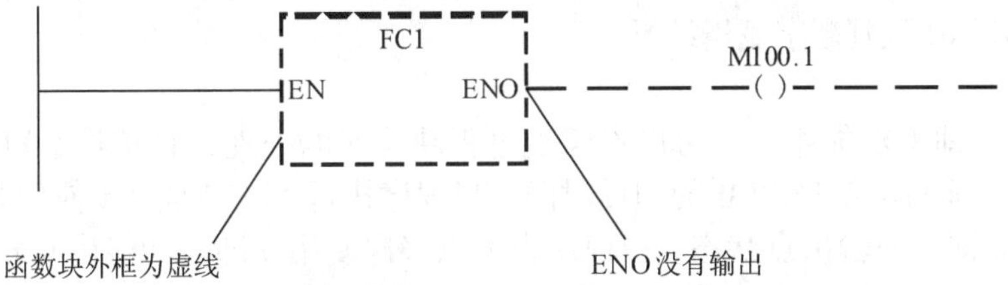

图3-6 没有将RLO存入BR寄存器调用FC1的显示状态

在程序结尾使用 SAVE 指令后，主程序中调用 FC1 的在线监控状态，如图 3-7 所示，FC1 的显示发生变化。

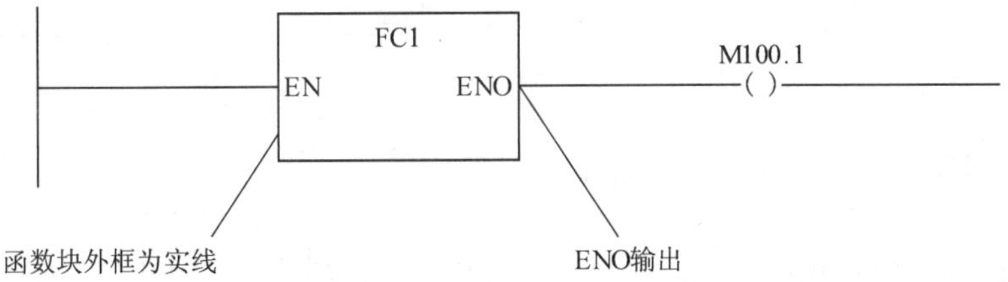

图3-7 将RLO存入BR寄存器后调用FC1的显示状态

SET 和 CLR 指令只有在 STL 编程中使用，可以将上面的操作结果 RLO 置位或复位，影响线圈指令的输出，举例如下。

```
SET
=       M   10.1
=       M   10.2
CLR
=       M   10.3
=       M   10.4
```

语句执行后，M10.1、M10.2 输出为 1，M10.3、M10.4 输出为 0。

4. 立即读与立即写

（1）立即读

立即读可以不经过过程映像区的处理，直接读出外设输入地址的信息。例如，16 点的输入模块设定的地址为 10，地址位于过程映像输入区，通常情况下使用输入地址标识符“I”查询输入模块信息，如果 CPU 的扫描时间为 40ms，输入信号的状态需要 40ms 才能更新一次。使用立即读的方法，不依赖 CPU 的扫描时间，当程序执行到该地址区（使用外设地址区 PI 替代 I）时，立即更新输入点信号进行逻辑处理。立即读不考虑输入信号的一致性，着重于输入信号的立即采集，适合有严格时间要求的应用，在程序中可以多次使用立即读访问同一个地址区，这样在一个程序执行周期中（一个 CPU 扫描）可以多次更新一个输入模块的状态（使用过程映像区，一个扫描周期只更新一次）。立即读有固定的编程格式，如图 3-8 所示。

当程序执行 PIW10 时，将输入地址为 10 的 16 点输入模块的信号状态立即读出（外设输入区只能使用字节、字、双字读出），通过 WAND_W（两个字相“与”）指令过滤其他位信号，指令处理如下。

```
PIW10      0000000000101010
W#16#2     0000000000000010
MW2        0000000000000010
```

只对 PIW10 中第二个位信号进行处理，如果 I1.0、第二个位信号为 1，字相“与”的结果不为 0，< >0 导通，赋值 M6.1 为 1 。图 3-8 所示为 LAD 程序，可以转换为 STL 程序，在 STL 程序中使用 BR 位判断字逻辑结果。

（2）立即写

立即写与立即读功能相同，可以不经过过程映像区的处理，直接将逻辑结果写到输出地址区。使用立即写不依赖 CPU 的扫描时间，当程序执行到该地址区（使用外设地址区 PQ 替代 Q）时，立即更新输出点状态。在程序中可以多次使用立即写功能访问同一地址区，这样在一个程序执行周期中，可以多次更新一个输出模块的状态。立即写的编程格式如图 3-9 所示。

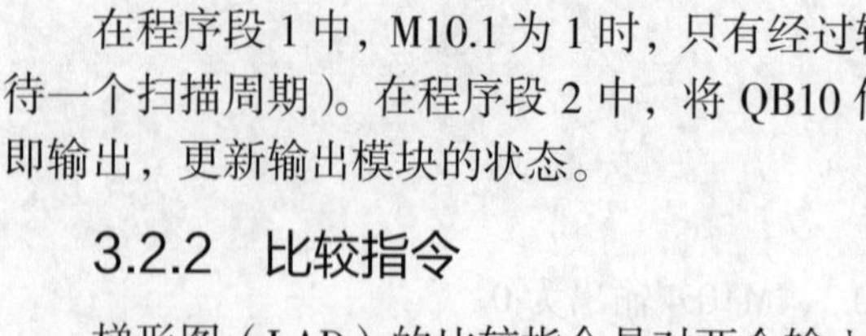

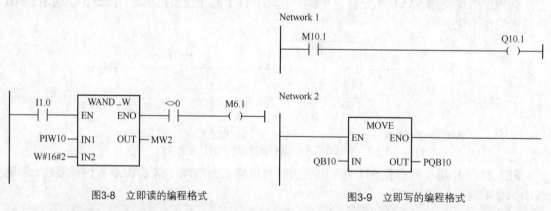

图3-8　立即读的编程格式

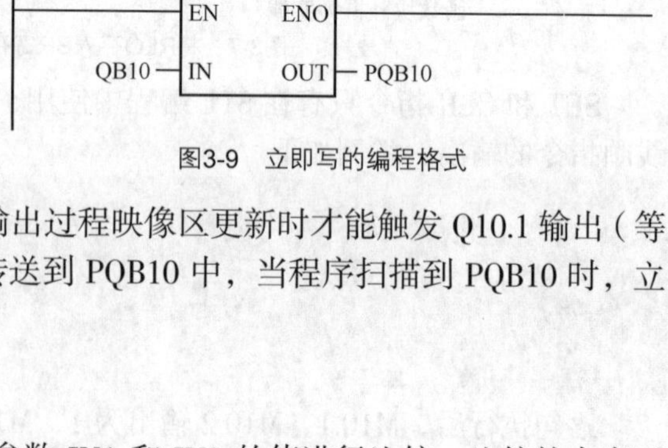

图3-9　立即写的编程格式

在程序段 1 中，M10.1 为 1 时，只有经过输出过程映像区更新时才能触发 Q10.1 输出（等待一个扫描周期）。在程序段 2 中，将 QB10 传送到 PQB10 中，当程序扫描到 PQB10 时，立即输出，更新输出模块的状态。

3.2.2　比较指令

梯形图（LAD）的比较指令是对两个输入参数 IN1 和 IN2 的值进行比较，比较的内容可以是相等、不等、大于、小于、大于等于或小于等于。如果比较结果为真，则逻辑结果为“1”。比较指令有 3 类，分别用于整数、双整数和浮点。语句表（STL）分别将两个值装载到累加器

1 和 2 中，然后将累加器进行比较，比较的内容和指令类别与 LAD 相同，但是语句表（STL）编程更灵活，可以将字节间、字节与字、字与双字相比较。使用 LAD 编程时，参数 IN1 和 IN2 的数据类型必须相同。比较指令说明及示例程序分别如表 3-19、表 3-20 所示。

表 3-19 比较指令说明

	LAD	说明	STL	说明
比较指令	CMP>=D	双整数比较 = =：等于 <>：不等于 >：大于 <：小于 >=：大于等于 <=：小于等于	>=D	双整数比较（32 位） = =：等于 <>：不等于 >：大于 <：小于 >=：大于等于 <=：小于等于
	CMP>=I	整数比较（= =，<>，>，<，>=，<=）	>=I	整数比较（16 位），= =，<>，>，<，>=，<=
	CMP>=R	浮点比较（= =，<>，>，<，>=，<=）	>=R	浮点比较 = =，<>，>，<，>=，<=

表 3-20 比较指令的示例程序

LAD	STL	程序说明
整数类型比较指令（以大于等于指令为例）		
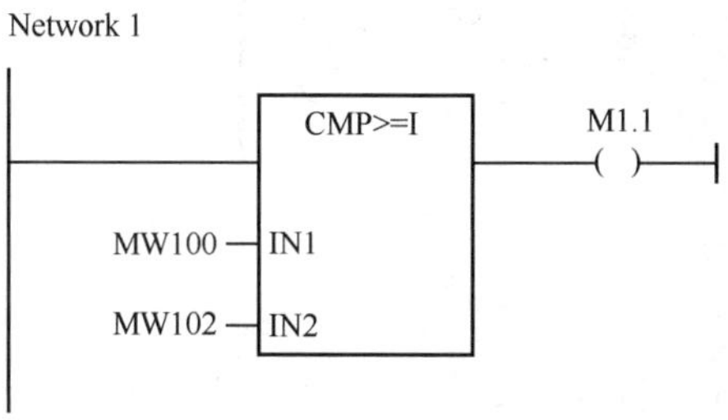 	Network 1 L MW 100 L MW 102 >=I = M 1.1	在程序段 1 中，如果变量 MW100 大于等于 MW102 时，则输出 M1.1 为 1，IN1 和 IN2 中也可以使用常数，如在 IN2 中，输入 123；使用 STL 编程时，先将 MW100 装入累加器 1 中，再将 MW102 装入累加器 1 中，原先累加器 1 中的变量 MW100 堆栈进入累加器 2 中，如果累加器 2 大于等于累加器 1 中的值，则输出 M1.1 为 1，也可以将常数装入累加器中
双整数类型比较指令（以大于等于指令为例）		
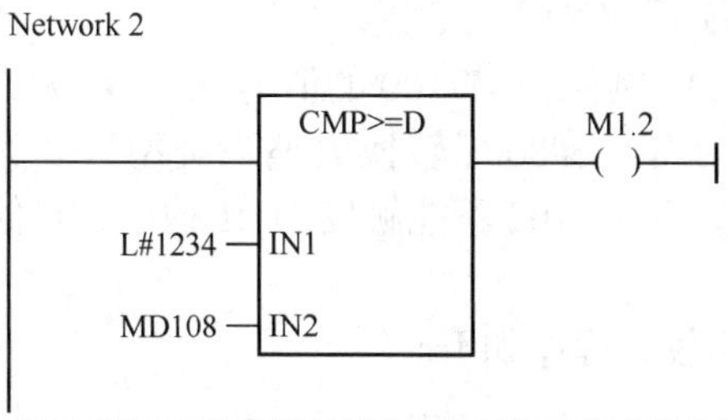 	Network 2 L L#1234 L MD 108 >=D = M 1.2	与程序段 1 中的程序段相同，比较的整数类型变为双整数类型，如果常数 1234 大于等于变量 MD108 时，则输出 M1.2 为 1

续表

LAD	STL	程序说明
浮点类型比较指令（以大于等于指令为例）		
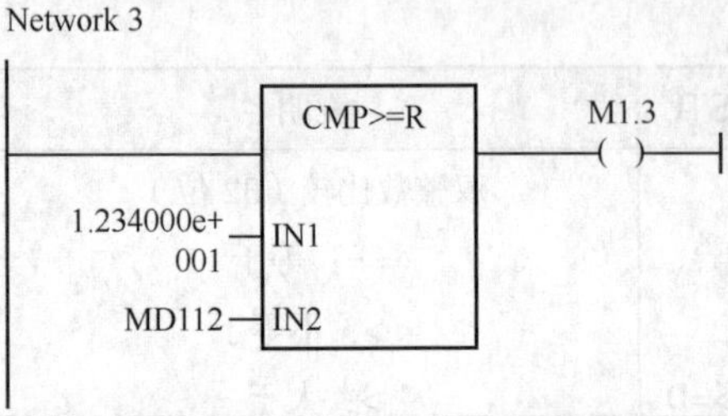	**Network 3** L 1.234000e+001 L MD 112 >=R = M 1.3	比较的数据类型为浮点类型，在程序段 3 中，如果常数 12.34 大于等于变量 MD112 时，则输出 M1.3 为 1

使用 LAD 编程时，输入的参数 IN1 和 IN2 的变量必须完全符合数据类型的要求，例如，CMP >=1 比较指令，输入参数必须为整数类型，如果输入变量 MW100 和 MW102 在符号表中定义数据类型为“WORD”，则在输入变量时，报错不能输入，输入变量为警示颜色——红色，如图 3-10 所示。

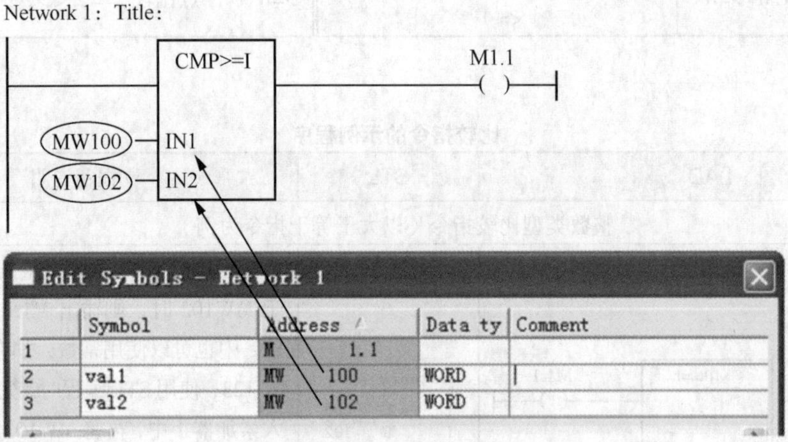

图3-10 输入数据类型不符

使用 STL 编程时，程序相同但是不会提示故障信息，程序如下。

```
L     MW   100
L     MW   102
>= I
=     M     1.1
```

实际上数据已经自动转换为整数类型（带有符号位），例如，MW100 的值为 W#16#8001，MW102 的值为 W#16#0001，但是不能输出 M1.1。因为 W#16#8001 转换为整数类型后变为 −32767，W#16#0001 转换为整数类型变为 1，MW100 小于 MW102 不能触发 M1.1 输出，其他数据类型的比较也会转换为指定的数据类型。

使用 STL 编程时，不同数据类型的变量也可以相比较，程序如下。

```
L    MB    100
L    MD    102
>=I
=    M     1.1
```

将 MB100 与 MD102 相比，指定比较的数据类型为整数，实际上将存储于变量 MB100 中的整数值与 MW104（MD102 的低字）中的整数值相比较。

注意：在实际的编程中，最好使用相同类型的数据进行比较。

3.2.3 转换指令

转换指令可以将一个输入参数的数据类型转换为一个需要的数据类型，在大多数的逻辑运算时，数据类型有可能不同，如数据类型可能为整数、双整数、浮点等，这样需要转换为统一的数据类型进行运算。字与整数类型不需要转换，在符号表或在数据块中可以定义变量的数据类型。如果没有定义变量的数据类型，例如，MW100 在编程时既可以作为一个字类型也可以作为一个整数类型，数据类型根据指令自动转换。转换指令说明与示例程序如表 3-21、表 3-22 所示。

表 3-21 转换指令说明

	LAD	说明	STL	说明
转换指令	BCD_I	BCD 码转换为整数	BTI	BCD 转成单字整数（16 位）
	I_BCD	整数转换为 BCD 码	ITB	16 位整数转换为 BCD 数
	I_DI	整数转换为双整数	ITD	单字（16 位）转换为双字整数（32 位）
	BCD_DI	BCD 码转换成双整数	BTD	BCD 码转成双字整数（32 码）
	DI_BCD	双整数转换成 BCD 码	DTB	双字整数（32 位）转换成 BCD 数
	DI_R	双整数转换为实数	DTR	双字整数转换为 32 位 IEEE 浮点数
	INV_I	整数的二进制反码	INVI	单字整数反码（16 位）
	INV_DI	双整数的二进制反码	INVD	双字整数反码（32 位）
	NEG_DI	双整数的二进制补码	NEGD	双字整数补码（32 位）
	NEG_I	整数的二进制补码	NEGI	单字整数补码（16 位）
	NEG_R	浮点数求反	NEGR	浮点求反（32 位 IEEE FP）
	ROUND	取整	RND	取整
	TRUNC	舍去小数，取整为双整数	TRUNC	截尾取整
	CEIL	上取整	RND+	取整为较大的双字整数
	FLOOR	下取整	RND-	取整为较小的双字整数
			CAD	改变 ACCU1 字节的次序（32 位）
			CAW	改变 ACCU1 字中字节的次序（16 位）

表 3-22　　　　　　　　转换指令的示例程序

<table>
<tr><th>LAD</th><th>STL</th><th>程序说明</th></tr>
<tr><td colspan="3">BCD 码与整数的转换指令</td></tr>
<tr><td>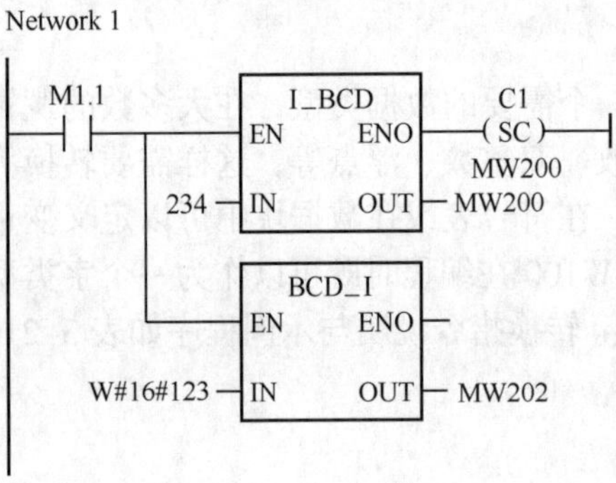
</td><td>Network 1
A　M　1.1
=　L　20.0
A　L　20.0
JNB　_001
L　234
ITB
T　MW　200
AN　OV
SAVE
CLR
_001:
A　BR
L　MW　200
S　C　1
A　L　20.0
JNB　_002
L　W#16#123
BTI
T　MW　202
_002: NOP　0</td><td>在程序段 1 中，M1.1 为 1 时，将整数 234 转换为 BCD 码 W#16#234 存入变量 MW200 中，将 BCD 码 W#16#123 转换成整数 123，存入变量 MW202 中，同时设置计数器 C1 的预置值为 MW200（计数器的值必须为 BCD 码）；使用 STL 编程时，使用 OV 状态位判断整数转换 BCD 码是否超限，如果转换错误不会将故障值放入计数器 C1 中（执行 JNB 跳转指令，将 RLO 信息复制到 BR 位，只有 M1.1 从 0 到 1 跳变时，才能将 MW200 中存储器的 BCD 码数值载入计数器 C1 中）</td></tr>
<tr><td colspan="3">整数转换指令</td></tr>
<tr><td>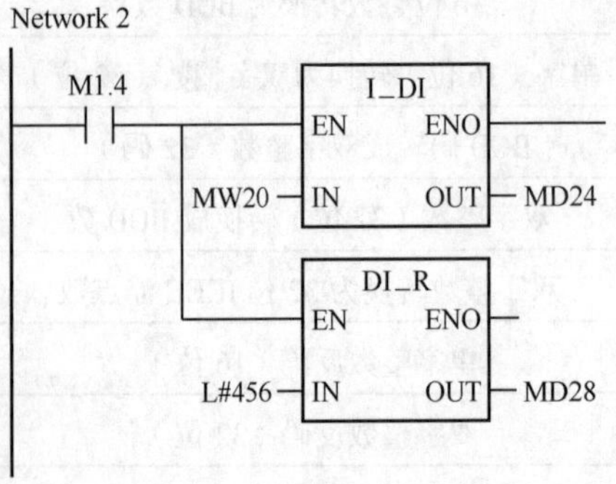
</td><td>Network 2
A　M　1.4
=　L　20.0
A　L　20.0
JNB　_003
L　MW　20
ITD
T　MD　24
_003: NOP　0
A　L　20.0
JNB　_004
L　L#456
DTR
T　MD　28
_004: NOP　0</td><td>在程序段 2 中，M1.4 为 1 时，将整数变量 MW20 转换为双整数变量 MD24（使用 MOVE 指令将 MW20 传送到 MW26 中，也可以实现同样的功能），将双整数常数 L#456 转换成浮点值 456.0 存入变量 MD28 中</td></tr>
<tr><td colspan="3">码制转换指令</td></tr>
<tr><td>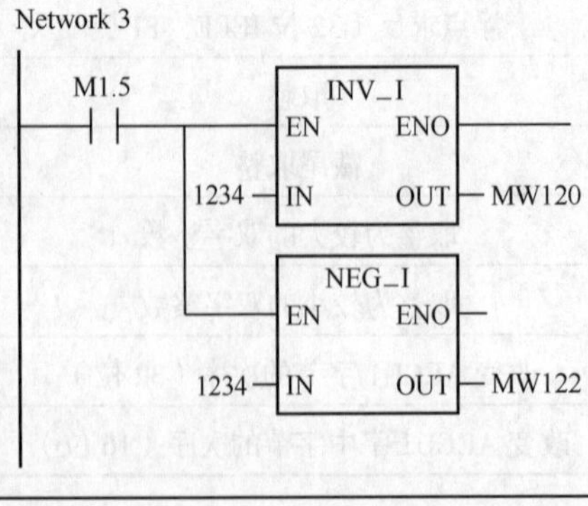
</td><td>Network 3
A　M　1.5
=　L　20.0
A　L　20.0
JNB　_005
L　1234
INVI
T　MW　120
_005: NOP　0
A　L　20.0
JNB　_006
L　1234
NEGI
T　MW　122
_006: NOP　0</td><td>在程序段 3 中，M1.5 为 1 时，执行 INV_I 指令，将输入参数 1234 与字 W#16#FFFF 的位进行“异或”操作（实际上将输入参数中所有的位信号取反），并将结果存入 MW120 中，执行 NEG_I 指令，将输入参数 1234 的值取反转换为-1234，并将结果存入 MW122 中</td></tr>
</table>

续表

LAD	STL	程序说明
浮点转换指令		
Network 1 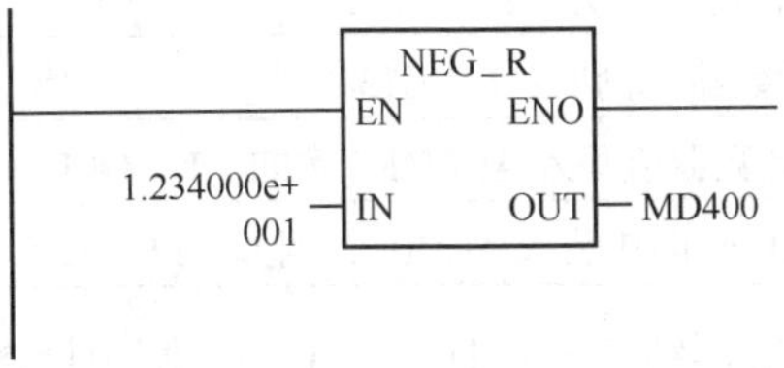 	Network 1 L 1.234000e+001 NEGR T MD 400 NOP 0	在程序段 1 中，将浮点值 12.34 取反转换为-12.34，并将结果存入 MD400 中。
Network 2 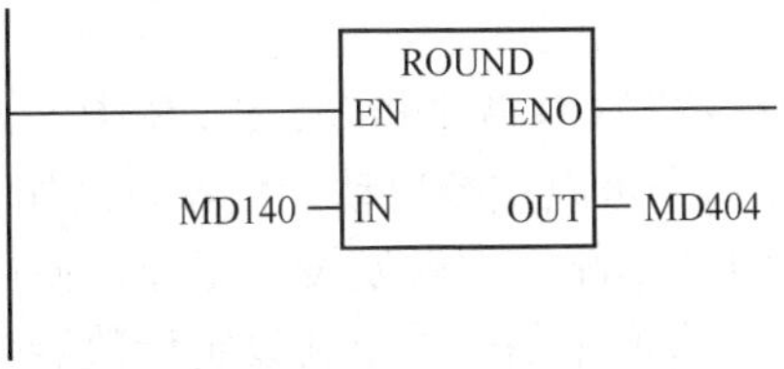 	Network 2 L MD 140 RND T MD 404 NOP 0	在程序段 2 中，将存储于变量 MD140 中的浮点值转换为双整数型数值，并存储于 MD404 中，转换采用最接近的原则，如浮点值 12.5 转换双整数型数值为 L#12，浮点值 12.51 转换双整数型数值为 L#13。
Network 3 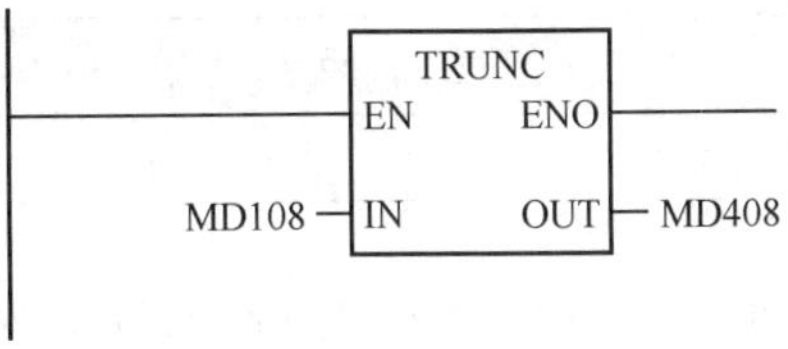 	Network 3 L MD 108 TRUNC T MD 408 NOP 0	在程序段 3 中，将存储于变量 MD108 中的浮点值转换为双整数型数值，并存储于 MD408 中，转换采用去小数部分的原则，如大于 12.0 而小于 13.0 的浮点值转换双整数型数值为 L#12。
Network 4 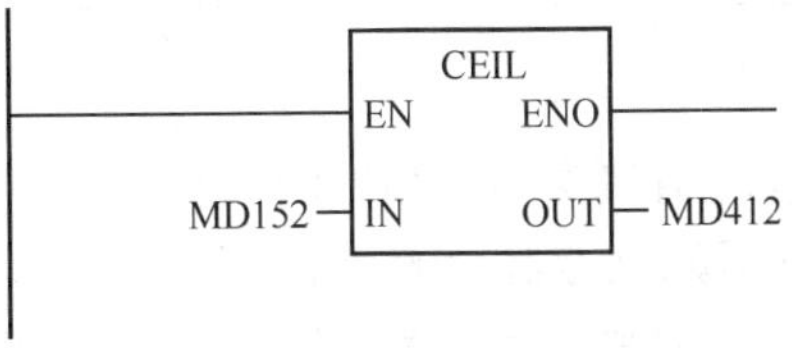 	Network 4 L MD 152 RND+ T MD 412 NOP 0	在程序段 4 中，将存储于变量 MD152 中的浮点值转换为双整数型数值，并存储于 MD412 中，转换采用接近最大值（正方向）的原则，如大于 12.0 而小于 13.0 的浮点值转换双整数型数值为 L#13。
Network 5 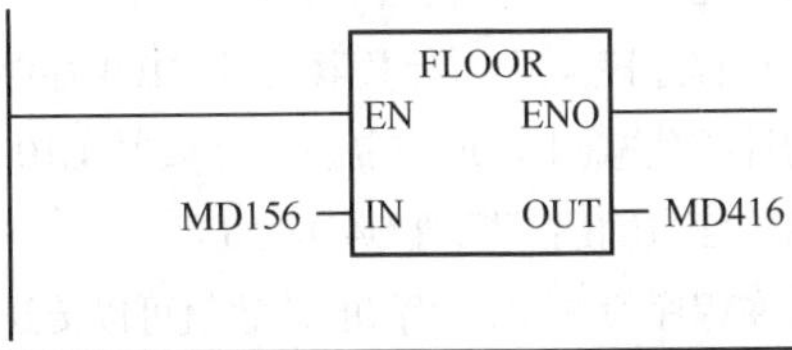 	Network 5 L MD 156 RND- T MD 416 NOP 0	在程序段 5 中，将存储于变量 MD156 中的浮点值转换为双整数型数值，并存储于 MD416 中，转换采用接近最大值（负方向）的原则，如大于-13.0 而小于-12.0 的浮点值转换双整数型数值为 L#-13

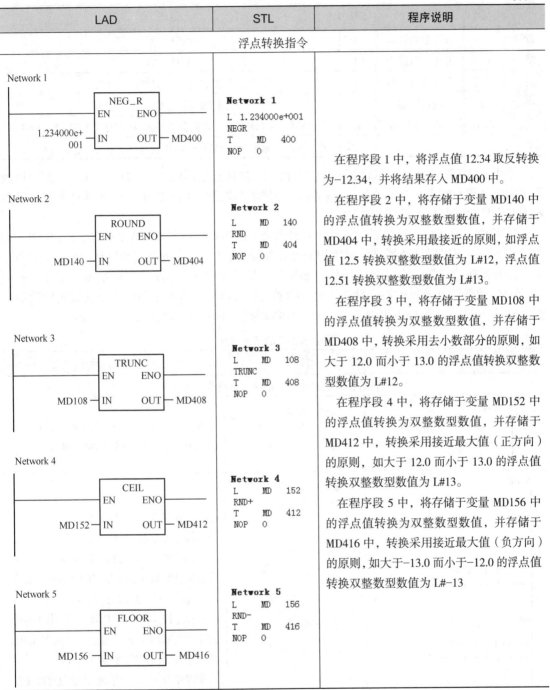

3.2.4 计数器指令

在 CPU 的系统存储器中，留有计数器存储区。该存储区为每一个计数器地址保留一个 16 位字，而能够使用计数器的个数由具体的 CPU 类型决定。计数器指令如表 3-23 所示。

表 3-23　　计数器指令

	LAD	说明	STL	说明
计数器指令	—(CD)	减计数器线圈	CD	降计数器
	—(CU)	加计数器线圈	CU	升计数器
	—(SC)	预置计数器值	S	计数值置初值，例如：S　C15
	S_CD	减计数器	R	复位计数器，例如：R　C15
	S_CUD	加-减计数器	L	以整数形式将当前的计数器值写入 ACCU1，例如：L　C15
			LC	把当前的计数器值以 BCD 码形式装入 ACCU1，例如：LC　C15

使用 LAD 编程时，计数器指令分为两种：① 加减计数器线圈—(CD)、—(CU)。使用计数器线圈时必须与预置计数器值指令—(SC)、计数器复位指令结合使用。② 加减计数器。计数器中包含计数器复位、预置等功能。

使用 STL 编程时，计数器指令只有升计数器 CU 和降计数器 CD 两个指令，S、R 指令为位操作指令，可以对计数器进行预置初值和复位操作，FR 指令可以重新启动计数器。例如，设定计数器初值需要一个沿触发信号，如果触发信号常为 1，不能再次触发设定指令，使用 FR 指令，将清除计数器的沿存储器，常 1 的触发信号可以再次产生信号并重新设定计数器初值，FR 指令在实际编程中很少使用。使用计数器指令的示例程序如表 3-24 所示。

表 3-24　　计数器指令的示例程序

LAD	STL	程序说明
计数器线圈的使用（以减计算指令为例）		
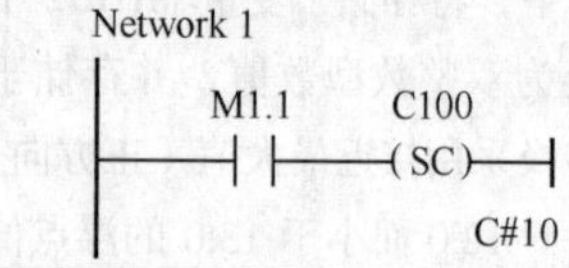	**Network 1** A　　M　　1.1 L　　C#10 S　　C　　100	在程序段 1 中，M1.1 为 1 时，设置计数器 C100 的初值为 16 位 BCD 码 10
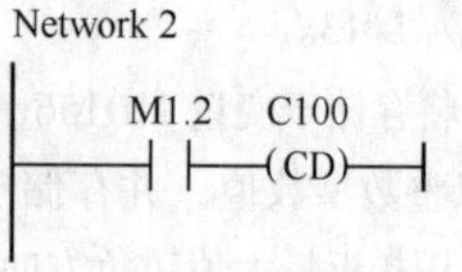	**Network 2** A　　M　　1.2 CD　C　　100	在程序段 2 中，位信号 M1.2 每一个上升沿触发计数器 C100 减 1(初始值为 10)。
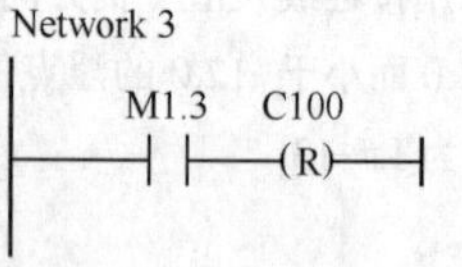	**Network 3** A　　M　　1.3 R　　C　　100	在程序段 3 中，位信号 M1.3 的上升沿将复位计数器 C100 存储的计数值，指令执行完成，C100 计数值为 0。
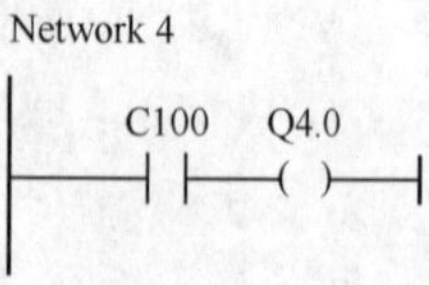	**Network 4** A　　C　　100 =　　Q　　4.0	在程序段 4 中，计数器信号 C100 存储的计数值减到 0 或被复位，计数器 C100 的位信号输出，赋值 Q4.0 为 1。
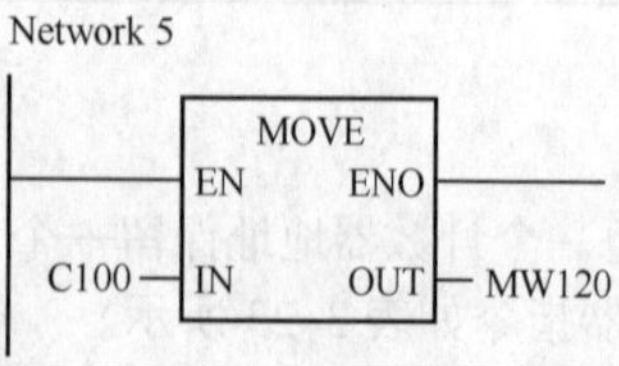	**Network 5** L　　C　　100 T　　MW　120 NOP　0	在程序段 5 中，当前的计数值可以传送至其他变量中，使用 STL 编程，MW120 中的计数值为整数，MW122 中的计数值为 BCD 码

续表

LAD	STL	程序说明
计数器指令的使用（以减计算指令为例）		
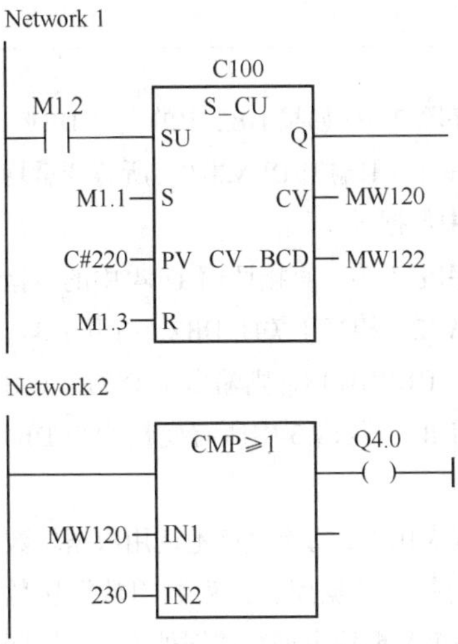	**Network 1** A　M　1.2 CU　C　100 BLD　101 A　M　1.1 L　C#220 S　C　100 A　M　1.3 R　C　100 L　C　100 T　MW　120 LC　C　100 T　MW　122 NOP　0 **Network 2** L　MW　120 L　230 >I =　Q　4.0	在程序段 1 中，M1.1 为 1 时，设置计数器 C100 的初值为 C#220，计数值为 16 位 BCD 码 220；位信号 M1.2 每一个上升沿触发计数器 C100 加 1（初始值为 220）；位信号 M1.3 的上升沿将复位计数器 C100 存储的计数值，指令执行完成，C100 计数值为 0；计数器 C100 存储的计数值最大为 999，如果达到最大值后再有新的脉冲信号，计数器不变。当前的计数值可以传送到其他变量中，MW120 中的计数值为整数，MW122 中的计数值为 BCD 码。 在程序段 2 中，如果计数值大于 230，触发输出位 Q4.0

3.2.5 数据块操作指令

数据块占用 CPU 的工作存储区和装载存储区，数据块的个数及每个数据块的大小，用户可以自由定义（数据块的个数和大小不能超出 CPU 的最大限制），数据块中包含用户定义的变量，访问数据块中的变量首先需要将数据块打开。数据块的打开指令是一个数据块的无条件使用。数据块打开后，可以通过 CPU 内的数据块寄存器 DB 或 DI 直接访问数据块的内容。数据块操作指令说明与示例程序如表 3-25、表 3-26 所示。

表 3-25　　数据块操作指令说明

数据块操作指令	LAD	说明	STL	说明
	—(OPN)	打开数据库	OPN	打开数据块
			CDB	交换 DB 与 DI 寄存器
			L DBLG	把共享数据块的长度写入 ACCU1
			L DBNO	把共享数据块的号写入 ACCU1
			L DILG	把背景数据块的长度写入 ACCU1
			L DINO	把背景数据块的号写入 ACCU1

表 3-26　　数据块操作指令的示例程序

LAD	STL	程序说明
Network 1 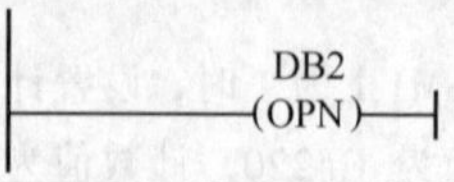 	**Network 1** OPN　DB　2	在程序段 1 中，打开 DB2
Network 2 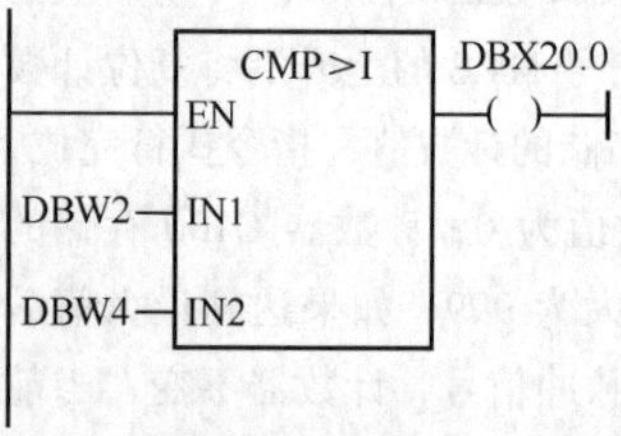 	**Network 2** L　DBW　2 L　DBW　4 >I =　DBX　20.0	在程序段 2 中，如果 DB2 中的变量 DBW2 大于 DBW4，则输出 DBX20.0（所有变量均为 DB2 中数据）。 在程序段 3 中，直接调用 DB4 中的数据 DB4.DBW12，相当于关闭 DB2，打开 DB4，如果小于 DBDBW18，则输出 DBX21.0（由于打开 DB4，网络 3 中所有变量均为 DB4 中数据）。 在编程应用中，每次直接地调用数据块数据时都会打开数据库，然后调用数据块数据，在一个数据块中进行数据处理。直接调用数据块数据，将产生多余的打开数据块指令，增加指令处理时间
Network 3：Title： 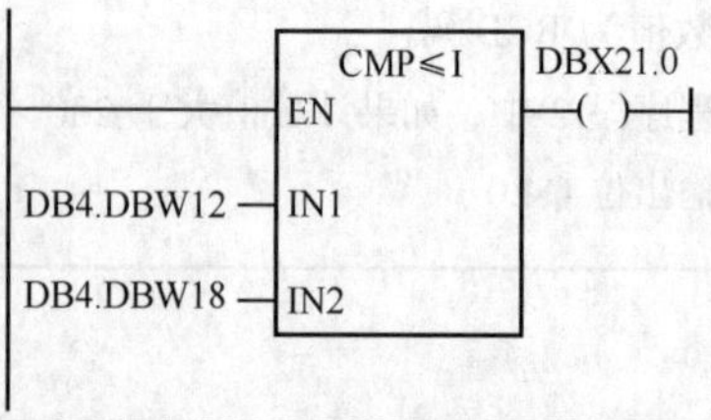 	**Network 3** L　DB4.DBW　12 L　DB4.DBW　18 <I =　DBX　21.0	

3.2.6 逻辑控制指令

逻辑控制指令包括各种跳转指令，通过跳转指令及程序跳转标签（Label）控制程序的跳转。逻辑控制指令如表 3-27 所示。

表 3-27　　逻辑控制指令

	LAD	说明	STL	说明
逻辑控制指令	—(JMP)	跳转	JC	如果 RLO=1，则跳转
	—(JMPN)	若非则跳转	JCN	如果 RLO=0，则跳转
	LABEL	标号	JCB	如果 RLO=1，则跳转，并把 RLO 的值存于状态字的 BR 位中
			JB1	如果 BR=1，则跳转
			JL	跳转到表格（多路多支跳转）
			JM	如果为负，则跳转
			JMZ	如果小于等于 0，则跳转
			JN	如果非 0，则跳转
			JNB	如果 RLO=0，则跳转，并把 RLO 的值存于状态字的 BR 位中

续表

	LAD	说明	STL	说明
逻辑控制指令			JNB1	如果 BR=0，则跳转
			JO	如果 OV=1，则跳转
			JOS	如果 OS=1，则跳转
			JP	如果大于 0，则跳转
			JPZ	如果大于等于 0，则跳转
			JU	无条件跳转
			JUO	若无效数，则跳转
			JZ	如果为 0，则跳转
			LOOP	循环

使用 LAD 编程时，程序跳转指令少，使用比较简单。使用 STL 编程时，可以根据状态位的状态进行程序跳转，跳转指令比较灵活。下面分别介绍两种编程语言的跳转指令。

1. LAD 编程指令

LAD 跳转指令有—（JMP）（为 1 跳转）和—（JMPN）（为 0 跳转）两种，根据前面的条件，跳转到自己定义的 LABEL（标号，最多 4 个字符，第一字符必须是字母）程序段。LAD 编程的跳转指令如图 3-11 所示。

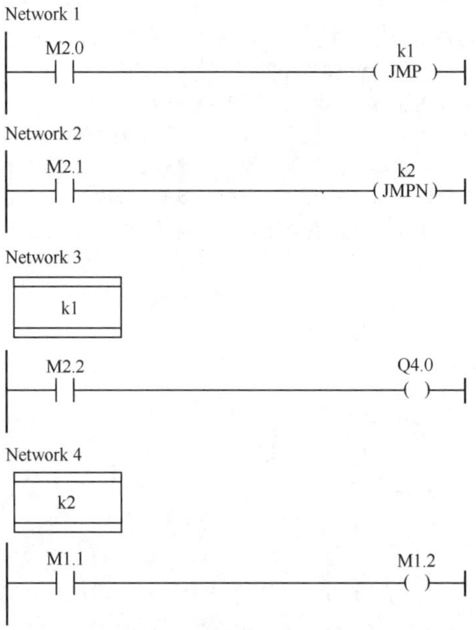

图3-11　LAD编程的跳转指令

使用—（JMP）指令，如果前面没有触发条件，程序执行后无条件跳转到指定标号的程序段。使用—（JMPN）指令，前面必须有触发条件，否则指令违法，跳转指令中指定的标号必须与程序段标号一致，可以调用多条跳转指令跳转到同一标号的程序段中。在示例程序中，如果触点信号 M2.0 为 1，则程序跳转到标号为 k1 的程序段（程序段 3）；如果触点信号 M2.1

为 0，则程序跳转到标号为 k2 的程序段（程序段 4），CPU 将不扫描程序段 3。

2. STL 指令

STL 与 LAD 编程跳转的方式相同，所有跳转指令必须定义跳转的标号，格式如下。

```
      JC     M2
      *
      *
      *
 M2: *
      *
      *
```

JC 为跳转指令，M2 为用户定义的标号，在跳转的程序标号后面，必须加上符号“:”，根据跳转指令，STL 编程语言可划分为下面几种跳转指令。

（1）无条件跳转指令 JU、JL

JU 指令的使用示例程序如下。

```
      A    I     1.2
      JC    DELE           //如果 I1.2 为 1，则跳转到标号“DELE”
      L     MB    10
      INC   1
      T     MB    10
      JU    FORW           //不需要触发条件，程序无条件跳转到标号“FORW”
DELE: T     MB    10
      L     0
FORW: A     I     2.1      //程序跳转到标号“FORW”后，程序从这里继续执行
```

JL 指令根据累加器 1 的数值跳转到相应的标号程序段，指令的示例程序如下。

```
      L     MB    0        //装载 MB0 到累加器 1
      JL    LSTX           //累加器 1 的值大于 3 时，跳转到标号 LSTX 程序段
      JU    SEG0           //累加器 1 的值等于 0 时，跳转到标号 SEG0 程序段
      JU    SEG1           //累加器 1 的值等于 1 时，跳转到标号 SEG1 程序段
      JU    SEG2           //累加器 1 的值等于 2 时，跳转到标号 SEG2 程序段
      JU    SEG3           //累加器 1 的值等于 3 时，跳转到标号 SEG3 程序段
LSTX: JU    COMM
SEG0: *                    //合法指令
    *
      JU    COMM
SEG1: *                    //合法指令
    *
      JU    COMM
SEG2: *                    //合法指令
    *
      JU    COMM
SEG3: *                    //合法指令
    *
      JU    COMM
COMM: *                    //合法指令
*
```

上面为 JL 指令固定的编程格式，最多允许有 255 个跳转条目，示例程序中有 4 个跳转条目，每个条目有一个标号，条目的序号从 0 开始（JU 的个数），如果累加器 1 的值大于所罗列的条目数，则跳转到 JL 指令指定的标号。

（2）基于逻辑结果的跳转指令 JC、JCN、JCB、JNB

如果 RLO=1，JC 指令执行，指令的使用示例程序如下。

```
        A    I     1.2
        JC   JOVR            //如果 RLO=1（I1.2 为 1），则跳转到标号"JOVR"
        L    IW    8         //如果跳转没有执行，程序从这里继续扫描
        T    MW    22
JOVR: A      I      2.1      //程序跳转到标号"JOVR"后，程序从这里继续执行
```

与 JC 指令相反，如果 RLO=0，JCN 指令执行，即如果 I1.2 为 0，触发 JCN 指令执行，示例程序如下。

```
        A    I     1.2
        JCN  JOVR            //如果 RLO=0（I1.2 为 0），则跳转到标号"JOVR"
        L    IW    8         //如果跳转没有执行，程序从这里继续扫描
        T    MW    22
JOVR: A      I      2.1      //程序跳转到标号"JOVR"后，程序从这里继续执行
```

注意：当指令 JC 和 JCN 执行时，如果跳转不执行，将 RLO 位置 1，并从下一个指令开始执行。

如果 RLO=1，JCB 指令执行，并将 RLO 位的状态复制到 BR 位，指令的使用示例程序如下。

```
        A    I     1.2
        JCB  JOVR            //如果 RLO=1（I1.2=1），则跳转到标号"JOVR"，将 RLO 位的状态复制到 BR 位
        L    IW    8         //如果跳转没有执行，程序从这里继续扫描
        T    MW    22
JOVR: A      I      2.1      //程序跳转标号"JOVR"后，程序从这里继续执行
```

如果 RLO=0，JNB 指令执行，并将 RLO 位的状态复制到 BR 位，指令的示例程序如下。

```
        A    I     1.2
        JNB  JOVR            //如果 RLO=1（I1.2=1），则跳转到标号"JOVR"，将 RLO 位的状态复制到 BR 位
        L    IW    8         //如果跳转没有执行，程序从这里继续扫描
        T    MW    22
JOVR: A      I      1.2      //程序跳转标号"JOVR"后，程序从这里继续执行
```

（3）基于状态字中位状态（除 RLO 位）的跳转指令 JBI、JNB1、JO、JOS

JBI 与 JNBI 指令根据 BR 位的状态跳转，如果 BR 位为 1，则执行 JBI 指令，如果 BR 位为 0，则执行 JNBI 指令。以 JBI 指令为例，指令的使用示例程序如下。

```
         CALL  SFC14         //调用系统函数 SFC14
         LADDR  :=MW2
         RET_VAL:=MW4
         RECORD :=MW6
        JBI   M1             //如果调用出错，BR 位为 0，则函数执行跳转到标号"M"
        L     2
        T     MW    12
        BE                   //程序结束
  M1:    L     3
        T     MW    12       //程序跳转到标号"M1"后，程序从这里继续执行
```

如果运算结果溢出，状态字的溢出位 OV=1，则 JO 指令通过判断 OV 位进行程序跳转，指令的使用示例程序如下。

```
        L     MW    10
        L     30
        *I                   //MW10
```

```
      JO    OVER           //如果超上限（OV=1），则程序跳转
      T     MW    10       //如果跳转没有执行，程序从这里继续扫描
      A     M     4.0
      R     M     4.0
      JU    NEXT
OVER: AN    M     4.0      //程序跳转到标号“OVER”后，程序从这里继续执行
      S     M     4.0
NEXT: NOP   0              //程序跳转到标号“NEXT”后，程序从这里继续执行
```

示例程序中，从位信号 M4.0 中，可以查询运算结果是否超上限（OV=1），若 M4.0 为 1，指示运算结果超上限；若 M4.0 为 0，指示运算结果正常。

如果运算结果溢出，状态字的溢出位 OV=1，则运算结果正常；若溢出位 OV=0，但是状态字的溢出保持位 OS 仍然为 1，记录运算结果溢出是否出现。通过程序块调用或者调用 JOS 复位 OS 状态位，JOS 指令通过判断 OS 位进行程序跳转，指令的使用示例程序如下。

```
      L     IW    10
      L     MW    12
      *I
      L     DBW   25
      +I
      L     MW    14
      -I
      JOS   OVER           //如果上面 3 条运算指令中任何一条运算结果超上限（OV=1），则程序跳转到标号“OVER”
      T     MW    16       //如果跳转没有执行，程序从这里继续扫描
      A     M     4.0
      R     M     4.0
      JU    NEXT
OVER: AN    M     4.0      //程序跳转到标号“OVER”后，程序从这里继续执行
      S     M     4.0
NEXT: NOP   0              //程序跳转到标号“NEXT”后，程序从这里继续执行
```

与 JO 跳转指令程序相同，若 M4.0 为 1，指示运算结果超上限；若 M4.0 为 0，指示运算结果正常。

（4）基于运算结果的跳转指令 JZ、JN、JP、JM、JPZ、JMZ、JUO

这些跳转指令基于运算结果 CC0 和 CC1 的状态，不同的状态触发不同的跳转指令，CC0、CC1 位的状态与条件跳转指令的关系如表 3-28 所示。

表 3-28　　CC0、CC1 位的状态与条件跳转指令的关系

CC1 信号状态	CC0 信号状态	运算结果	触发的跳转指令
0	0	=0	JZ
1 或 0	0 或 1	<>0	JN
1	0	>0	JP
0	1	<0	JM

续表

CC1 信号状态	CC0 信号状态	运算结果	触发的跳转指令
0 或 1	0 或 0	>=0	JPZ
0 或 1	0 或 0	<=0	JMZ
1	1	=1	JUO

以 JP 指令为例，介绍跳转指令的使用示例程序如下。

```
      L    IW    8
      L    MW   12
      -I                  //IW8 的值与 MW12 的值相减
      JP   POS            //如果计算结果大于 0（ACCU1>0），则跳转到程序标号“POS”
      AN   M     4.0      //如果跳转没有执行，程序从这里继续扫描
      S    M     4.0
      JU   NEXT
POS:  AN   M     4.1      //程序跳转到标号“POS”后，程序从这里继续执行
      S    M     4.1
NEXT: NOP  0              //程序跳转到标号“NEXT”后，程序从这里继续执行
```

在程序中，如果变量 IW8 大于变量 MW12 中存储的值，则置位 M4.1，否则置位 M4.0。

3.2.7　整数运算指令

整数运算指令实现 16 位整数或 32 位双整数之间的加、减、乘、除、取余等算术运算。整数运算指令说明与示例程序分别如表 3-29、表 3-30 所示。

表 3-29　　整数运算指令说明

	LAD	说明	STL	说明
整数运算指令	ADD_DI	双整数加法	+D	ACCU1 和 ACCU2 双字整数相加（32 位）
	ADD_I	整数加法	+I	ACCU1 和 ACCU2 整数相加
			+	整数常数加法（16 位，32 位）
	SUB_DI	双整数减法	–D	从 ACCU2 减去 ACCU1 双整数（32 位）
	SUB_I	整数减法	–I	从 ACCU2 减去 ACCU1 整数（16 位）
	MUL_DI	双整数乘法	*D	ACCU1 和 ACCU2 双字整数相乘（32 位）
	MUL_I	整数乘法	*I	ACCU1 和 ACCU2 整数相乘（16 位）
	DIV_DI	双整数除法	/D	ACCU2 除以 ACCU1 双字整数（32 位）
	DIV_I	整数除法	/I	ACCU2 除以 ACCU1 整数（16 位）
	MOD_DI	双整数取余数	MOD	双字整数形式的除法取余数（32 位）

表 3-30　　整数运算指令的示例程序

LAD	STL	程序说明
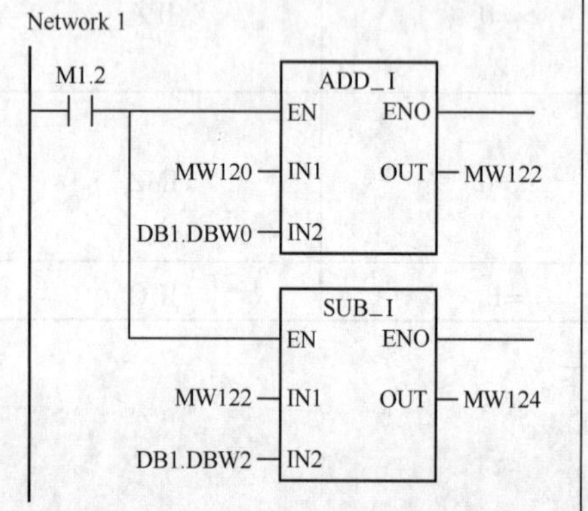	Network 1 A M 1.2 = L 20.0 A L 20.0 JNB _003 L MW 120 L DB1.DBW 0 +I T MW 122 _003: NOP 0 A L 20.0 JNB _00b L MW 122 L DB1.DBW 2 –I T MW 124 _00b: NOP 0	M1.2 为开始计算的使能信号，实现等式（MW120+DB1.DBW0–DB1.DBW2）*DB1.DBW4/DB1. DBW6/DB1.DBD10 的运算，将余数传送到 DB1.DBD14 中。 在程序段 1 中，将变量 MW120 与 DB1.DBW0 相加，结果传送到 MW122 中；将变量 MW122 与 DB1.DBW2 相减，结果传送到 MW124 中
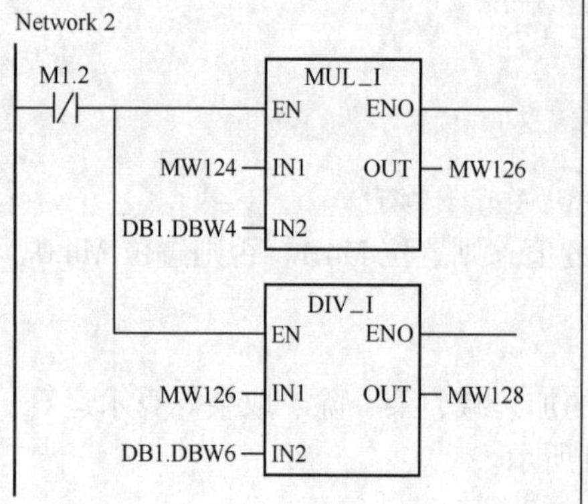	Network 2 AN M 1.2 = L 20.0 A L 20.0 JNB _013 L MW 124 L DB1.DBW 4 *I T MW 126 _013: NOP 0 A L 20.0 JNB _017 L MW 126 L DB1.DBW 6 /I T MW 128 _017: NOP 0	在程序段 2 中，将变量 MW124 与 DB1.DBW4 相乘，结果传送到 MW126 中；将变量 MW126 与 DB1.DBW6 相除，结果传送到 MW128 中。
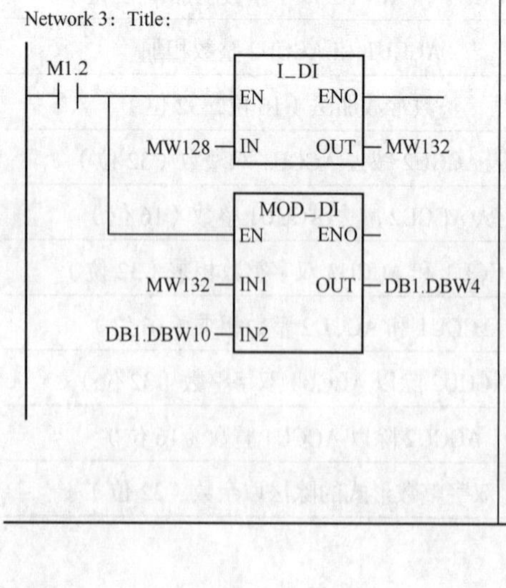	Network 3 A M 1.2 = L 20.0 A L 20.0 JNB _003 L MW 128 +I T MW 132 _003: NOP 0 A L 20.0 JNB _00b L MW 132 L DB1.DBW 10 –I T DB1.DBW 4 _00b: NOP 0	在程序段 3 中，将变量 MW128 转换为双整数 MW132 后除以 DB1.DBW10，将余数传送到 DB1.DBW4 中。 使用 STL 编程可以省去多余的中间变量，编程语句比较简练

3.2.8 浮点运算指令

浮点运算指令实现对 32 位浮点的算术运算。与整数运算相比，浮点运算结果可以有小数，所以多出一些适合浮点运算的指令，如平方、平方根、正余弦运算等。浮点运算指令如表 3-31 所示。

表 3-31 浮点运算指令

	LAD	说明	STL	说明
浮点运算指令	ADD_R	浮点加法	+R	ACCU1、ACCU2 相加（32 位 IEEE 浮点数）
	SUB_R	浮点减法	-R	从 ACCU2 减去 ACCU1 浮点(32 位 IEEE 浮点数）
	MUL_R	浮点乘法	*R	ACCU1、ACCU2 相乘（32 位 IEEE 浮点数）
	DIV_R	浮点除法	/R	ACCU2 除以 ACCU1（32 位 IEEE 浮点数）
	ABS	浮点数绝对值运算	ABS	绝对值（32 位 IEEE 浮点数）
	SQR	浮点数平方	SQR	求平方（32 位 IEEE 浮点数）
	SQRT	浮点数平方根	SQRT	求平方根（32 位 IEEE 浮点数）
	EXP	浮点数指数运算	EXP	求指数（32 位 IEEE 浮点数）
	LN	浮点数自然对数运算	LN	求自然对数（32 位 IEEE 浮点数）
	COS	浮点数余弦运算	COS	余弦（32 位 IEEE 浮点数）
	SIN	浮点数正弦运算	SIN	正弦（32 位 IEEE 浮点数）
	TAN	浮点数正切运算	TAN	正切（32 位 IEEE 浮点数）
	ACOS	浮点数反余弦运算	ACOS	反余弦（32 位 IEEE 浮点数）
	ASIN	浮点数反正弦运算	ASIN	反正弦（32 位 IEEE 浮点数）
	ATAN	浮点数反正切运算	ATAN	反正切（32 位 IEEE 浮点数）

使用浮点运算指令的示例程序如表 3-32 所示。

表 3-32 浮点运算指令示例程序

LAD	STL	程序说明
浮点运算基本指令（加、减、乘、除、绝对值，以加、除为例）		
Network 1 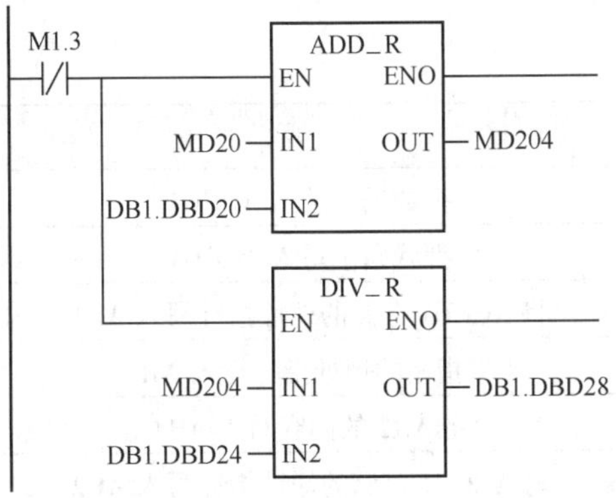	Network 1 AN M 1.3 = L 20.0 A L 20.0 JNB _003 L MD 20 L DB1.DBD 20 +R T MD 204 _003: NOP 0 A L 20.0 JNB _00b L MD 204 L DB1.DBD 24 /R T DB1.DBD 28 _00b: NOP 0	以 M1.3 为开始计算的使能信号，实现等式（MD20+DB1.DBD20）/ DB1.DBD24 的运算，并将运算结果传送到 DB1.DBD28 中

续表

LAD	STL	程序说明
浮点运算扩展指令（求平方、求平方根指令，以求平方指令为例）		
Network 1 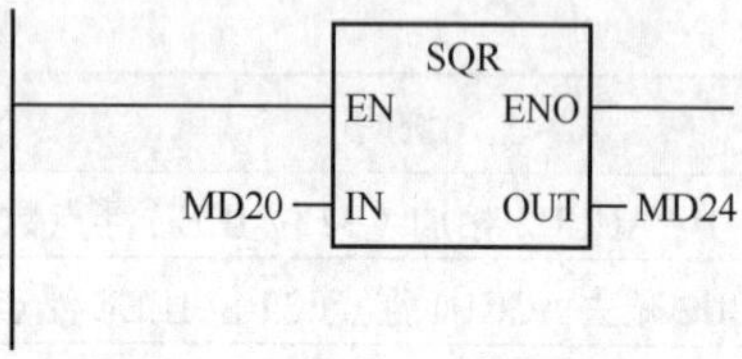	Network 1 L MD 20 SQR T MD 24 NOP 0	在程序段 1 中，将变量 MD20 的平方根传送到 MD24 中。在 STL 程序示例中加入溢出判断
浮点运算扩展指令（求指数、求自然对数指令，以求指数指令为例）		
Network 2 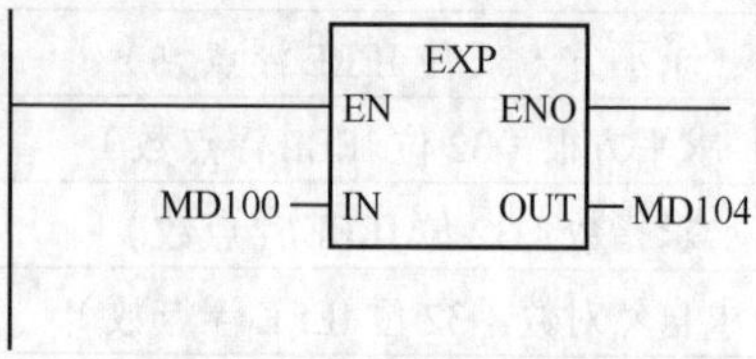	Network 2 L MD 100 EXP T MD 104 NOP 0	在程序段 2 中，变量 MD100 为 e 的指数，并将运算结果传送到 MD104 中

3.2.9 赋值指令

MOVE（赋值）指令将输入端 IN 指定地址中的值或常数赋值到输出端 OUT 指定的地址中。MOVE 最多可以赋值 4Byte 的变量，用户定义的数据类型（如数组或结构）必须使用系统功能“BLKMOVE”（SFC20）进行赋值。在 STL 编程语言中，使用装载和传递指令实现相同功能，装载功能实现将一个最大 4Byte 的常数、变量或地址寄存器传送到累加器；传递功能实现将累加器中的值传送到变量。除此之外，装载和传递指令中还包含对地址寄存器操作的指令。

CPU 内部寄存器中有两个地址寄存器，分别以 AR1、AR2 表示，每个地址寄存器占用 32 位地址空间。地址寄存器存储区域内部和区域交叉地址指针，用于地址的间接寻址、地址寄存器及指针的使用，在地址指针章节中将详细介绍。赋值指令说明如表 3-33 所示。

表 3-33　赋值指令说明

	LAD	说明	STL	说明
赋值指令	MOVE	赋值	L	把数据装载入 ACCU1
			L STW	把状态字写入 ACCU1
			LAR1	将 ACCU1 存储的地址指针写入 AR1
			LAR1<D>	将指明的地址指针写入 AR1
			LAR1 AR2	将 AR2 的内容写入 AR1
			LAR2	将 ACCU1 存储的地址指针写入 AR2

续表

	LAD	说明	STL	说明
			LAR2<D>	将指明的地址指针写入 AR2
			T	把 ACCU1 的内容传到目标单元
			T STW	把 ACCU1 的内容传输给状态字
赋值指令			TAR1	将 AR1 存储的地址指针传输 ACCU1
			TAR1<D>	将 AR1 存储的地址指针传输给指明的变量中
			TAR1 AR2	将 AR1 存储的地址指针传输 ACCU2
			TAR2	将 AR2 存储的地址指针传输 ACCU1
			TAR2<D>	将 AR2 存储的地址指针传输给指明的变量中
			CAR	交换 AR1 和 AR2 的内容

从指令表中可以看到，使用 LAD 编程语言时，只有赋值指令，使用 STL 编程语言时，指令分为装载和传递指令，其中包含地址寄存器的处理指令。

1. LAD 赋值指令

赋值指令是数值的传递，所有指令的输入、输出端的数据类型没有限制。例如，输入端是一个字节，输出端可以是单个字节、字、双字，也可以是一个整数、双整数，数值的类型可以自动转换（已经定义的数据类型不能转换）。赋值指令如图 3-12 所示。

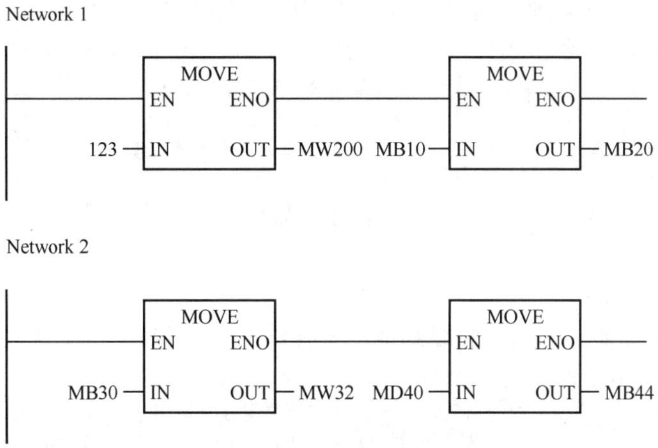

图3-12　赋值指令

在图 3-12 所示的程序中，程序段 1 将常数 123 传送到变量 MW200 中，将 MB10 中的数值传送到变量 MB20 中。程序段 2 将变量 MB30 中的数值传送到变量 MW32 中，字节传送到字中，数值不会溢出，如果将变量 MD40 传送到变量 MB44 中，则传送的数值大于 255，出现溢出（实际将 MB43 传送到变量 MB44 中，如果 MD40 的值为 DW#16#1234，指令执行后 MB44 的值为 B#16#34），运算出现错误，编程时应注意。

2. STL 装载、传送指令

STL 的赋值指令分为装载和传送指令，指令介绍如下。

（1）L（装载）指令与 T（传送）指令

L 指令将数值传送给累加器 1，T 指令将累加器 1 中的数值传送到变量。指令使用的示例程序如下。

```
L    IB   10          //将 IB10 装载到累加器 1 中
T    QB    1          //将累加器 1 中的值（IB10）传送到 QB1

L    MB   120         //将 MB120 装载到累加器 1 中
T    DBB  100         //将累加器 1 中的值（MB120）传送到 DBB100

L    DIW   6          //将 DIW16 装载到累加器 1 中
T    DIW  80          //将累加器 1 中的值（DIW16）传送到 DIW80

L    LD   252         //将临时变量 LD 252 装载到累加器 1 中
T    MD   40          //将累加器 1 中的值（LD 252）传送到 MD40

L    P#I 8.7          //将指针 P#I8.7 装载到累加器 1 中
T    MD   80          //将累加器 1 中的值（指针为 P#I8.7）传送到 MD80
```

装载指令 L 与传送指令 T 配合使用，装载指令也可以将累加器 1 中的值堆栈到累加器 2 中，程序如下。

```
L    MB   10          //将 MB10 装载到累加器 1 中
L    MB   11          //将 MB11 装载到累加器 1 中，MB10 自动进入累加器 2
T    DBB  100         //将累加器 1 中的值（MB11）传送到 DBB100
```

传送指令 T 只能将累加器 1 中的值传送到变量中。

（2）L STW 与 T STW 指令

L STW 指令装载状态字到累加器 1 中，但是不能将 S7-300 CPU 的 $\overline{FC}$、STA、OR 状态位装载到累加器；T STW 指令将累加器 1 中的值传送到状态字中。指令使用的示例程序如下。

```
L    STW              //将当前的状态字装载到累加器 1 中
T    MW   40          //将累加器 1 中的值（状态字）传送到 MW140 进行分析判断
L    2#111111111      //将 2#111111111 装载到累加器 1 中
T    STW              //将状态字中所有状态位置 1
```

L STW 指令与 T STW 指令可以在程序中对状态字进行监控，但在实际的编程应用中很少使用。

（3）LAR1 与 TAR1 指令

LAR1 指令将累加器 1 中的值装载到地址寄存器 1 中，TAR1 指令将地址寄存器 1 中的值传送到累加器 1 中。指令使用的示例程序如下。

```
L    P#I20.0          //将指针 P# I20.0 装载到累加器 1 中
LAR1                  //将累加器 1 中的值（指针 P# I20.0）装载到地址寄存器 1
TAR1                  //将地址寄存器 1 中地址（指针 P# I20.0）传送到累加器 1 中
T    MD   80          //将累加器 1 中的值（指针 P# I20.0）传送 MD80
```

上面的示例程序实现对地址寄存器 1 的读写操作，程序实际将指针 P#I20.0 传送到变量 MD80 中。

（4）LAR2 与 TAR2 指令

LAR2、TAR2 指令与指令 LAR1、TAR1 使用方式相同，实现对地址寄存器 2 的读写操作。

（5）LAR1<D>与 TAR1<D>指令

与 LAR1 相比，LAR1<D>指令直接将地址指针装载到地址寄存器 1 中，同样，TAR1<D>直接将地址寄存器 1 中的地址指针传送到变量中。指令中的<D>表示寄存器地址指针的双整数变量或指针常数。指令使用的示例程序如下。

```
LAR1  DBD   24     //将数据块变量 DBD24 存储的地址指针直接装载到地址寄存器
                   AR1 中
LAR1  LD   100     //将区域变量 LD100 存储的地址指针直接装载到地址寄存器 AR1 中
LAR1  MD    40     //将变量 MD40 存储的地址指针直接装载到地址寄存器 AR1 中
LAR1  P#M 100.0    //将地址指针常数 P#M100.0 直接装载到地址寄存器 AR1 中
TAR1  DBD   20     //将地址寄存器 AR1 中的值，直接传送到变量 DBD20 中
TAR1  DID   30     //将地址寄存器 AR1 中的值，直接传送到变量 DID30 中
TAR1  LD   180     //将地址寄存器 AR1 中的值，直接传送到变量 LD180 中
TAR1  MD    24     //将地址寄存器 AR1 中的值，直接传送到变量 MD24 中
```

（6）LAR2<D>与 TAR2<D>指令

LAR2<D>、TAR2<D>指令与指令 LAR1<D>、TAR1<D>使用方式相同，实现对地址寄存器 2 的直接读写操作。

（7）LAR1 AR2 与 TAR AR2 指令

LAR1 AR2 指令将地址寄存器 AR2 中的值，直接装载到地址寄存器 AR1 中；TAR1 AR2 指令将地址寄存器 AR1 中的值，直接传送到地址寄存器 AR2 中。指令使用的示例程序如下。

```
LAR1  P#10.0       //将地址寄存器 P#10.0，直接装载到地址寄存器 AR1 中
TAR1  AR2          //将地址寄存器 AR1 中的值，直接装载到地址寄存器 AR1 中
LAR1  AR2          //将地址寄存器 AR2 存储的地址直接装载到地址寄存器 AR1 中
TAR1  MD   100     //将地址寄存器 AR1 中的值直接传送到变量 MD100 中
A     I [MD 100]   //如果 I10.0 为 1，Q1.1 输出为 1
=     Q      1.1
```

（8）CAR 指令

CAR 指令将地址寄存器 1 与地址寄存器 2 中存储的地址指针相互交换。指令使用的示例程序如下。

```
LAR1  P#10.0       //降低至指针常数 P#10.0 直接装载到地址寄存器 AR1 中
LAR2  P#11.0       //将地址指针常数 P#11.0 直接装载到地址寄存器 AR2 中
CAR                //AR1 与 AR2 地址指针交换，AR1 中装载地址指针 P#11.0，AR2 中装在地址指针 P#10.0
TAR1  MD   100     //将地址寄存器 AR1 中的值直接传送到变量 MD100 中，MD100 中存储地址指针 P#11.0
CAR                //AR1 与 AR2 地址指针交换，AR1 中装载地址指针 P#10.0，AR2 中装载地址指针 P#11.0
TAR1  MD   104     //将地址寄存器 AR1 中的值直接传送到变量 MD104 中，MD104 中存储地址指针 P#10.0
A     M [MD 100]   //如果 M11.0 为 1，M10.0 输出为 1
=     M [MD 104]
```

3.2.10　程序控制指令

程序控制指令实现函数、函数块的调用以及通过主控传递方式（Master Control Relay）实现程序段使能的控制，程序控制指令如表 3-34 所示。

表 3-34　　程序控制指令

	LAD	说明	STL	说明
程序控制指令	—(MCR<)	主控传递接通	MCR(	把 RLO 存入 MCR 堆栈，开始 MCR
	—(MCR>)	主控传递断开	)MCR	把 RLO 从 MCR 堆栈中弹出，结束 MCR
	—(MCRA)	主控传递启动	MCRA	激活 MCR 区域
	—(MCRD)	主控传递停止	MCRD	去活 MCR 区域
	—(CALL)	调用 FC/SFC（无参数）	CALL	块调用

续表

	LAD	说明	STL	说明
程序控制指令	CALL_FB	调用 FB	CC	条件调用
	CALL_FC	调用 FC	UC	无条件调用
	CALL_SFB	调用 SFB	BE	块结束
	CALL_SFC	调用 SFC	BEC	条件块结束
	—(RET)	返回	BEU	无条件块结束

1. LAD 程序控制指令

（1）主控传递指令

主控传递指令可以将程序段分区并嵌套控制。在控制启动指令—(MCRA)和控制停止指令—(MCRD)间，通过主控传递接通指令—(MCR<)和主控传递断开指令—(MCR>)，可以最多将一段程序分成 8 个区，只有打开第一个区，才能打开第二个区，依此类推，每打开一个区，才能执行本区的程序。—(MCRA)、—(MCRD)及—(MCR>)指令前不能加入触发条件，—(MCR<)指令前必须加入触发条件。主控传递指令使用的示例程序如图 3-13 所示。

在示例程序中，如果 M1.1 为 1，打开 MCR 程序分区 1，分区 1 中的程序可以运行，如果 I1.2 为 1，将置位 Q2.1；如果 M1.2 为 1，打开 MCR 程序分区 2，分区 2 中的程序可以运行，如果 I1.1 为 1，触发 Q2.0 输出；如果 M1.1 为 0，分区 1 关闭，即使 I1.1 为 1 也不能触发 Q2.0 输出，程序分区相互嵌套。

（2）程序调用指令

集成于 STEP 7 函数库“Libraries”或用户编写的函数及函数块（FB Blocks、FC Blocks 目录）必须在主程序中才能运行，使用指令 CALL_FB、CALL_FC、CALL_SFB、CALL_SFC 可以对不同函数、函数块进行调用，指令的使用如图 3-14 所示。程序段 1 中调用无形参必须赋值，否则报错，如果已经编写 FC1，在“FC Blocks”库中可以找到，可以将 FC1 直接拖放到程序段中。程序段 2 为系统函数的调用，必须对形参赋值，否则报错，在“System Function Blocks”系统函数库中，将需要调用的函数直接拖放到程序段中。程序段 3、4 为函数块和系统函数块的调用。它们的共同特点是都需要拖放到程序段中，在函数块的上方写入未使用的数据块作为背景数据块，点击“确认”自动生成，每次调用函数块或系统函数块时，必须分配不同的数据块号。

使用—(CALL)指令只能调用函数 FC 和系统函数 SFC，并且函数不能带有形参，否则不能赋实参，指令的使用如图 3-15 所示。

在图 3-15 的程序中，如果 M1.1 为 1，调用函数 FC1，若没有预先创建函数或函数块，则必须用手动输入。

（3）—(RET)返回指令

如果在主程序中执行返回指令，程序扫描重新开始；如果在子程序中执行返回指令，程序扫描返回子程序调用处。以上两点共同的特点是返回指令后面的程序不执行，返回指令的使用如图 3-16 所示。

在图 3-16 所示的示例程序中，如果 M1.2 为 1，执行返回指令，CPU 不扫描程序段 3 的程序。

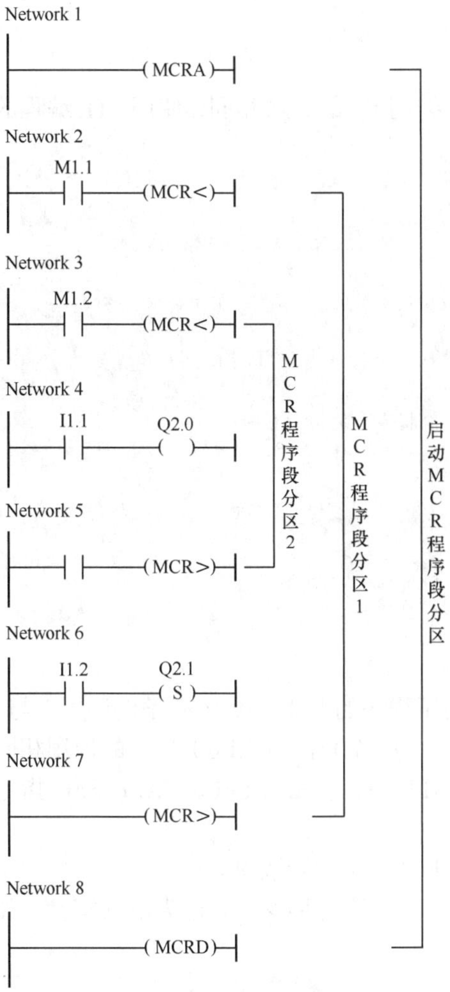

图3-13 主控传递指令

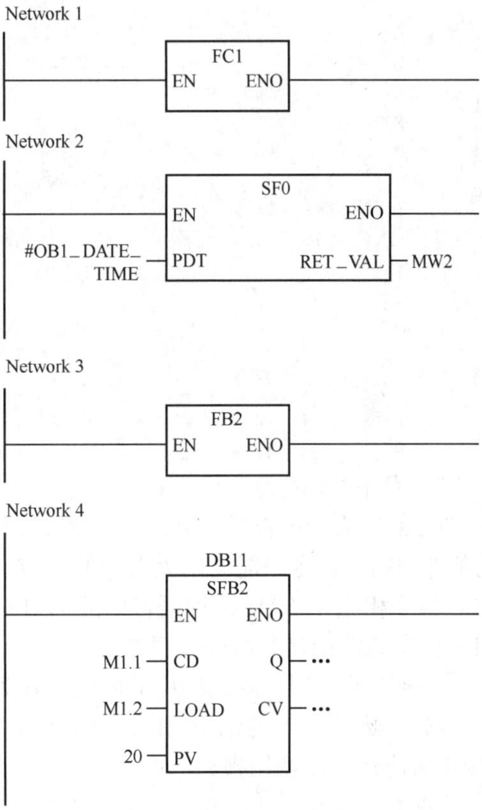

图3-14 程序块调用指令

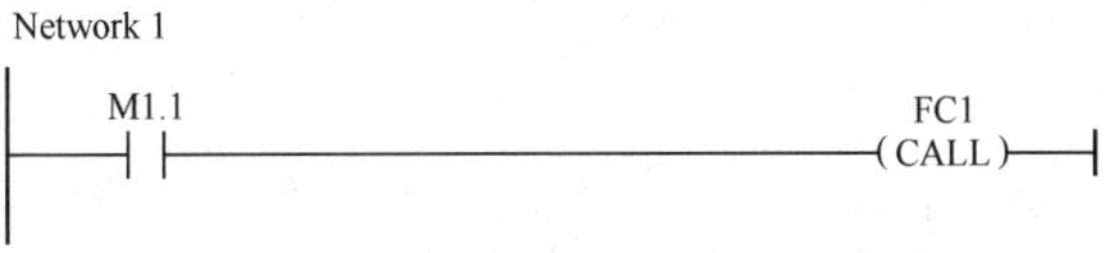

图3-15 —(CALL)指令

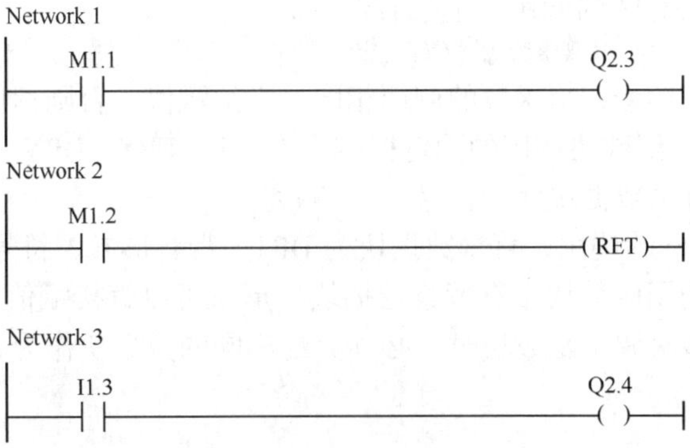

图3-16 —(RET)返回指令

2. STL 控制指令

（1）主控传递指令

STL 主控传递指令与 LAD 编程语言中使用主控传递指令的方法相同，使用 STL 编程的实例程序介绍如下。

```
MCRA
A    I    10.0        //启动 MCR 分区
MCR(                  //I10.0 为 1，激活 MCR 分区 1，I10.0 为 0，关闭 MCR 分区 1
A    I    10.2
MCR(                  //I10.2 为 1，激活 MCR 分区 2，I10.2 为 0，关闭 MCR 分区 2
A    I    40.0
=    Q    80.0        //如果 MCR 分区 2 关闭，Q80.0 被复位 0，与 I40.0 的值无关
L    MW   20
T    QW  100          //如果 MCR 分区 2 关闭，0 将传送到 QW100 中
)MCR                  //MCR 分区 2 结束
A    I    10.4
=    Q    80.2        //如果 MCR 分区 1 关闭，Q80.2 被复位 0，与 U10.4 的值无关
)MCR                  //MCR 分区 1 结束
MCRD                  //MCR 分区结束
A    I    10.1        //下面的指令与 MCR 分区无关
=    Q    80.1
```

（2）程序调用指令

STL 编程语言中包括 CALL、CC 和 UC 指令，用于程序的调用。CC（有条件调用）与 UC（无条件调用）指令只能调用无形参的函数、函数块，与 LAD 中（CALL）指令的使用相同。CALL 指令相当于 LAD 编程语言中的 CALL_FB、CALL_FC、CALL_SFB、CALL_SFC 指令，CALL 指令的使用参考示例程序如下。

① 函数的调用。函数调用的固定格式为 CALL FCX，X 为函数块。

例如，函数 FC6 的调用，FC6 带有形参，符号“:”左边为形参，右边为赋的实参，如果形参不赋值，程序调用报错。

```
CALL    FC6
//形参          实参
NO OF TOOL: =MW100
TIME OUT  : =S5T#12 S
FOUND     : =Q 0.1
ERROR     : =Q 100.0
```

② 系统函数的调用。系统函数调用的固定格式为 CALL SFCX，X 为系统函数号。

例如，系统函数 SFC43 的调用，不带有形参。

```
CALL      SFC43  //SFC43 实现重新触发看门狗定时器功能
```

系统函数如果带有形参，与函数的调用相同，必须赋值，否则程序调用报错。

③ 函数块的调用。函数块调用的固定格式为 CALL FBX，DBY，X 为函数号，Y 为背景数据块号，函数块与背景数据块使用符号“,”隔离。

例如，函数块 FB99 的调用，背景数据块为 DB1，带有形参，符号“:”左边为形参，右边为赋的实参，由于调用函数块带有背景数据块，形参可以直接赋值，也可以稍后对背景数据块中的变量赋值。多次调用函数块时，必须分配不同的数据块作为背景数据块。

```
CALL  FB99, DB1
//形参         实参
MAX_RPM:     =#RPM1_MAX
```

```
MIN_RPM:     =MW2
MAX_POWER: =MW4
MAX_TEMP:  =#TEMP1
```

如果函数块 A 作为函数块 B 的形参，在函数块 B 调用函数块 A 时，不分配背景数据块，如函数块 FB_A 的调用。

```
CALL    #FB_A
IN_1      : =
IN_2      : =
OUT_1    : =
OUT_2    : =
```

调用函数块 B 时，分配的背景数据块中包括所有函数 A 和 B 的背景参数，如果在函数块 B 中插入多个函数块作为形参，程序调用是只使用一个数据块作为背景数据块，节省数据块的资源（不能节省 CPU 的存储区），这样函数块具有多重背景数据块的能力，在函数块创建时可以选择。

④ 系统函数块的调用。

系统函数块调用的固定格式为 CALL　SFBX，DBY，X 为函数块号，Y 为背景数据块号，系统函数块与背景数据块使用符号“,”隔离。

例如，函数块 SFB4 的调用，背景数据块为 DB4，带有形参，符号“:”左边为形参，右边为赋的实参，由于调用系统函数块带有背景数据块，形参可以直接赋值，也可以稍后对背景数据块中的变量赋值。多次调用系统函数块时，必须分配不同的数据块作为背景数据块。

```
CALL  SF4, DB4
//形参        实参
IN           : =I0.1
PT           : =T#20s
Q            : =M0.0
ET           : =MW10
```

（3）程序结束指令

BE（程序结束）与 BEU（程序无条件结束）指令使用方法相同。如果程序执行上述指令，CPU 终止当前程序块的扫描，跳回程序块调用处继续扫描其他程序；如果程序结束指令被跳转指令跳过，程序扫描不结束，从跳转的目标点继续扫描。指令的使用示例程序如下。

```
      A    I     1.0
      JC   NEXT          //如果 I1.0 为 1，程序跳转到 NEXT
      L    IW    4       //如果没有跳转，程序从这里连续扫描
      T    IW   10
      A    I     6.0
      A    I     6.1
      S    M    12.0
      BE                 //程序结束
NEXT: NOP  0             //跳转执行，程序从这里连续扫描
```

BEC 为有条件程序结束，在 BEC 指令前，必须加入条件触发，示例程序如下。

```
      A    M     1.1
      BEC
      =    M     1.2
```

如果 M1.1 为 1，程序结束；如果 M1.1 为 0，程序继续运行。与 BE、BEU 指令不同，BEC 指令触发条件没有满足，置 RLO 位为 1，所以 M1.1 为 0 时，M1.2 为 1。

3.2.11　移位和循环指令

LAD 移位指令可以将输入参数 IN 中的内容向左或向右逐位移动。循环指令可以将输入参

数 IN 中的全部内容循环地逐位左移或右移，空出的位用输入 IN 移出位的信号状态填充。

STL 移位指令将累加器 1 的低字或者全部内容向左或向右逐位移动。循环指令将累加器 1 的全部内容循环地逐位左移或右移，空出的位用累加器 1 移出位的信号状态填充。移位和循环指令参数如表 3-35 所示。

表 3-35　　移位和循环指令

	LAD	说明	STL	说明
移位和循环指令	ROL_DW	双字左循环	RLD	双字循环左移操作（32 位）
			RLDA	带 CC1 位的 ACCU1 循环左移（32 位）
	ROL_DW	双字右循环	RRD	双字循环右移（32 位）
			RRDA	带 CC1 位的 ACCU1 循环右移（32 位）
	SHL_W	双字左移	SLD	双字左移（32 位）
	SHL_DI	字左移	SLW	单字左移（16 位）
	SHR_DI	双整数右移	SSD	移位有符号双字整数（32 位）
	SHR_DW	双字右移	SRD	双字右移（32 位）
	SHR_I	整数右移	SSI	移位有符号单字整数（16 位）
	SHR_W	字右移	SRW	单字右移（16 位）

字移位指令移位的范围为 0～15，双字移位指令移位的范围为 0～31，对于字、双字移位指令，移出的位信号丢失，移空的位使用 0 补足。例如，将一个字左移 6 位，移位前后位排列次序如图 3-17 所示。

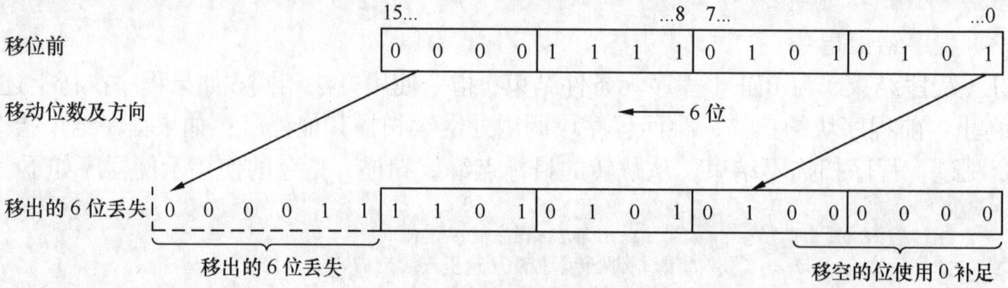

图3-17　左移6位示意图

带有符号位的整数移位范围为 0～15，双整数移位范围为 0～31，移位方向只能向右移，移出的位信号丢失，移空的位使用符号位补足，整数位负值，符号位为 1，整数位正值，符号位为 0。例如，将一个整数右移 4 位，移位前后位排列次序如图 3-18 所示。

使用 STL 编程时，注意固定的格式，如一个字左移 5 位的程序。

```
L    5           //移动的位数
L    MW   120    //移位的变量
SLW
T    MW   122    //移位结果
```

执行移位指令时，将累加器 2 中的值作为移动的位数，对累加器 1 中的值进行移位操作。

循环移位指令只能对字进行操作，移位范围为 0～31，如果移位大于 32，实际移位为［（N-1）modulo 32］+1，高位移出的位信号插入到低位移空的位中。例如，将一个双字循环左移 3 位，移位前后位排列次序如图 3-19 所示。

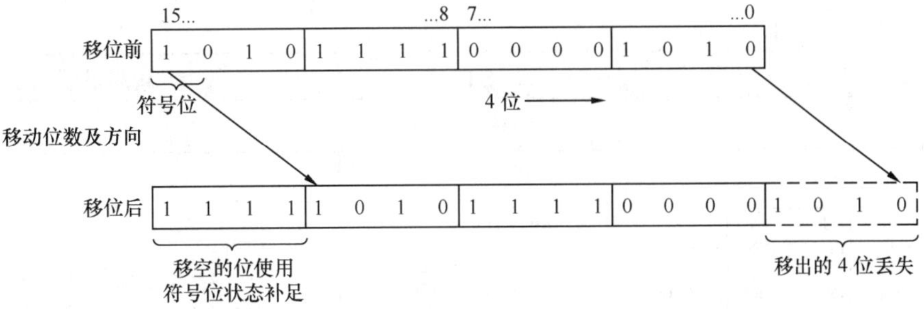

图3-18 整数右移4位示意图

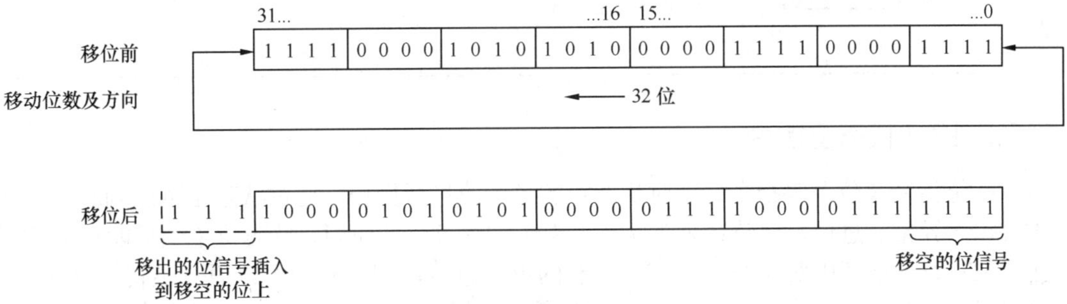

图3-19 循环移位示意图

STL 编程语言中，RLDA 与 RRDA 指令对双字进行循环移位操作，每次触发时循环左移或右移一位，将状态字中 CC1 的信号插入移空的位上。如果移出的位信号为 1，置位状态字中 CC1 位，可触发 JP 跳转指令进行逻辑判断。移位和循环指令的示例程序如表 3-36 所示。

表 3-36 移位和循环指令的示例程序

LAD	STL	程序说明
移位指令		
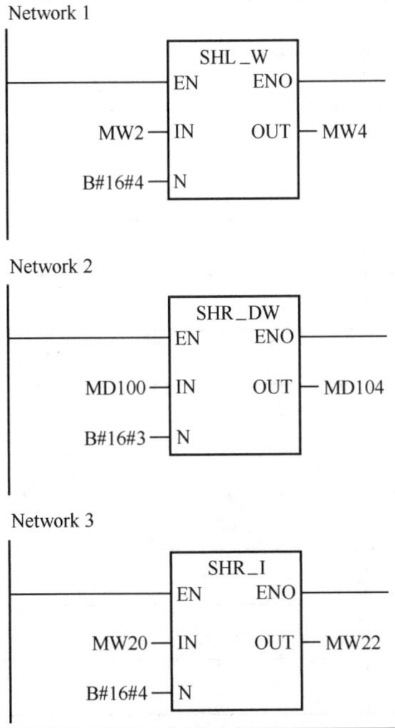 	**Network 1** L B#16#4 L MW 2 SLW T MW 4 NOP 0 **Network 2** L B#16#3 L MD 100 SRD T MD 104 NOP 0 **Network 3** L B#16#4 L MW 20 SSI T MW 22 NOP 0	在程序段 1 中，将 MW2 左移 4 位，将结果传送到 MW4 中。假如移位指令执行前 MW2 中位的排列次序为： 1100 0101 1111 0011 指令执行完后的排列次序为： 0101 1111 0011 0000，高位 1100 被移出。 在程序段 2 中，将 MD100 右移 3 位，将结果传送到 MD104 中。 在程序段 3 中，将 MW20 右移 4 位，将结果传送到 MW22 中。假如移位指令执行前 MW20 中位的排列次序为： 1100 0101 1111 0011 指令执行完后的排列次序为： 1111 1100 0101 1111

续表

LAD	STL	程序说明
循环指令		
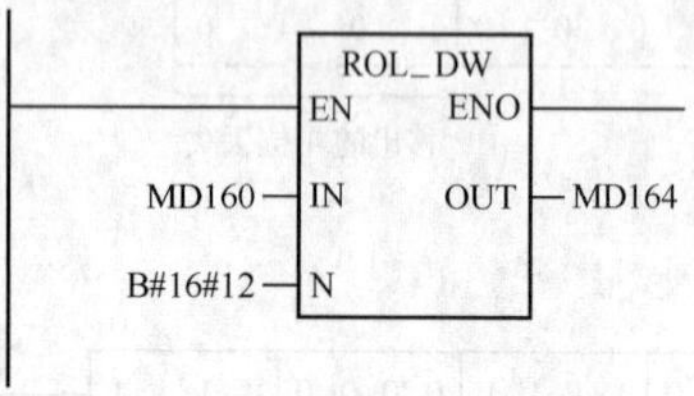	Network 4 L B#16#12 L MD 160 RLD T MD 164 NOP 0	在程序段 4 中，将 MD160 中的值左移 12 位，将结果传送到 MD164 中

3.2.12 状态位指令

状态位指令是位逻辑指令，针对状态字的各个位进行操作。通过状态位可以判断 CPU 运算中溢出、异常、进位、比较结果等状态。由于编程方法的原因，状态位指令只能在 LAD 中使用。STL 编程语言中对状态位的信息，有的可以直接使用，有的可以通过跳转指令完成，同样可以实现状态位指令在 LAD 中实现的功能。在指令示例程序中，将会介绍使用 STL 编程语言实现的方法。状态位指令如表 3-37 所示。

表 3-37 状态位指令

	LAD	说明	STL	说明
状态位指令	==0 —| |—	结果位等于“0”		
	>0 —| |—	结果位大于“0”		
	>=0 —| |—	结果位大于等于“0”		
	<=0 —| |—	结果位小于等于“0”		
	<0 —| |—	结果位小于“0”		
	<>0 —| |—	结果位不等于“0”		
	BR —| |—	异常位二进制结果		
	OS —| |—	存储溢出异常位		
	OV —| |—	溢出异常位		
	UO —| |—	无序异常位		
	==0 —|/|—	结果位取反等于“0”		
	>0 —|/|—	结果位取反大于“0”		
	>=0 —|/|—	结果位取反大于等于“0”		
	<=0 —|/|—	结果位取反小于等于“0”		
	<0 —|/|—	结果位取反小于“0”		
	<>0 —|/|—	结果位取反不等于“0”		

续表

状态位指令	LAD	说明	STL	说明
	BR —||—	异常位二进制结果取反		
	OS —||—	存储溢出异常位取反		
	OV —||—	溢出异常位取反		
	UO —||—	无序异常位取反		

LAD 程序和指令可以自由转换为 STL 程序，LAD 编程语言使用的状态位指令实现的功能在 STL 中也可以实现。使用状态位指令的示例程序如表 3-38 所示。

表 3-38 状态位指令的示例程序

LAD	STL	程序说明
基于 BR 位指令		
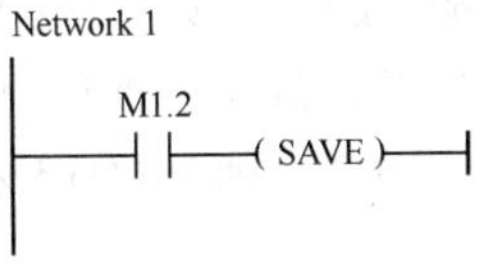 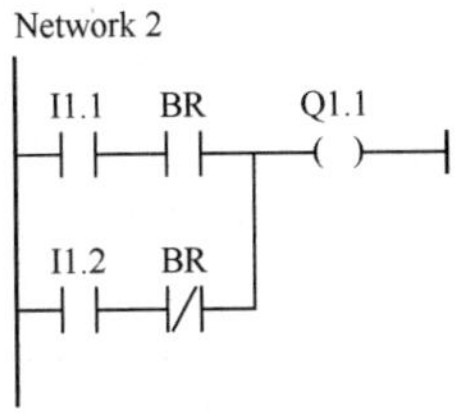	Network 1 A M 1.2 SAVE Network 2 A I 1.1 A BR O A I 1.2 AN BR = Q 1.1	使用 LAD 编程时，BR 位用于指示函数调用及指令块输出 ENO 的状态，调用 SAVE 失灵或其他字操作指令，如 MOVE、运算指令可以赋值 BR 位为 1。使用 BR 指令可以检测 BR 位的状态。 在程序段 1 中，如果 M1.2 为 1，则 BR 位为 1。 在程序段 2 中，如果 I1.1 与 BR 位同时为 1 或 I1.2 为 1，与 BR 位同时为 1 或 I1.2 为 1，BR 位为 0 时，都将赋值 Q1.1 为 1
基于 OV 位指令		
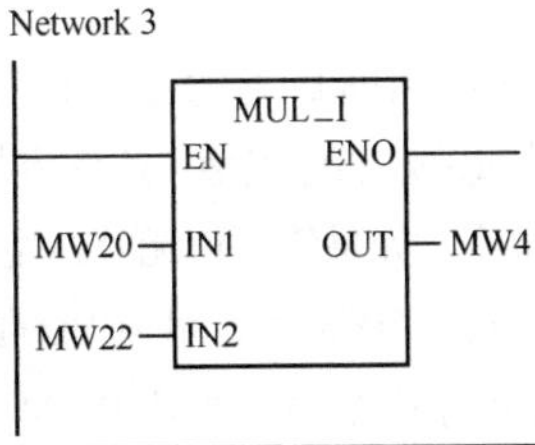	Network 3 L MW 20 L MW 22 *I T MW 4 NOP 0	OV 位判断最近的运算结果是否溢出，如果溢出赋值 OV 位为 1，溢出消除，赋值 OV 位为 0。 程序段 3 中，如果 MW20 乘以 MW22 溢出，则赋值 OV 位为 1
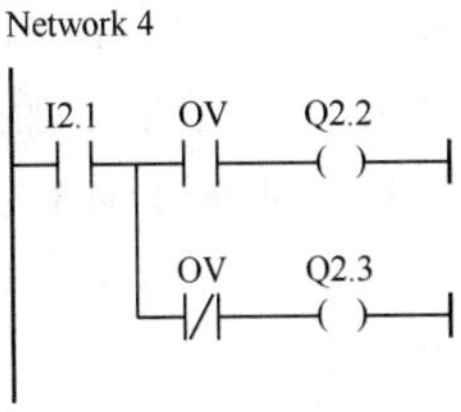	Network 4 A I 2.1 = L 20.0 A L 20.0 A OV = Q 2.2 A L 20.0 AN OV = Q 2.3	在程序段 4 中，如果 I2.1 与 OV 位同时为 1，则赋值 Q2.2 为 1，如果 I2.1 为 1，OV 位为 0，则赋值 Q2.3 为 1

续表

LAD	STL	程序说明
基于 OS 位指令		
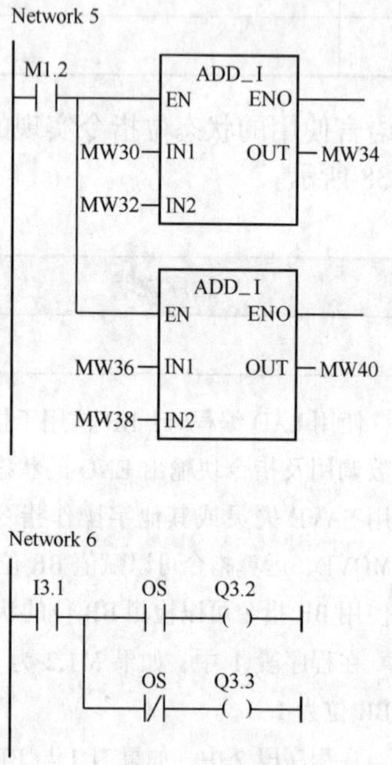	Network 5 A M 1.2 = L 20.0 A L 20.0 JNB _001 L MW 30 L MW 32 +I T MW 34 _001: NOP 0 A L 20.0 JNB _002 L MW 36 L MW 38 +I T MW 40 _002: NOP 0 Network 6 A I 3.1 = L 20.0 A L 20.0 A OS = Q 3.2 A L 20.0 AN OS = Q 3.3	OS 位判断上面的运算结果是否溢出，如果其中一个运算结果溢出，则赋值 OS 位为 0。 在程序段 5 中，两个运算，如果有一个运算结果溢出，则赋值 OS 位为 1。 在程序段 6 中，如果 I3.1 与 OS 位同时为 1，则赋值 Q3.2 为 1；如果 I3.1 为 1，OS 位为 0，则赋值 Q3.3 为 1
基于 UO 位指令（CC1、CC0 位判断）		
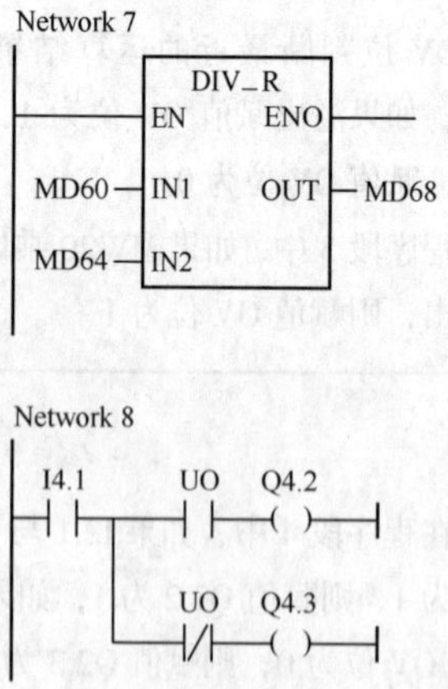	Network 7 L MD 60 L MD 64 /R T MD 68 NOP 0 Network 8 A I 4.1 = L 20.0 A L 20.0 A UO = Q 4.2 A L 20.0 AN UO = Q 4.3	UO 位判断最近的浮点运算是否有效，如无效的浮点值，或浮点指令中除以 0 值，如果浮点值无效，则赋值 UO 位为 1，错误消除，赋值 UO 位为 0。 在程序段 7 中，如果 MD64 为 0，则赋值 UO 位为 1。 在程序段 8 中，如果 I4.1 与 UO 位同时为 1，则赋值 Q4.2 为 1，如果 I4.1 为 1，UO 位为 0，则赋值 Q4.3 为 1

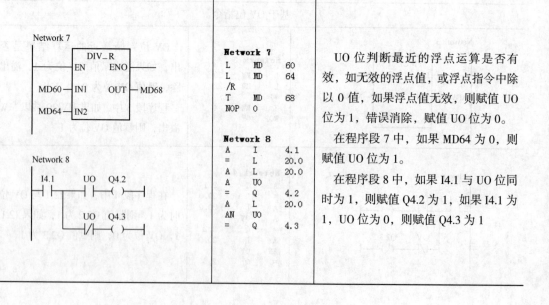

续表

LAD	STL	程序说明
基于运算结果等于 0 的判断指令（CC1=0、CC0=0）		
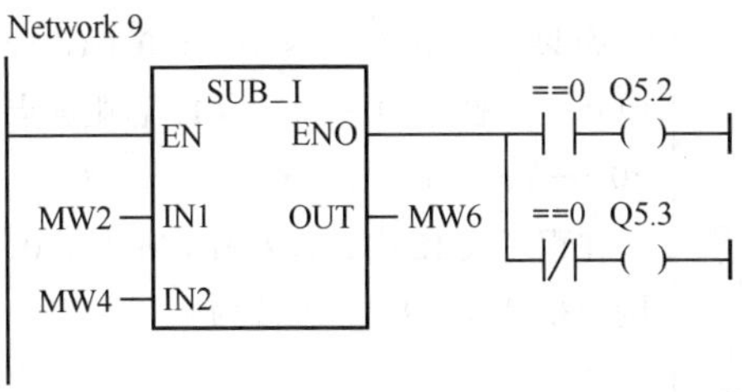	**Network 9** L　MW　2 L　MW　4 -I T　MW　6 AN　OV SAVE CLR A　BR =　L　20.0 A　L　20.0 A　==0 =　Q　5.2 A　L　20.0 AN　==0 =　Q　5.3	如果算术运算结果等于 0（CC1=0，CC0=0），则触点= =0—| |—为 1；如果运算结果不等于 0，则触点= =0—|/|—为 1。 在程序段 9 中，如果 MW6 等于 0，则 Q5.2 为 1，反之 Q5.3 为 1
基于运算结果不等于 0 的判断指令（CC1< >CC0）		
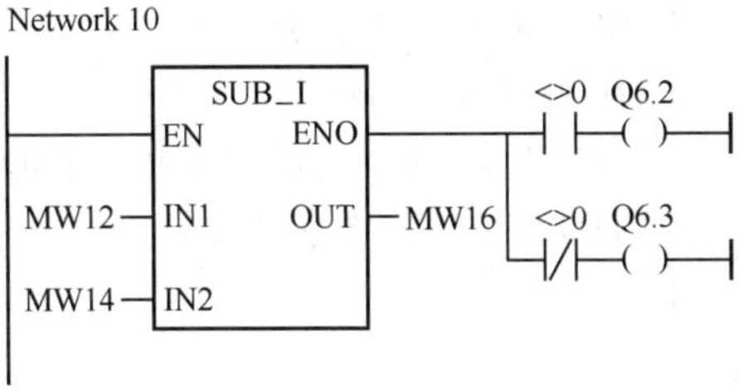	**Network 10** L　MW　12 L　MW　14 -I T　MW　16 AN　OV SAVE CLR A　BR =　L　20.0 A　L　20.0 A　<>0 =　Q　6.2 A　L　20.0 AN　<>0 =　Q　6.3	如果算术运算结果不等于 0（CC1<>CC0），则触点< > 0—| |—为 1；如果运算结果等于 0，则触点< > 0—|/|—为 1。 在程序段 10 中，如果 MW16 不等于 0，则 Q6.2 为 1，反之 Q6.3 为 1
基于运算结果大于 0 的判断指令（CC1>CC0）		
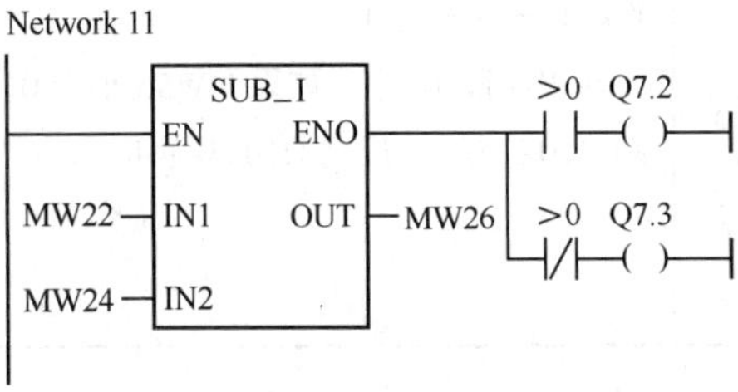	**Network 11** L　MW　22 L　MW　24 -I T　MW　26 AN　OV SAVE CLR A　BR =　L　20.0 A　L　20.0 A　>0 =　Q　7.2 A　L　20.0 AN　>0 =　Q　7.3	如果算术运算结果大于 0（CC1>CC0），则触点>0 —| |—为 1，否则触点>0 —|/|—为 1。 在程序段 11 中，如果 MW26 大于 0，则 Q7.2 为 1，反之 Q7.3 为 1

续表

LAD	STL	程序说明
基于运算结果小于 0 的判断指令（CC1<CC0）		
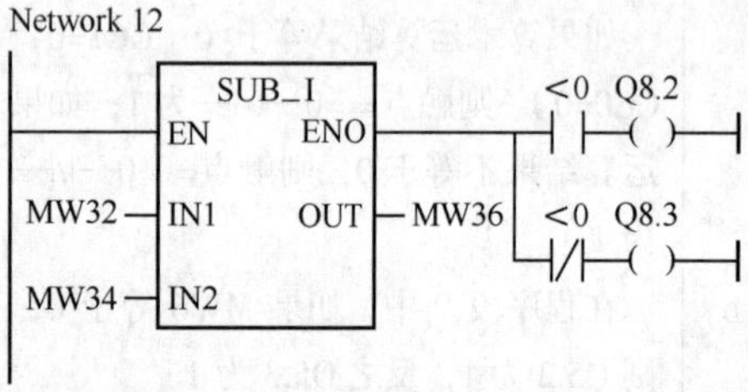	**Network 12** L MW 32 L MW 34 -I T MW 36 AN OV SAVE CLR A BR = L 20.0 A L 20.0 A <0 = Q 8.2 A L 20.0 AN <0 = Q 8.3	如果算术运算结果小于 0（CC1<CC0），则触点<0 —| |—为 1，否则触点<0 —|/|—为 1。 在程序段 12 中，如果 MW36 小于 0，则 Q8.2 为 1，反之 Q8.3 为 1
基于运算结果大于等于 0 的判断指令（CC1>=CC0）		
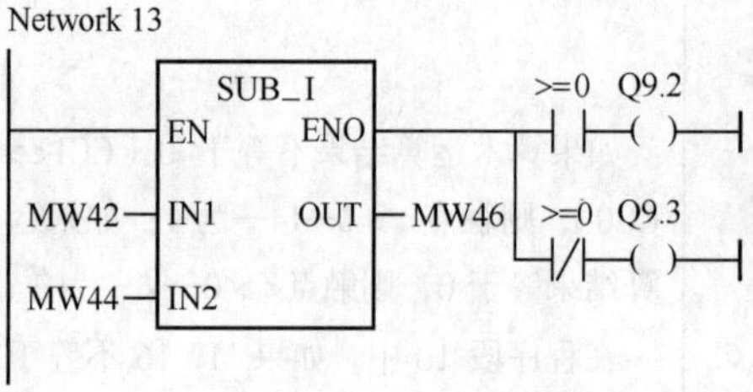	**Network 13** L MW 42 L MW 44 -I T MW 46 AN OV SAVE CLR A BR = L 20.0 A L 20.0 A >=0 = Q 9.2 A L 20.0 AN >=0 = Q 9.3	如果算术运算结果大于等于 0（CC1>=CC0），则触点>=0 —| |—为 1，否则触点>=0 —|/|—为 1。 在程序段 13 中，如果 MW46 小于 0，则 Q9.2 为 1，反之 Q9.3 为 1
基于运算结果小于等于 0 的判断指令（CC1<=CC0）		
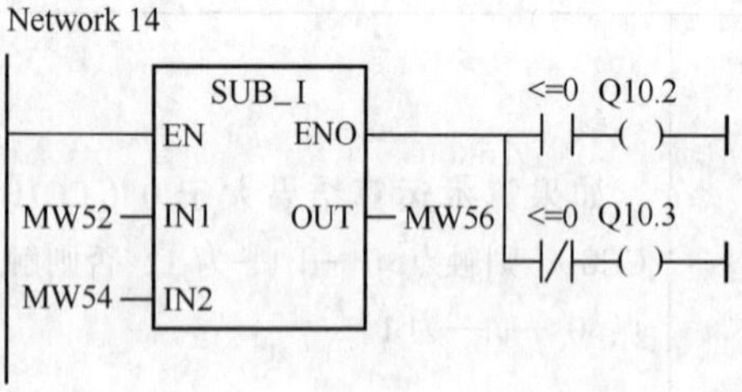	**Network 14** L MW 52 L MW 54 -I T MW 56 AN OV SAVE CLR A BR = L 20.0 A L 20.0 A <=0 = Q 10.2 A L 20.0 AN <=0 = Q 10.3	如果算术运算结果小于等于 0（CC1<=CC0），则触点<=0 —| |—为 1，否则触点<=0 —|/|—为 1。 在程序段 14 中，如果 MW56 小于 0，则 Q10.2 为 1，反之 Q10 .3 为 1

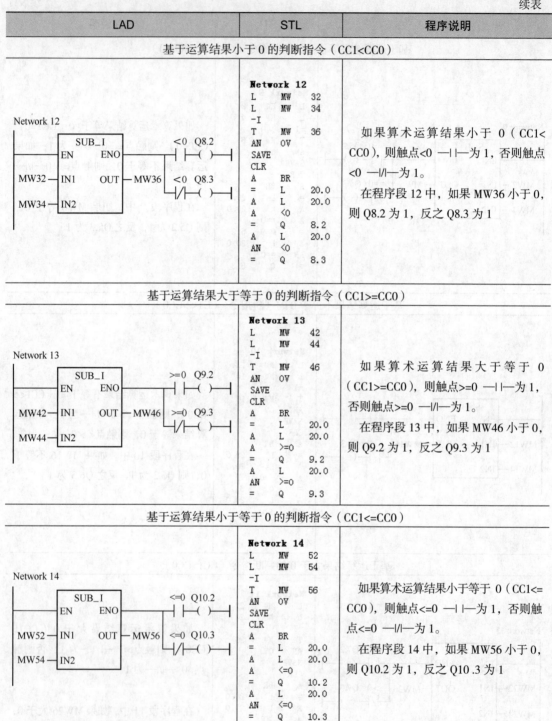

3.2.13 定时器指令

在 CPU 的系统存储器中，为定时器保留有存储区，每一个定时器占用一个 16 位的字。

能够使用定时器的个数由具体的 CPU 类型决定。定时器指令说明如表 3-39 所示。

表 3-39 定时器指令说明

	LAD	说明	STL	说明
定时器指令	S_PULSE	脉冲 S5 定时器	SP	脉冲定时器
	S_PEXT	扩展脉冲 S5 定时器	SE	扩展脉冲定时器
	S_ODT	接通延时 S5 定时器	SD	接通延时定时器
	S_ODTS	保持型接通延时 S5 定时器	SS	带保持的接通延时定时器
	S_OFFDT	断电延时 S5 定时器	SF	断电延时定时器
	—[SP]	脉冲定时器输出	FR	定时器允许（如 FR T0）
	—[SE]	扩展脉冲定时器输出	L	以整数形式把当前的定时器值写入 ACCU1（如 L T32）
	—[SD]	接通延时定时器输出	LC	把当前的定时器值以 BCD 码形式装入 ACCU1（如 LC T32）
	—[SS]	保持型接通延时定时器输出	R	复位定时器（如 R T32）
	—[FF]	断开延时定时器输出		

在 LAD 编程语言中，对定时器的操作指令分为定时器指令[如 S_PULSE（脉冲定时器）]和定时器线圈指令[如—（SP）（脉冲定时器输出）]。定时器指令为一个指令块，包含触发条件、定时器复位、预置值等与定时器所有相关的条件参数；定时器线圈指令将与定时器相关的条件参数分开使用，可以在不同的程序段中对定时器参数进行赋值和读取。使用 STL 编程语言，定时器指令与 LAD 中的定时器线圈指令使用方式相同。除此之外，FR 指令可以重新启动定时器。例如，设定定时器初值需要一个沿触发信号，如果触发信号常为 1，不能再次触发设定指令。使用 FR 指令，可以清除定时器的沿存储器，常 1 的触发信号可以再次产生沿信号并触发定时器重新开始定时，FR 指令在实际编程中很少使用。L 指令以整数的格式将定时器的定时剩余值写入到累加器 1 中，LC 指令以 BCD 码的格式将定时器的定时剩余值和时基一同写入到累加器 1 中，使用普通复位指令 R 可以将定时器复位（禁止启动）。

定时器使用的时间值为 BCD 码，给定时器赋值可以带有时基格式，如 W#16#TXYZ，其中 T 为时基值，XYZ 为时间值（BCD 码），总的定时时间为 T × XYZ。单个字的 12 位、13 位（T 的最低两位）组合确定时基值，00 表示时基为 10ms，01 表示时基为 100ms，10 表示时基为 1s，11 表示时基为 10s。例如，W#16#1234 转换时间值为 100 × 234ms = 23400ms。定时器赋值也可以直接输入时间常数，格式为 S5#aH_bM_cS_dMS，a 为小时值，b 为分钟值，c 为秒值，d 为毫秒值。例如，S5T#23s400ms，时基根据输入的时间长短自动选择，如 10ms 到 9s_990ms 的分辨率为 10ms（时间的最小变化为 10ms），1s 到 16m_39s 的分辨率为 1s（时间的最小变化为 1s）。

定时器指令中包括 5 种类型定时器，对于定时器的应用必须选择合适的类型。不同类型的定时器实现的功能如图 3-20 所示。

1. S_PUSLE

脉冲定时器，输入信号变为 1，触发定时器开始定时，并输出为 1，输出信号保持为 1 的时间为设定的定时时间 t。如果输入信号在设定的定时时间内变为 0，则定时器输出为 0，与定时时间长短无关。S_PULSE 定时器的时序图如图 3-21 所示。

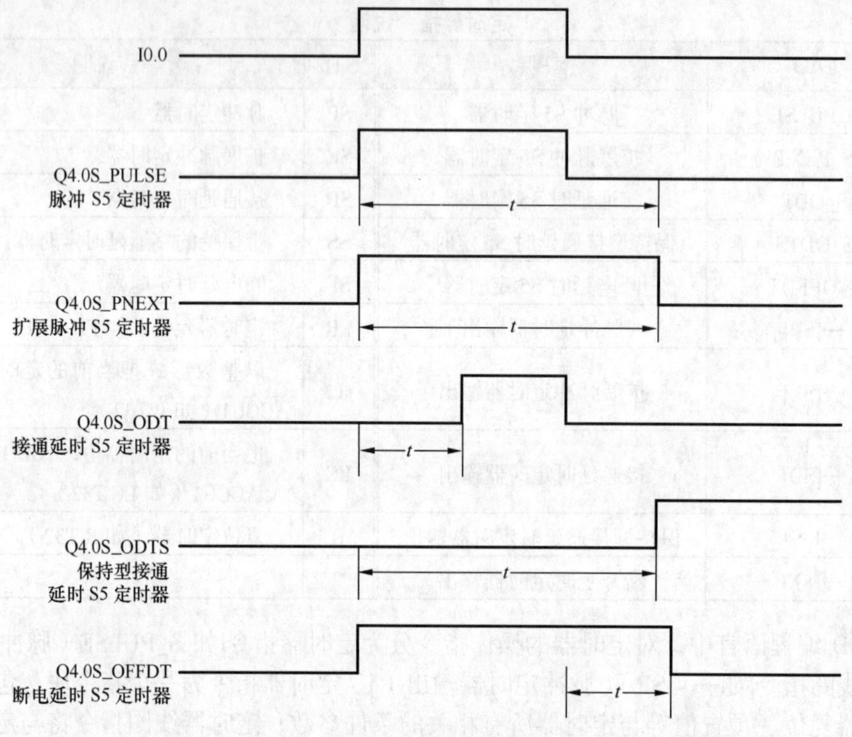

注：I0.0 为输入信号，Q4.0 为定时器输出，t 为定时时间

图3-20 不同类型的定时器实现的功能

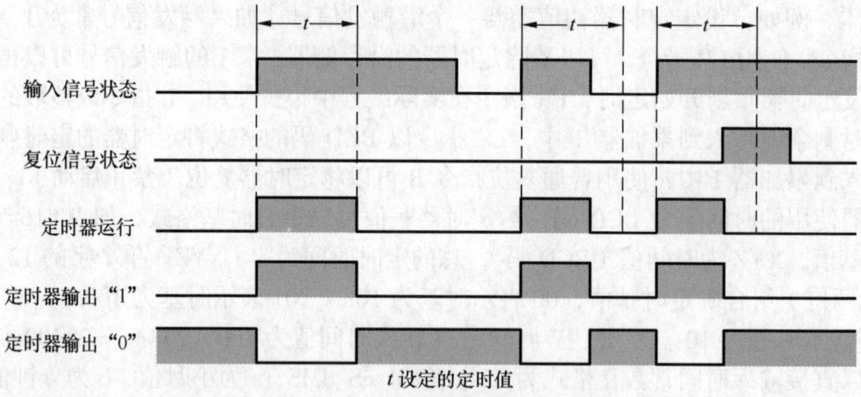

图3-21 S_PULSE定时器的时序图

2. S_PEXT

扩展脉冲定时器，输入信号变为 1 时，触发定时器开始定时并输出为 1，输出信号保持为 1 的时间是设定的定时时间 t，与输入信号为 1 的时间长短无关。定时器定时期间，输入信号从 0 变为 1 将再次触发定时器重新开始定时，定时输出保持为 1 直至定时器定时停止。S_PEXT 定时器的时序图如图 3-22 所示。

3. S_ODT

接通延时定时器，输入信号变为 1 时，触发定时器开始定时，只有在设定的延时时间以后，输入信号仍然为 1 时，才能触发定时器输出为 1。S_ODT 定时器的时序图如图 3-23 所示。

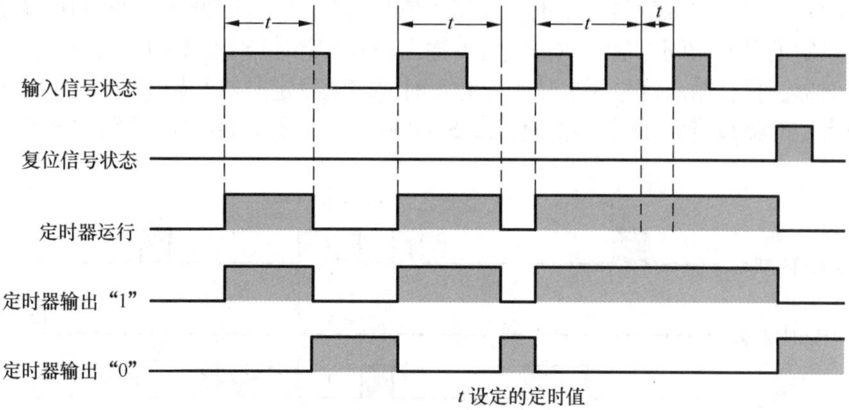

图3-22　S_PEXT定时器的时序图

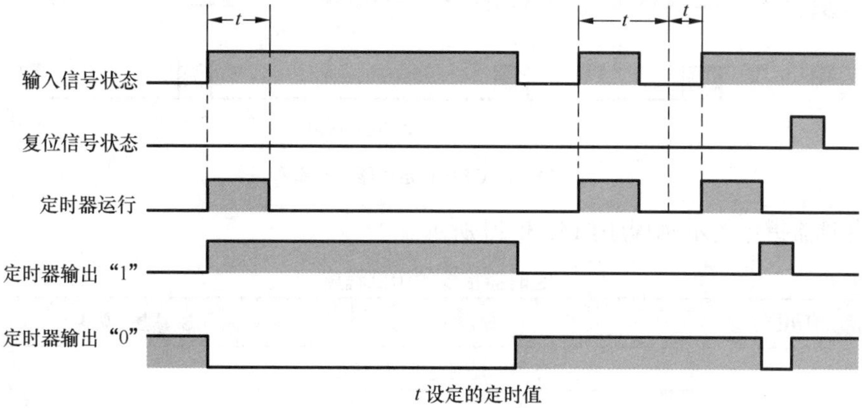

图3-23　S_ODT定时器的时序图

4. S_ODTS

接通延时计时器，输入信号为 1 时，触发定时器开始定时，在设定的延时时间以后触发定时器输出为 1，与输入信号为 1 的时间长短无关。定时器输出只有复位以后，才能再次触发定时功能。S_ODTS 定时器的时序图如图 3-24 所示。

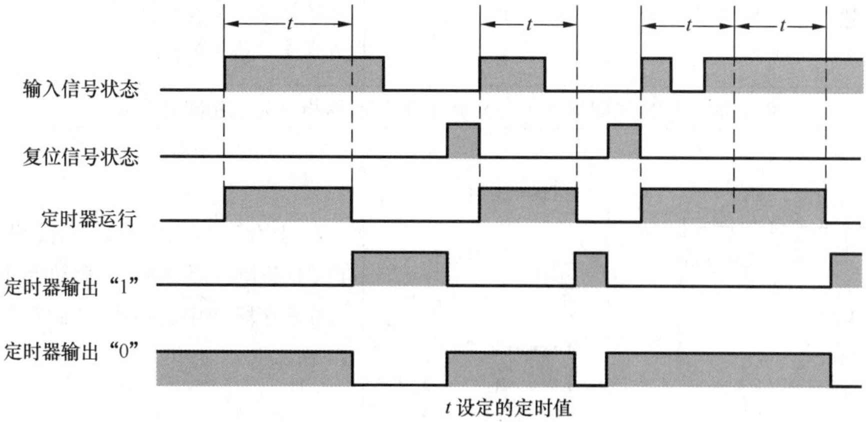

图3-24　S_ODTS定时器的时序图

5. S_OFFDT

断电延时定时器，输入信号为 1 时，定时器输出为 1，输入信号从 1 变为 0，触发定时器开始定时，在设定的延时时间以后，赋值定时器输出为 0。定时器定时期间，输入信号从 0 变为 1 时将复位定时器，只有输入信号再次从 1 变为 0 时才能触发定时器开始定时，定时器输出在输入信号为 1 或者定时器没有完成时，保持位 1。S_OFFDT 定时器的时序图如图 3-25 所示。

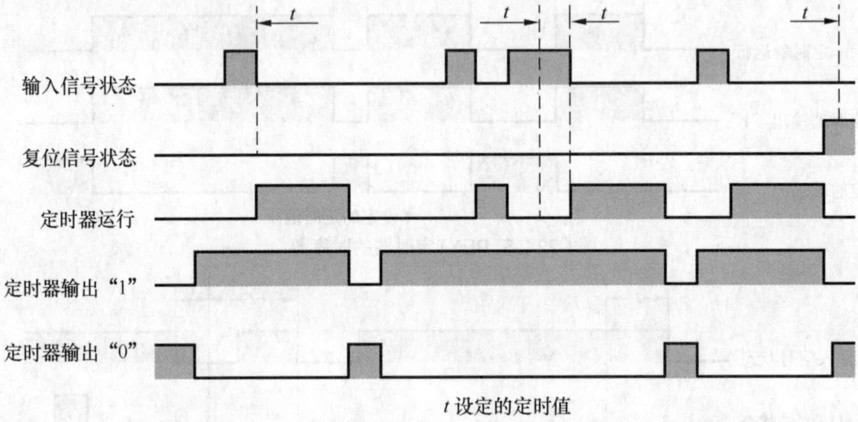

图3-25　S_OFFDT定时器的时序图

使用定时器指令的示例程序如表 3-40 所示。

表 3-40　定时器指令的示例程序

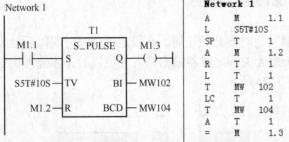

LAD	STL	程序说明
S_PULSE 定时器指令		
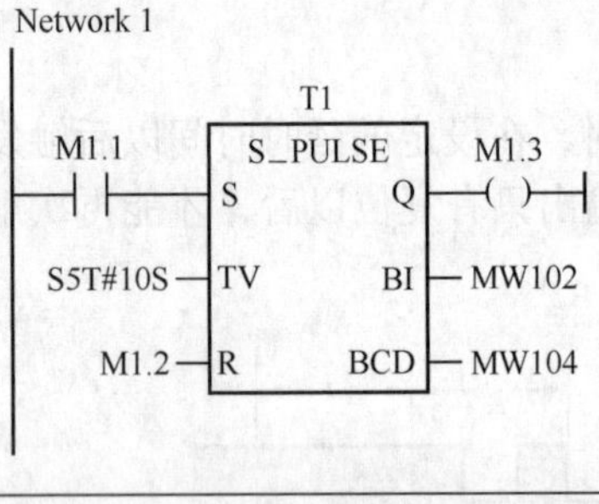	Network 1 A M 1.1 L S5T#10S SP T 1 A M 1.2 R T 1 L T 1 T MW 102 LC T 1 T MW 104 A T 1 = M 1.3	在程序段 1 中，设定定时器 T1 的定时时间为 10s，如果 M1.1 为 1（大于 10s），启动定时器，M1.3 产生一个 10s 脉冲信号；如果 M1.2 为 1，复位 T1 和 M1.3，定时器将不能启动，定时器运行时，将定时器定时剩余值以整数形式传送到 MW102 中，以 BCD 码的格式传送到 MW104 中
S_PULSE 定时器线圈指令（与 S_PULSE 定时器指令完成相同的功能）		
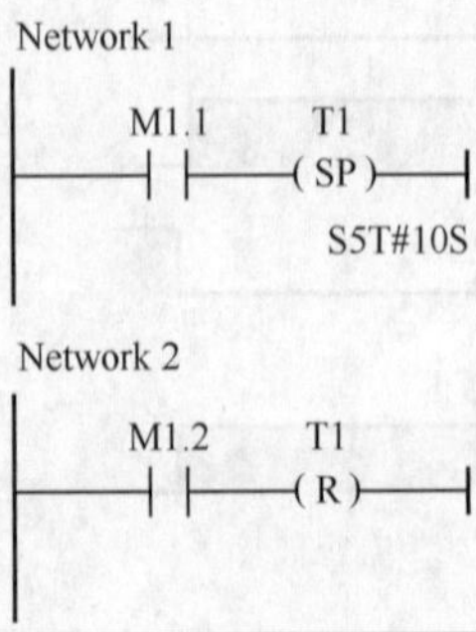	Network 1 A M 1.1 L S5T#10S SP T 1 Network 2 A M 1.2 R T 1	在程序段 1 中，M1.1 为 1 时，设定定时器 T1 的定时时间为 10s，并启动定时器。 在程序段 2 中，如果 M1.2 为 1，则复位 T1 输出

续表

<table>
<tr><th>LAD</th><th>STL</th><th>程序说明</th></tr>
<tr><td>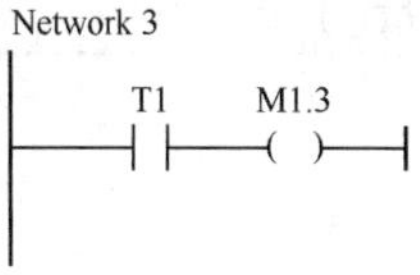

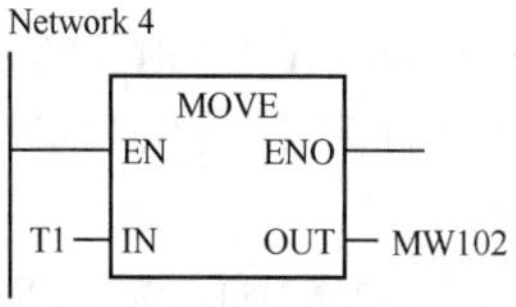
</td><td><pre>Network 3
A   T   1
=   M   1.3

Network 4
L   T   1
T   MW   102
NOP 0</pre></td><td>在程序段 3 中，将定时 T1 输出，并赋值到 M1.3 中。
在程序段 4 中，将定时器定时剩余值以整数形式传送到 MW102 中，LAD 不能实现 BCD 码的传送，STL 使用 LC 指令可以传送 BCD 码的时间格式</td></tr>
<tr><td colspan="3">S_PEXT 定时器指令</td></tr>
<tr><td>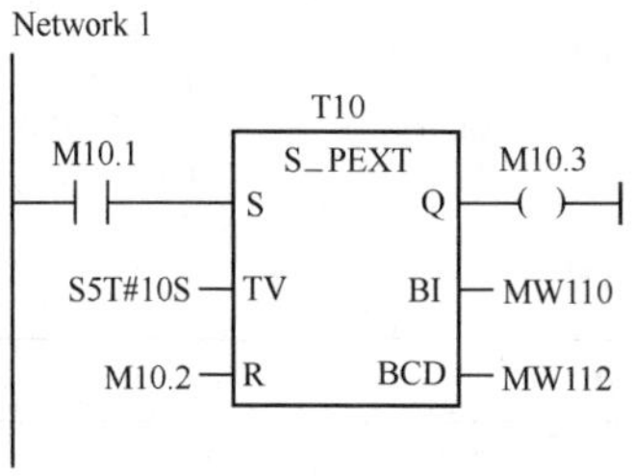
</td><td><pre>Network 1
A   M   10.1
L   S5T#10S
SE   T   10
A   M   10.2
R   T   10
L   T   10
T   MW   110
LC   T   10
T   MW   112
A   T   10
=   M   10.3</pre></td><td>在程序段 1 中，设定定时器 T10 的定时时间为 10s，如果 M10.1 为 1，启动定时器，M10.3 产生一个 10s 脉冲信号（与 M10.1 为 1 的时间长短无关）；如果 M10.2 为 1，则复位 T10 和 M10.3，定时器将不能启动，定时器运行时，将定时器定时剩余值以整数形式传送到 MW110 中，以 BCD 码的格式传送到 MW112 中</td></tr>
<tr><td colspan="3">S_PEXT 定时器线圈指令（与 P_EXT）</td></tr>
<tr><td>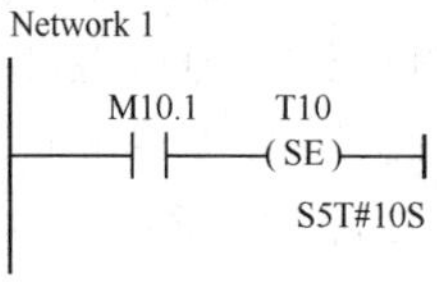

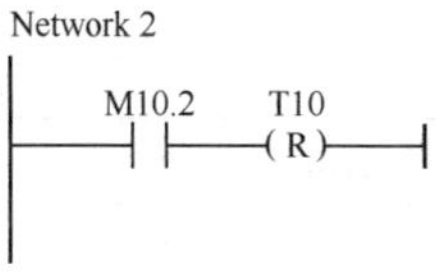

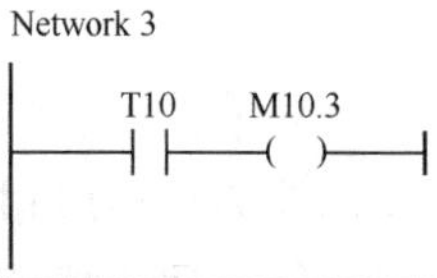
</td><td><pre>Network 1
A   M   10.1
L   S5T#10S
SE   T   10

Network 2
A   M   10.2
R   T   10

Network 3
A   T   10
=   M   10.3</pre></td><td>在程序段 1 中，M10.1 为 1 时，设定定时器 T10 的定时时间为 10s，并启动定时器，定时器输出。
在程序段 2 中，如果 M10.2 为 1，则复位 T10 输出。
在程序段 3 中，将定时器 T10 输出，并赋值到 M10.3 中</td></tr>
<tr><td colspan="3">S_ODT 定时器指令</td></tr>
<tr><td>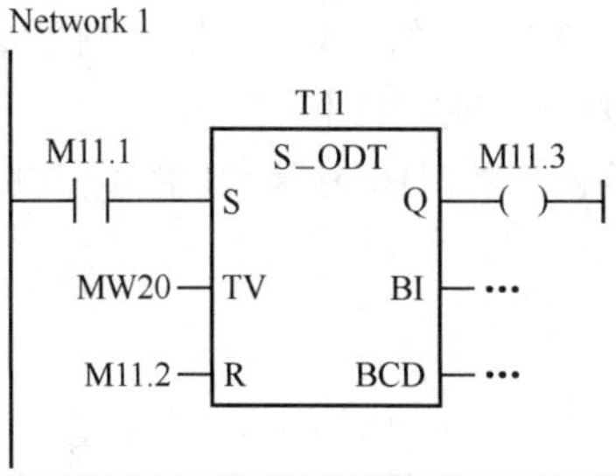
</td><td><pre>Network 1
A   M   11.1
L   MW   20
SD   T   11
A   M   11.2
R   T   11
NOP 0
NOP 0
A   T   11
=   M   11.3</pre></td><td>在程序段 1 中，定时器 T11 的定时时间为变量存储于 MW20 中，如果 M11.1 为 1，启动定时器，延时时间（存储于 MW20 的时间值）到并且 M11.1 仍然为 1，M11.3 接通；如果 M11.2 为 1，复位 T11 和 M11.3，定时器将不能启动</td></tr>
</table>

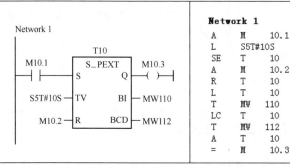

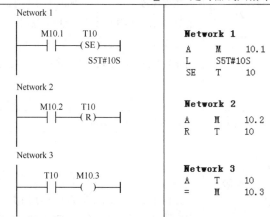

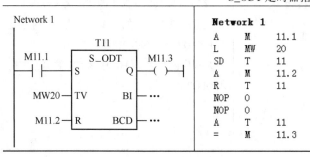

续表

LAD	STL	程序说明
S_ODT 定时器线圈指令（与 S_ODT 定时器指令完成相同的功能）		
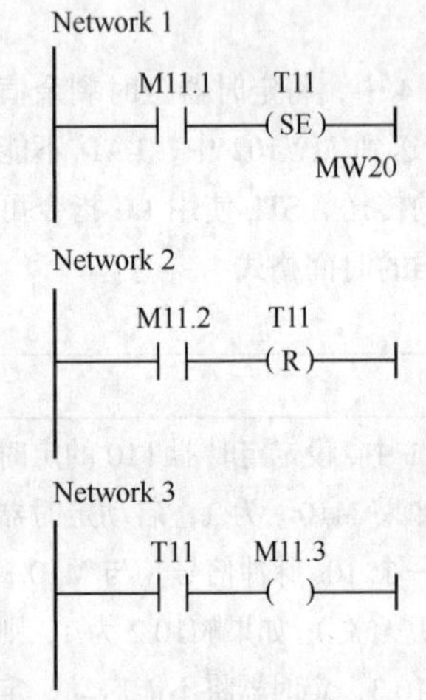	**Network 1** A M 11.1 L MW 20 SE T 11 **Network 2** A M 11.2 R T 11 **Network 3** A T 11 = M 11.3	在程序段 1 中，M11.1 为 1 时，启动定时器 T11，定时器 T11 延时（存储于 MW20 的时间值）输出。 在程序段 2 中，如果 M11.2 为 1，则复位 T11 输出。 在程序段 3 中，将定时器 T11 输出，并赋值到 M11.3 中
S_ODTS 定时器指令		
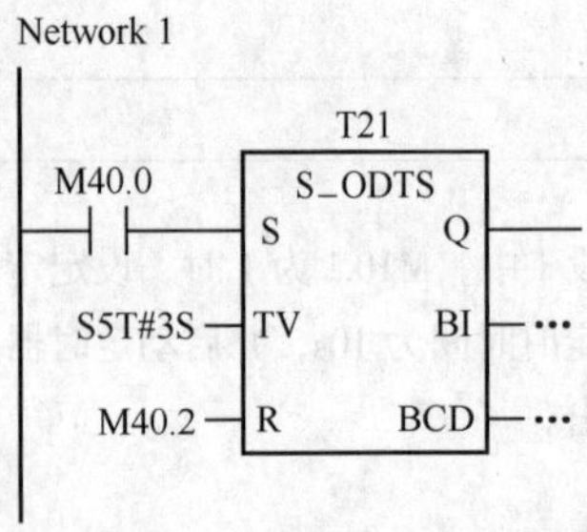	**Network 1** A M 40.0 L S5T#3S SS T 21 A M 40.2 R T 21 NOP 0 NOP 0 NOP 0	在程序段 1 中，如果 M40.0 为 1 时，启动定时器 T21 并开始定时，Q2.1 延时 3s 接通而与 M40.0 的状态无关，如果 M40.2 为 1，则复位 T21 和 Q2.1，定时器将不能启动
S_ODTS 定时器线圈指令（与 S_ODTS 定时器指令完成相同的功能）		
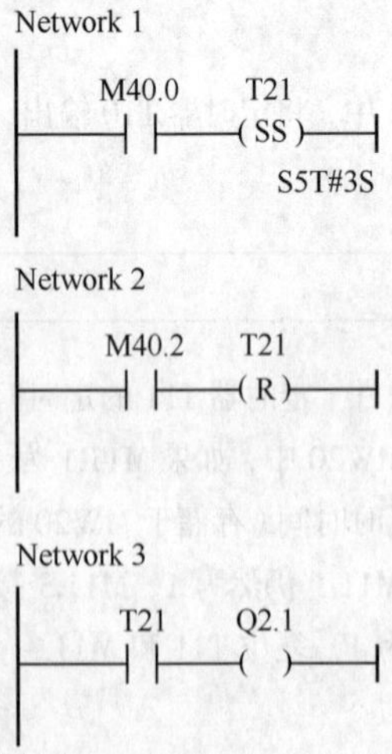	**Network 1** A M 40.0 L S5T#3S SS T 21 **Network 2** A M 40.2 R T 21 **Network 3** A T 21 = Q 2.1	在程序段 1 中，如果 M40.0 为 1 时，启动定时器 T21 并开始定时，定时器 T21 延时 3s 接通而与 M40.0 为 1 的状态无关。 在程序段 2 中，如果 M40.2 为 1，则复位 T21 和 Q2.1，定时器将不能启动。 在程序段 3 中，将定时器 T21 输出，并赋值到 Q2.1 中

续表

LAD	STL	程序说明
S_OFFDT 定时器指令		
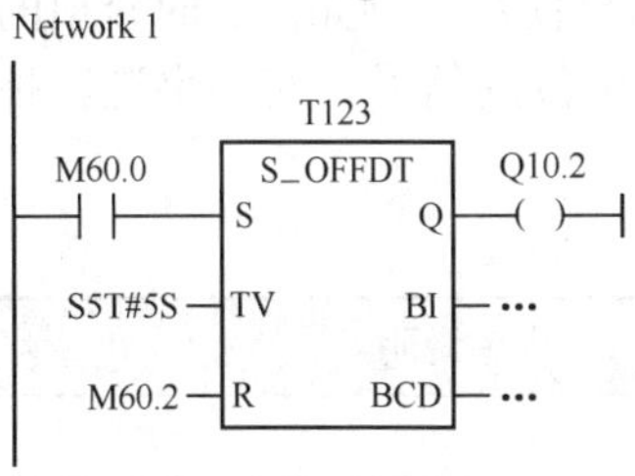	Network 1 A　M　60.0 L　S5T#5S SF　T　123 A　M　60.2 R　T　123 NOP　0 NOP　0 A　T　123 =　Q　10.2	在程序段 1 中，如果 M60.0 为 1 时，则定时器 T123 输出，Q10.2 为 1；如果 M60.0 从 1 变为 0，启动定时器开始定时，Q10.2 延时 5s 后断开为 0。如果 M60.2 为 1，则复位 T123 和 Q102，定时器将不能启动
S_OFFDT 定时器线圈指令（与 S_OFFDT 定时器指令完成相同的功能）		
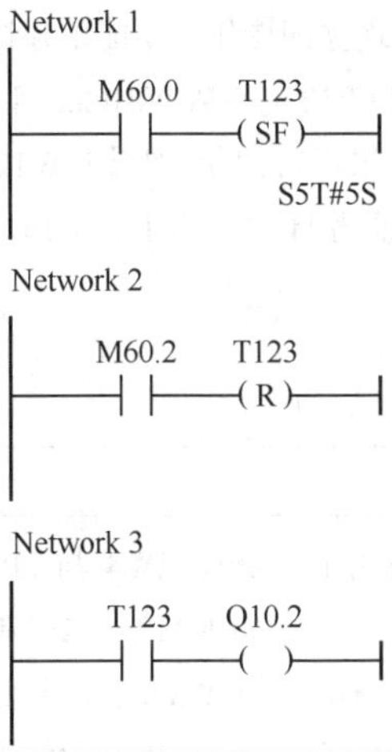	Network 1 A　M　60.0 L　S5T#5S SS　T　123 Network 2 A　M　60.2 R　T　123 Network 3 A　T　123 =　Q　10.2	在程序段 1 中，如果 M60.0 为 1，则定时器 T123 输出为 1；如果 M60.0 从 1 变为 0，启动定时器开始定时，定时器 T123 延时 5s 断开为 0。 在程序段 2 中，如果 M60.2 为 1，则复位 T123 定时器将不能启动。 在程序段 3 中，将定时器 T123 输出，并赋值到 Q10.2 中

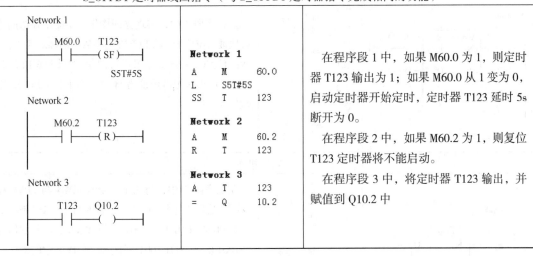

注意：一个定时器不能在同一时刻多次调用或运行，如果程序中多处使用同一个定时器，应注意定时器启动的时序。

3.2.14　字逻辑指令

字逻辑指令是对多个位信号进行操作，将两个 WORD（字）或 DWORD（双字）逐位进行“与”“或”“异或”逻辑运算。字逻辑指令如表 3-41 所示。

表 3-41　字逻辑指令

	LAD	说明	STL	说明
字逻辑指令	WAND_DW	双字和双字相“与”	AD	双字“与”(32）位
	WAND_W	字和字相“与”	AW	字“与”操作（16 位）
	WOR_DW	双字和双字相“或”	OD	双字或操作（32 位）
	WOR_W	字和字相“或”	OW	单字或操作（16 位）
	WXOR_DW	双字和双字相“异或”	XOD	双字异或操作（32 位）
	WXOR_W	字和字相“异或”	XOW	单字异或操作（16 位）

“与”操作可以判断两个字或双字在相同的位数上有多少位为 1，通常用于变量的过滤。例如，单个字变量与常数 W#16#00FF 相“与”，则可以将字变量中的高字节过滤为 0；“或”操作可以判断两个字或者双字中为 1 位的个数；“异或”操作可以判断两个字或者双字有多少位不相同。字逻辑指令影响状态字的 CC1 位，如果字逻辑结果等于 0，CC1 位为 0；如果字逻辑结果不等于 0，CC1 位为 1，字逻辑指令可以与状态位指令结合使用，例如，前面介绍的立即读的方法就是利用“与”指令与状态位指令结合使用判断一个位的信号。使用字逻辑指令的示例程序如表 3-42 所示。

表 3-42　　字逻辑指令的示例程序

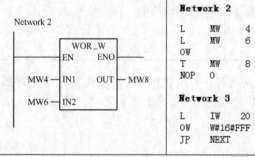

LAD	STL	程序说明
“与”操作		
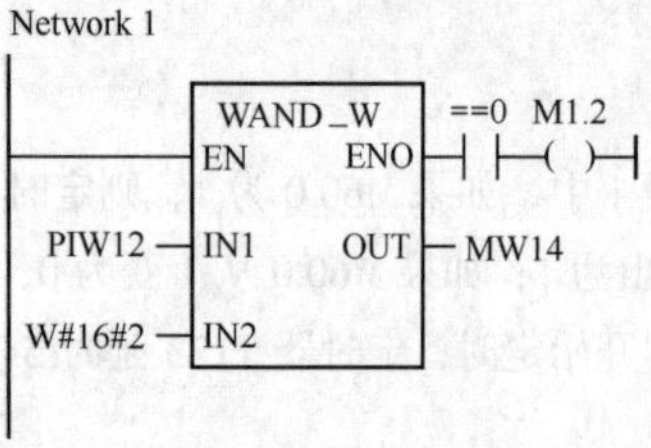	**Network 1** A(L　PIW　12 L　W#16#2 AW T　MW　14 SET SAVE CLR A　BR) A　==0 =　M　1.2	在程序段 1 中，实现立即操作，不能单独访问外设地址的位信号，将 PIW12 与参数 W#16#2 相“与”，状态位 CC1 对逻辑结果进行判断，如果 PIW12 的第 2 位（过程映像区地址为 I13.1）为 1（CC1=1），则赋值 M1.2 为 1
“或”操作		
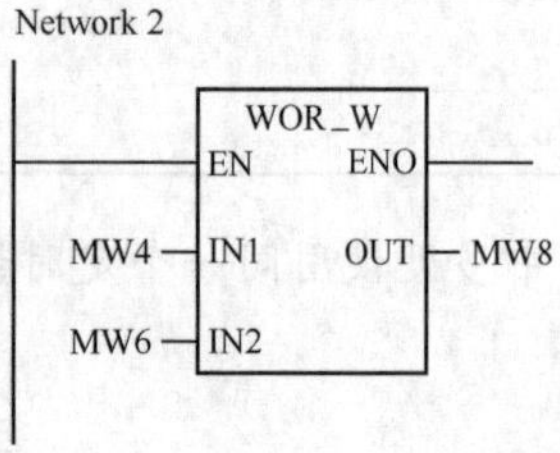	**Network 2** L　MW　4 L　MW　6 OW T　MW　8 NOP　0 **Network 3** L　IW　20 OW　W#16#FFF JP　NEXT	在程序段 2 中，将两个字变量 MW4 与 MW6 相“或”，结果传送到 MW8 中。如果 MW4 二进制的值为 2#0000 1010 1101 0011，则 MW6 二进制的值为 2#1001 0000 0001 1001，则存储于 MW8 中的操作结果为 2#1001 1010 1101 1011。 程序段 3 为 STL 指令，如果 IW20 与 W#16#FFF 相“或”，逻辑结果不等于 0（CC1=1），则跳转到 NEXT 标签指定的程序段
“异或”操作		
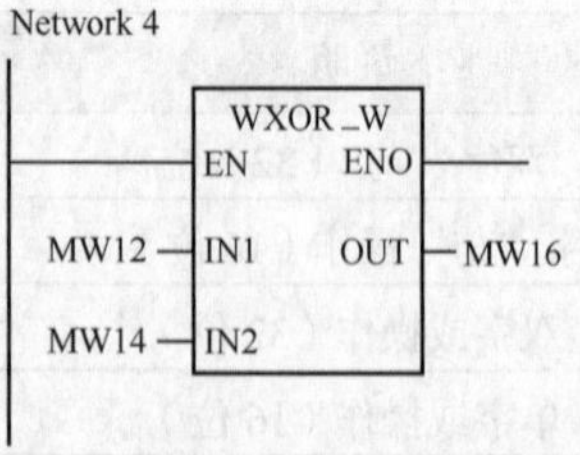	**Network 4** L　MW　12 L　MW　14 XOW T　MW　16 NOP　0 **Network 5** L　IW　30 XOW　W#16#46 JP　NEXT	在程序段 4 中，将两个字变量 MW12 与 MW14 进行“异或”操作，结果传送到 MW16 中。如果 MW12 二进制的值为 2#0000 1010 1101 0011，则 MW14 二进制的值为 2#1001 0000 0001 1001，存储于 MW16 中的操作结果为 2#1001 1010 1100 1010。 程序段 5 为 STL 指令，如果 IW30 与 W#16#46 进行“异或”操作，逻辑结果不等于 0（CC1=1），则跳转到 NEXT 标签指定的程序段

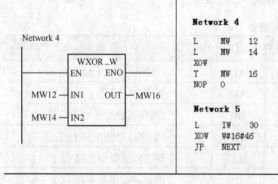

3.2.15 累计器指令

累加器指令对累加器 1（ACCU1）、累加器 2（ACCU2）、累加器 3（ACCU3）、累加器 4（ACCU4）进行操作，并且只适合 STL 编程语言。S7-300 CPU 只有累加器 1 和累加器 2，S7-400 CPU 具有 4 个累加器，累加器 3 和累加器 4 的使用减少了中间运算变量的使用。对累加器 1、累加器 2 进行数据的装载和传送，使用 L、T 就可以完成，对累加器 3、累加器 4 进行操作，必须使用累加器指令，累加器指令如表 3-43 所示。

表 3-43　　累加器指令

	LAD	说明	STL	说明
累加器指令			TAK	交换 ACCU1 和 ACCU2 的内容
			PUSH	ACCU1→ACCU4，ACCU2→ACCU3 ACCU1→ACCU2（S7-400 CPU）
			PUSH	ACCU1→ACCU2（S7-300 CPU）
			POP	ACCU1←ACCU2，ACCU2←ACCU3 ACCU3←ACCU4（S7-400 CPU）
			POP	ACCU1←ACCU2（S7-300 CPU）
			ENT	ACCU3→ACCU4，ACCU→ACCU3
			LEAVE	ACCU3→ACCU2，ACCU4→ACCU3
			INC	ACCU1 加 1
			DEC	ACCU1 减 1
			+AR1	ACCU1 与 AR1 相加装载地址值到 AR1
			+AR2	ACCU1 与 AR2 相加装载地址值到 AR2
			BLD	程序显示指令
			NOP0	空操作 0
			NOP1	空操作 1
			CAW	改变 ACCU1 字中字节的次序（16 位）
			CAD	改变 ACCU1 字节的次序（32 位）

一个累加器占用 32 位，如果装载一个 16 位的字或整数数据，只占用累加器的低 16 位或低“字”。如果装载一个 32 位的双字、双整数、浮点数据，则将累加器占满。在下面的示例程序说明中，ACCUN（1–4）表示累加器 N，ACCUN–L 表示累加器 N 的低 16 位。

1. TAK 指令

TAK 指令用于交换累计器 1 和累加器 2 的内容，程序中将两个值进行比较，然后使用值大的变量减值小的变量。指令的使用示例程序如下。

```
        L     MW    10      //装载 MW10 的内容到 ACCU1-L
        L     MW    12      //装载 ACCU1-L 的内容到 ACCU2-L，装载 MW10 的内容到 ACCU1-L
        >I                  //检测 ACCU2-L（MW10）是否大于 ACCU1-L（MW12）
        JP    NEXT          //如果 ACCU2（MW10）大于 ACCU1（MW12），跳转到程序标号 NEXT
        TAK                 //如果小于，交换 ACCU1 和 ACCU2 的内容
NEXT:  -I                   //执行 ACCU2-L 减 ACCU1-L 操作
        T     MW    14      //将结果传送到 MW14
```

2. PUSH 指令

PUSH 指令在 S7-300 系列 PLC CPU 中使用时，将累加器 1 的值复制到累加器 2 中，累加器 1 中的值不变；指令在 S7-400 系列 PLC CPU 中使用时，将累加器 3 的值复制到累加器 4 中，将累加器 2 的值复制到累加器 3 中，将累加器 1 的值复制到累加器 2 中，累加器 1 中的值不变。

PUSH 指令执行前后累加器中值的变化如表 3-44 所示。

表 3-44　PUSH 指令执行前后累加器中值的变化

内容	ACCU1	ACCU2	ACCU3	ACCU4
执行 PUSH 指令前	值 A	值 B	值 C	值 D
执行 PUSH 指令后	值 A	值 A	值 B	值 C

指令的使用示例程序如下。

```
      L     MW    10        //装载 MW10 的内容到 ACCU1-L
      PUSH                  //将 ACCU3 的内容复制到 ACCU4，将 ACCU2 的内容复制到 ACCU3，将 ACCU1 的内
容复制到 ACCU2，ACCU1 的值未变为 MW10
```

3. POP 指令

POP 指令与 PUSH 指令复制的方向相反，在 S7-300 系列 PLC CPU 中使用时，将累加器 2 的值复制到累加器 1 中，累加器 2 中的值不变；指令在 S7-400 系列 PLC CPU 中使用时，将累加器 2 的值复制到累加器 1 中，将累加器 3 的值复制到累加器 2 中，将累加器 4 的值复制到累加器 3 中，累加器 4 中的值不变。POP 指令执行前后累加器中值的变化如表 3-45 所示。

表 3-45　POP 指令执行前后累加器中值的变化

内容	ACCU1	ACCU2	ACCU3	ACCU4
执行 POP 指令前	值 A	值 B	值 C	值 D
执行 POP 指令后	值 B	值 C	值 D	值 D

指令的使用示例程序如下。

```
T     MD    10          //将 ACCU1 中的值（值 A）传送到 MD10 中
POP                     //复制 ACCU2 中的值到 ACCU1 中
T     MD    14          //将 ACCU1 中的值（值 B）传送到 MD14 中
```

4. ENT 指令

ENT 指令将累加器 3 的值复制到累加器 4 中，将累加器 2 的值复制到累加器 3 中，如果直接在 L 指令前使用，将运算的中间结果存储于 ACCU3 中。指令的使用示例程序如下。

```
      L      DBD    0  //装载到 DBD0 到 ACCU1（浮点格式）
      L      DBD    4  //复制 ACCU1 中的值到 ACCU2，装载 DBD4 到 ACCU1（浮点格式）
      +R               //将 ACCU1 和 ACCU2 中的值相加，结果存储于 ACCU1 中
      L      DBD    8  //复制 ACCU1 中的值到 ACCU2，装载 DBD8 到 ACCU1
      ENT              //赋值 ACCU3 中的值到 ACCU4，复制 ACCU2 中的值（中间结果 DBD+DBD4）到 ACCU3
      L      DBD   12  //复制 ACCU1 中的值到 ACCU2，装载 DBD12 到 ACCU1
      -R               //ACCU2 减去 ACCU1 的值并存储于 ACCU1 中，复制 ACCU3 中的值到 ACCU2，复制
ACCU4 中的值到 ACCU3
      /R               //ACCU2 中的值（DBD0+DBD4）除以 ACCU1 中的值（DBD8-DBD12）并将结果存储
于 ACCU1 中
      T      DBD   16  //将运算结果传送到 DBD16 中
```

5. LEAVE 指令

LEAVE 指令与 ENT 指令复制的方向相反，将累加器 3 的值复制到累加器 2 中，将累加器

4 的值复制到累加器 3 中，累加器 1 和累加器 4 中的值不变。

6. INC 与 DEC 指令

INC 指令将累加器 1 低 8 位（ACCU1-L-L）中存储的值加 1（8 位的整数值），DEC 指令将累加器 1 低 8 位（ACCU1-L-L）中存储的值减 1（8 位的整数值），累加器 1 中其他位保持不变，由于指令只对累加器 1 低 8 位进行操作，最大增减值为 255。指令的示例程序如下。

```
L      MB    22        //装载到 MB22 到 ACCU1
INC    15              // ACCU1（MB22）增加 15，将结果存储于 ACCU1-L-L
T      MB    22        //将 ACCU1-L-L 的值传送到 MB22
L      MB    42        //装载 MB42 到 ACCU1
DEC    20              // ACCU1（MB42）减少 20，将结果存储于 ACCU1-L-L
T      MB    42        //将 ACCU1-L-L 的值传送到 MB42
```

7. +AR1 与+AR2 指令

+AR1 指令将累加器 1 中的值装载到地址寄存器 1 中，+AR2 指令将累加器 1 中的值装载到地址寄存器 2 中。指令后面可以直接定义地址指针，例如，+AR1 P#10.0 将 P#10.0 装载到地址寄存器 1 中。指令的使用示例程序如下。

```
L      P#200.0            //装载地址指针 P#200.0 到 ACCU1
+AR1                      //将 ACCU1 中的值（P#200.0）装载到地址寄存器 1 中
+AR2   P#300.0            //将 P#300.0 装载到地址寄存器 2 中
 L     MW [AR1,P#0.0]     //装载 MW200 到 ACCU1
 L     MW [AR2,P#0.0]     //ACCU1 的值复制到 ACCU2 中，装载 MW300 到 ACCU1
-I                        //ACCU2-ACCU1
 T     MW    4            //运算结果传送到 MW4 中
```

8. CAW 与 CAD 指令

CAW 指令将累加器 1 低字中包含的两个字节相互转换，CAD 指令将累加器 1 中包含的 4 个字节相互转换。

CAW 指令执行前后累加器 1 中值的变化如表 3-46 所示。

表 3-46　　CAW 指令执行前后累加器 1 中值的变化

内容	ACCU1	ACCU2	ACCU3	ACCU4
执行 CAW 指令前	值 A	值 B	值 C	值 D
执行 CAW 指令后	值 A	值 B	值 D	值 C

CAD 指令执行前后累加器 1 中值的变化如表 3-47 所示。

表 3-47　　CAD 指令执行前后累加器 1 中值的变化

内容	ACCU1	ACCU2	ACCU3	ACCU4
执行 CAD 指令前	值 A	值 B	值 C	值 D
执行 CAD 指令后	值 D	值 C	值 B	值 A

指令的使用示例程序如下。

```
L      W#16#1234          //装载参数 W#16#1234 到 ACCU1
CAW                       //转换 ACCU1-L 中两个字节存储值的次序
T      MW    10           //运算结果传送到 MW10 中。MW10 中的值为 W#16#3412
L      DW#16#12345678     //装载参数 DW#16#12345678 到 ACCU1
```

```
CAD                         //转换 ACCU1 中四个字节存储值的次序
T       MD    20            //运算结果传送到 MD20 中。MD20 中的值为 DW#16#78563412
```

9. NOP0、NOP1 与 BLD 指令

NOP0、NOP1、BLD 指令用于 LAD、FBD 编程语言的显示，当 LAD、FBD 编程语言转换为 STL 编程语言时，自动产生空指令，无实际意义。

3.3 本章小结

本章介绍了 S7-300/400 的指令系统以及它们的使用方法，还给出了许多例子，使读者能够理解指令的作用、用法和编程方法。

本章首先简要地介绍了 PLC 程序的基本结构以及 S7-300/400 系列 PLC 的数制和数据类型，为读者学习程序的编写打下了良好的基础。

本章主要介绍了 S7-300/400 系列 PLC 的指令系统，包括位逻辑指令、比较指令、转换指令、计数器指令、数据块操作指令、定时器指令、累计器指令等 15 项指令，并分别举例说明了它们的用法。

提高篇

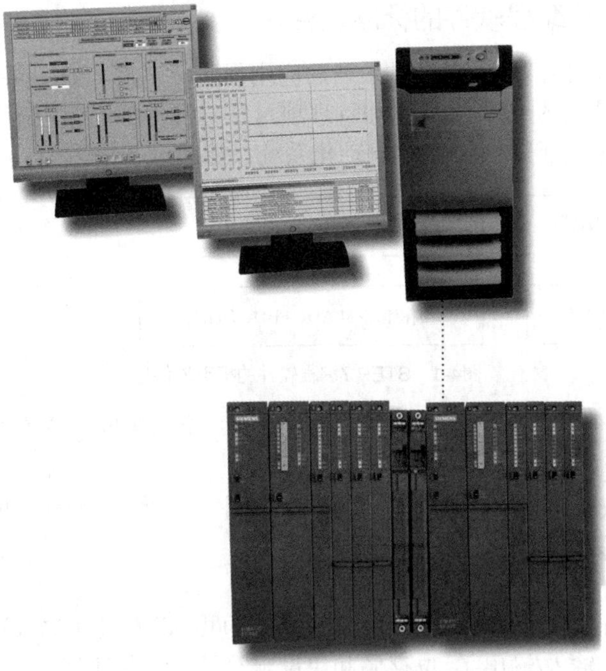

第4章 STEP 7编程软件的使用方法

STEP 7是西门子S7–300/400 PLC的组态软件。STEP 7功能强大，主要是为了让用户开发控制程序，同时也可以实时监控用户程序的执行状态。学习PLC的最终目的是把它应用到实际的工业控制系统中去。对于一个初学者来讲，STEP 7的编程环境具有操作方便、使用简单、易于掌握的特点。本章将以西门子S7–300/400 PLC为基础，介绍STEP 7的编程环境、硬件组态、符号表的定义和创建、程序的下载和调试等内容。

4.1 STEP 7编程软件概述

STEP 7编程软件适用于SIMATIC S7、C7、M7和基于PC的WinCC，是供它们编程、监控和设置参数的标准工具。

为了在PC上使用STEP 7编程软件，应配置MPI通信卡或PC/MPI通信适配器，将PC连接到MPI或PROFIBUS网络上，以下载和上传PLC的用户程序和组态数据。

4.1.1 STEP 7编程软件的标准软件包

STEP 7编程软件的标准软件包提供系列的应用程序（工具）如图4–1所示。它们支持自动化项目创建过程的各个阶段，如建立和管理项目、对硬件和通信组态及参数赋值、管理符号、创建程序、下载程序到PLC、测试自动化系统、诊断设备故障等。

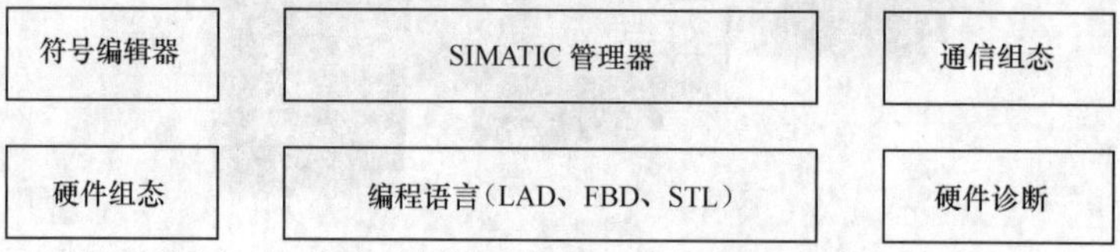

图4-1 STEP 7编程软件的标准软件包

不用分别打开各个工具，当选择相应功能或打开一个对象时，它们会自动启动。

1. SIMATIC管理器

SIMATIC Manager（SIMATIC管理器）的界面如图4–2所示。SIMATIC管理器可以管理一个自动化系统的所有数据。

2. 符号编辑器

使用Symbol Editor（符号编辑器），可以管理所有的共享符号（全局符号），如图4–3所示。

① 为过程信号（输入/输出）、位存储和块设定符号名及其注释。

② 分类功能。

③ 从/向其他的Windows程序导入/导出。

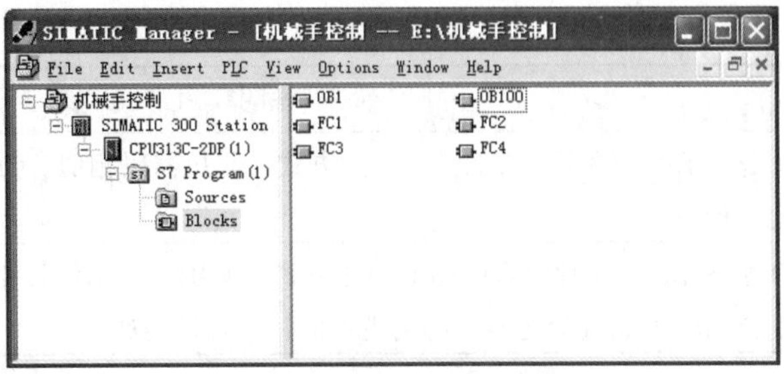

图4-2　SIMATIC管理器的界面

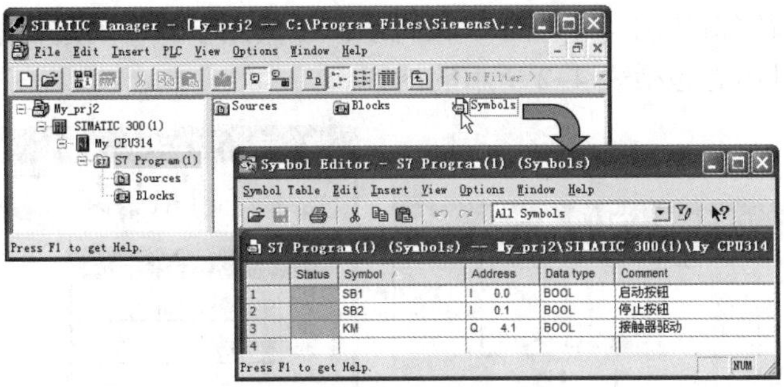

图4-3　符号编辑器

使用符号编辑器生成的符号表可供其他所有工具使用。因而，对一个符号特性的任何变化都能自动地被其他工具识别。

3. 编程语言

STEP 7 编程软件的标准软件包集成的编程语言有梯形逻辑图（LAD，如图 4–4 所示）、语句表（STL，如图 4–5 所示）和功能块图（FBD，如图 4–6 所示），对它们的描述如表 4–1 所示。

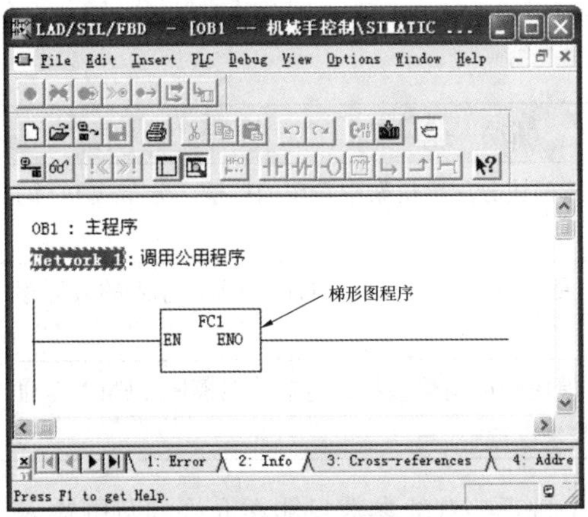

图4-4　梯形图程序

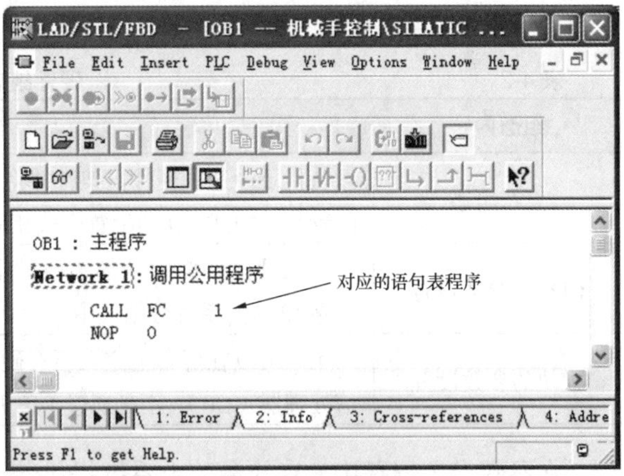

图4-5　语句表程序

表 4-1　　TEP 7 编程软件的编程语言

编程语言	说明
LAD	LAD 是 STEP 7 编程软件编程语言的图形表达方式，它的指令语法与继电器的梯形逻辑图相似。当电信号通过各个触点、复合元件以及输出线圈时，使用梯形图可以追踪电信号在电源示意线之间的流动

续表

编程语言	说明
STL	STL 是 STEP 7 编程语言的文本表达方式，与机器码相似。CPU 执行程序时，则一步一步地执行
FBD	FBD 是 STEP 7 编程语言的图形表达方式，使用与布尔代数相类似的逻辑框来表达逻辑。复合功能（如数学功能）可用逻辑框相连直接表达

4. 硬件组态

硬件组态的设置窗口如图 4-7 所示，硬件组态工具用于对自动过程中使用的硬件进行配置和参数设置，硬件组态包括表 4-2 所示的内容。

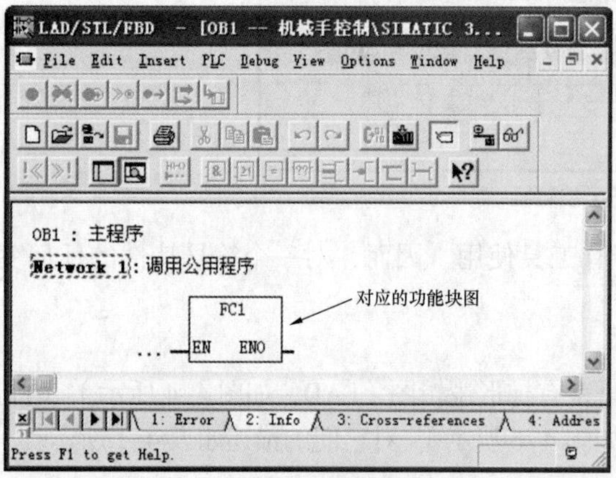

图4-6 功能块图

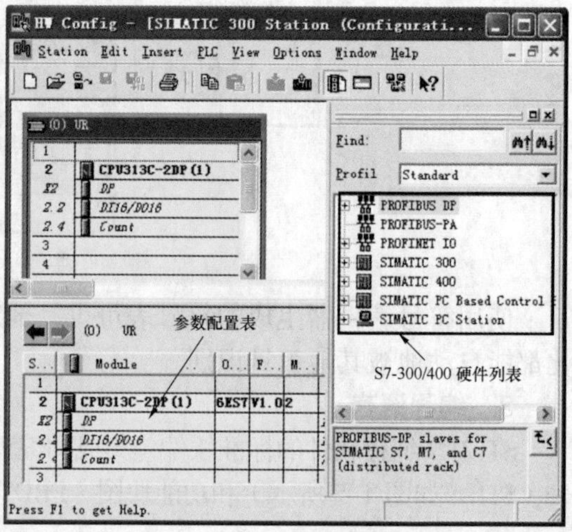

图4-7 硬件组态设置窗口

表 4-2 硬件组态

组态内容	说明
系统组态	从目录中选择硬件机架，并将所选模块分配给机架中希望的插槽。分布式 I/O 的配置与集中式 I/O 的配置方式相同
CPU 的参数设置	可以设置 CPU 模块的多种属性，如启动特性、扫描监视时间等，输入的数据存储在 CPU 的系统数据块中
模块的参数设置	用户可以在屏幕上定义所有硬件模块的可调整参数，包括功能模块（FM）与通信处理器（CP），不必通过 DIP 开关来设置

在参数设置屏幕中，有的参数由系统提供若干个选项，有的参数只能在允许的范围输入，可以防止输入错误的数据。

5. 网络组态（NetPro）

网络组态窗口如图 4-8 所示，其任务包括以下 3 个方面，关于硬件组态的内容和步骤将在后面的章节中详细介绍。

① 连接的组态和显示。

② 设置用 MPI 或 PROFIBUS-DP 连接设备之间的周期性数据传送的参数，选择网络通信的

参与对象。在表中输入数据源和数据目的后，通信过程中数据的生成和传送均是自动完成的。

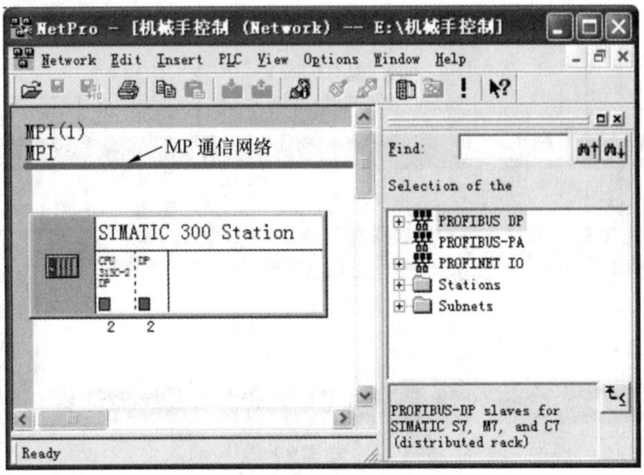

图4-8　网络组态窗口

③ 设置用 MPI、PROFIBUS 或工业以太网实现的事件驱动的数据传输，包括定义通信链路。从集成块库中选择通信功能块（CFB），用通用的编程语言（如梯形图）对所选的通信块进行参数设置。

4.1.2　人机接口

人机接口（HMI）是专门用于 SIMATIC 中操作员控制和监视的软件，分为 SIMATIC WinCC、SIMATIC Pro Rool、SIMATIC Pro Tool/Lite 和 ProAgent，如表 4-3 所示。

表 4-3　人机接口

接口软件名称	说明
SIMATIC WinCC	开放的过程监视系统，是一个基本的操作员接口系统，它包括所有重要的操作员控制和监视功能，这些功能可以用于任何工业系统和任何工艺
SIMATIC Pro Tool 和 SIMATIC Pro Too/Lite	SIMATIC Pro Tool 和 SIMATIC Pro Too/Lite 是用于组态 SIMATIC 操作员面板（OP）和 SIMATIC C7 紧凑型设备的现代工具
ProAgent	ProAgent 是通过建立有关故障原因和位置信息来实现对系统和设备进行有目的的快速过程诊断

4.1.3　STEP 7 编程软件的启动

1. STEP 7 编程软件的启动

如果计算机中安装了 STEP 7 编程软件软件包，则启动 Windows 以后，桌面上就会出现一个 SIMATIC Manager（SIMATIC 管理器）图标，这个图标就是启动 STEP 7 编程软件的快捷按钮。

快速启动 STEP 7 编程软件的方法是：选中 SIMATIC Manager 图标并双击，弹出 SIMATIC 管理器窗口。从这里可以访问用户所安装的标准模块和选择模块的所有功能，如图 4-9 所示。

SIMATIC 管理器主要用于基本的组态和编程，其功能如图 4-10 所示。

SIMATIC 管理器对各种功能的访问都可设计成直观、易学的方式，SIMATIC 管理器可以工作在下列两种方式，其工作方式的选择如图 4-11 所示。

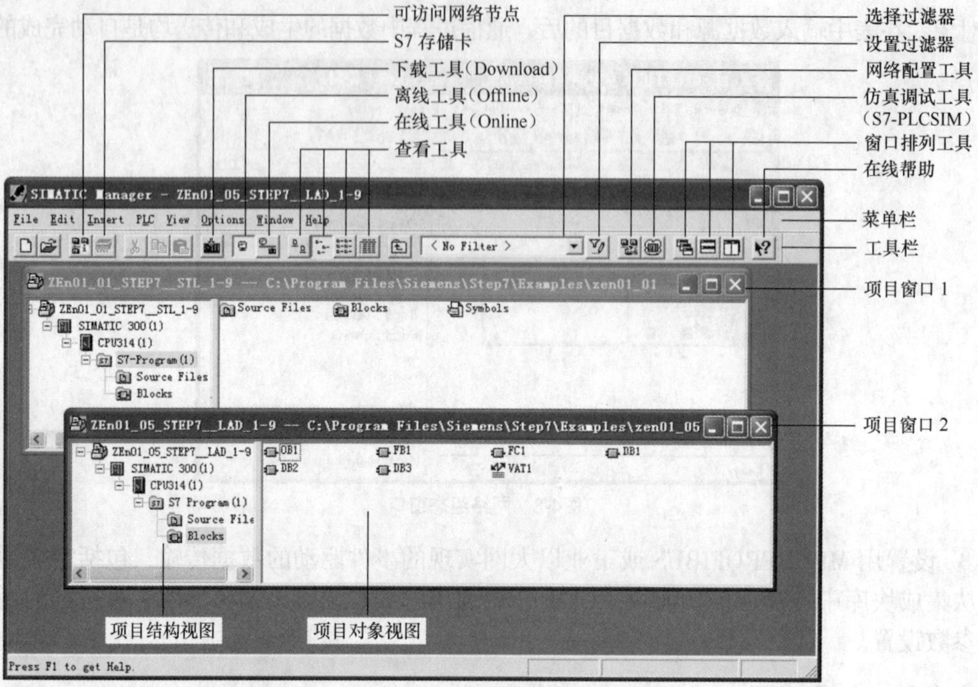

图4-9 SIMATIC管理器

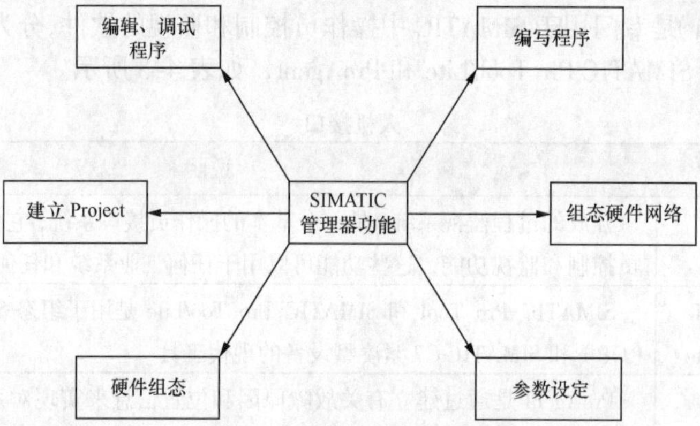

图4-10 SIMATIC管理器的功能

① 离线方式。不与可编程控制器相连。

② 在线方式。与可编程控制器相连。

2. 访问帮助功能

在线帮助系统提供给用户快速有效的信息，使用户无须查阅手册即可获得帮助，帮助菜单如图 4–12 所示。帮助菜单的功能介绍如表 4–4 所示。

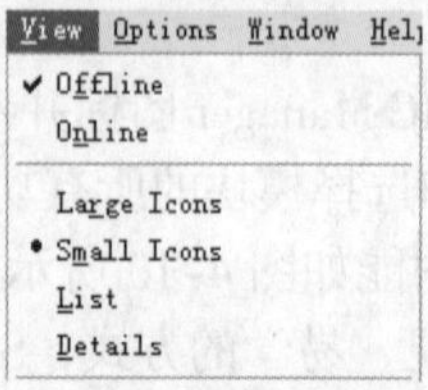

图4-11 SIMATIC 管理器工作方式的选择

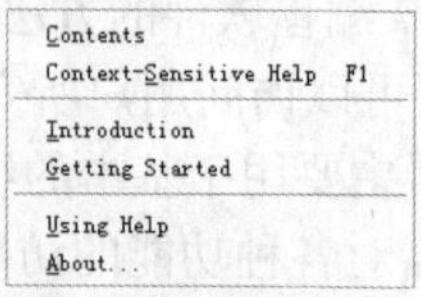

图4-12 帮助菜单

表 4-4　　帮助菜单功能

名称	功能及说明
Contents	显示帮助信息的号码
Context-Sensitive Help（F1）	首先用光标选中某一对象或在对话框或窗口中选择某一对象，然后按 F1 键可得到相应的帮助信息
Introduction	对某种功能的使用、主要特性及功能范围进行简要说明
Getting Started	概述启动某功能的基本步骤
Using Help	在在线帮助下，对查找特殊信息的方法进行描述
About	提供有关当前版本的信息

通过帮助菜单可访问任何窗口的实时对话框。可以用下列方法之一访问在线帮助。

① 在菜单栏选中帮助菜单，再从中选择响应的菜单命令。

② 在某对话框中单击【help】按钮，则可以显示该对话框的帮助信息。

③ 将光标移到某个希望得到帮助的窗口或对话框上，然后按 F1 键或选择菜单命令“Help”→“Context-Sensitive Help”。

④ 在窗口内使用问号（?）键。

4.2　创建和编辑项目

4.2.1　利用 STEP 7 编程软件创建项目的步骤

利用 STEP 7 编程软件创建项目可采用不同的方式。

① 先组态硬件，然后编程序块。如果生成程序的输入/输出比较大，建议采用该方式，由于 STEP 7 编程软件在硬件组态编译器中能显示可能的地址，方便编程序块。

② 先编程序块，然后组态硬件。选择该方式需要自己决定每一个地址，只能依据所选的组件，而不能通过 STEP 7 编程软件直接调入这些地址。

利用 STEP 7 编程软件创建一个自动化解决方案的基本步骤如图 4-13 所示。

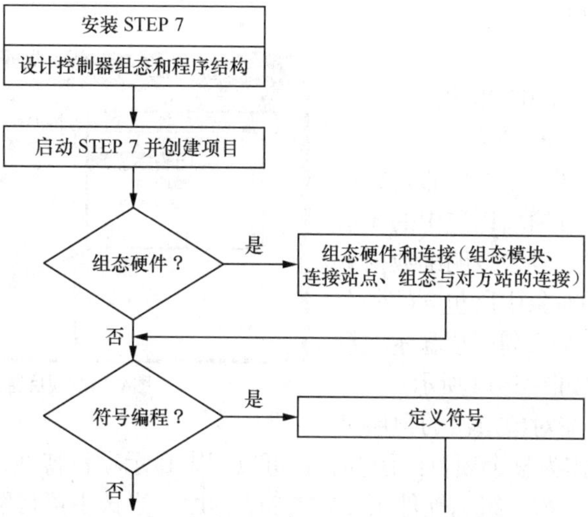

图4-13　利用STEP 7编程软件创建项目的步骤

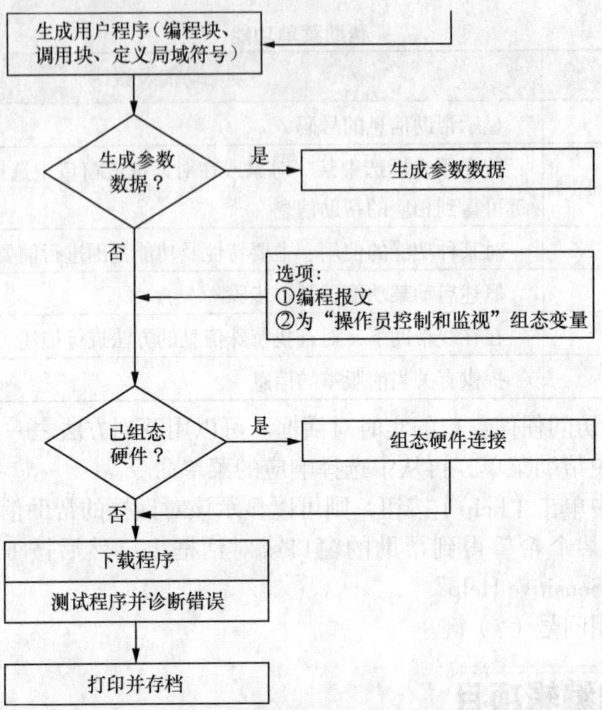

图4-13　利用STEP 7编程软件创建项目的步骤（续）

4.2.2　项目结构

项目可用来存储数据和程序。这些数据被收集在一个项目下，包括以下内容。

① 硬件结构的组态数据及模块参数。

② 网络通信的组态数据及为可编程模块编制的程序。

生成一个项目的主要任务就是为编程准备这些数据。数据在一个项目中以对象的形式存储，这些对象在一个项目下按树状结构分布（项目层次）。在项目窗口中，各层次的显示与Windows 资源管理器中的相似，只是对象图标不同。

项目层次的顶端结构如下。

1 层：项目。

2 层：网络、站或 S7/M7 程序。

3 层：依据第 2 层中的对象而定。

项目窗口分成两个部分，左半部分显示项目的树状结构，右半部窗口以选中的显示方式（大符号、小符号、列表或明细数据）显示左半窗口中打开的对象中所包含的各个对象。在左半窗口点击“+”符号以显示项目完整的树状结构，结构如图 4-14 所示。

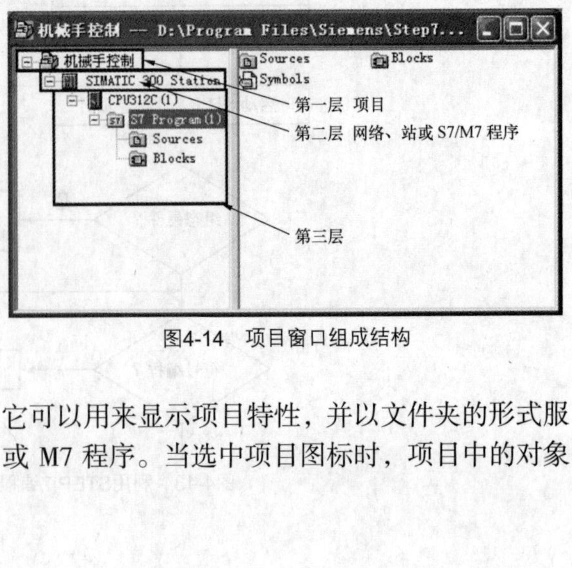

图4-14　项目窗口组成结构

如图 4-14 所示，在对象层次的顶层是对象“机械手控制”，作为整个项目的图标，它可以用来显示项目特性，并以文件夹的形式服务于网络（组态网络）、站（组态硬件）、S7 或 M7 程序。当选中项目图标时，项目中的对象显示在项目窗口的右半部分。位于对象层次（库以及项目）顶部的对象在对话框中形成一个起始点，用以选择对象。

4.2.3 创建项目

1. 利用“提示向导”创建一个项目

利用“提示向导”来创建一个项目的步骤如下。

① 在 SIMATIC 管理器中选择菜单命令“File”→“New Project Wizard”，打开创建助手，如图 4–15 所示。

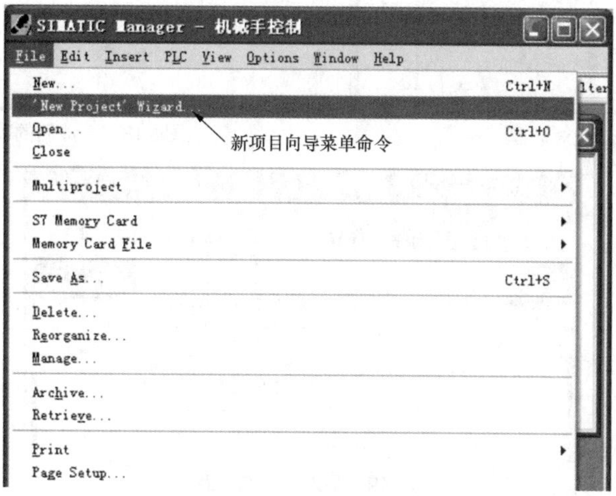

图4-15 利用“提示向导”来创建一个项目

② 创建助手会提示在对话框中输入所要求的详细内容，然后生成项目。除了硬件站、CPU、程序文件、源文件夹、块文件夹和 OB1，还可以选择已有的 OB 进行故障和过程报警的处理。

2. 手工创建一个项目

手工创建一个项目的步骤如下。

① 在 SIMATIC 管理器中选择菜单命令“File”→“New”，如图 4–16 所示。

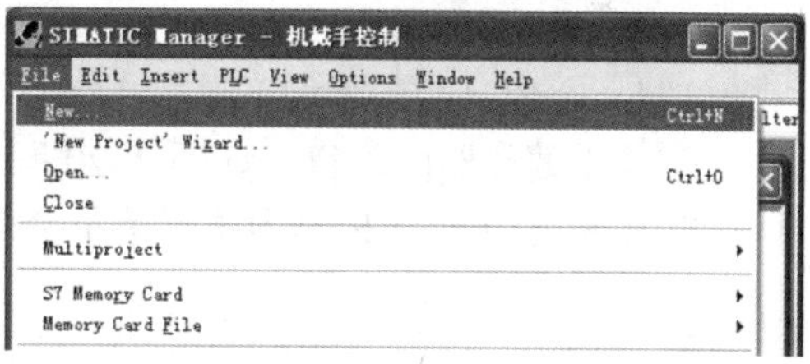

图4-16 步骤①操作示意图

② 在“New”对话框中选择“New Project”，打开图 4–17 所示的对话框。

③ 在【Name】文本框中为项目输入名称，并单击【OK】按钮确认输入。应注意的是，SIMATIC 管理器允许输入的项目名称多于 8 个字符。但是，由于在项目目录中名字被截短为 8 个字符，因此一个项目名字的前 8 个字符应区别于其他的项目，名字不必区分大小写。

生成后的项目示例如图 4–18 所示。

3. 插入一个站

为了在一个项目中插入一个新站，先要将此项目打开，使该项目的窗口显示出来。插入一个站的步骤如下。

① 选择项目。

② 利用菜单命令“Insert”→“Station”来生成满足硬件需要的“站”，如图 4–19 所示。

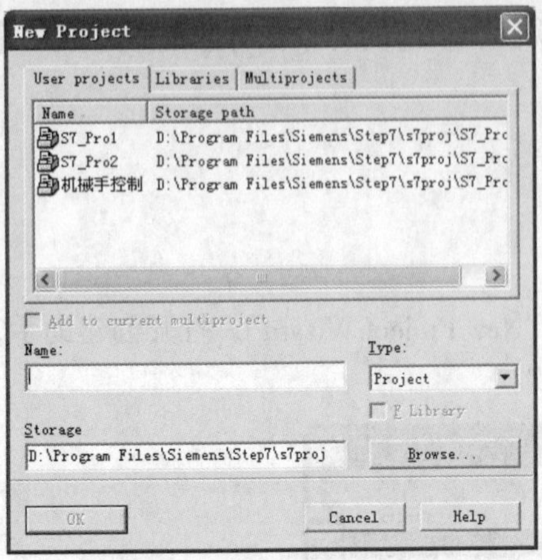

图4-17　New Project对话框

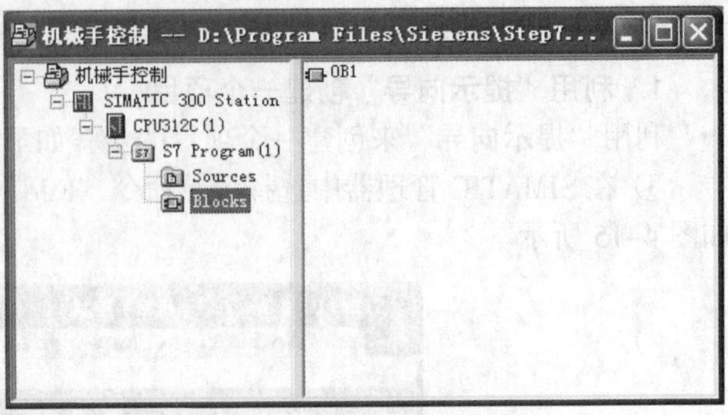

图4-18　生成后的项目示例

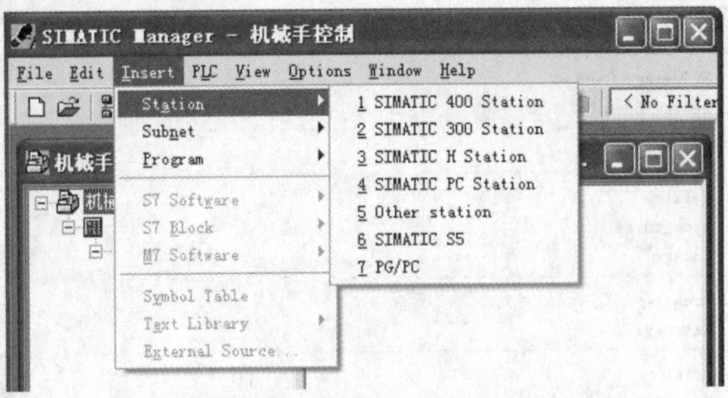

图4-19　插入一个站示意图

若站未被显示出来，可以在项目窗口内点击项目图标之前的“+”号。

4.2.4　编辑项目

1. 复制一个项目

复制一个项目的步骤如下。

① 选中要复制的项目，如图 4–20 所示。

② 在 SIMATIC 管理器中选择菜单命令“File”→“Save As”，如图 4–21 所示。

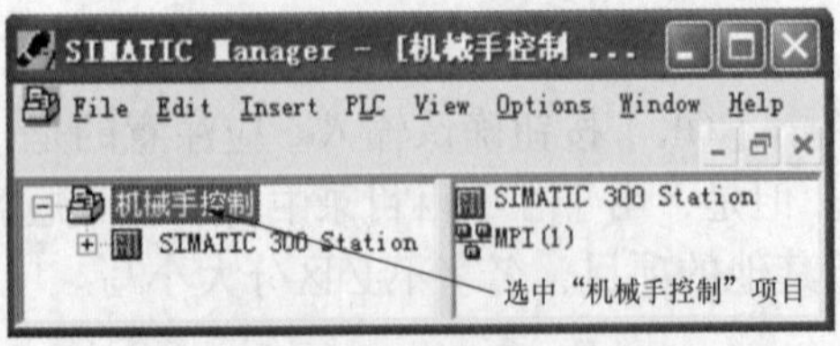

图4-20　选中要复制的项目

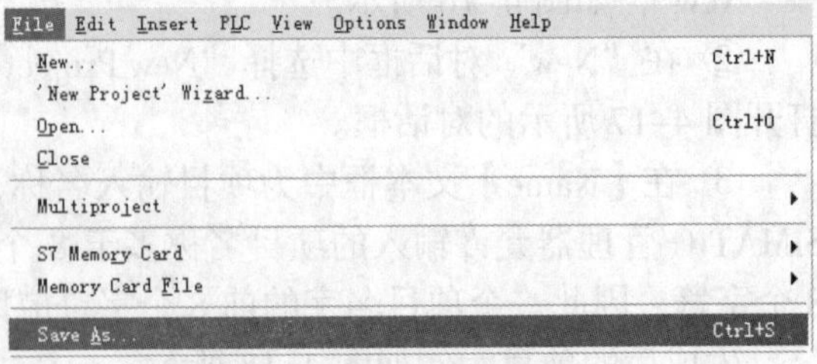

图4-21　“Save As”菜单命令

③ 在“Save Project As”对话框中，输入新项目的名称，并且根据需要输入存储的路径，单击【OK】按钮确认，如图 4–22 所示。

2. 复制一个项目中的一部分

复制一个项目中的一部分（如站、软件、程序块等）的操作步骤如下。

① 选中想要复制项目中的部分，如图 4–23 所示。

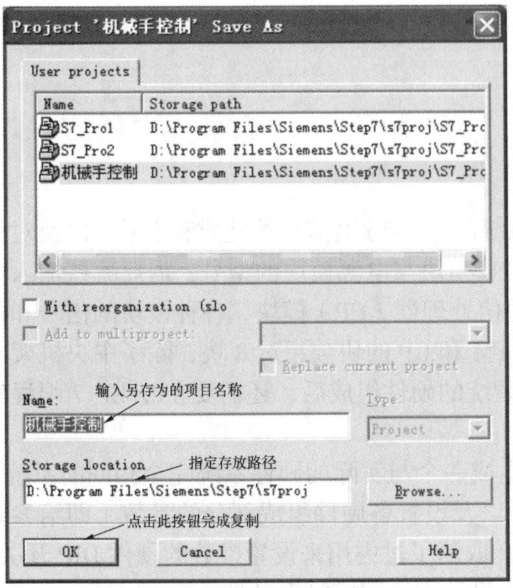

图4-22 项目另存为对话框

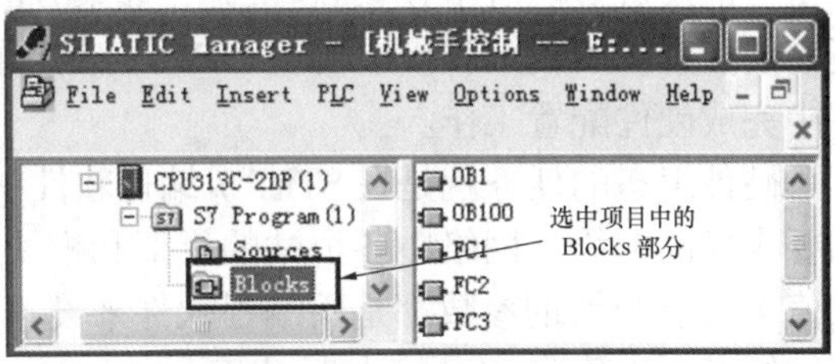

图4-23 选中项目中的一部分

② 在 SIMATIC 管理器中选择菜单命令 “Edit” → “Copy”，如图 4–24 所示。

③ 选择被复制部分所要存储的文件夹。

④ 选择菜单命令 “Edit” → “Paste”，如图 4–25 所示。

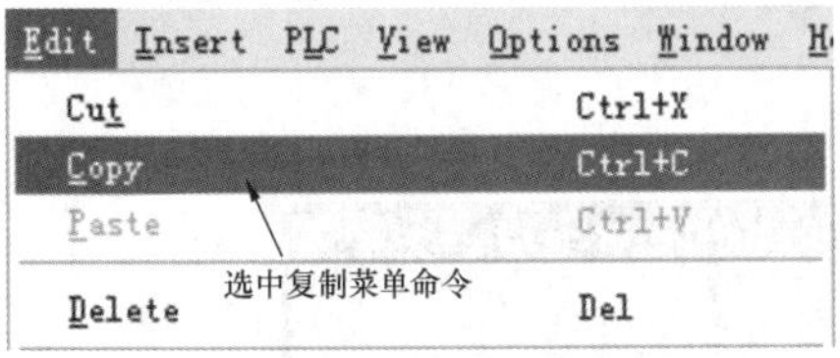

图4-24 复制菜单命令

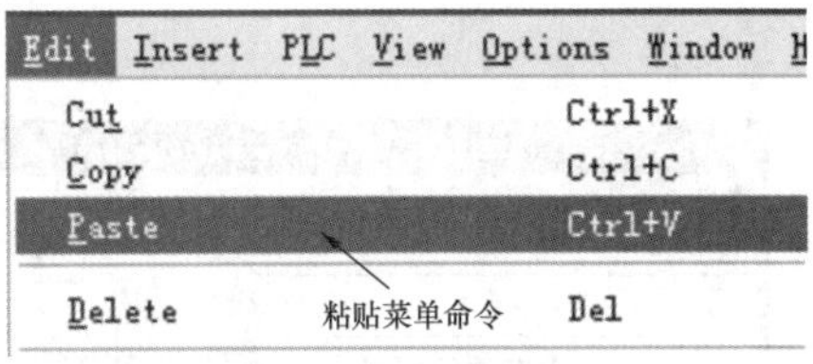

图4-25 粘贴菜单命令

3. 删除一个项目中的一部分

删除项目中一部分的步骤如下。

① 选中项目中要删除的部分，如图 4–26 所示。

② 在 SIMATIC 管理器中选择菜单命令 “Edit” → “Delete”，如图 4–27 所示。

③ 出现提示时，单击【Yes】按钮确定，如图 4–28 所示。

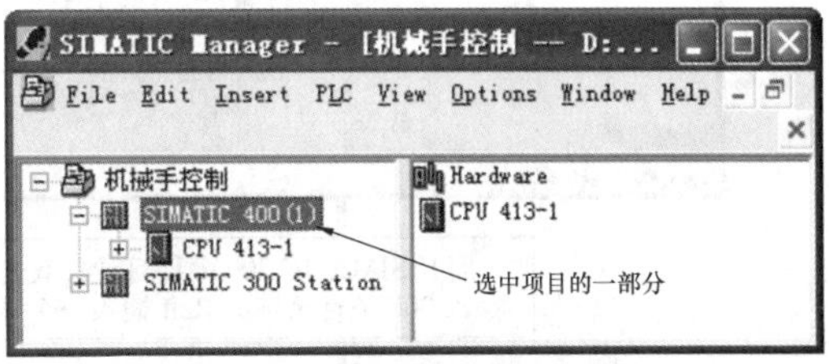

图4-26 选中项目

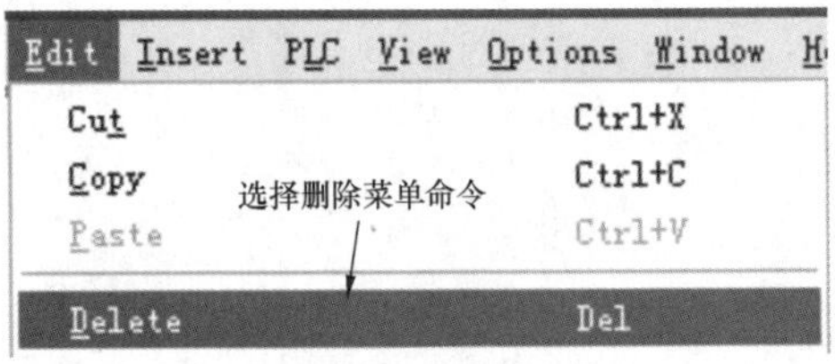

图4-27 删除命令菜单

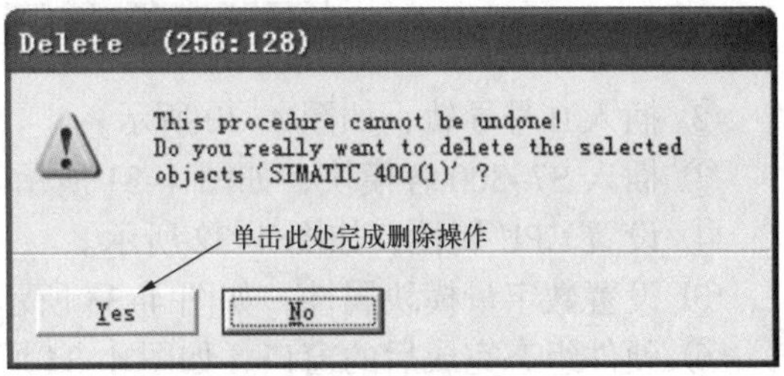

图4-28 提示对话框

4.3 硬件组态

4.3.1 硬件组态的任务与步骤

1. 硬件组态的任务

在 PLC 控制系统设计的初期，首先应根据系统的输入/输出信号的性质和点数，以及对控制系统的功能要求，确定系统的硬件配置，如 CPU 模块与电源模块的型号，需要哪些输入输出模块（即信号模块 SM）、功能模块（FM）和通信处理器（CP）模块，各种模块的信号和每种型号的块数等。对于 S7-300 来说，如果 SM、FM 和 CP 的块数超过 8 块，除了中央机架外还需要配置扩展机架和接口模块（IM）。确定了系统的硬件组成后，还需要在 STEP 7 编程软件中完成硬件配置工作。

硬件组态的任务就是在 STEP 7 编程软件中生成一个与实际的硬件系统完全相同的系统，如要生成的网络、网络中各个站的机架和模块，以及设置各硬件组成部分的参数（即给参数赋值）。所有模块的参数都是用编程软件来设置的，取消了过去用来设置参数的硬件 DIP 开关。硬件组态可以确定 PLC 输入/输出变量的地址，为设计用户程序打下基础。

2. 硬件组态的步骤

硬件组态的步骤如下。

① 单击硬件目录工具，显示硬件目录，展开 SIMATIC 300 硬件目录，双击 Rack-300 子目录下的 Rail 插入一个导轨，如图 4-29 所示。

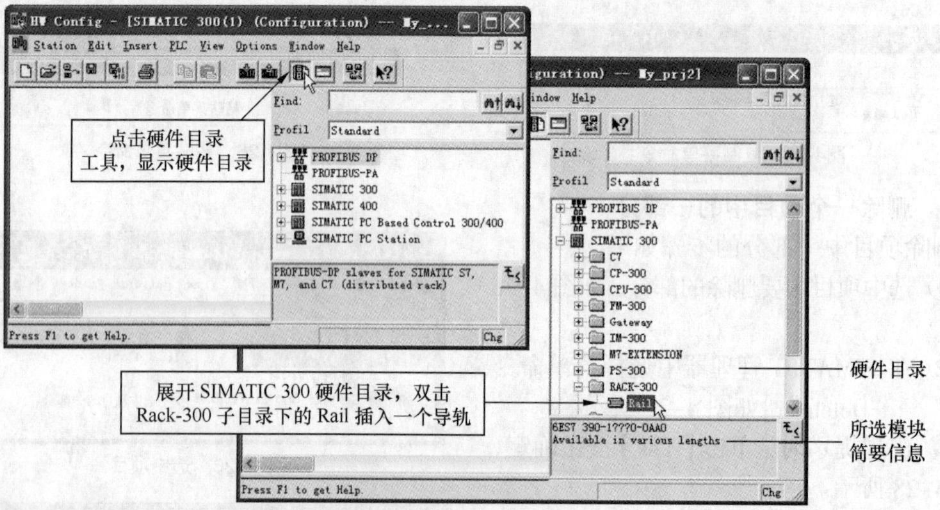

图4-29 硬件组态步骤（1）

② 插入 0 号导轨，如图 4-30 所示。

③ 插入 S7-300 各模块，如图 4-31 所示。

④ 设置 CPU 属性，如图 4-32 所示。

⑤ 设置数字量模块属性，如图 4-33 所示。

⑥ 硬件组态完成后的窗口，如图 4-34 所示。

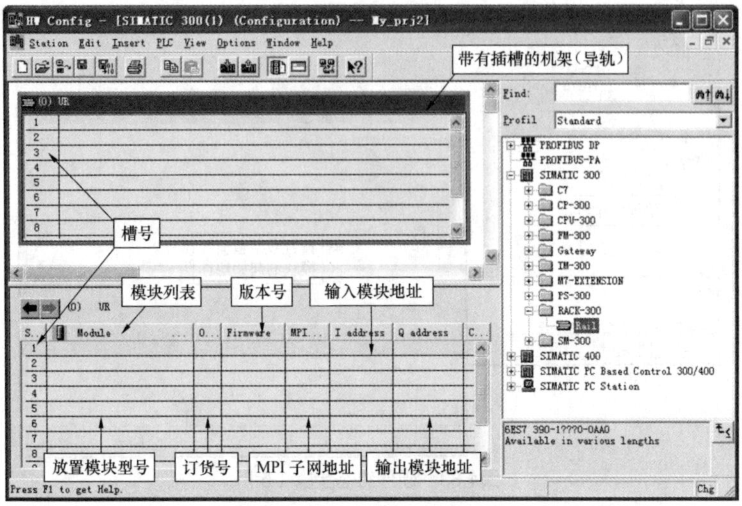

图4-30　硬件组态步骤（2）

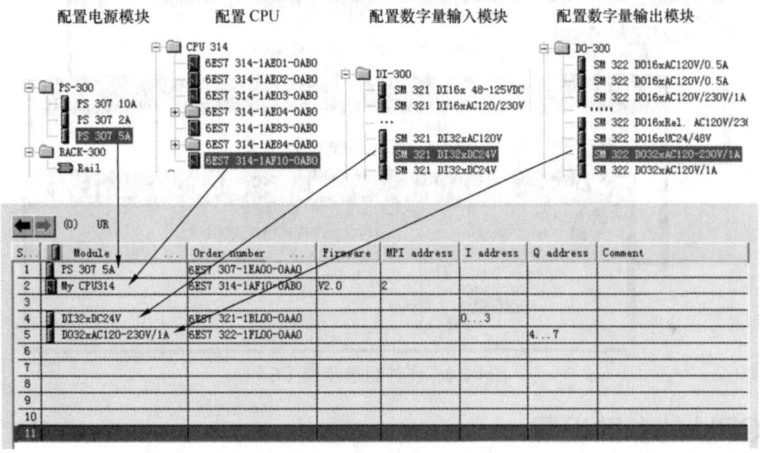

图4-31　硬件组态步骤（3）

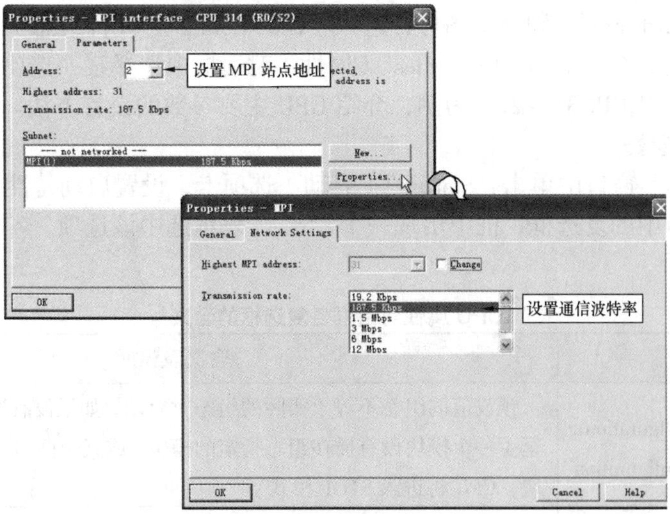

图4-32　硬件组态步骤（4）

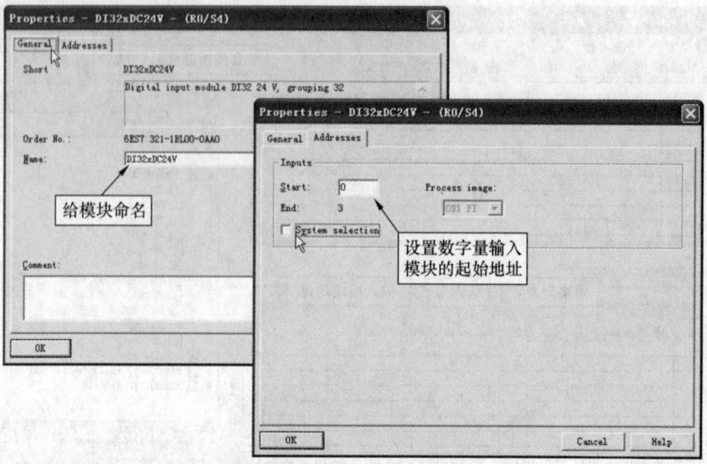

图4-33　硬件组态步骤（5）

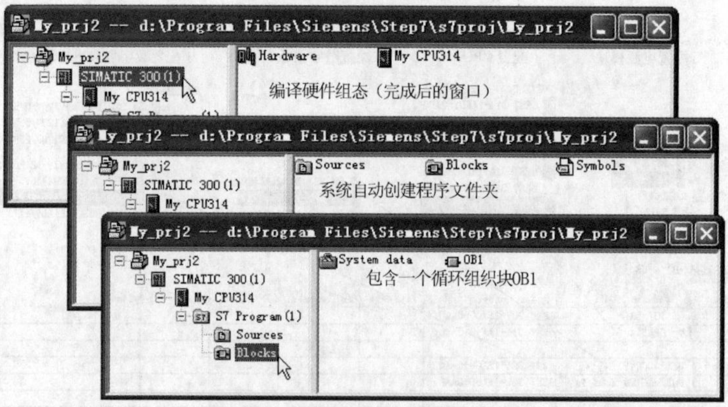

图4-34　硬件组态步骤（6）

4.3.2　CPU 的参数设置

S7-300/400 各种模块的参数用 STEP 7 编程软件来设置。在 STEP 7 编程软件的 SIMATIC 管理器中单击“hardware”（硬件）图标，进入“HW Config”（硬件组态）对话框中后，双击 CPU 模块所在的行，在弹出的“Properties”（属性）对话框中选择某一选项卡，便可以设置相应的属性。下面就以 CPU313-2DP 为例，介绍 CPU 主要参数的设置方法。

1. 启动特性参数

在“Properties”窗口中单击“Startup”（启动）选项卡，设置启动特性，如图 4-35 所示。用鼠标单击选项卡中的复选框，框中出现一个“√”，表示选中该选项。各个复选框的含义及说明如表 4-5 所示。

表 4-5　CPU 属性对话框各复选框的含义

名称	含义及说明
Startup if preset configuration not equal to actual configuration	预设值的组态不等于实际的组态时启动，如果没有选中该复选框，并且至少一个模块没有插在组态指定的槽位，或某个插槽插入的不是组态的模块，CPU 将进入 STOP 模式
Reset outputs at hot restart	热启动时复位输出，仅用于 S7-400 系列的 CPU

续表

名称	含义及说明
Disabled hot restart by operator …	禁止操作员热启动，仅用于 S7-400 系列的 CPU
Startup after Power On	接通电源后启动，可以选择单选框“Hot restart”（热启动），“Warm restart”（暖启动）和“Cold restart”（冷启动）
Transfer of parameters to modules（100ms）	参数传送到模块是 CPU 将参数传送给模块的最大时间，为 100ms。对于有 DP 主站接口的 CPU，可以用这个参数来设置 DP 从站启动的监视时间。如果超过了上述的设置时间，CPU 按“Startup if preset configuration not equal to actual configuration”的设置进行处理

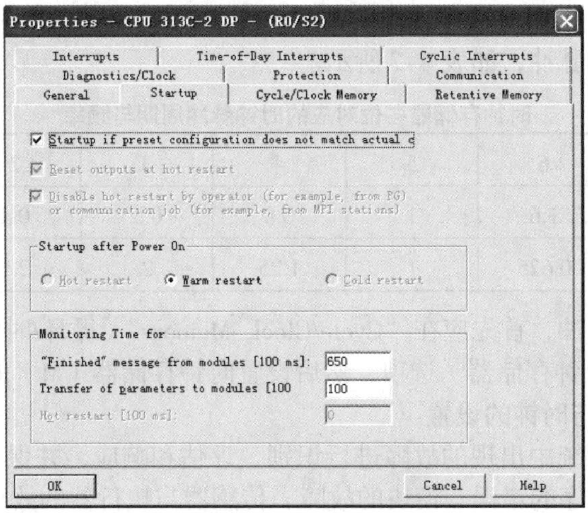

图4-35　CPU属性设置对话框

2. 时钟存储器

在“Properties”窗口单击“Cycle/Clock Memory”（循环/时钟存储器）选项卡，如图 4-36 所示。时钟存储器主要复选框的含义如表 4-6 所示。

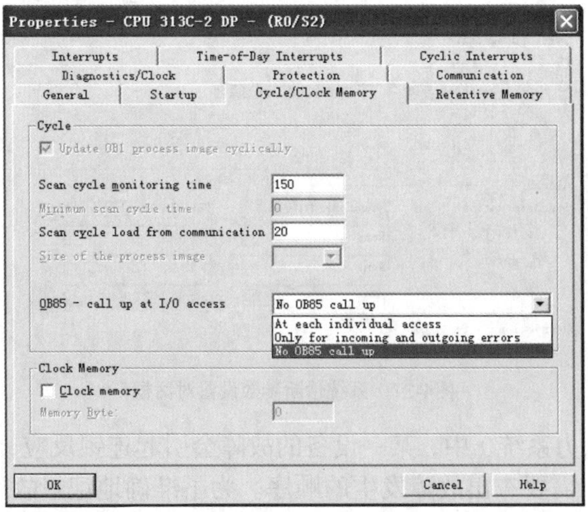

图4-36　时钟存储器设置对话框

表 4-6　　时钟存储器主要复选框的含义及说明

名称	含义及说明
Scan cycle monitoring time	以 ms 为单位的扫描循环监视时间，默认值为 150ms。如果实际的循环扫描时间超过设定值，CPU 将进入 STOP 模式
Scan cycle load from communication	用来限制通信处理占扫描周期的百分比，默认值为 20%
OB85-Call up at I/O access error	用来预设 CPU 对系统修改过程映像时发生的 I/O 访问错误的响应。如果希望在出现错误时调用 OB85，建议选择“Only for incoming and outgong errors”（仅在错误产生和消失）选项，相对于“At each individual access”（每次单独的访问）选项，不会增加扫描循环时间

时钟脉冲是一种可供用户程序使用的占空比为 1:1 的方波信号，一个字节的时钟存储器的每一位对应一个时钟脉冲，如表 4–7 所示。

表 4-7　　时钟存储器各位对应的时钟脉冲周期与频率

位	7	6	5	4	3	2	1	0
周期（s）	2	1.6	1	0.8	0.5	0.4	0.2	0.1
频率（Hz）	0.5	0.625	1	1.25	2	2.5	5	10

如果要使用时钟脉冲，首先应在“Cycle/Clock Memory”（循环/时钟存储器）选项卡中选择“Clock Memory”（时钟存储器）选项，然后设置时钟存储器（M）的字节地址。

3. 系统诊断参数与时钟的设置

系统诊断是指对系统中出现的故障进行识别、评估和响应，并保存诊断的结果。通过系统诊断可以发现用户程序的错误、模块的故障、传感器与执行器的故障等。

在“Properties”窗口单击“Diagnostics/Clock”（诊断与时钟）选项卡，如图 4–37 所示，可以选择“Report cause of STOP（报告引起 STOP 的原因）”等选项。

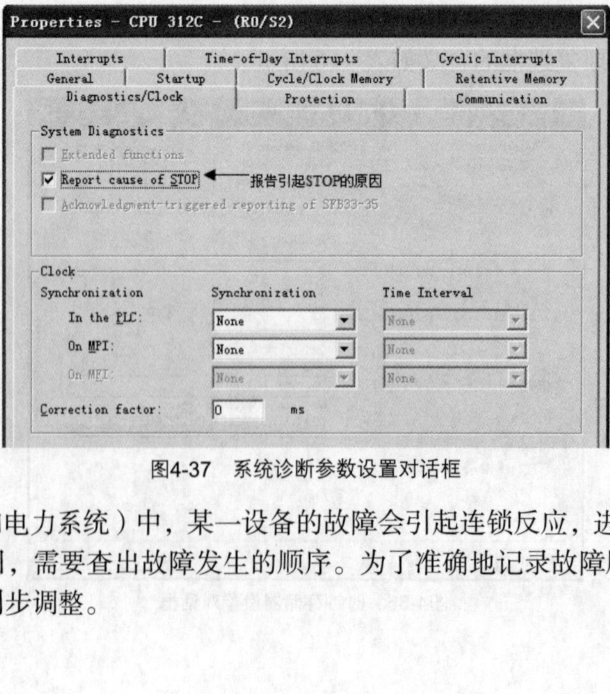

图4-37　系统诊断参数设置对话框

在某些系统（如电力系统）中，某一设备的故障会引起连锁反应，进而发生一系列事故。为了分析故障的原因，需要查出故障发生的顺序。为了准确地记录故障顺序，系统各计算机的时钟必须定期做同步调整。

可以用下面3种方法使时钟同步，分别为“In the PLC（在PLC内部）”“On MPI（通过MPI）”和“On MFI（通过第二个接口）”，如图4-38所示。每个设置方法在其后的下拉列表中有3个选项，“As Master”是指用该CPU模块的实时时钟作为标准时钟，去同步别的时钟；“As Slave”是指该时钟被别的时钟同步；“None”为不同步。

“Time Interval”选项是时钟同步的周期，从1s～24h，在下拉列表中一共有7个选项可供选择。

“Correction factor”选项是对每24h时钟误差时间的补偿（以ms为单位），可以指定补偿值为正或负。例如，实时时钟每24h慢3s时，校正因子应为+3000ms。

4. 保持区的参数设置

在电源掉电或CPU从RUN模式进入STOP模式后，其内容保持不变的存储区称为保持存储区。CPU安装了后备电池后，用户程序中的数据块总是被保护的。

“Retentivity Memory”（保持存储器）选项卡中的“Number of memory bytes from MB0”“Number of S7 times T0”和“Number of S7 conuters from C0”分别用来设置从MB0、T0和C0开始的需要断电保持的存储器字节数、定时器和计数器的数量，设置的范围与CPU的型号有关，如图4-39所示。如果超出允许的范围，系统将会给出提示。没有后备电池的S7-300可以在数据块中设置保持区域。

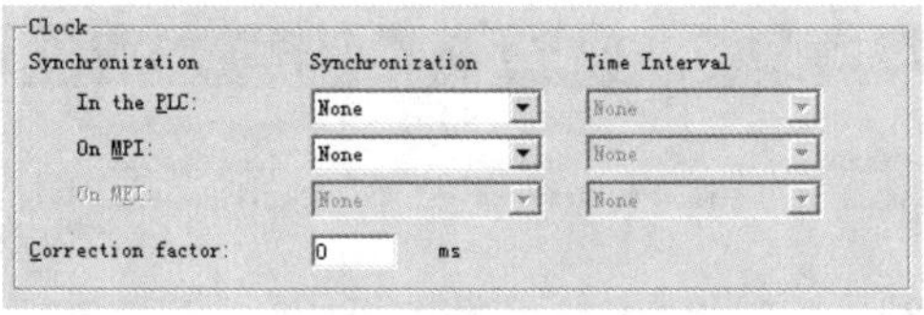

图4-38 时钟同步设置

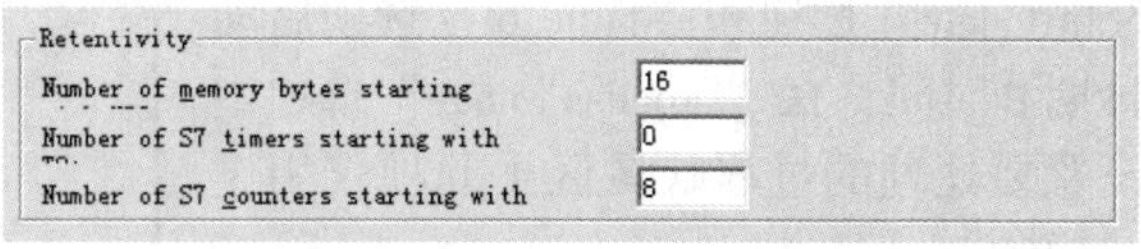

图4-39 保持区的参数设置对话框

5. 保护级别的选择

在“Protection”（保护）选项卡中的“Level of Protection”（保护级别）框中，可以选择3个保护级别，如图4-40所示。

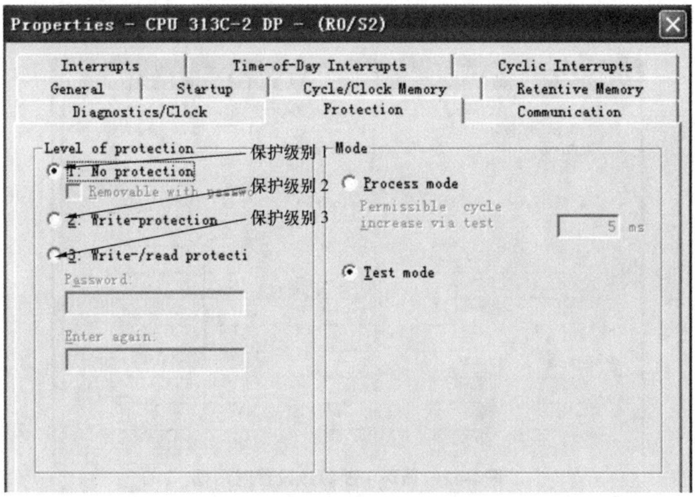

图4-40 保护级别选择对话框

① 保护级别1是默认的设置，没有口令。CPU的钥匙开关（工作模式选择开关）在RUN-P

和 STOP 位置时对操作没有限制，在 RUN 位置只允许读操作。S7-31xC 系列 CPU 没有钥匙开关，运行模式开关只有 RUN 和 STOP 两个位置。

② 被授权（知道口令）的用户可以进行读写访问，与钥匙开关的位置和保护级别无关。

③ 对于不知道口令的人员，保护级别 2 只能读访问，保护级别 3 不能读写，均与钥匙开关的位置无关。

6. 运行方式的选择

在“Protection”（保护）选项卡的“Process Mode”（处理模式）区中，可以选择运行方式。

① Operations（运行方式）。测试功能是被限制的。例如，程序状态或监视修改变量，不允许断点和单步方式。

② Test（测试模式）。允许通过编程软件执行所有的测试功能，这可能引起扫描循环时间的显著增加。

7. 日期-时间中断参数的设置

大多数 CPU 有内置的时钟，可以产生日期-时间中断，中断产生时调用组织块 OB10～OB17。在“Properties”窗口中选择“Time-Of-Day Interrupts”（日期-时间中断）选项卡，如图 4-41 所示。可以在“Priority”选项中设置中断的优先级；通过“Active”选项决定是否激活中断；选择“Execution”选项进行执行方式的选择，可以选择是在每分、每小时、每天、每星期、每月还是每年执行一次；可以通过设置“Start date”选项和“Time of”选项启动日期和时间；在“Process image”选项中设置要处理的过程映像区（此项仅用于 S7-400）。

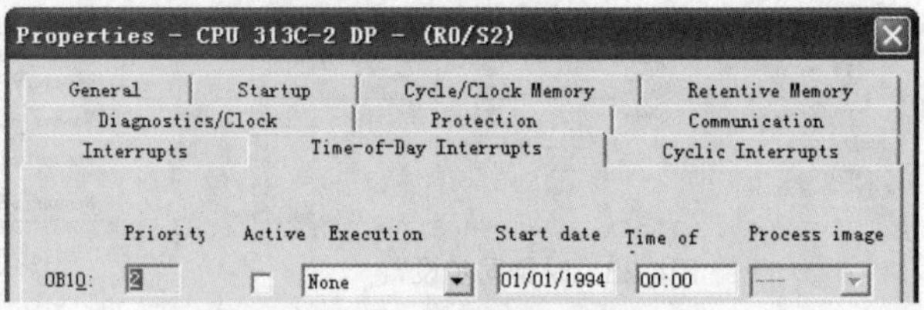

图4-41 日期-时间中断参数的设置对话框

8. 循环中断参数的设置

在“Cyclic Interrupts”选项卡中，可以设置循环执行组织块 OB30～OB38 的参数，如图 4-42 所示。包括中断的优先级（Priority）、执行的时间间隔（Execution，以 ms 为单位）和相位偏移（Phase offset，此项仅用于 ST-400）。其中相位偏移选项用于将几个中断程序错开来处理。

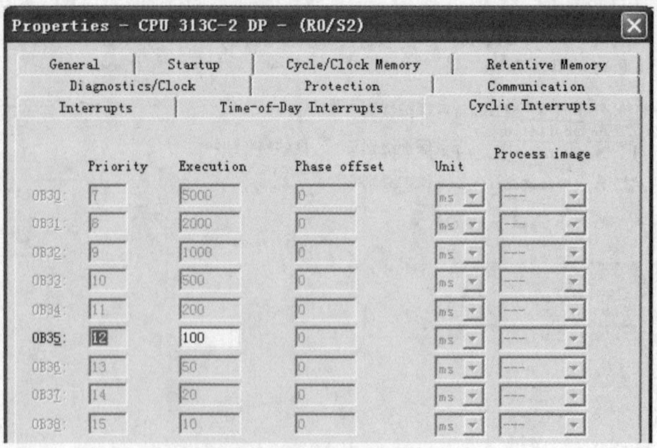

图4-42 循环中断参数设置对话框

9. 中断参数的设置

在“Interrupts”选项卡中，可以设置硬件中断（Hardware Interrupts）、延迟中断（Time-Delay

Interrupts）、DPV1（PROFIBUS-DP）中断和异步错误中断（Asynchronous Error Interrupts）的参数，如图 4-43 所示。

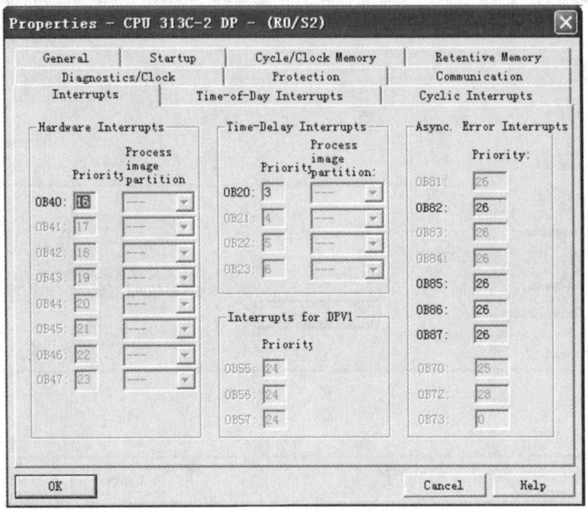

图4-43　中断参数设置对话框

S7-300 不能修改当前默认的中断优先级。S7-400 根据处理的硬件中断 OB 可以定义中断的优先级。

10. 通信参数的设置

在“Communication”（通信）选项卡中，需要设置 PG（编程器或计算机）通信、OP（操作员面板）通信和 S7 standard（标准 S7）通信使用的连接的个数。至少应该为 PG 和 OP 分别保留 1 个连接，如图 4-44 所示。

11. DP 参数的设置

对于有 PROFIBUS-DP 通信接口的 CPU 模块，如 CPU312C-2DP，用鼠标左键双击图 4-45 所示窗口内的 DP 所在行（第 3 行），在弹出的 DP 属性窗口的“Genaral”（常规）选项卡中，如图 4-46 所示，单击“Interface”区域中的【Properties】按钮，可以设置站地址或 DP 子网络的属性，生成或选择其他子网络。

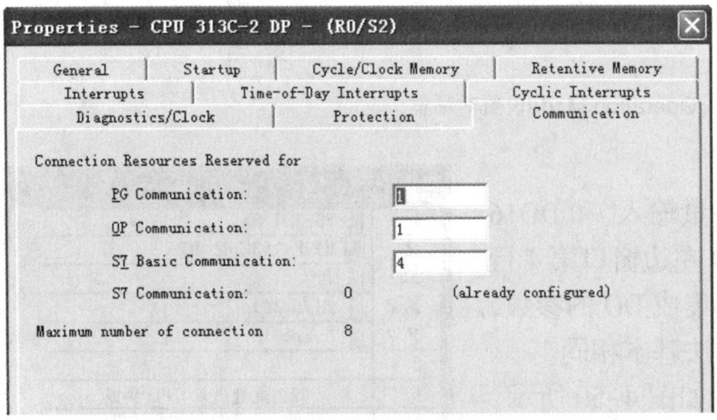

图4-44　通信参数设置对话框

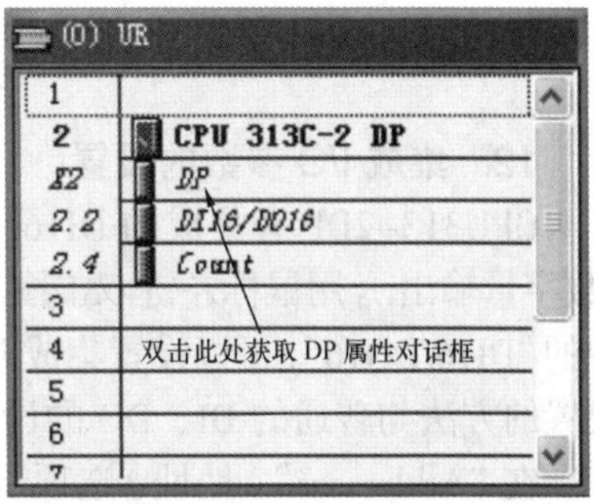

图4-45　获取DP参数设置对话框

在“Addresses”（地址）选项卡中，可以设置 DP 接口诊断缓冲区的地址，如图 4-47 所示，如果选择“System Selection”选项，可以由系统自动指定地址。在“Operating Mode”选项卡中，可以选择 DP 接口作为 DP 主站（master）或 DP 从站（slave），如图 4-48 所示。

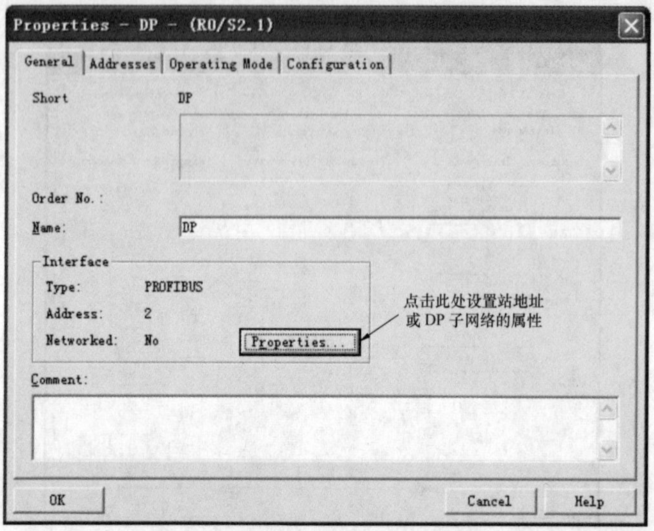

图4-46　DP接口属性设置对话框

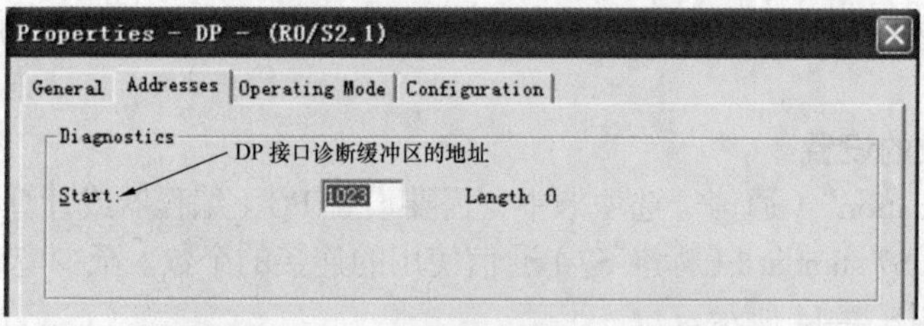

图4-47　DP接口诊断缓冲区地址设置对话框

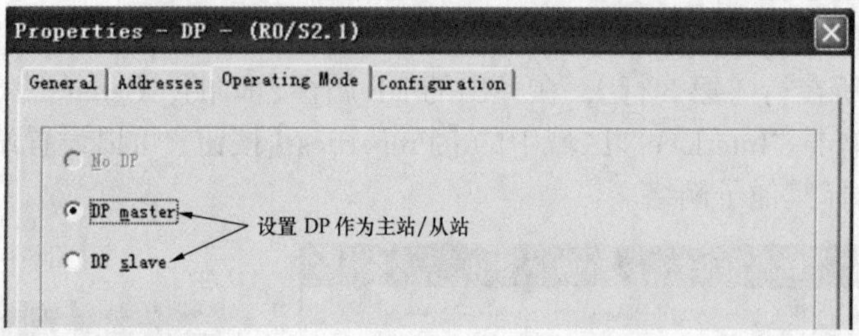

图4-48　Operation Mode设置对话框

12. 集成 I/O 参数的设置

CPU313-2DP 有集成的 DI16（数字量输入）和 DO16（数字量输出）。用鼠标左键双击图 4-49 左边窗口第 4 行中的“DI16/DO16”，可以设置集成 DI 和集成 DO 的参数，设置的方法与普通的 DI、DO 的设置方法基本相同。

在“Addresses”（地址）选项卡中，如图 4-50 所示，集成 DI 的默认地址为 124 和 125，集成 DO 的默认地址为 124 和 125，用户可以修改它们的地址。

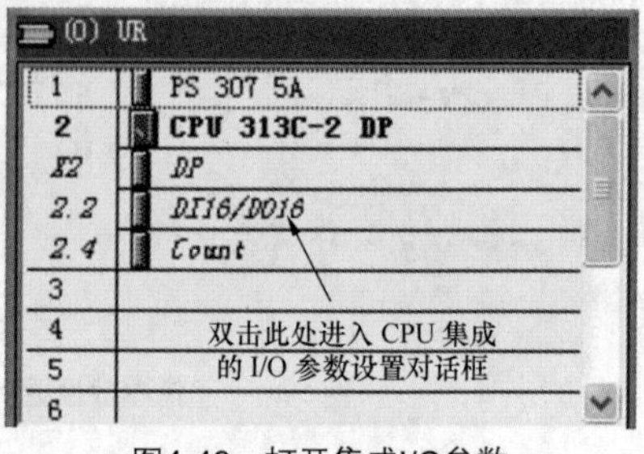

图4-49　打开集成I/O参数设置对话框的方法

单击“Inputs”选项卡，可以设置是否允许各集成的

DI 点产生硬件中断（Hardware Interrupt）。可以逐点选择上升沿中断（Rising Edge）或下降沿中断（Falling Edge），其设置对话框如图 4-51 所示。

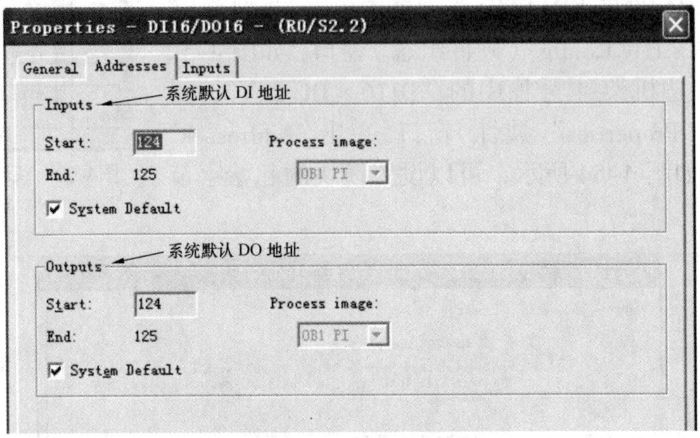

图4-50　地址设置对话框

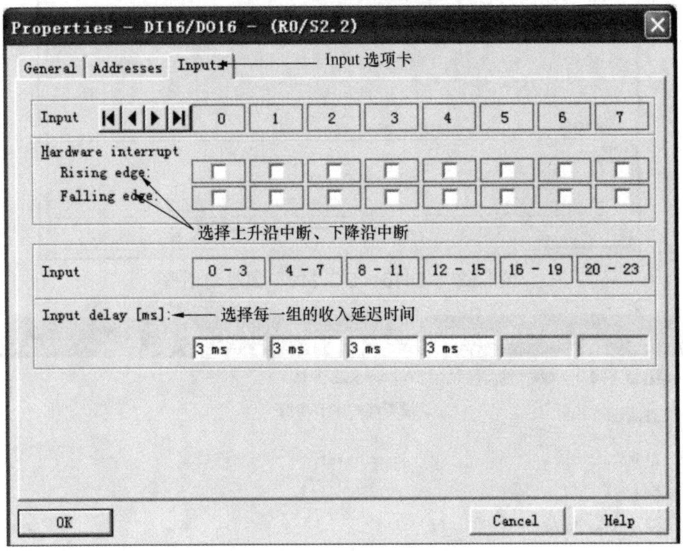

图4-51　Input对话框的设置

输入延迟时间可以抑制输入触点接通或断开时抖动的不良影响。可以按每 4 点一组设置各组的输入延迟时间（Input delay，以 ms 为单位）。单击某一组的延迟时间输入框，在弹出的菜单中选择延迟时间。

4.3.3　I/O 模块的参数设置

1. 数字量输入模块

输入/输出模块的参数可以在 STEP 7 编程软件中设置，参数设置必须在 CPU 处于 STOP 模式下进行。设置完所有的参数后，应将参数下载到 CPU 中。当 CPU 从 STOP 模式转换为 RUN 模式时，CPU 将参数传送到每个模块。

输入/输出模块的参数分为静态参数和动态参数，可以在 STOP 模式下设置动态参数和静态参数，通过系统功能 SFC，可以修改当前用户程序中的动态参数。但是在 CPU 由 RUN 模式进入 STOP 模式，然后又返回 RUN 模式后，将重新使用 STEP 7 设定的参数。

在 STEP 7 编程软件的 SIMATIC 管理器中单击“hardware”（硬件）图标，进入“HW Config”（硬件组态）窗口，如图 4-52 所示。双击图中左边机架 4 号槽中的“DI16 × DC 24V”，弹出图 4-53 所示的“Properties”（属性）窗口。单击“Addresses”（地址）选项卡，如图 4-54 所示，可以设置模块的起始字节地址。

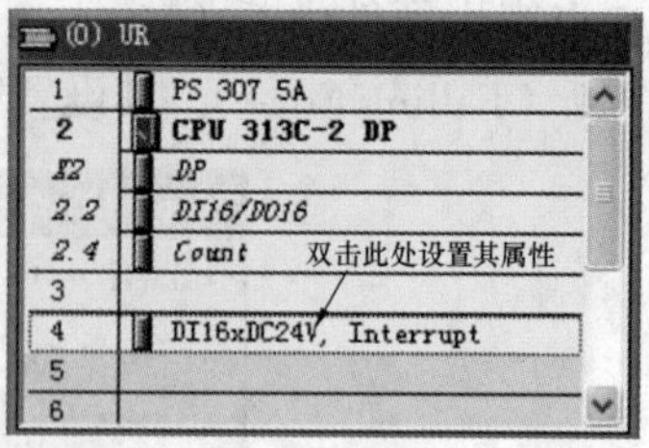

图4-52　获取“DI16 × DC 24V”属性对话框

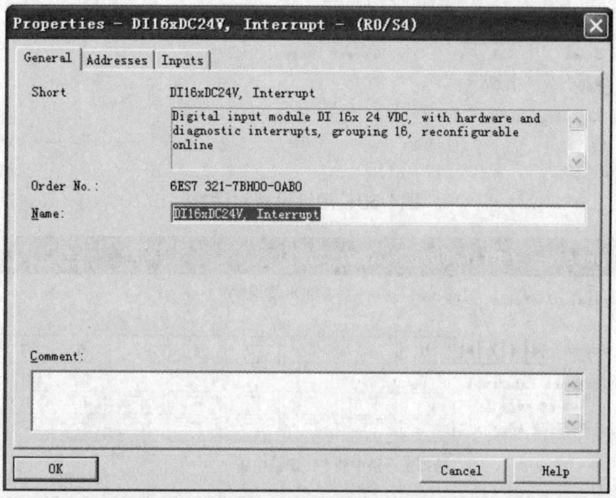

图4-53　“DI16 × DC 24V”属性对话框

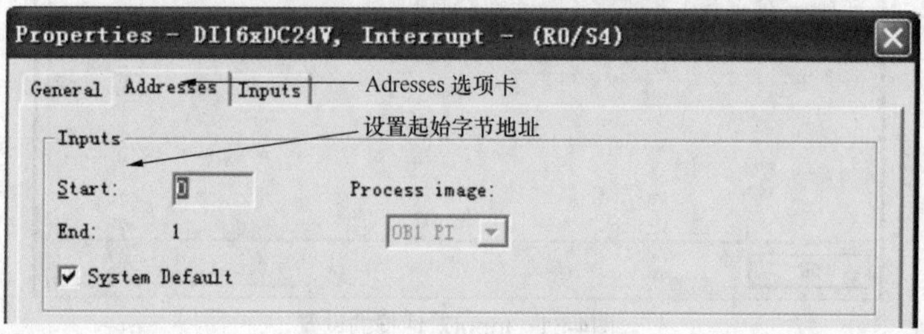

图4-54　Adresses选项卡

单击“Inputs”选项卡，如图 4-55 所示。可以设置是否允许产生硬件中断（Hardware Interrupt）和诊断中断（Diagnostics Interrupt）。如果复选框中出现“√”，表示允许产生中断。

选择了允许硬件中断后，以组为单位（每组两个输入点），可以选择上升沿（Rising）中断、下降沿（Failing）中断或上升沿和下降沿均产生中断。出现硬件中断时，CPU 的操作系统将调用组织块 OB40。

点击“Inputs”选项卡中的“Input Delay”（输入延迟）输入框，输入延迟时间为 3ms，有的模块可以分组设置延迟时间。

2. 数字量输出模块

用鼠标左键双击图 4-56 所示的 5 号槽位，弹出“Properties”（属性）窗口。单击“Outputs”选项卡，如图 4-57 所示。

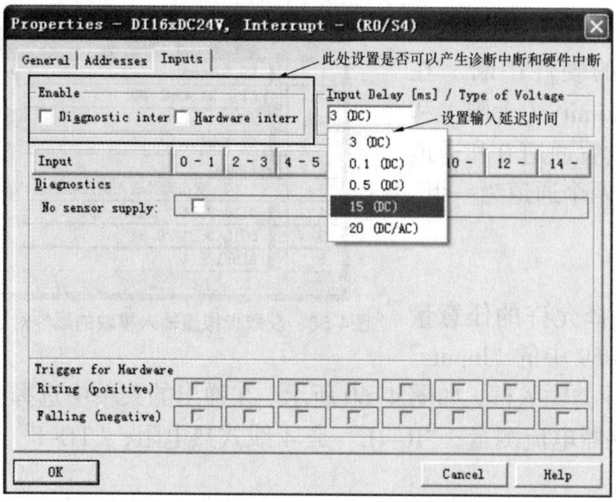

图4-55　Inputs选项卡设置

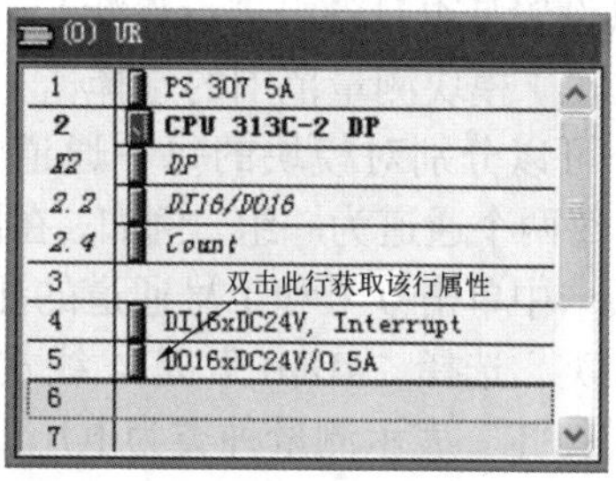

图4-56　获取数字量输出模块属性对话框

在图 4-57 中可以设置是否允许产生诊断中断（Diagnostics Interrupt）。

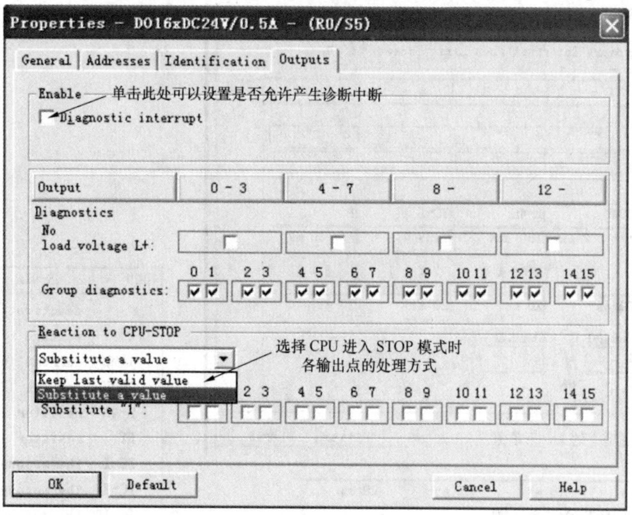

图4-57　数字量输出模块的参数设置

"Reaction to CPU-STOP"选择框用来选择 CPU 进入 STOP 模式时各输出点的处理方式，其下拉列表中的两个选项含义及说明如表 4-8 所示。

表 4-8　"Reaction to CPU-STOP"选择框的选项含义及说明

名称	含义及说明
Keep last valid value	CPU 进入 STOP 模式后，模块将保持最后的输出值
Substitute a value	替代值，CPU 进入 STOP 模式后，可以使各输出点分别输出"0"或"1"。该区域中间的"Substitute '1':"选项所在行的某一输出点对应的复选框如果被选中，进入 STOP 模式后，该输出点将输出"1"，反之输出"0"

3. 模拟量输入模块

（1）模块诊断与中断的设置

双击图 4-58 所示的第 6 行，进入模拟量输入模块的参数设置对话框。单击图 4-59 中的

"Inputs"（输入）选项卡，在"Enable"区可以设置是否允许诊断中断和模拟量超过限制值的硬件中断。在"Trigger for Hardware"区中的"High Limit"（上限）和"Low Limit"（下限）被激活后，可以设置通道 0 和通道 1 产生超限中断的上限值和下限值。每两个通道为一组，可以设置是否对各组进行诊断。

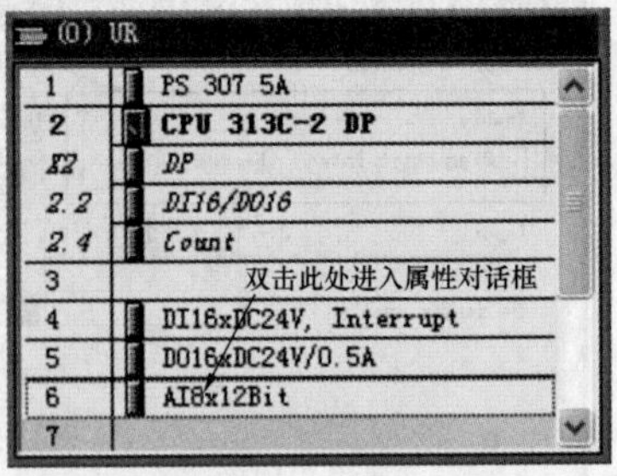

图4-58　获取模拟量输入模块的属性对话框

（2）模块测量范围的选择

可以分别对模块的每一通道组选择允许的任意量程，每两个通道为一组。例如，在图 4-59 中的"Inputs"选项卡中单击 0 号和 1 号通道的测量种类输入框，如图 4-60 所示。在弹出的菜单中选择测量的种类，选择"4DMU"是 4 线式传感器电流测量；"R-4L"是 4 线式热电阻；"TC-I"是热电偶；"E"表示测量种类为电压。

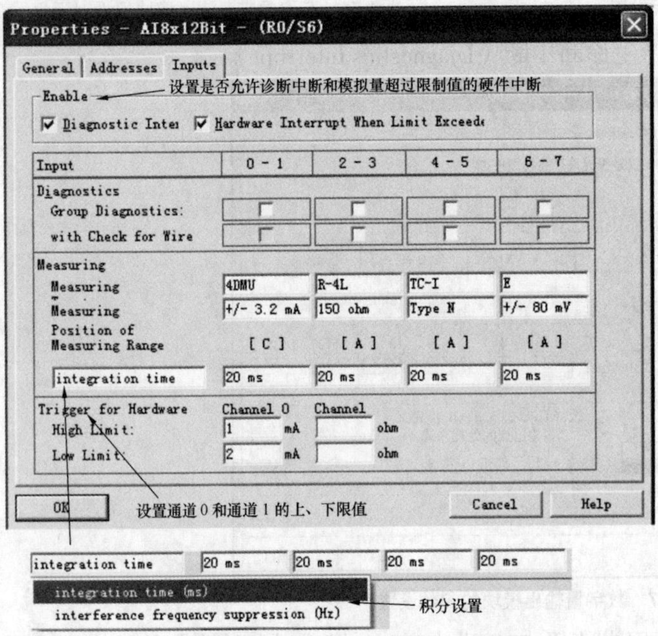

图4-59　模拟量输入模块的参数设置对话框

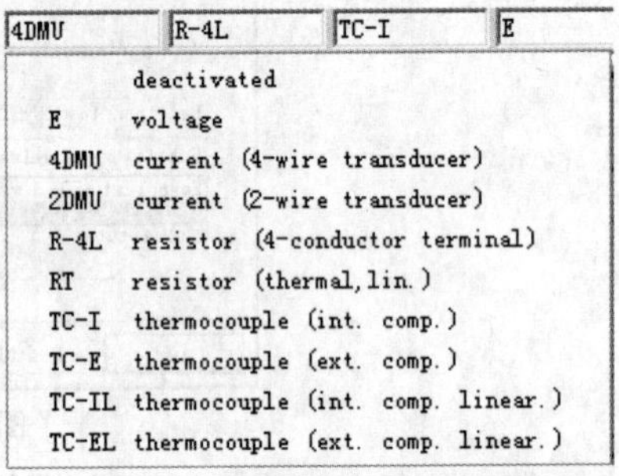

图4-60　测量种类输入框示意图

如果未使用某一组的通道，应选择测量种类中的"Deactivated"（禁止使用），以减小模拟量输入模块的扫描时间。

（3）模块测量精度与转换时间的设置

6ES7 331-7KF02 模拟量输入模块的积分时间、干扰抑制频率、转换时间和转换精度的关系如表 4-9 所示。单击图 4-59 中的"积分时间"所在行最右边的"integration time"（积分时间）所在的方框，在弹出的菜单内选择按积分时间或按干扰抑制频率来设置参数。单击某一组的积分时间设置后，在弹出的菜单内选择需要的参数。

表 4-9　　6ES7 331-7KF02 模拟量输入模块的参数关系

积分时间（ms）	2.5	16.7	20	100
基本转换时间（包括积分时间）（ms）	3	17	22	102

续表

附加测量电阻转换时间（ms）	1	1	1	1
附加开路监控转换时间（ms）	10	10	10	10
附加测量电阻和开路监控转换时间（ms）	16	16	16	16
精度（包括符号位）(bit)	9	12	12	14
干扰抑制频率（Hz）	400	60	50	10
模块的基本响应时间（所有通道使能）(ms)	24	136	176	816

4. 模拟量输出模块

模拟量输出模块的设置与模拟量输入模块的设置有很多类似的地方。模拟量输出模块需要额外设置下列参数。

① 确定每一通道是否允许诊断中断。

② 选择每一通道的输出类型“Deactivated”（关闭）、电压输出或电流输出。选定输出类型后，再选择输出信号的量程。

③ CPU 进入 STOP 模式时的响应，可以选择不输出电流电压（OCV）、保持最后的输出值（KLV）和采用替代值（SV）。

4.4 定义符号

在 STEP 7 程序中，可以寻址 I/O 信号、存储位、计数器、定位器、数据块和功能块。可以在程序中用绝对地址来访问这些地址，但是如果用符号地址，程序读起来会更加容易，例如参照工厂的代码系统，使用 Motor_A_On 或其他标识符。用户程序中的地址则可通过这些符号来寻址。

在梯形图、功能块图及语句表这 3 种编程语言的表达方式中，可以使用绝对地址或符号地址来输入地址、参数和块名。

4.4.1 共享符号与局域符号

符号寻址允许用户用一定含义的符号地址来代替绝对地址。将短的符号和长的注释结合起来使用，可使程序更加简单。

1. 共享符号

共享符号可以被所有的块使用，含义是一样的。在整个用户程序中，同一个共享符号不能定义两次或多次。共享符号由字母、数字及特殊字符组成，也可以用汉字来表示共享符号。共享符号可以为 I、Q、PI、PQ、M、T、C、FB、FC、SFB、SFC、DB、UDT（用户定义的数据类型）和 VAT（变量表）定义符号。

2. 局域符号

局域符号在某个块的变量声明表中定义，局域符号只在定义它的块中有效，同一个符号名可以在不同的块中用于不同的局域变量。局域符号只能使用字母、数字和下画线，不能使用汉字。局域符号可以为块参数（输入、输出及输入/输出参数）、块的静态数据（STAT）和块的临时数据（TEMP）定义符号。局域（块定义）符号与共享符号的区别如表 4-10 所示。

表 4-10　　　　局域符号与共享符号的区别

	共享符号	局域符号
有效性	① 在整个用户程序中均有效 ② 所有块均可使用 ③ 在所有块中均具有相同含义 ④ 在整个用户程序中必须是唯一的	① 仅在对其进行定义的块中有效 ② 同一个符号可以根据不同用途在不同的块中使用
允许的字符	① 字母、数字、特殊字符 ② 除 0x00，0xFF 以外的重音符以及引号 ③ 如果使用特殊字符，则必须将其放置在引号内	① 字母 ② 数字 ③ 下画线（_）
使用方法	可定义共享符号用于以下 8 个方面。 ① I/O 信号（I、IB、IW、ID、Q、QB、QW、QD） ② I/O 输入和输出（PI、PQ） ③ 位存储器（M、MB、MW、MD） ④ 定时器（T）/计数器（C） ⑤ 逻辑块（OB、FB、FC、SFB、SFC） ⑥ 数据块（DB） ⑦ 用户自定义的数据类型（UDT） ⑧ 变量表（VAT）	可定义局域符号用于以下 3 个方面。 ① 块参数（输入、输出以及输入/输出参数） ② 块的静态数据 ③ 块的临时数据
在何处定义	符号表	块的变量声明表

3. 显示符号

用户可以在程序指令部分区分开共享符号和局域符号。

① 符号表中定义的符号（共享）显示在引号内。

② 块变量声明表中的符号（局域）显示时前面加上“#”号。

生成符号表和块的局域变量表时，用户不用为变量添加引号和#号。当用户以 LAD、FBD 或 STL 方式输入程序时，CPU 将自动地为程序中的共享符号加引号，在局部变量的前面自动加“#”号。

4. 建立地址优先级

如果符号表中做了改变，在 S7 程序属性的对话框中可以设置当块被打开时是符号地址还是绝对地址具有优先级。在版本 V5.0 以下的 STEP 7 中，绝对地址总是具有优先级的。对于块调用命令 CALL，绝对地址总是具有优先级的。

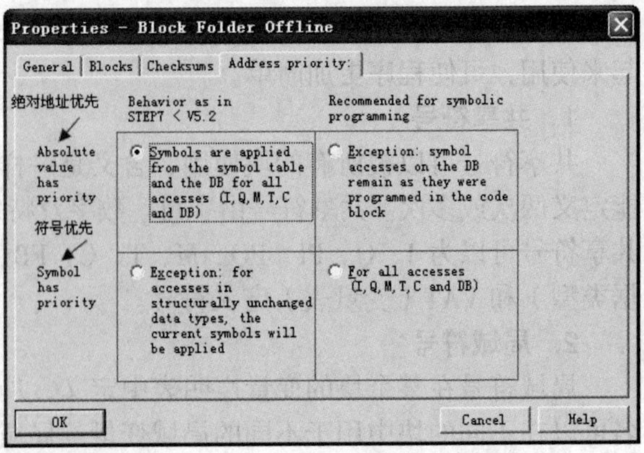

图4-61　Address Priority属性设置对话框

在 SIMATIC 管理器中选择块文件夹，执行“Edit”→“Object Properties”菜单命令，在“Address Priority”选项卡中，如图 4-61 所示，可以选择符号（Symbolic）优先或绝对地址（Absolute）优先。如果选择符号优先，修改了符号表中某个变量的地址后，变量保持其符号不变。

例如，在一个已存储过的块中有这样一条指令“A Symbolic_A”，这里的 Symbolic_A 是在符号表中为绝对地址“I0.1”定义的符号。现在符号表进行了修改，当再次打开该块设置地址优先级时，会对该指令产生如表 4-11 所示的影响。

表 4-11　　设置地址优先级对指令的影响

地址优先级	改变“Symbolic_A=I0.1”	块打开时的指令	解释
绝对地址	Symbolic_A=I0.2	A I0.1	在指令中显示绝对地址 I0.1，因不再有符号赋值该地址
绝对地址	Symbolic_B=I0.1	A Symbolic_B	在指令中显示仍有效的绝对地址 I0.1 的新符号名
符号	Symbolic_A=I0.2	A Symbolic_A	指令不变，显示一条信息，注意符号赋值关系已改变
符号	Symbolic_B=I0.1	A Symbolic_A	该指令被标定为错误（红色），因 Symbolic_A 不再有定义

4.4.2　符号表

1. 符号表概述

（1）共享符号的符号表

在 4.2 节中，当用户生成 S7 或 M7 程序时，一个（空的）符号表（“Symbols”对象）会自动生成。

（2）有效性

符号表只对用户程序所连接的模块是有效的。如用户想在几个 CPU 中使用同样的符号，必须确保各符号表中的内容是相配的，可以采用复制该表的方法实现。

（3）符号表的结构及元素

单击 SIMATIC 管理器左边的“S7 Program”图标，右边的工作区将出现“Symbols”（符号表）图标，双击它后进入符号表窗口，如图 4-62 所示。

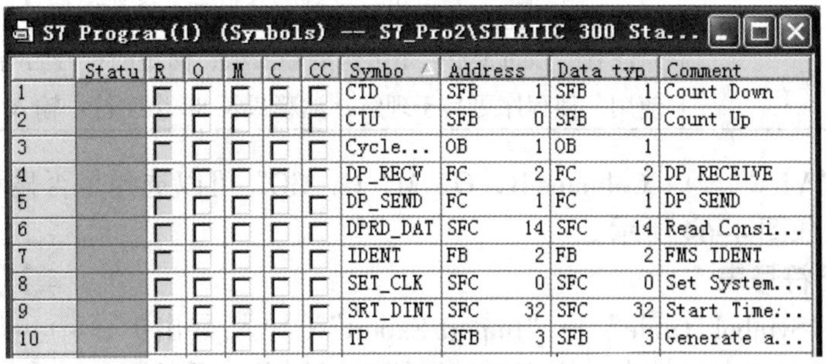

S7 Program(1) (Symbols) -- S7_Pro2\SIMATIC 300 Sta...

	Statu	R	O	M	C	CC	Symbo	Address		Data typ		Comment
1							CTD	SFB	1	SFB	1	Count Down
2							CTU	SFB	0	SFB	0	Count Up
3							Cycle...	OB	1	OB	1	
4							DP_RECV	FC	2	FC	2	DP RECEIVE
5							DP_SEND	FC	1	FC	1	DP SEND
6							DPRD_DAT	SFC	14	SFC	14	Read Consi...
7							IDENT	FB	2	FB	2	FMS IDENT
8							SET_CLK	SFC	0	SFC	0	Set System...
9							SRT_DINT	SFC	32	SFC	32	Start Time...
10							TP	SFB	3	SFB	3	Generate a...

图4-62　符号表窗口

打开某个块后，可以用菜单命令“View”→“Display with”→“Symbolic Representation”选择显示符号地址或显示绝对地址，如图 4-63 所示。符号表窗口中各列的含义及说明如表 4-12 所示。

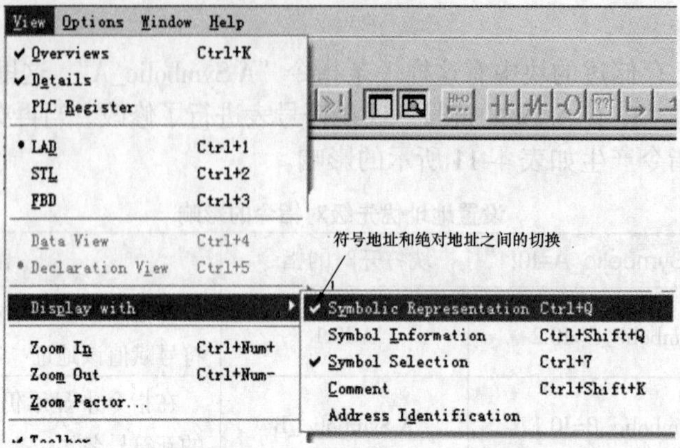

图4-63　符号地址和绝对地址之间的切换的菜单命令

表 4-12　　符号表窗口中各项含义及说明

名称		含义及说明
R/O/M/C/CC 列	R（监控）	使用任选 S7-PDIAG（V5）软件包生成过程诊断错误定义符号
	O	指该符号能够在 WinCC 下被操作和监控
	M	指该符号被赋予了与符号相关的信息（SCAN）
	C	指该符号被赋予了通信特性（只能在 NCM 中被选中）
Symbol（符号）		符号名不能长于 24 个字符，一张符号表最多可容纳 16380 个符号。数据块中的地址（DBD、DBW、DBB 和 DBX）不能在符号表中定义，它们的名字应在数据块的声明表中定义。组织块（OB）、系统功能块（SFB）和系统功能（SFC）已预先被赋予了符号名，编辑符号表时可以引用这些符号名。该引入文件存在 SIMATIC 路径下…\S7data\Symbol\symbol.sdf
Addresses（地址）		地址是一个特定存储区域和存储位置的编写，如输入 I12.1，输入时要对地址的语法进行检查，还要检查该地址是否可以赋给指定的数据类型
Data Type（数据类型）		在 SIMATIC 中可以选择多种数据类型。输入地址后，软件将自动添加数据类型（Data type），用户也可以修改它。如果所做的修改不适合该地址或存在语法错误，在退出该区域时会显示一条错误信息
Comment（注释）		注释"Comment"是可选的输入项，简短的符号名与更详细的注释混合使用，使程序更易于理解，注释最长 80 个字符。输入完后需保存符号表

用菜单命令"View"→"Columns R，O，M，C，CC"可以选择是否显示表中的"R，O，M，C，CC"列，如图 4-64 所示。

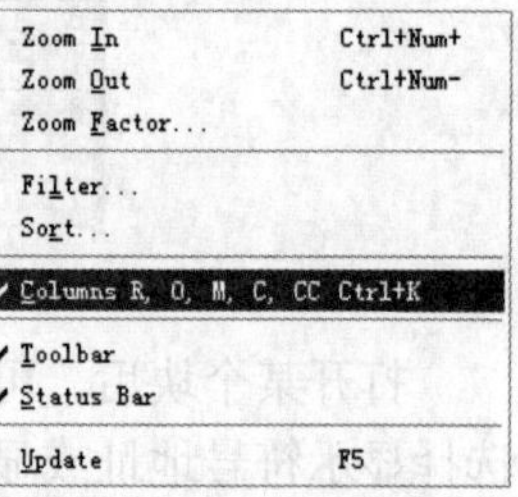

图4-64　选择"Columns R，O，M，C，CC"命令

2. 导入/导出符号表

用菜单命令"Symbol Table"→"Import/Export"（导入/导出）可将当前符号表存入文本文件中，用文本编辑器进行编辑。可以导出整个符号表或导出若干行选中的符号，也可将其他应用程序生成的符号表导入当前的符号表。

可选择的文件格式有：系统数据格式（SDF）、ASCII（ASC）、数据交换格式（PIF）以及赋值表（SEQ）。

导出规则和导入规则如表 4-13 所示。

表 4-13　　导出规则和导入规则

名称	规则及说明
导出规则	导出规则可以导出整个符号表、筛选后的部分符号表或表中的若干行。用菜单命令“Edit”→“Special Object Properties”设定的符号特性不能导出
导入规则	为经常使用的系统功能块（SFB）、系统功能（SFC）以及组织块（OB）预先定义的符号表已存在文件…\S7DATA\SYMBOL\SYMBOL.SDF 中，需要的话，可以从该文件中导入
	当进入导入/导出时，符号的特性不予考虑。符号特性可通过“Edit”→“Special Object Properties”进行设定

4.5　逻辑块的生成

4.5.1　建立逻辑软件块

1. 建立逻辑软件块

逻辑块（将在以后的章节中详细介绍）具有变量声明表部分、程序指令部分和属性部分。用 STL 编写逻辑块的步骤如图 4-65 所示。

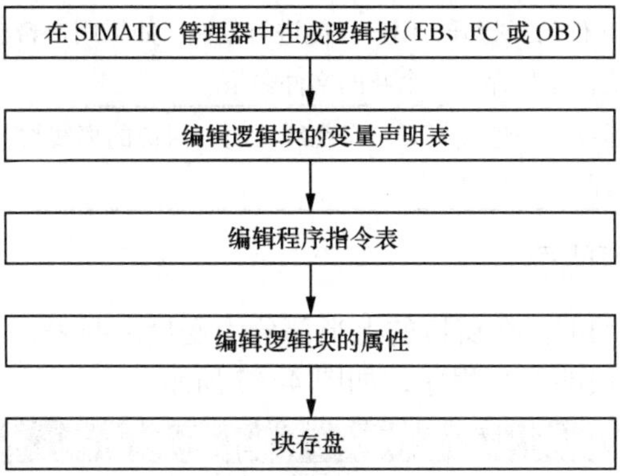

图4-65　用STL编写逻辑块的步骤

当用户编程时，必须编辑下列 3 部分，如表 4-14 所示。

表 4-14　　用户编程编辑的 3 个部分

名称	含义
变量声明表	在变量声明表中，用户可以规定参数及参数的系统特性和本地块的特定变量
程序指令部分	在程序指令部分，用户编写能被可编程序控制器执行的块指令代码。这些程序可分为一段或多段，可用诸如编程语言梯形图（LAD）、功能块图（FBD）或语句表（STL）来生成程序段
块属性	块属性中进一步的信息，如由系统输入的时间标记或路径。此外，用户可输入自己的内容，如块名、系列名、版本号和作者，并且用户可将系统属性分配给程序块

原则上说，用户编辑逻辑块各部分的顺序并不重要。

2. LAD/STL/FBD 程序编辑器的预先设置

用菜单命令“Options”→“Customize”，打开对话框，如图 4-66 所示。在不同的选项卡中，用户可为逻辑块编程进行以下设置。

① 文本和表格中的字体（类型和大小）。

② 在一个新块中是否显示符号和文字注释。

用户在编辑状态中，用“View”下拉菜单中的命令可以修改编程语言表示法、文字注释和符号的设置。在“LAD/FBD”选项卡中，用户可以改变其部分颜色，如程序段或语句行。

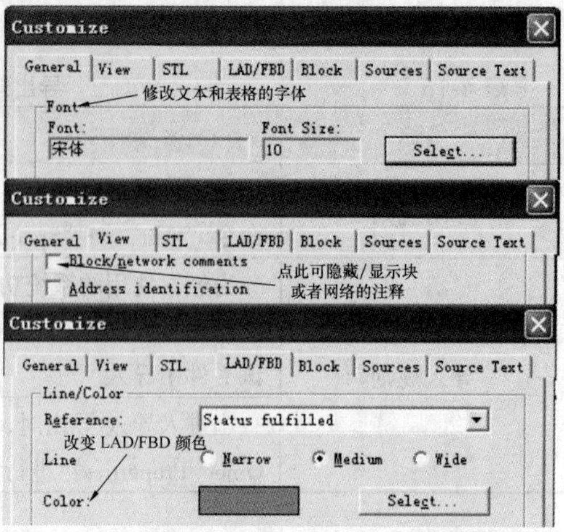

图4-66 逻辑块程序部分的参数设置对话框

3. 逻辑块和源文件的访问授权

当编辑一个项目时，通常使用一个共同的数据库，这就意味着项目组的全体成员也需要同时访问同一个块或数据源。读/写访问授权分配如表 4-15 所示。

表 4-15 读/写访问授权分配表

授权名称	说明
离线编辑	当用户试图打开一个块/源文件时，会检查该用户是否对该块有“写”访问权。如果某块/源文件已经打开，用户只能进行复制。如果用户希望存盘，系统会询问是否想要覆盖原块，还是存到一个新的文件名下
在线编辑	用户通过组态连接打开一个在线块时，对应的离线块禁止使用，以保护离线块不会被同时修改

4.5.2 编辑变量声明表

当用户打开一个逻辑块时，在窗口的上半部分为变量声明表，下半部分为程序指令部分，用户在下半部分编写逻辑块的指令程序，如图 4-67 所示。

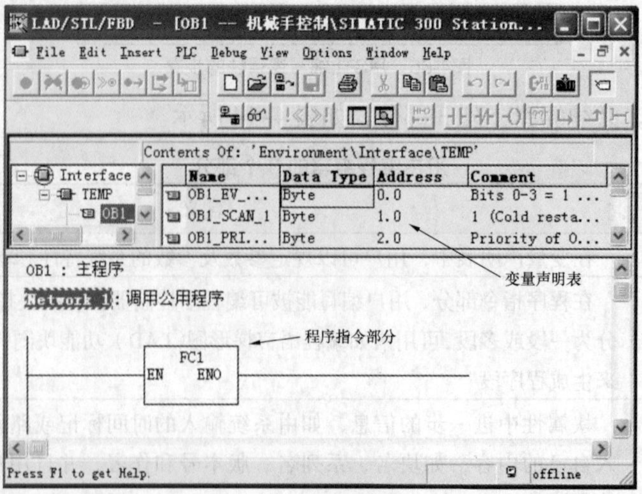

图4-67 块的结构

在变量声明表中，用户声明的变量包括块的形参和参数的系统属性。声明变量的作用如下。

① 声明变量后，在本地数据堆栈中为瞬态变量保留一个有效存储空间，对于功能块，还要为联合使用的背景数据块的静态变量保留空间。

② 当设置输入、输出和输入/输出类型参数时，用户还要在程序中声明块调用的“接口”。

③ 当用户给某功能块声明变量时，这些变量（瞬态变量除外）也在功能块联合使用的每个背景数据块中的数据结构中声明。

④ 通过设置系统特性，用户为信息和连接组态操作员接口功能分配特殊的属性，以及参数的过程控制组态。

4.5.3　编辑语句和文字注释时的注意事项

1. 程序指令部分的结构

程序指令部分的结构如图 4-68 所示。

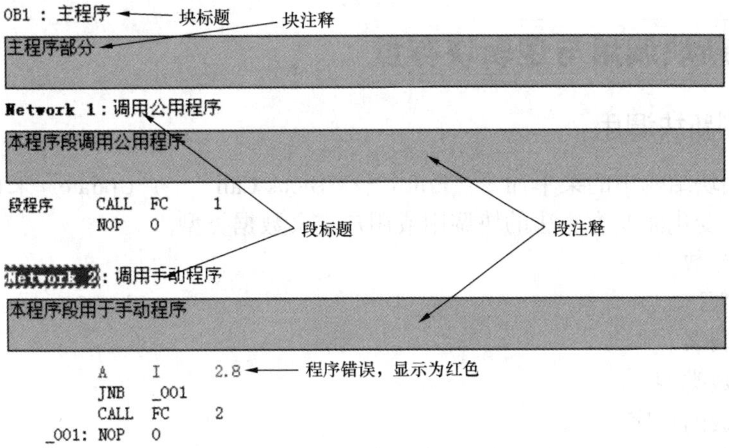

图4-68　程序指令部分的结构

在程序指令部分，用户通过在程序段中所选的编程语言输入相应的语句按顺序完成逻辑块中的程序。当语句输入进去时，编辑器立即启动语法检查，发现的错误用红色和斜体显示。

逻辑块的程序指令部分通常由若干段组成，而这些段又由一系列语句组成。

在程序指令部分，用户可以编辑块标题、块注释、段标题、段注释和各程序段中的语句行。

2. 输入语句的步骤

用户可以按任意的顺序来编辑程序指令部分的各项内容。编程时通常按照图 4-69 所示的步骤进行。

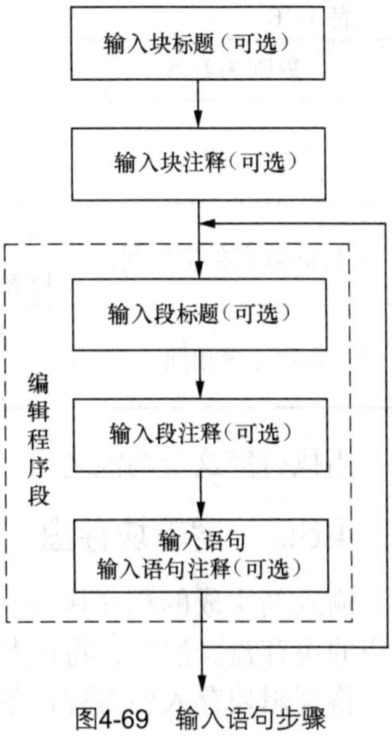

图4-69　输入语句步骤

3. 块和段的标题与注释

在梯形图、功能块图和语句表程序中可使用块标题、块注释、段标题、段注释、变量声明表中的注释栏以及符号注释等文字注释。

用户可以用菜单命令“View”→“Display with Symbol Information”来显示这些注释。在逻辑块的程序部分，用户可以输入块标题、段标题、块注释或段注释。

① 块标题或段标题。要想输入块标题或段标题，需把光标放在图 4-70 所示的 3 个问号的位置，输入块名称或段名称（如 Network2：？？？)。当输入标题时打开一个文字输入框，最长可输入 64 个字符。

② 块注释和段注释。用户可以用菜单命令“View”→“Display with”→“Comments”，显示或不显示灰色的注释域。双击注释域打开文字输入框，可输入注释要点，如图 4-71 所示。

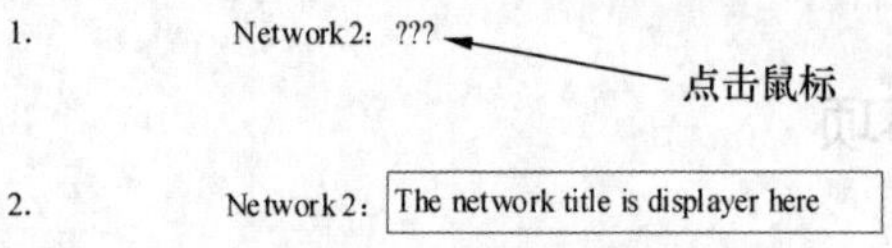

图4-70　标题举例

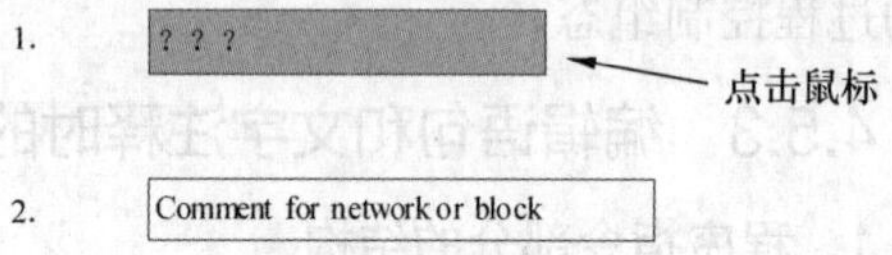

图4-71　注释举例

4.6　刷新块调用与逻辑块存盘

4.6.1　刷新块调用

用户可以用块结构中的菜单命令“Edit”→“Block Call”→“Update”来自动刷新那些由于下列接口发生变化而变为非法的块调用或用户定义数据类型。

① 插入新参数。
② 删改参数。
③ 修改参数名。
④ 修改参数类型。
⑤ 修改参数的顺序。

当用户进行形式参数和实际参数的赋值时，必须遵循表 4-16 所示的规则。

表 4-16　形式参数和实际参数的赋值遵循的规则

规则内容	说明
参数名相同	如果形参名保持不变，实参自动赋值。特例：在梯形图和功能块图中，预先连接的二进制输入参数只有在数据类型（BOOL）相同时才自动赋值
参数的数据类型相同	当同名参数已经赋值完成之后，迄今还未赋值的实参将赋值给那些与“旧”形参数据类型相同的形参
参数位置相同	当用户按规则 1 和 2 执行完之后，还没有赋值的那些实参，现在按照它们在“旧”接口的参数位置，赋给形参

当执行完这个功能之后，请检查在变量声明表和程序指令部分做出的修改。

4.6.2　逻辑块存盘

输入新生成的程序块或在编程器数据库中修改了程序指令或变量声明之后，用户必须将相应的块存盘。然后，将该数据写到编程器的硬盘中。

将逻辑块存入到编程器的硬盘中的步骤如下。

① 激活要存盘的块的工作窗口。

② 选择下列菜单命令之一。

a. “File” → “Save”，将块存在同一名下。

b. “File” → “Save As”，将块存在不同的 S7 用户程序下或不同的块名下。在出现的对话框中输入新的路径或新的块名。

在以上两种情况中，只有当逻辑块中没有语法错误时才能存盘。当生成逻辑块时，出现语法错误，会立即识别并用红颜色显示出来。这些错误必须在存盘之前修改。

注意以下 3 点。

① 用户也可以在 SIMATIC 管理器中（比如用拖放功能）将逻辑块或源文件存到其他项目或程序库中。

② 用户在 SIMATIC 管理器中，只能将块或整个用户程序存到存储卡中。

③ 如果某些较大的逻辑块在存盘或编译时出现问题，用户应重新组织项目。

4.7 程序的下载和调试

为了测试已完成的 PLC 设计项目，必须将程序和模块信息下载到 PLC 的 CPU 模块。要实现编程设备与 PLC 之间的数据传送，首先应正确安装 PLC 硬件模块，然后用编程电缆（如 USB-MPI 电缆、PROFIBUS 总线电缆）将 PLC 与 PG/PC 连接起来，并打开 PS307 电源开关。

4.7.1 下载程序及模块信息

下载程序及模块信息是进行程序调试的基础和前提。没有这一步骤，程序的调试也无从谈起。下载程序及模块信息的具体步骤如下。

① 启动 SIMATIC Manager，并打开已经建立好的 My_prj2 项目，如图 4-72 所示。

② 单击仿真工具按钮，启动 S7-PLCSIM 仿真程序，如图 4-73 所示。

③ 在“S7-PLCSIM 仿真程序”对话框中，将 CPU 工作模式开关切换到 STOP 模式，如图 4-73 所示。

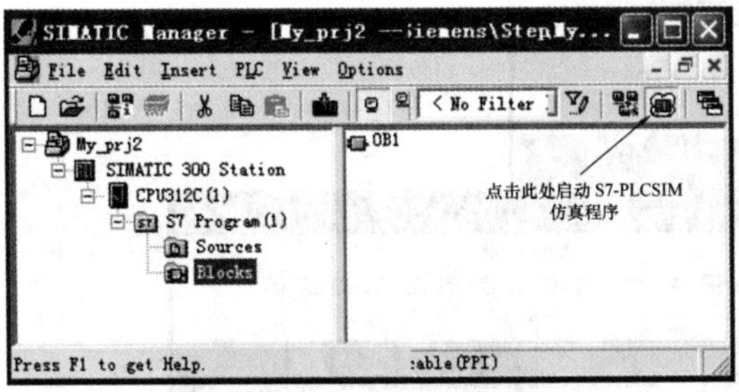

图4-72　打开My_prj2项目对话框

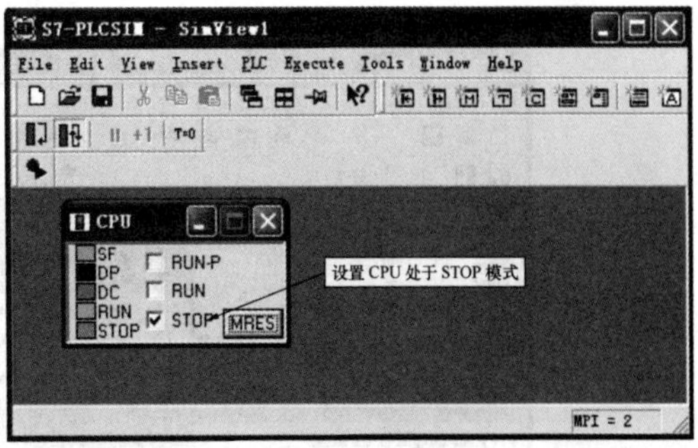

图4-73　“S7-PLCSIM仿真程序”对话框

④ 在项目窗口内选中要下载的工作站，如图 4-74 所示。

⑤ 执行菜单命令“PLC” → “Download”，如图 4-75 所示，或单击鼠标右键执行快捷菜单命令“PLC” → “Download”，如图 4-76 所示，将整个 S7-300 站下载到 PLC。

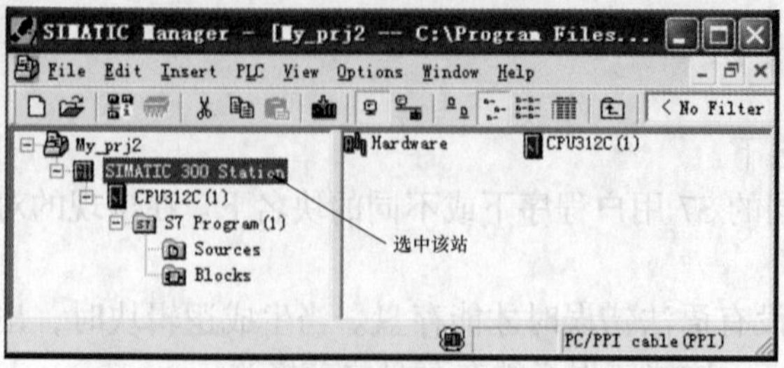

图4-74 在项目窗口中选中站

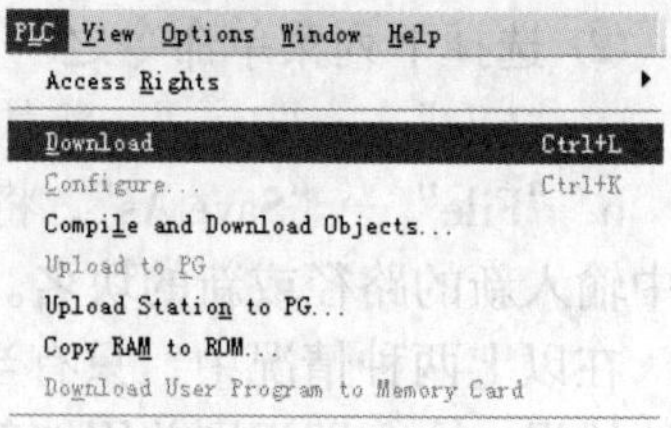

图4-75 菜单命令

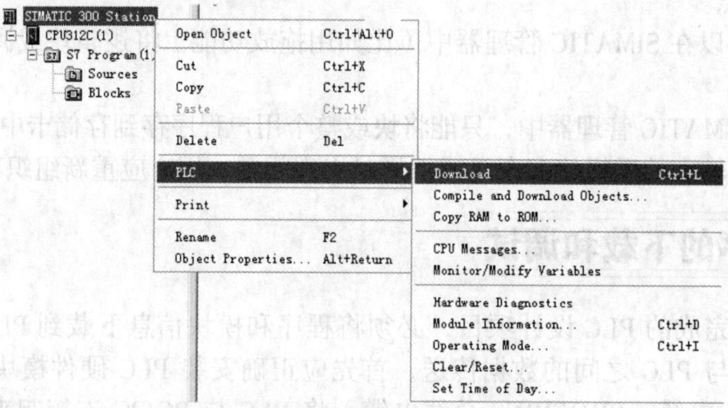

图4-76 右键命令

4.7.2 用 S7-PLCSIM 调试程序

用 S7-PLCSIM 调试程序，共有以下 4 个步骤。

① 插入仿真变量，在 S7-PLCSIM 对话框中，用菜单命令“Insert”→“Input Variable”和菜单命令“Insert”→“Output Variable”，如图 4-77 所示，来插入仿真变量。插入好的仿真变量如图 4-78 所示。

② 激活监视状态。打开 My_prj2 中的主程序 OB1，单击监视图标 ，使主程序进入监视状态，如图 4-79 所示。

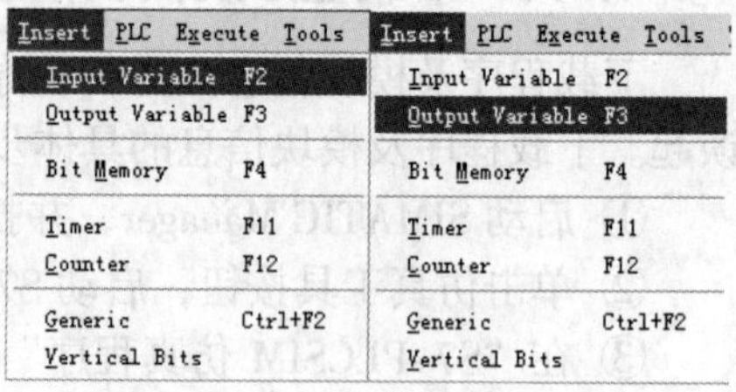

图4-77 插入仿真变量菜单命令

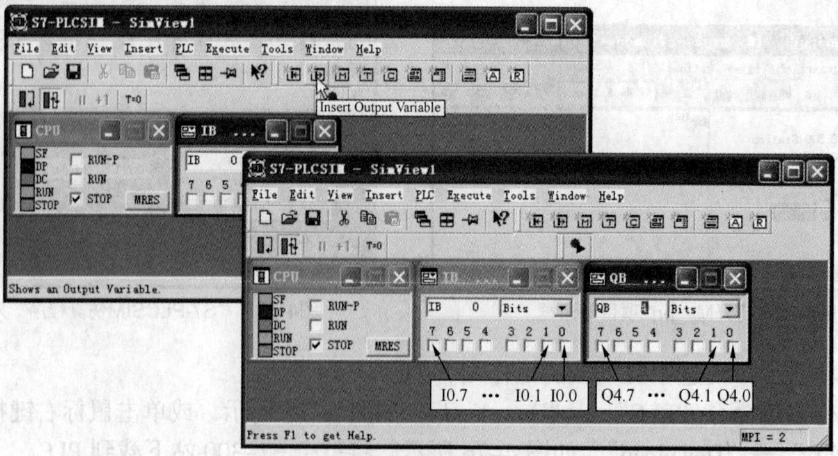

图4-78 插入仿真变量

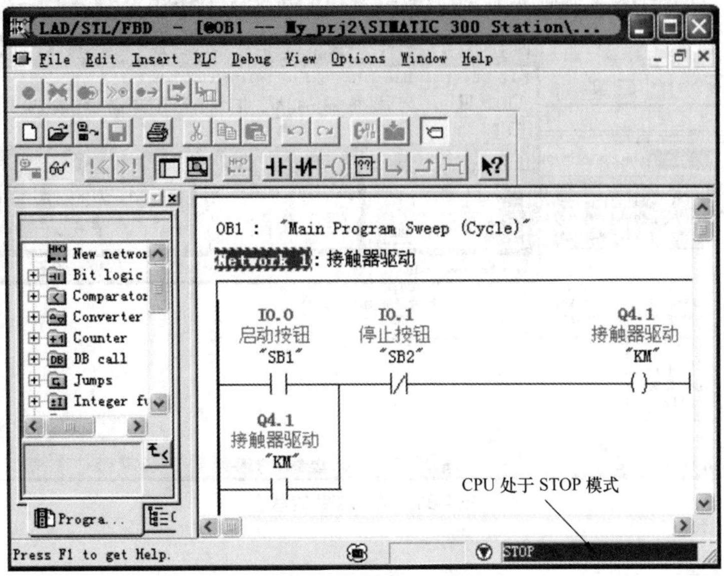

图4-79　激活监视状态

③ 运行程序。在 S7-PLCSIM 仿真程序对话框中，设置 CPU 为 RUN 模式，这时程序就开始运行了，运行中的仿真程序如图 4-80 所示。

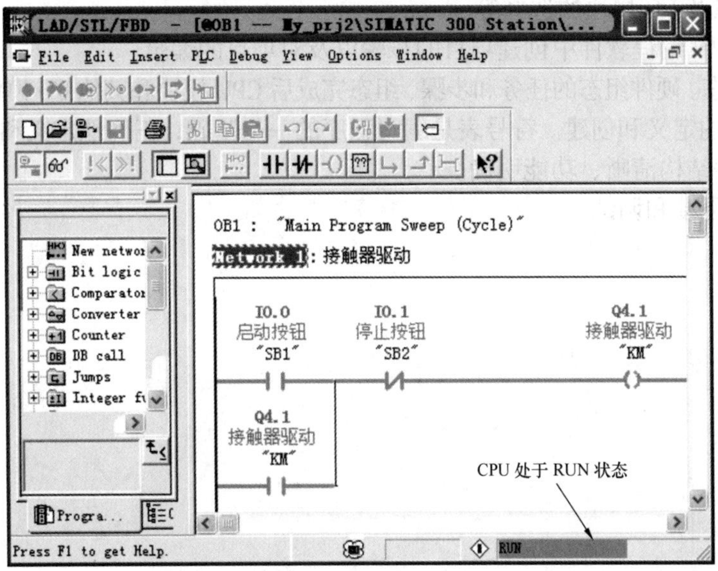

图4-80　运行仿真程序

④ 在运行仿真程序时，还可以通过设置仿真变量来监视程序中各个按钮以及“能流”的状态，如图 4-81 所示。

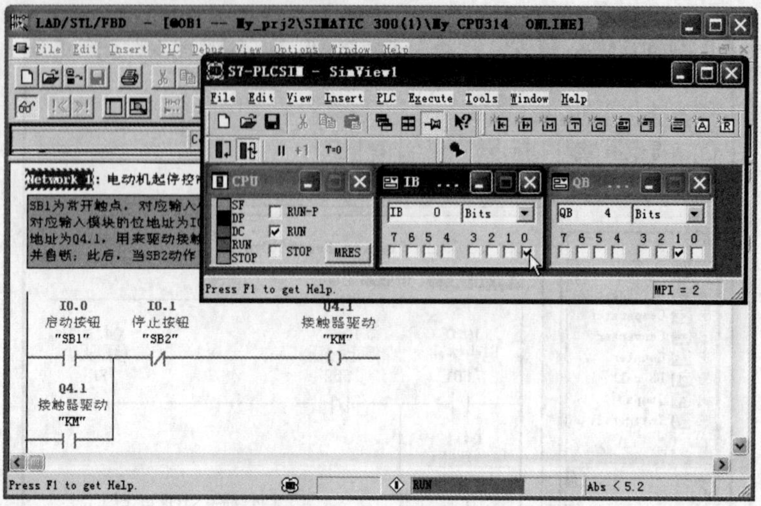

图4-81　监视按钮的状态

4.8　本章小结

本章介绍了 STEP 7 编程软件的使用方法及应用系统设计，通过本章的学习，读者应重点掌握以下 5 个方面的内容。

① S7-300/400 系列 PLC 应用系统设计的一般方法和步骤，包括如何选择 PLC 的机型、PLC 容量估算以及 I/O 模块的选择等。

② 在 STEP 7 编程软件中创建项目的步骤以及对项目的编辑。

③ 硬件组态。硬件组态的任务和步骤、组态完成后 CPU 模块和其他 I/O 模块参数的设置等。

④ 符号表的定义和创建。符号表是编写程序的一个基础，正确地定义和使用符号表，可以使编写的程序结构清晰、功能明确。

⑤ 程序的下载和调试。

第5章 S7-300/400系列PLC的用户程序结构

PLC中运行的程序有两种，分别为操作系统和用户程序。操作系统用来控制PLC的系统功能，如PLC的重启、更新输入/输出过程映像表、调用用户程序、采集和处理中断、识别错误并进行错误处理、管理存储区、处理通信等；用户程序则由用户在STEP 7中创建，并下载到CPU中，它包含处理特定自动化任务所需要的所有功能，如确定CPU重启或热启动的条件、处理过程数据、响应中断和处理程序正常运行中的干扰等。

本章着重介绍用户程序的基本结构、功能块与功能的生成和调用、数据块、组织块与中断处理等内容。

5.1 用户程序的基本结构

用户程序的基本结构是组成用户程序的基础，是编写用户程序时要用到的基本结构。因此，对于用户程序基本结构的学习是非常有必要的。本小节主要介绍用户程序中的块、用户程序使用的堆栈以及用户程序的编程方法等内容。

5.1.1 用户程序中的块

STEP 7软件允许用户将编写的程序和程序所需的数据放置在块中，使单个的程序部件标准化。通过在块内或块之间类似子程序的调用，使用户程序结构化，可以监护程序组织，使程序易于修改、查错和调试。这种结构显著地提高了PLC程序的组织透明性、可理解性和易维护性。各种块的简要说明如表5-1所示，OB、FB、FC、SFB和SFC都包含部分程序，统称为逻辑块，它们的结构及相互关系如图5-1所示。

表5-1 用户程序中的块

块	简要描述
组织块（OB）	操作系统与用户程序的接口，决定用户程序的结构
系统功能块（SFB）	集成在CPU模块中，通过SFB调用一些重要的系统功能，有存储区
系统功能（SFC）	集成在CPU模块中，通过SFC调用一些重要的系统功能，无存储区
功能块（FB）	用户编写的常用功能子程序，有存储区
功能（FC）	用户编写的常用功能子程序，无存储区
背景数据块（DI）	调用FB和SFB时用于传递参数的数据块，在编译过程中自动生成数据
共享数据块（DB）	存储数据的区域，供所有的块共享

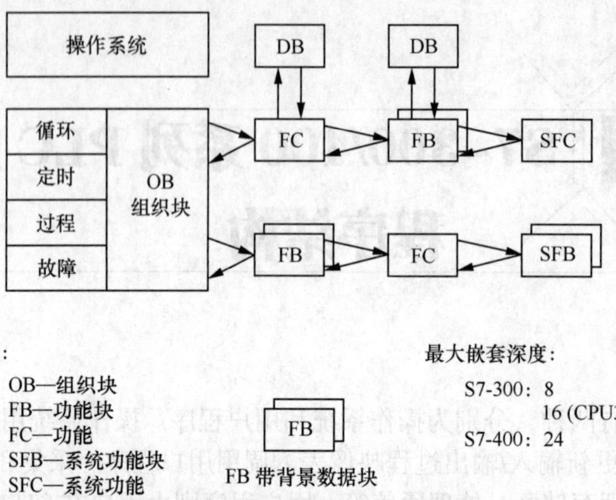

图5-1　用户程序中的块结构

5.1.2　用户程序使用的堆栈

如图 5-2 所示，堆栈是 CPU 中一块特殊的存储区，它采用“先入后出”的规则存入和取出数据。堆栈这种“先入后出”的存取规则刚好满足块调用（包括中断处理时的调用）的要求，因此堆栈在计算机程序设计中得到了广泛的应用。下面介绍 STEP 7 中 3 种不同的堆栈。

1. 局域数据堆栈（L 堆栈）

局域数据堆栈用来存储块中局域数据的临时变量、组织块的启动信息、块传递函数的信息和梯形图程序的中间结果。局域数据可以按位、字节、字和双字来存取，如 L0.0、LB9、LW4 和 LD52。

各逻辑块均有自己的局域变量表，局域变量仅在它被创建的逻辑块中有效。对组织块编程时，可以声明临时变量（TEMP）。临时变量仅在块被执行的时候使用，组织块执行完后将被别的数据覆盖。

2. 块堆栈（B 堆栈）

如果一个块在处理过程中因为调用另外一个块，或被更高优先级的块中断，或者被对错误的服务中断，CPU 将在块堆栈中存储以下信息。

① 被中断块的类型（OB、FB、FC、SFB、SFC）、编号和返回地址。

② 从 DB 和 DI 寄存器中获得块被中断时打开共享数据块和背景数据块的编号。

③ 局域数据堆栈的指针。

CPU 处于 STOP 模式时，可以在 STEP 7 中显示 B 堆栈保存的在进入 STOP 模式时没有处理完的所有块。在 B 堆栈中，块按照它们被处理的顺序排列，如图 5-3 所示。

每个中断优先级对应的块堆栈中可以储存数据的字节数与 CPU 的型号有关。

3. 中断堆栈（I 堆栈）

如果程序被优先级更高的 OB 中断，操作系统将保存下述寄存器内容：当前累加器和地址寄存器的内容、数据块寄存器 DB 和 DI 的内容、局域数据的指针、状态字、MCR（主控继电器）寄存器和 B 堆栈的指针。新 OB 执行完后，操作系统从中断堆栈中读取信息，从程序被中断的地方开始继续执行。中断堆栈的过程示意图如图 5-4 所示。

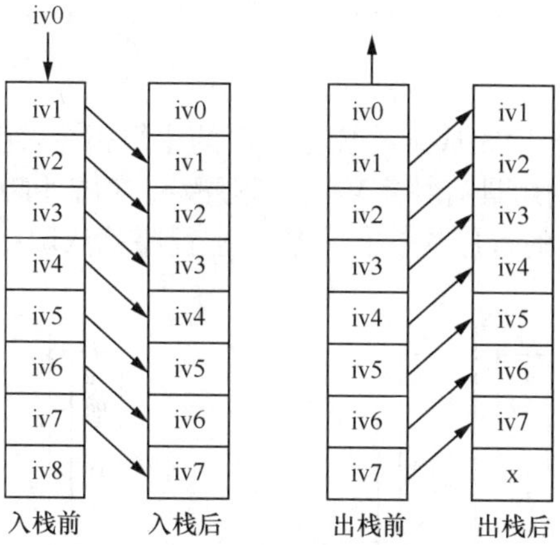

图5-2　堆栈操作

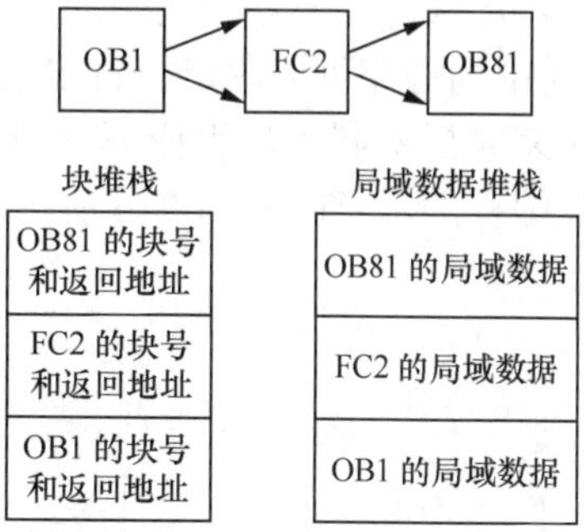

图5-3　块堆栈与局域数据堆栈

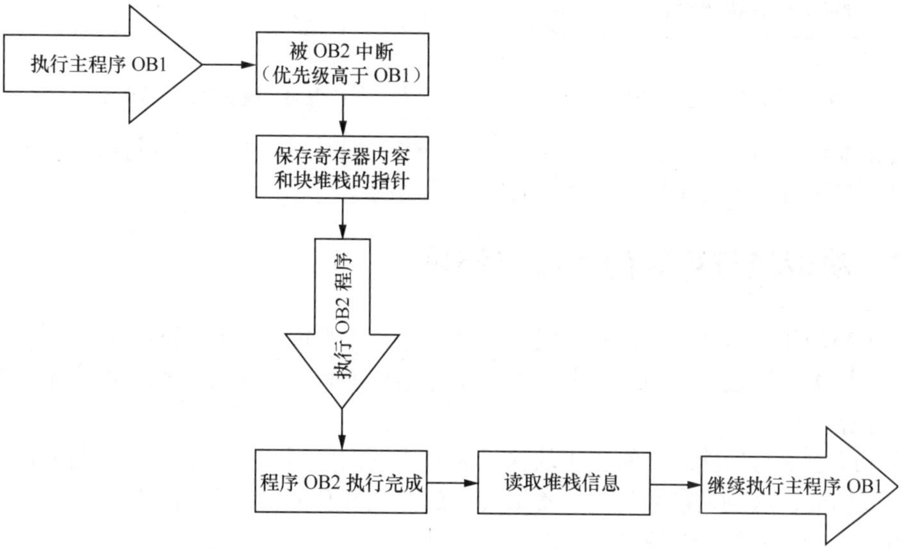

图5-4　中断堆栈的过程示意图

CPU 在 STOP 模式时，可以在 STEP 7 中显示 I 堆栈中保存的数据，用户可以由此找出使 CPU 进入 STOP 模式的原因。

5.1.3　STEP 7 的编程方法

STEP 7 有两种设计程序的方法，即线性化编程和模块化（结构化）编程。

1. 线性化编程

线性化编程类似于硬件继电器控制电路，整个用户程序放在循环控制组织块 OB1（主程序）中，循环扫描时不断地依次执行 OB1 中的全部指令，其示意图如图 5-5 所示。线性化这种方式的程序结构简单，不涉及功能块、功能、数据块、局域变量、终端等比较复杂的概念，容易学习。建议仅在 S7-300 编写简单的程序时使用线性化编程。

线性化编程的缺点是：每个扫描周期都要执行所有指令，因此线性化编程无法有效地利用 CPU。这是由于所有的指令都在一个块中，即使程序中的某些部分在大多数时候并不需要执行，每个扫描周期都要执行所有的指令，因此没有有效地利用 CPU。此外，如果要求多次执行相同或类似的操作，需要重复编写程序。

2. 模块化编程

模块化程序被分为不同的逻辑块，每个块包含完成某些任务所需的逻辑指令。组织块 OB1（即主程序）中的指令可以决定在特定情况下调用具有特定功能的程序块。功能和功能块（即子程序）用来完成不同的过程任务。当被调用的程序块执行完后，主程序就从调用点继续执行，模块化编程的示意图如图 5-6 所示。

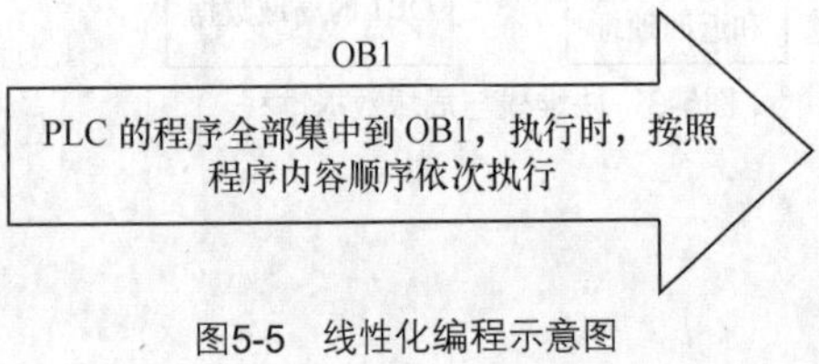

图5-5　线性化编程示意图

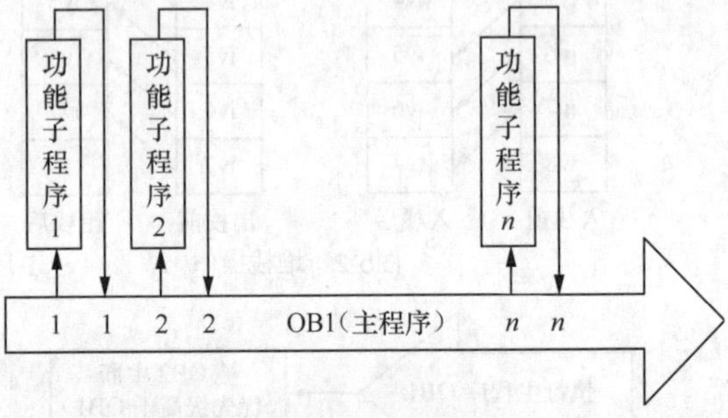

图5-6　模块化编程示意图

模块化编程的程序被划分为若干个块，易于多人同时对一个项目进行编程。该方法只是在需要时才调用有关的程序块，提高了 CPU 的利用率。

5.2　功能块与功能的生成与调用

功能块和功能由两个主要部分组成：一部分是每个功能块或功能的变量声明表，变量声明表声明此块的局域数据；另一部分是逻辑指令组成的程序，程序要用到的变量声明表中给出的局域数据。

当调用功能块与功能时，需提供块执行时要用到的数据或变量，也就是将外部数据传递给功能块或功能，这就是参数传递。参数传递的方式使功能块具有通用性，它可能被其他功能块调用，完成多个类似的控制任务。

5.2.1　局域变量的类型

功能块的局域变量可分为 5 种，如表 5-2 所示。

表 5-2　功能块的局域变量说明

内容	说明
IN（输入变量）	由调用块提供的输入参数
OUT（输出变量）	返回给调用块的输出参数
IN_OUT（输入_输出变量）	初值由调用块提供，被子程序修改后返回给调用块
TEMP（临时变量）	暂时保存在局域数据区的变量。只是在执行块时使用临时变量，执行完后，不再保存临时变量的数值。在 OB1 中，局域变量表只包含 TEMP 变量
STAT（静态变量）	在功能块的背景数据块中使用。关闭功能块后，其静态数据保持不变。功能（FC）没有静态变量

在变量声明表中赋值时，不需要指定存储器地址。根据各变量的数据类型，程序编辑器

自动地为所有局域变量指定存储器地址。全局变量与局部变量的使用情况如表 5-3 所示。

表 5-3　全局变量与局域变量

全局变量（在整个程序中使用）	局域变量（只能在一个块中使用）	
PII/PIQ、I/Q、M/T/C、DB 区	临时变量：临时存储于局域数据堆栈中，可以用于功能块（FB）、功能（FC）、组织块（OB）中，对应块执行完后被删除	静态变量：只能在功能块（FB）中使用，对应块执行完后永久保留在背景数据块中

在变量声明表中选择 ARRAY（数组）时，用鼠标单击相应行的地址单元。如果想选中一个结构（Structure），用鼠标选中结构的第一行或最后一行的地址单元，即有关键字 STRUCT 或 END_STRUCT 的那一行。若要选择结构中的某一参数，用鼠标单击该行的地址单元。选择方法如图 5-7 所示。

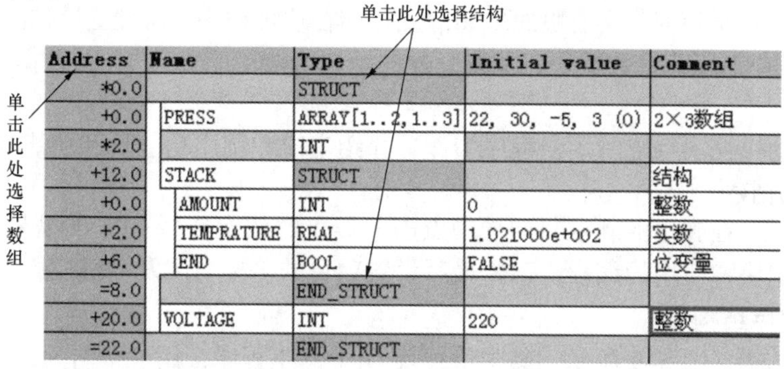

图5-7　在变量声明表中选择数组和结构的方法

5.2.2　功能块与功能的调用

CPU 提供块堆栈来存储、处理被中断块的有关信息。当发生块调用或有来自更高优先级的中断时，就有相关的信息存储在块堆栈里，并影响部分内存和存储器。调用块对 CPU 内存的影响如图 5-8 所示。

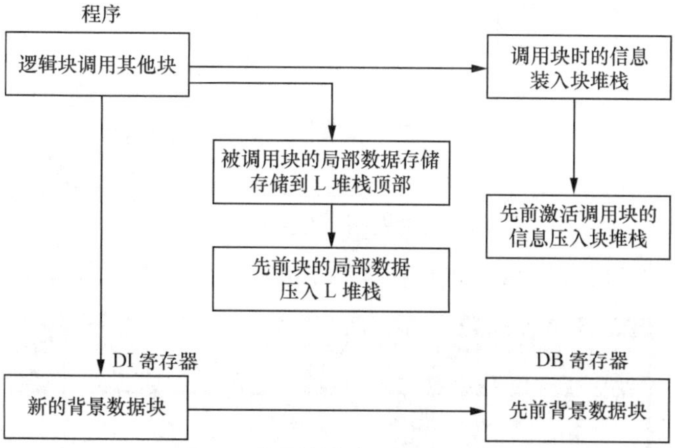

图5-8　调用块对CPU内存的影响

（1）调用功能块（FB）

当调用功能块 FB 时，将会发生下列 6 种事件。

① 调用块的地址和返回位置存储在块堆栈中，调用块的临时变量压入局域数据堆栈。
② 数据块 DB 寄存器内容与背景数据块寄存器内容交换。
③ 新的数据块地址装入背景数据块寄存器。
④ 被调用块的实参装入共享数据块和局域数据堆栈上部。
⑤ 当功能块 FB 结束时，先前块的现场信息从块堆栈弹出，临时变量弹出局域数据堆栈。
⑥ 共享数据块和背景数据块寄存器内容交换。

（2）调用功能（FC）

当调用功能 FC 时将有下列 4 种事件发生。
① 功能 FC 实参的指针被存储到调用块的局域数据堆栈中。
② 调用块的地址和返回位置存储在块堆栈中，调用块的临时变量压入局域数据堆栈。
③ 功能 FC 存储临时变量的局域数据堆栈区被推到堆栈上部。
④ 当功能 FC 结束时，先前块的现场信息存储在块堆栈中，临时变量弹出局域数据堆栈。

因为功能 FC 不用背景数据块，不能分配初始数值给功能 FC 的局域数据，所以必须给功能提供实参。

下面以发动机控制系统的用户程序为例，介绍生成和调用功能块和功能的方法。

1. 项目的创建

点击图标，在弹出的新项目向导中点击【Next】，依次选择 CPU 的型号和 MPI 站地址、需要编程的组织块和使用的编程语言，最后设置项目的名称为“发动机控制”。

2. 用户程序结构

用户程序结构如图 5-9 所示，其中组织块 OB1 是主程序，用一个名为“发动机控制”的功能块 FB1 来分别控制汽油机和柴油机，控制参数在背景数据块 DB1 和 DB2 中。控制汽油机时调用 FB1 和“汽油机数据”背景数据块 DB1，控制柴油机时调用 FB1 和“柴油机数据”背景数据块 DB2。此外控制汽油机和柴油机时还用不同的实参分别调用“风扇控制”功能 FC1。

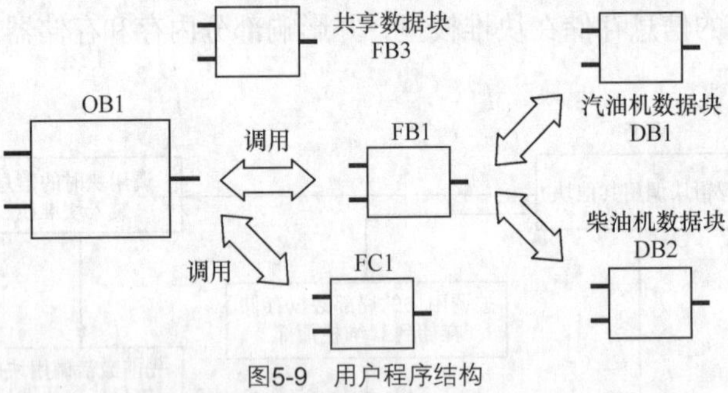

图5-9 用户程序结构

根据用户程序的结构设计 SIMATIC 管理器中的块，如图 5-10 所示。

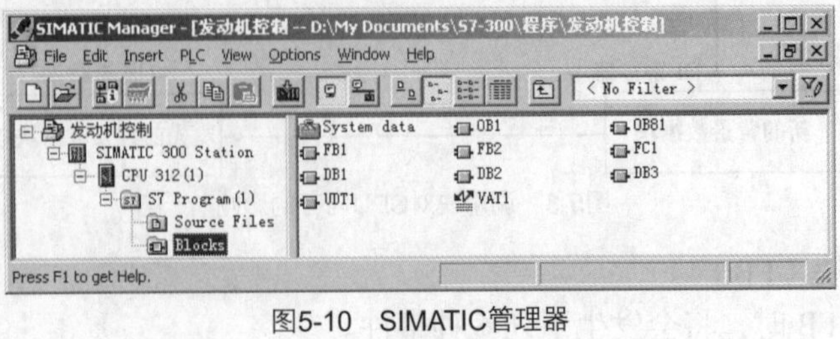

图5-10 SIMATIC管理器

3. 符号表与变量声明表

（1）符号表

为了使程序易于理解，可以给变量指定符号。在发动机控制 SIMATIC 管理器的“S7 Program（1）”树状目录下，双击“Symbols”图标，如图 5-11 所示，打开一个空的符号表，然后在里面输入需要的符号、地址、数据类型以及注释，完成对符号表的创建。创建好的发动机控制项目符号表如图 5-12 所示，符号表中定义的变量是全局变量，可供所有的逻辑块使用。

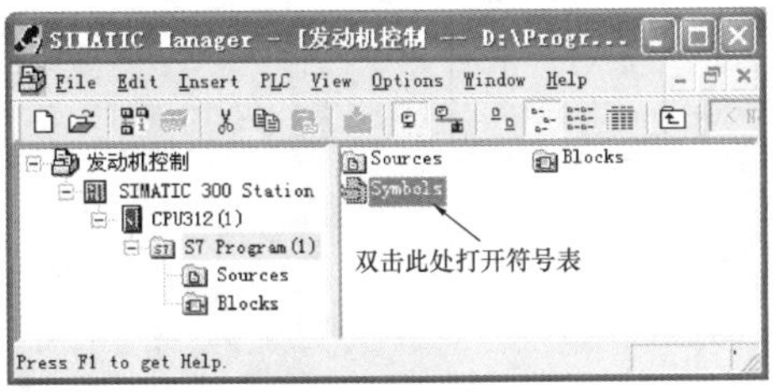

图5-11　打开符号表

S7 Program(1) (Symbols) -- 发动机控制\SIMATIC 300 Sta...

	Statu	Symbol	Address		Data type		Comment
1		汽油机数据	DB	1	FB	1	背景数据块
2		柴油机数据	DB	2	FB	1	背景数据块
3		共享数据	DB	3	FB	3	共享数据块
4		发动机控制	FB	1	FB	1	功能块
5		风扇控制	FC	1	FC	1	功能
6		自动	I	0.5	BOOL		自动按钮
7		手动	I	0.6	BOOL		手动按钮
8		启动汽油机	I	1.0	BOOL		控制按钮
9		关闭汽油机	I	1.1	BOOL		控制按钮
10		汽油机故障	I	1.2	BOOL		故障输入
11		启动柴油机	I	1.4	BOOL		控制按钮
12		关闭柴油机	I	1.5	BOOL		控制按钮
13		柴油机故障	I	1.6	BOOL		故障输入
14		汽油机转速	MW	2	INT		实际转速
15		柴油机转速	MW	4	INT		实际转速
16		主程序	OB	1	OB	1	用户主程序
17		自动模式	Q	4.2	BOOL		指示灯
18		汽油机运行	Q	5.0	BOOL		控制汽油机运行的输出
19		汽油机到达设置转速	Q	5.1	BOOL		指示灯
20		汽油机风扇运行	Q	5.2	BOOL		控制汽油机风扇的输出
21		柴油机运行	Q	5.4	BOOL		控制柴油机运行的输出
22		柴油机到达设置转速	Q	5.5	BOOL		指示灯
23		柴油机风扇运行	Q	5.6	BOOL		控制柴油机风扇的输出
24		汽油机风扇延时	T	1	TIMER		断电延时定时器
25		柴油机风扇延时	T	2	TIMER		断电延时定时器

图5-12　发动机控制项目符号表

（2）变量声明表

梯形图编辑器的右上半部分是变量声明表，右下半部是程序指令部分，左边是指令列表。用户在变量声明表中声明本块中的专用变量，即局域变量，包括块的形参和参数的属性，局域变量只是在它所在的块中有效。声明后在局域数据堆栈中为临时变量保存有效的存储空间。对于功能块，还要为配合使用背景数据块的静态变量（STAT）保留空间。

在图 5-13 中，变量声明表的左边给出了该表的总体结构，单击某一变量类型（如“OUT”），在表的右边将显示出该类型局域变量的详细情况。

将图 5-13 中变量声明表与程序指令部分之间水平分隔条拉至程序编辑器窗口的顶部，不再显示变量声明表，但仍然存在，将分隔条下拉将再次显示变量声明表。

（3）FB1 中的局域变量

发动机控制中 FB1 的局域变量如表 5-4 所示。表中 Bool 变量（数字量）的初值（Initial Value）FALSE 即二进制数 0。预置转速是固定值，在变量声明表中作为静态参数（STAT）来存储，称为“静态局域变量”。

表 5-4　　FB1 的变量声明表

变量名	类型	地址	声明	初值	说明
Switch_On	Bool	0.0	IN	FALSE	启动按钮
Switch_Off	Bool	0.1	IN	FALSE	停车按钮
Failure	Bool	0.2	IN	FALSE	故障信号

续表

变量名	类型	地址	声明	初值	说明
Actual_Speed	Int	2.0	IN	0	实际转速
Engine_On	Bool	4.0	OUT	FALSE	控制发动机的输出信号
Preset_Speed_Reached	Bool	4.1	OUT	FALSE	达到预置转速
Preset_Speed	Int	6.0	STAT	1 500	预置转速

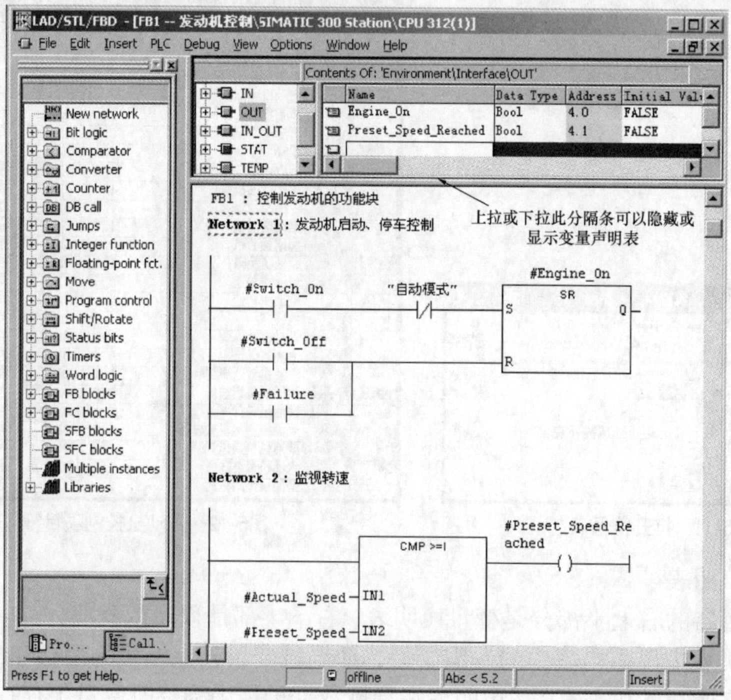

图5-13　梯形图编辑器

4. 程序库

程序库用来存放能够多次使用的程序部件，可以从已有的项目中将它们复制到程序库，也可以在程序库中直接生成程序部件。

① 新建程序库。在管理器中用菜单命令“File”→“New”打开“New Project”对话框，在“Libraries”选项卡可以生成新的程序库，如图 5-14 所示。

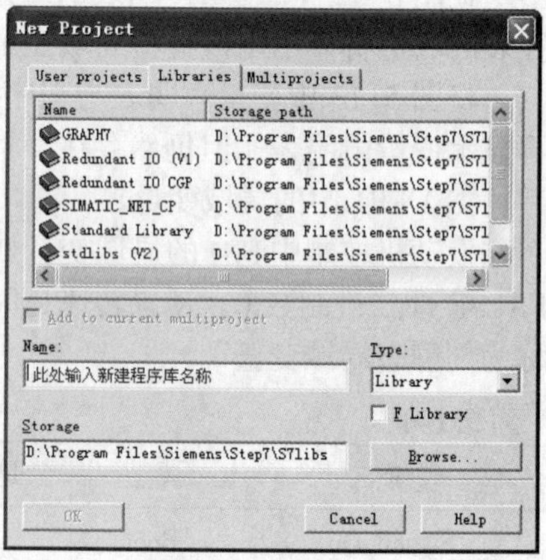

图5-14　新建程序库

② 设置新建程序库的存放目录。菜单命令“Option”→“Customize”打开“Customize”窗口，用“General”选项卡中的“Storage location for libraries”可以设置新库存放在计算机的目录，如图 5-15 所示。

③ 显示和关闭程序库。用程序编辑器中的菜单命令“View”→“Overviews”可以显示或关闭图 5-13 右边的指令目录和程序库（Libraries），如图 5-16 所示。

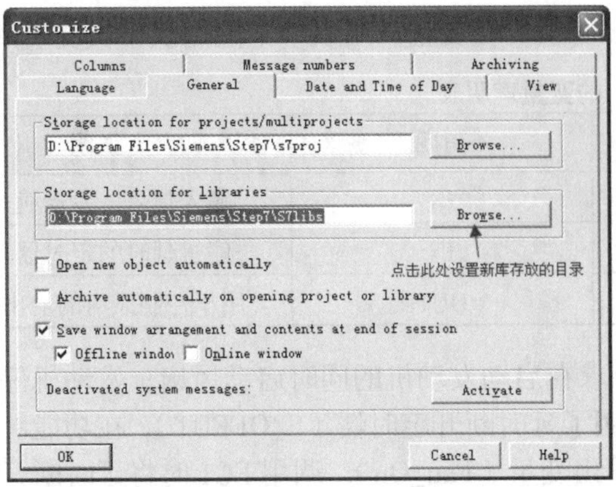

图5-15　设置新库的存放目录

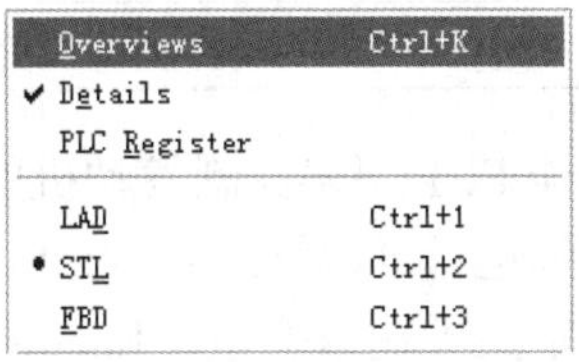

图5-16　显示和关闭程序库

STEP 7 标准软件包提供下列的标准程序库，其内容和说明如表 5-5 所示。

表 5-5　STEP 7 标准软件包的标准程序库

名称	内容
SFB	系统功能块
SFC	系统功能
OB	标准组织块
S5–S7 转换块和 RI–S7 转换块	用于转换 STEP 5 程序或 RI 程序
IEC 功能块	处理时间和日期信息、比较操作、字符串处理与选择最大值和最小值等
PID 控制块与通信块	用于 PID 控制和通信处理器（CP）
Miscellaneous Blocks	其他功能块，如用于时间标记和时钟同步等的块

用户安装可选软件包后，还会增加其他的程序库，如安装 S7 Graph 后会自动增加 S7 Graph 库。

5. 功能块与功能

（1）功能块 FB1 的程序

图 5–13 的下半部分是 FB1 的梯形图程序，SR 指令块用来控制发动机的运行，输入变量 Switch_on 和 Switch_off 分别是启动命令和停车命令。Failure（故障）信号在无故障时为 0，有故障时为 1。功能块的输出信号 Engine_On 为 1 时发动机运行，为 0 时发动机停车。

FB1 用比较指令来监视转速，检查实际转速是否大于等于预置转速。如果满足条件，输出信号#Preset_Speed_Reached（达到预置转速）被置为 1。

（2）功能的生成与编辑

如果控制功能不需要保存数据，可以用功能 FC 来编程。与功能块 FB 相比较，FC 不需要配套背景数据块。在功能变量声明表中可以使用的参数类型有 IN、OUT、IN_OUT、TEMP 和 RETURN，功能不能使用静态（STAT）局域数据。在管理器中打开 Block 文件夹，用鼠标右键单击右边的窗口，在弹出的菜单中选择“Insert New Object”→“Function”（插入一个功能），如图 5–17 所示。

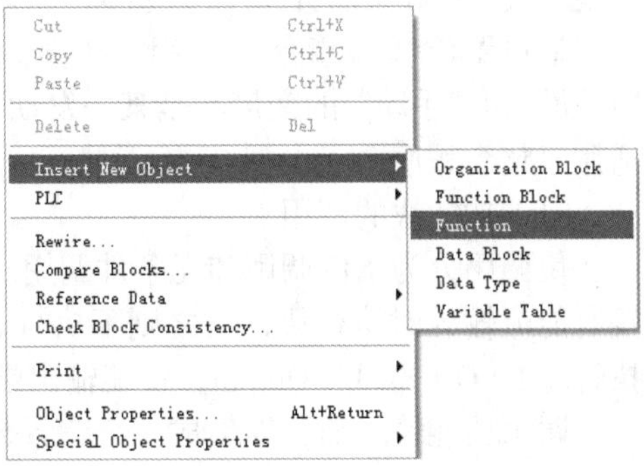

图5-17　插入一个功能

功能 1（FC1）中使用的变量如表 5-6 所示。在变量声明表中不能用汉字做变量的名称。

表 5-6　FC1 的变量声明表

变量名	类型	声明	说明
Engine_On	Bool	IN	输入信号，发动机运行
Timer_Function	Timer	IN	停机延时的定时器功能
Fan_On	Bool	OUT	用于控制风扇的输出信号

功能 FC1 用来控制发动机的风扇，要求在启动发动机的同时启动风扇，发动机停车后，风扇继续运行 4s 后断电。在 FC1 中，使用了延时断开定时器（S_OFFDT）。在功能的变量声明表中定义了输入变量（Engine_On）和输出变量（Fan_On），调用 FC1 时将延时断开定时器作为功能的输入变量，数据类型为 Timer，FC1 用于不同的发动机时可以指定不同的定时器。其对应的梯形图程序如图 5-18 所示。

图 5-18 中梯形图的语句表程序如下所示。

```
A       #Engine_On                      //输入信号，发动运行标志
L       S5T#4S
SF      #Timer_Function
A       #Timer_Function                 //停机延时时定时器功能
=       #Fan_On                         //输出信号，风扇运行标志
```

6. **功能块与功能的调用**

组织块 OB1 是循环执行的主程序，生成项目时系统自动生成空的 OB1。在管理器中双击 OB1 图标后进入编辑器窗口，可以用“View”菜单命令选择编程语言，其菜单如图 5-19 所示。

FC1：用于风扇控制的功能。

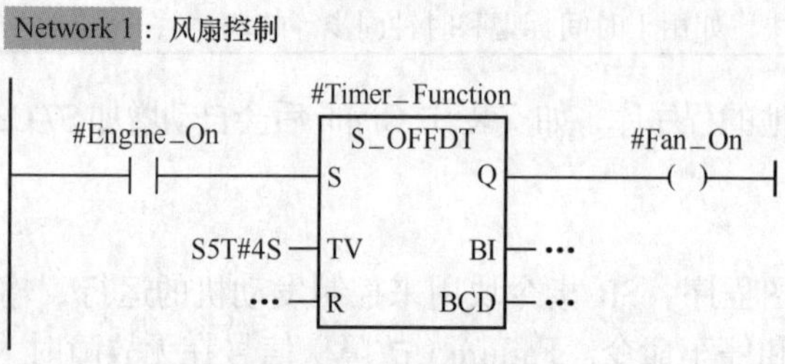

图5-18　FC1模块梯形图

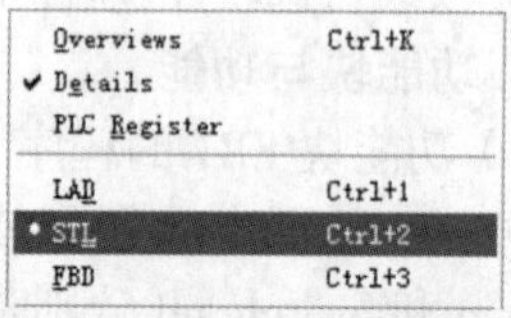

图5-19　利用菜单选择程序的编程语言

在发送机控制程序中，OB1 用来实现自动/手动工作模式的切换，通过两次调用 FB1 和 FC1 实现对汽油机和柴油机的控制。控制汽油机的程序如图 5-20 所示，柴油机控制程序与之相类似。

通过置位/复位指令 SR，用“自动”和“手动”的按钮来控制“自动模式”的输出量 Q4.2。“自动”和“手动”的变量不是某一发动机的属性，这些变量是在共享符号表中定义的，因此适用于整个程序。

（1）功能块的调用

块调用分为条件调用和无条件调用。用梯形图调用块时，块的 EN（Enable，使能）输入端有能流输入时执行块，反之则不执行。条件调用时 EN 端受到触点电路的控制，块被正确执行时 ENO（Enable Output，使能输出端）为 1，反之为 0。

调用功能块之前，需生成一个背景数据块，调用时应指定背景数据块的名称。生成背景数据块时应选择数据块的类型为背景数据块，并设置调用其功能块的名称。图 5-19 中的“汽

油机数据”（DB1）是功能块“发动机控制”（FB1）的背景数据块。

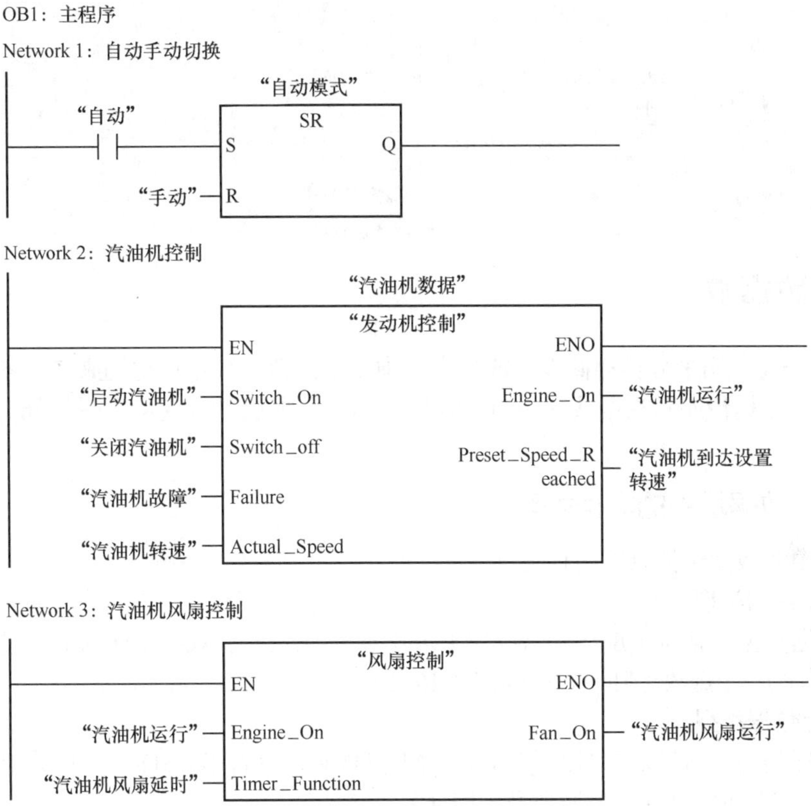

图5-20　主程序OB1

调用功能块时应将实参赋值给形参，如将“启动汽油机”的实参赋值给形参“Switch_On”，实参可以是绝对地址或符号地址。如果调用时没有给形参赋以实参，功能块就调用背景数据块中形参的数值。该数值可能是在功能块变量声明表中设置形参的初值，也可能是上一次调用时储存在背景数据块中的数值。

（2）功能的调用

功能 FC 没有背景数据块，不能给功能的局域变量分配初值，所以必须给功能分配实参。STEP 7 为功能提供了一个特殊的输出参数——返回值（RET_VAL）。调用该功能时，可以指定一个地址作为实参来存储返回值。

图 5-20 所示的“汽油机风扇控制”部分是就是调用了功能 FC1，功能 FC1 用于发动机停机后风扇继续运行 4s 后再停止运行。在符号表中定义了 FC1 输入变量和输出变量的符号。图 5-20 中梯形图对应的语句表如下所示。

```
Network1: 自动手动切换
          A                    "自动"
          S                    "自动模式"
          A                    "手动"
          R                    "自动模式"
Network2: 汽油机控制
          CALL                      "发动机控制" , "汽油机数据"
          Switch_On                 := "启动汽油机"
```

```
        Switch_Off              := "关闭汽油机"
        Failure                 := "汽油机故障"
        Actual_Speed            := "汽油机转速"
        Engine_On               := "汽油机运行"
        Preset_Speed_Reached    := "汽油机到达设置转速"
Network3: 汽油机风扇控制
        CALL                    "风扇控制"
        Engine_On               := "汽油机运行"
        Timer_Function          := "汽油机风扇延时"
        Fan_On                  := "汽油机风扇运行"
```

5.3 数据块

数据块（DB）用来分类存储设备或生产线中变量的值，数据块也用来实现各逻辑块之间的数据交换、数据传递和数据共享。与逻辑块不同，数据块只有变量声明部分，没有程序指令部分。

5.3.1 数据块中的数据类型

数据块中的数据包括以下两种类型。

1. 基本数据类型

基本数据类型包括位（Bool）、字节（Byte）、字（Word）、双字（Dword）、整数（INT）、双整数（DINT）、浮点数（Float，或称实数 Real）等。

2. 复合数据类型

复合数据类型包括日期和时间（DATE_AND_TIME）、字符串（STRING）、数组（ARRAY）、结构（STRCUT）和用户定义数据类型（UDT）。

（1）日期和时间

日期和时间用 8 个字节的 BCD 码来存储。第 0~5 个字节分别存储年、月、日、时、分和秒，毫秒存储在字节 6 和字节 7 的高 4 位，星期存放在字节 7 的低 4 位。例如，2009 年 6 月 27 日 12 点 30 分 25.123 秒可以表示为 DT#09_06_27_12:30:25.123。

（2）字符串

字符串（STRING）由最多 254 个字符（CHAR）和两个头部组成。字符串的默认长度为 254，通过定义字符串的长度可以减少它占用的存储空间。

（3）数组

数组（ARRAY）是同一类型数据组合而成的一个单元。生成数组时应指定数组的名称，如 PRESS、NAME、CLASS 等。声明数组的类型时要使用关键字 ARRAY，用下标（Index）指定数组的维数和大小，数组的维数最多为 6 维。例如，图 5-21 给出了一个二维数组 ARRAY[1…2，1…3]的结构，它共有 6 个整数元素，图中每一小格为二进制的 1 位，每个元素占两行（两个字节）。方括号中的数字用来定义每一维的起始元素和结束元素在该维中的编号，可以取−32768～32767 范围内的整数。各维之间的数字用逗号隔开，每一维开始和结束的编号用两个小数点隔开。如果某一维有 n 个元素，该维的起始元素和结束元素的编号一般采用 1 和 n，如 ARRAY[1…2，1…3]。

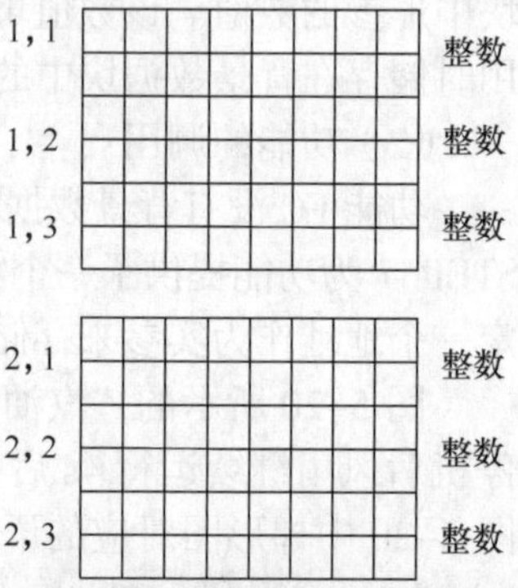

图5-21 二维数组的结构

数组可以在数据块中定义，也可以在逻辑块的变量声明表中定义。下面介绍在数据块中定义的方法。在 SIMATIC 管理器中用菜单命令“Insert”→“Insert New Object”→“Data Block”生成一个数据块，如图 5-22 所示。单击该数据块的图标，在弹出的窗口中用声明表显示方式来生成一个用户定义的数组，如图 5-23 所示。

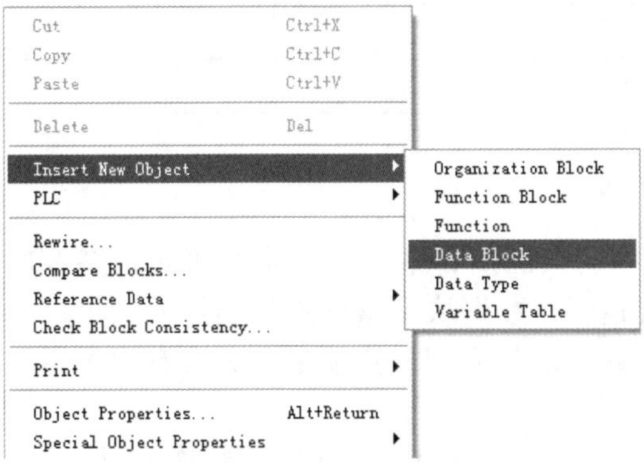

图5-22 生成一个数据块的方法

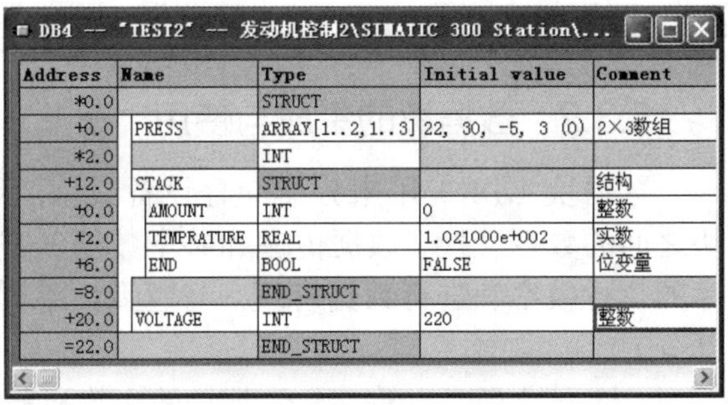

图5-23 定义数组与结构

数组中的第 1 个元素为 PRESS[1，1]，如图 5-21 所示，第 3 个元素为 PRESS[1, 3]，第 4 个元素为 PRESS[2，1]，第 6 个元素为 PRESS[2, 3]。

（4）用户定义数据类型（UDT）

用鼠标右键单击 SIMATIC 管理器的块工作区，在弹出的菜单中选择“Insert New Object”→“Data Type”命令，如图 5-24 所示，生成新的 UDT。在生成 UDT 的元素时，可以设置它的初值（Initial Value）和加上注释（Comment），用户自定义数据结构如图 5-25 所示。

图 5-25 所示中的 UDT1 看上去与图 5-23 中定义的结构 STACK 完全相同，但是它们有本质的区别。结构（STRUCT）是在数据块的声明表中或在逻辑块的变量声明表中与别的变量一起定义的，但是 UDT 必须在名为 UDT 的特殊数据块内单独定义，并单独存放在一个数据块内。生成 UDT 后，在定义变量时可将它作为一个数据类型来多次使用。例如，在变量声明表中定义一个变量，其数据类型为 UDT1，名称为 ProData，如表 5-7 所示。由该表可以看出，UDT 在数据块中的使用方法与其他数据类型（如 INT）是相同的。

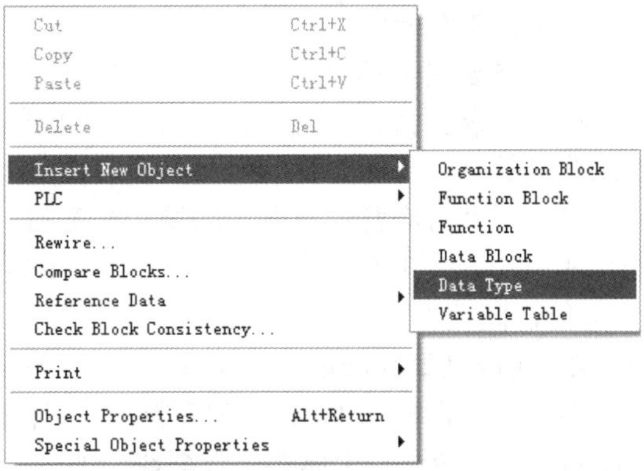

图5-24 生成用户定义数据类型的方法

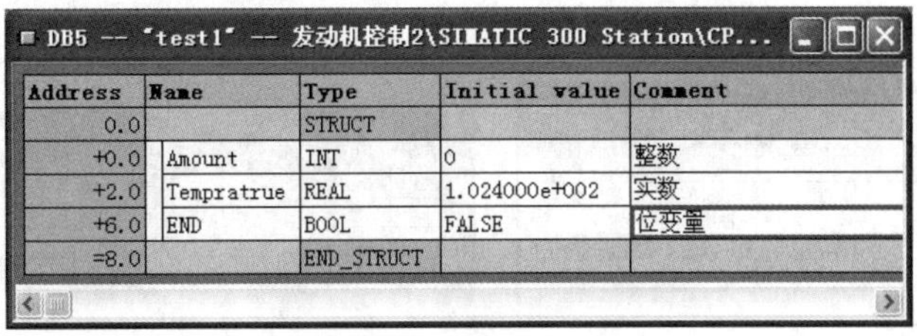

图5-25 用户定义数据结构

表 5-7　　在数据块 TANK 中使用 UDT 的例子

地址	名称	类型	初值	说明
0.0	T_STAMP	STRUCT		
+0.0	Pressure	INT		
+2.0	ProData	UDT1		
=10.0		END_STRUCT		

5.3.2　数据块的生成与使用

数据块（DB）用来分类储存设备或生产线中变量的值，数据块也是用来实现各逻辑块之间的数据交换、数据传递和共享数据的重要途径。数据块丰富的数据结构便于提高程序的执行效率和进行数据管理。与逻辑块不同，数据块只有变量声明部分，没有程序指令部分。

不同型号 CPU 允许建立数据块的块数和每个数据块可以占用的最大字节数均不同，具体的参数可以查看选型手册。

1. 数据块的类型

数据块分为共享数据块（DB）和背景数据块（DI）两种。

（1）共享数据块

共享数据块又称为局数据块，它不附属于任何逻辑块。在共享数据块中和全局符号表中声明的变量都是全局变量。用户程序中所有的逻辑块（FB、FC、OB 等）都可以使用共享数据块和全局符号表中的数据。

（2）背景数据块

背景数据块是专门指定给某个功能块（FB）或系统功能块（SFB）使用的数据块，它是 FB 或 SFB 运行时的工作存储区。当用户将数据块与某一功能相连时，该数据块即成为该功能块的背景数据块，功能块的变量声明表决定了它的背景数据块的结构，变量功能块的变量声明表决定了其对应背景数据块的结构和变量。用户不能直接修改背景数据块，只能通过对应的功能块的变量声明表来修改它。调用 FB 时，必须同时指定一个对应的背景数据块。只有 FB 才能访问存放在它的背景数据块中的数据。

2. 生成共享数据块

用鼠标右键单击 SIMATIC 管理器的块工作区，在弹出的菜单中选择“Insert New Object”→“Data Block”命令，生成新的数据块，如图 5-22 所示。

数据块有两种显示方式：声明表显示方式和数据显示方式，菜单命令“View”→“Declaration View”和“Data View”分别用来指定这两种显示方式。发动机控制系统中共享数据块 DB3 两种不同的显示状态如图 5-26 和图 5-27 所示。

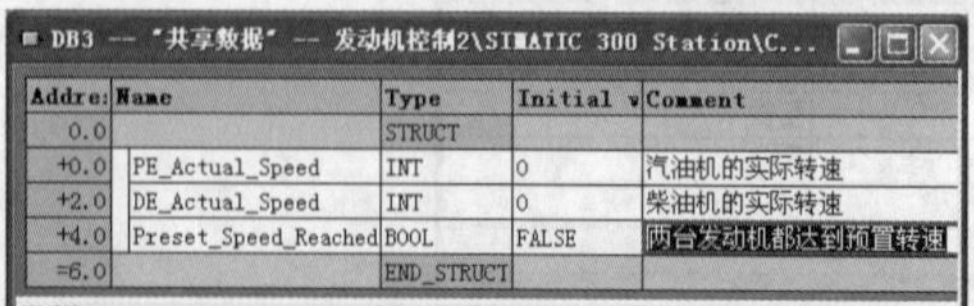

图5-26　声明表显示状态下的共享数据块DB3

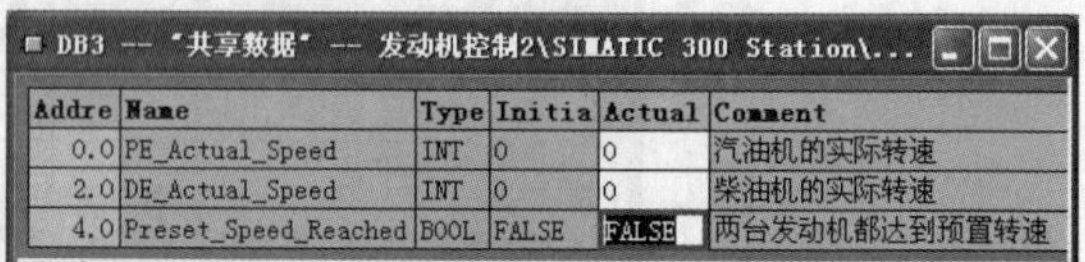

图5-27　数据显示状态下的共享数据块DB3

3. 生成背景数据块

要生成背景数据块，首先应生成对应的功能块（FB），然后再生成背景数据块。

在 SIMATIC 管理器中，用菜单命令“Insert”→“Insert New Object”→“Data Block”生成数据块，在弹出的窗口中，选择数据块的类型为背景数据块（Instance），并输入对应功能块的名称，如图 5-28 所示。操作系统在编译功能块时将自动生成功能块对应的背景数据块中的数据，其变量与对应功能块的变量声明表中的变量相同，不能在背景数据块中增减变量，只能在数据显示（Data View）方式修改其时基值。背景数据块有两种显示方式，分别是声明表显示方式和数据显示方式。

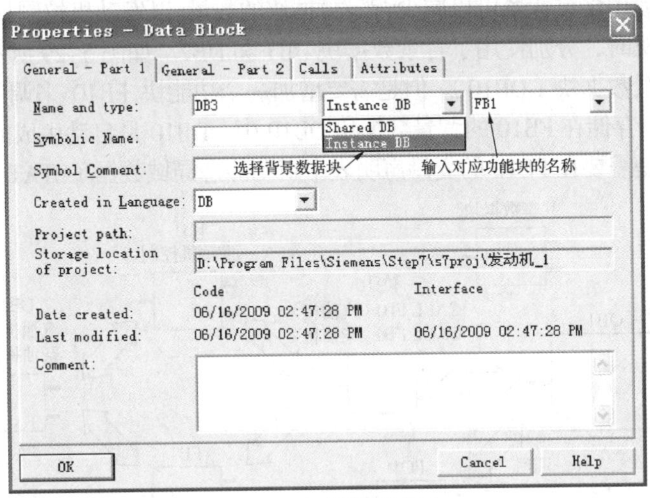

图5-28　生成背景数据块

4. 访问数据库

在访问数据库时，需要指明被访问的数据块以及访问该数据块中的数据，有两种访问数据块中数据的方法。

（1）先打开后访问

访问数据块中的数据时，需要先打开这个数据块，由于只有两个数据块寄存器，即 DB 寄存器和 DI 寄存器，程序只能同时打开一个共享数据块和一个背景数据块。它们的块号分别存放在 DB 寄存器和 DI 寄存器中。打开新的数据块后，原来打开的数据块将自动关闭。

下面的例程说明了这种访问方法。

```
OPN     DB2        //打开数据块 DB2
A       DBX4.5     //如果 DB2.DBX4.5 的常开触点接通
L       DBW12      //将 DB2.DBW12 装入累加器 1
OPN     DB3        //打开数据库 DB3
T       DBW4       //将累加器 1 中的数据传送到 DB3.DBW4
```

调用一个功能块时，它的背景数据块被自动打开。如果该功能块调用了其他块，调用结束后返回该功能块，原来打开的背景数据块不再有效，必须重新打开它。

（2）直接访问数据库中的数据

在指令中同时给出数据块的编号和数据在数据库中的地址，可以直接访问数据库中的数据。访问时可以使用绝对地址，也可以使用符号地址。数据块中存储单元的地址由两部分组成。例如，DB2.DBX2.0 由 DB2 和 DBX2.0 两部分组成，其中，DB2 为数据块的名称，DBX2.0 是数据块内的第 2 个字节的第 0 位。如果打开了数据块 DB2，可以省略第一个小数点前面的数据块编号。

这种访问方法不容易出错，建议尽量使用这种方法。用下面的指令即可完成与“先打开后访问”相同的功能。

```
A        DB2.DBX4.5
L        DB2.DBW12       //将 DB2.DBW12 装入累加器 1
T        DB3.DBW4        //将累加器 1 中的数据传送到 DB3.DBW4
```

5.4 多重背景

在用户程序中使用多重背景可以减少背景数据块的数量。以发动机控制程序为例，原来用FB1控制汽油机和柴油机时，分别使用了背景数据块 DB1 和 DB2。如图 5-29 所示，当使用多重背景时，仅需要一个背景数据块（DB10）。但是需要增加一个功能块 FB10 来调用作为“局域背景”的 FB1，FB1 的数据存储在 FB10 的背景数据块 DB10 中，DB10 是自动生成的。不需要给 FB1 分配背景数据块，但是需要在 FB10 的变量声明表中声明静态局域数据（STAT）FB1。

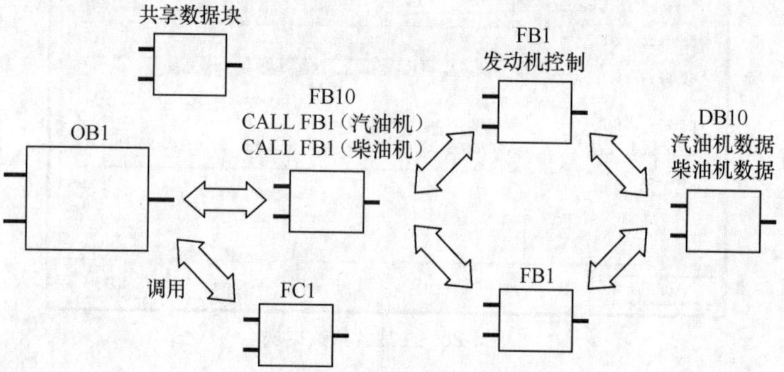

图5-29　多重背景的程序结构

5.4.1 多重背景功能块

生成多重背景功能块 FB10 时，应激活“Multiple Instance Fb”（多重背景功能块）选项。

生成 FB10 时，应首先生成 FB1。为调用 FB1，在 FB10 的变量声明表，如图 5-30 所示，声明了两个名为“Petrol_Engine”（汽油机）和“Diesel_Engine”（柴油机）的静态变量（STAT），其数据类型为 FB1。图 5-30 中“Petrol_Engine”和“Diesel_Engine”下面的 7 个子变量都是来自 FB1 的变量声明表，不是用户输入的。生成 FB10 后，“Petrol_Engine”和“Diesel_Engine”将出现在程序编辑器编程元件目录的“Multiple Instances”（多重背景）文件夹内。可以将它们“拖放”到 FB10 中，然后指定它们的输入参数和输出参数。

图 5-31 是 FB10 的梯形图程序，下面是用语句表编写的 FB10 的程序。

```
Network1：汽油机控制
      CALL    #Petrol_Engine
      Switch_On                    ：=“启动汽油机”
      Switch_Off                   ：=“关闭汽油机”
      Failure                      ：=“汽油机故障”
      Actual_Speed                 ：=“汽油机转速”
      Engine_On                    ：=“汽油机运行”
      Preset_Speed_Reached         ：=#PE_Preset_Speed_Reached //汽油机达到预置转速
Network2：柴油机控制
      CALL                         #Diesel_Engine
      Switch_On                    ：=“启动柴油机”
```

```
        Switch_Off                 : = "关闭柴油机"
        Failure                    : = "柴油机故障"
        Actual_Speed               : = "柴油机转速"
        Engine_On                  : = "柴油机运行"
        Preset_Speed_Reached       : =#DE_Preset_Speed_Reached //柴油机达到预置转速
Network3: 两台发动机都达到预置转速
        A       #PE_Preset_Speed_Reached       //汽油机达到预置转速
        A       #DE_Preset_Speed_Reached       //柴油机达到预置转速
        =       #Preset_Speed_Reached          //汽油机柴油机都达到预置转速
```

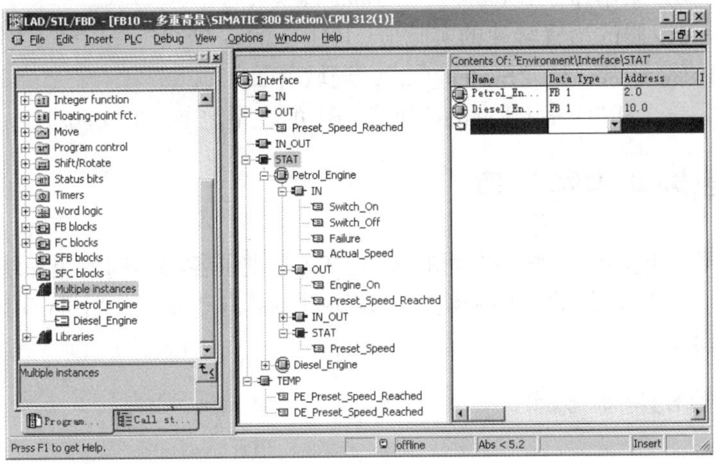

图5-30　FB10的变量声明表

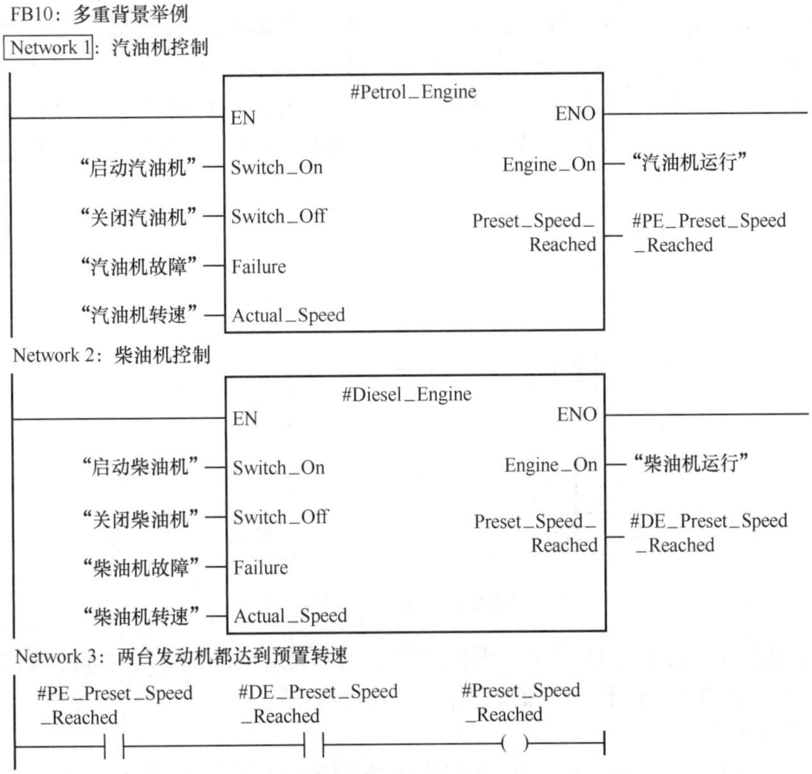

图5-31　多重背景功能块FB10梯形图程序

5.4.2 多重背景数据块

汽油机和柴油机的数据均存储在多重背景数据块 DB10 中，DB10 代替了原有的背景数据块 DB1 和 DB2。生成 DB10 时，应将它设置为背景数据块，对应的功能块为 FB10。与 FB10 的变量声明表中的相同，DB10 中变量是自动生成的。

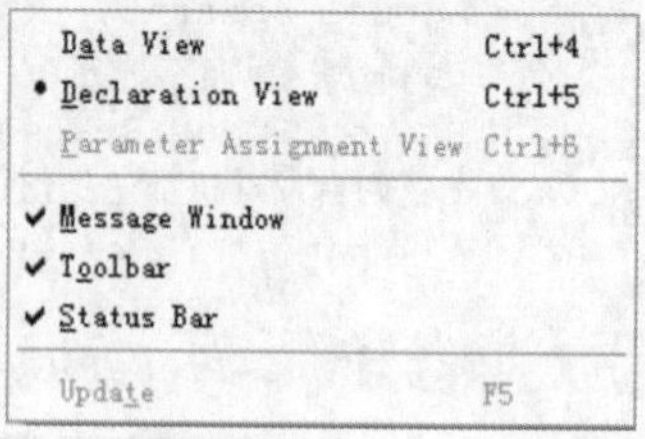

图5-32 修改多重背景数据块中数值的方法

打开 DB10，执行菜单命令“View”→“Data View”，如图 5-32 所示，可以修改预置转速的实际值。FB1 中的变量仍保持它们的符号名，如“Switch_On”，局域背景的名称“Petrol_Engine”和“Diesel_Engine”加载 FB1 的变量之前，如“Petrol_Engine.Switch_On”。

5.5 组织块与中断处理

组织块是操作系统与用户程序之间的接口。S7 提供了各种不同的组织块（OB），用组织块可以创建在特定时间执行的程序和响应特定事件的程序，如延时中断 OB、外部硬件中断 OB、错误处理 OB 等。

5.5.1 中断的基本概念

1. 中断过程

中断处理用来实现对特殊内部事件或外部事件的快速响应。如果没有中断，CPU 循环执行组织块 OB1。因为除背景组织块 OB90 以外，OB1 的终端优先级最低，CPU 检测到中断源的中断请求时，操作系统在执行完当前程序的当前指令（即断点处）后，立即响应中断。CPU 暂停正在执行的程序，调用中断源对应的中断程序。在 S7-300/400 中，中断用组织块（OB）来处理。执行完中断程序后，返回被中断程序的断点处继续执行原程序，中断过程示意图如图 5-33 所示。

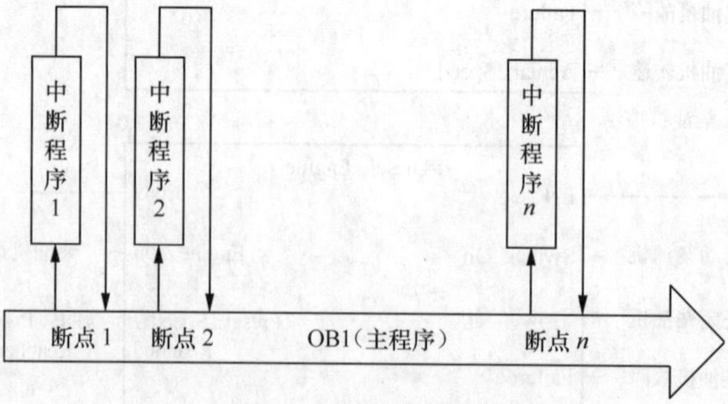

图5-33 中断过程示意图

PLC 的中断源可能来自 I/O 模块的硬件中断，也可能是 CPU 模块内部的软件中断，如日期时间中断、延时中断、循环中断和编程错误引起的中断。

2. 组织块的分类

组织块只能由操作系统启动，它由变量声明表和用户编写的控制程序组成。

① 启动组织块。启动组织块用于系统初始化，CPU 上电或操作模式改为 RUN 时，根据启动的方式执行启动程序 OB100～OB102 中的一个。

② 循环执行的组织块。需要循环执行的程序存放在 OB1，执行完后又开始新的循环。

③ 定期执行的组织块。包括日期时间中断组织块 OB10～OB17 和循环中断组织块 OB30～OB38，可以根据设定的日期时间或时间间隔执行中断程序。

④ 事件驱动的组织块。延时中断组织块 OB20～OB23 在过程事件出现后延时一定的时间再执行中断程序；硬件中断组织块 OB40～OB47 用于需要快速响应的过程事件，事件出现时马上中止循环程序，执行对应的中断程序。异步错误中断组织块 OB80～OB87 和同步错误中断 OB121、OB122 用来决定在出现错误时系统如何响应。

3. 中断的优先级

中断的优先级也就是组织块的优先级，较高优先级的组织块可以中断较低优先级的组织块。如果同时产生的中断请求不止一个，最先执行优先级最高的 OB，然后按照优先级由高到低的顺序执行其他 OB。各组织块的中断优先级示意图如图 5-34 所示。

图5-34　中断的优先级示意图

4. 对中断的控制

日期时间中断和延时中断有专用的允许处理中断（或称激活、使能中断）和禁止中断的系统功能（SFC），如表 5-8 所示。

表 5-8　日期中断和延时中断的系统功能说明

名称	说明
SFC39 “DIS_INT”	用来禁止中断和异步错误处理，可以禁止所有的中断，或有选择地禁止某些优先级范围的中断，或只禁止指定的某个中断
SFC40 “EN_INT”	用来激活（使能）新的中断和异步错误处理，可以全部允许或有选择地允许
SFC41 “DIS_AIRT”	延迟处理比当前优先级高的中断和异步错误，直到用 SFC42 允许处理中断或当前的 OB 执行完毕
SFC42 “EN_AIRT”	允许立即处理被 SFC41 暂时禁止的中断和异步错误，SFC42 和 SFC41 配对使用

5.5.2 组织块的变量声明表

组织块（OB）是操作系统调用的，OB 没有背景数据块，也不能声明静态变量，因此 OB 的变量声明表中只有临时变量。OB 的临时变量可以是基本数据类型、复合数据类型或数据类型 ANY。

操作系统为所有 OB 块声明了一个 20Byte 容量（包含 OB 启动信息）的变量声明表，声明表中变量的具体内容与组织块的类型有关。用户可以通过 OB 变量声明表获得与启动 OB 原因有关的信息。组织块的变量声明表如表 5-9 所示。

表 5-9　　　　OB 的变量声明表

地址（字节）	内容
0	事件级别与标识符，如 OB40 为 B#16#11，表示硬件中断被激活
1	用代码表示与启动 OB 事件有关的信息
2	优先级，如 OB40 的优先级为 16
3	OB 块号，如 OB40 的块号为 40
4～11	附加信息，如 OB40 的第 5 个字节为产生中断的模块类型，16#54 为输入模块，16#55 为输出模块；第 6、7 字节组成的字为产生中断模块的起始地址；第 8～11 字节组成的双字为产生中断的通道号
12～19	OB 被启动的日期和时间（年、月、日、时、分、秒、毫秒与星期）

5.5.3　日期时间中断组织块

1. 设置和启动日期时间中断

为了启动日期时间中断，用户首先必须设置日期时间中断的参数，然后再激活它。有以下 3 种方法可以启动日期时间中断。

① 在用户程序中用 SFC28“SET_TINT”和 SFC30“ACT_TINT”设置和激活日期时间中断，如图 5-35 所示。

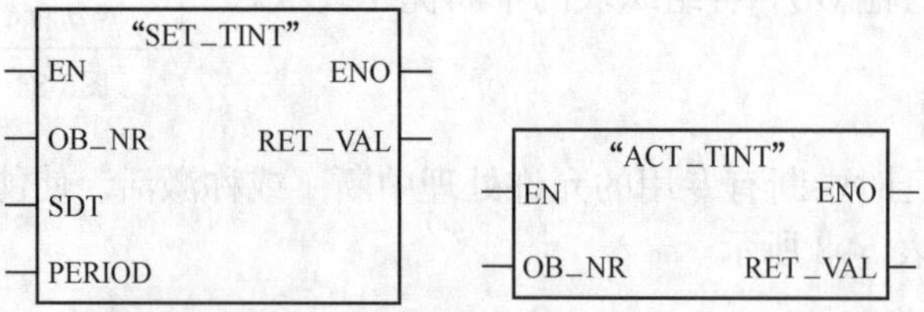

图5-35　利用用户程序进行中断

② 在 STEP 7 中打开硬件组态工具，双击机架中 CPU 模块所在的行，打开 CPU 属性设置对话框，如图 5-36 所示，单击“Time_Of_Day Interrupts”选项卡，设置启动时间日期中断的日期和时间，如图 5-37 所示，选中“Active”（激活）多选框，在“Execution”列表框中选择执行方式。将硬件组态数据下载到 CPU 中，可以实现日期时间中断的自动启动。

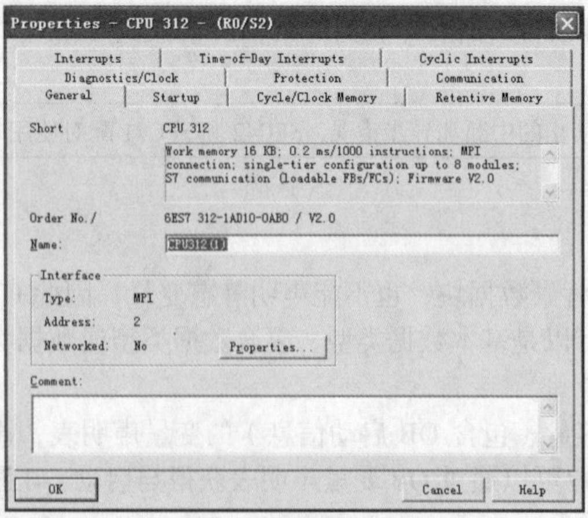

图5-36　CPU属性设置对话框

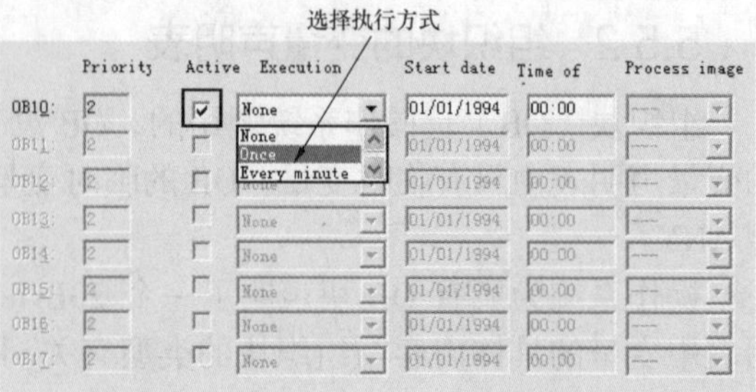

图5-37　“Time_Of_Day Interrupts”选项卡

③ 用上述方法设置日期时间中断的参数，但是不选择“Active”，而是在用户程序中用 SFC30“ACT_TINT”激活日期时间中断。

2. 查询日期时间中断

要查询设置了哪些日期时间中断以及这些中断什么时间发生，用户可以调用 SFC31“QRY_TINT”，或查询系统状态表中的“中断状态”表，如表 5-10 所示。

表 5-10　　　SFC31 输出的状态字节 STATUS

位	取值	意义
0	0	日期时间中断已被激活
1	0	允许新的日期时间中断
2	0	日期时间中断未被激活或时间已过去
3	0	—
4	0	没有装载日期时间中断组织块
5	0	日期时间中断组织块的执行没有被激活的测试功能禁止
6	0	以基准时间为日期时间中断的基准
	1	以本地时间为日期时间中断的基准

3. 禁止日期时间中断

用户可以用 SFC29“CAN_TINT”取消（禁止）日期时间中断，当用户又要重新使用这些日期时间中断时，可以用 SFC28“SET_TINT”和 SFC30“ACT_TINT”重新设置和激活这些日期时间中断。

4. 日期时间中断的优先级

8 个日期时间中断组织块（OB）均具有相同的默认优先级（第 2 级），它们之间的优先级是按启动事件发生的顺序来进行处理的，用户可以通过选择适当的参数来改变优先级。

日期时间中断组织块 OB10 的局域变量如表 5-11 所示。

表 5-11　　　日期时间中断组织块 OB10 的局域变量表

参数	数据类型	描述
OB10_EV_CLASS	BYTE	时间级别与标识符：B#16#11 为中断被激活
OB10_STRT_INFO	BYTE	B#16#11～B#16#18；OB10～OB17 的启动请求
OB10_PRIORITY	BYTE	优先级，默认值为 2
OB10_OB_MUNBR	BYTE	OB 号（10～17）
OB10_PESERBED_1	BYTE	保留
OB10_PESERBED_2	BYTE	保留
OB10_PERIOD_EXE	WORD	OB 运行的时间间隔
OB10_PESERBED_3	INT	保留
OB10_PESERBED_4	INT	保留
OB10_DATE_TIME	DATE_ABD_TIME	OB 被调用时的日期和时间

在调用 SFC28 时，如果参数“OB10_PERIOD_EXE”为十六进制数 W#16#0000、W#16#0201、

W#16#0401、W#16#1001、W#16#1201、W#16#1401、W#16#1801 和 W#16#2001，分别表示执行一次、每分钟、每小时、每天、每周、每月、每年和月末执行一次。

【例 5-1】在 I0.0 的上升沿时启动日期时间中断 OB10，在 I0.1 为 1 时禁止日期时间中断，每次中断使 MW2 加 1。从 2004 年 7 月 1 日 8 时开始，每分钟中断一次，每次中断 MW2 被加 1。

在 STEP 7 中生成项目“OB10 例程”，为了便于调用，例程中对日期时间中断的操作都放在功能 FC12 中，如图 5-38 所示。在 OB1 中用指令 CALL FC12 调用它。下面是用 STL 编写的 FC12 的程序代码，它有一个临时局域变量“OUT_TIME_DATE”。

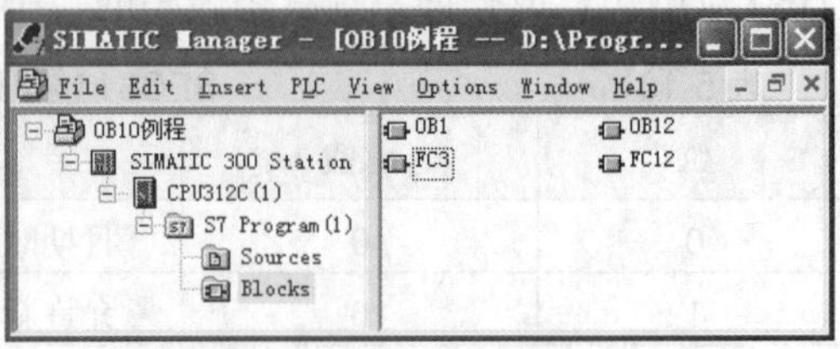

图5-38 IB10例程SIMATIC管理器示意图

IEC 功能 D_TOD_TD（FC3）在程序编辑器左边指令目录与程序库窗口的文件夹\Libraries\Standard Library\IEC Function Blocks 中。

```
Network 1：查询 OB10 的状态
        CALL  SFC31                          //查询日期时间中断 OB10 的状态
        OB_NO       : =10                    //日期时间中断 OB 的编号
        RET_VAL     : =MW208                 //保存执行时可能出现的错误代码，为 0 时无错误
        STATUS      : =MW16                  //保存日期时间中断的状态字，MB17 为低字节
Network 2：合并日期时间
        CALL  FC3                            //调用 IEC 功能 D_TOD_TD
        IN1         : =D#2004-7-1            //设置启动中断的日期和时间
        IN2         : =TOD#8:0:0,0
        RET_VAL     : =#OUT_TIME_DATE        //合并日期和时间
Network 3：在 I0.0 的上升沿设置和激活日期时间中断
        A      I0.0
        FP     M1.0                          //如果在 I0.0 的上升沿，M1.0 为 1
        AN    M17.2                          //如果日期时间中断已被激活时，M17.2 的常闭触点闭合
        A     M17.4                          //如果装载了日期时间中断 OB 时，M17.4 的常开触点闭合
        JNB   m005                           //没有同时满足以上 3 个条件则跳转
        CALL SFC28                           //同时满足则调用 SFC“SET_TINT”，设置日期时间中断参数
        OB_NO : =10                          //日期时间中断 OB 编号
        SDT    : =#OUT_TME_DATE              //启动中断事件，秒和毫秒被置为 0
        PRRIOD : =W#16#201                   //设置产生中断的周期为每分钟一次
        RET_VAL: =MW200                      //保存执行时可能出现的错误代码，为 0 时无错误
        CALL    SFC30                        //调用 SFC“ACT_TINT”，激活日期时间中断
        OB_NO   : =10                        //日期时间中断 OB 编号
        RET_VAL : =MW204                     //保存执行时可能出现的错误代码，为 0 时无错误
M005:   NOP 0
Network 4：在 I0.1 的上升沿禁止日期时间中断
        A        I0.1
        FP       M1.1                        //检测 I0.1 的上升沿
        JNB      m004                        //表示 I0.1 上升沿则跳转
        CALL     SFC29                       //调用 SFC“CAN_TINT”，禁止日期时间中断
        OB_NO : =10                          //日期时间中断 OB 编号
        RET_VAL: =MW210                      //保存执行时可能出现的错误代码，为 0 时无错误
M004:   NOP 0
```

下面是用 STL 编写的 OB10 中断程序，每分钟 MW2 被加 1 一次。

```
Network 1
        L       MW2
```

```
    +      1
    T      MW2
```

有时间错误出现时，CPU 的操作系统调用 OB80。时间错误包括以下 4 种。

① 实际循环时间超过在 CPU 模块属性中设置的最大循环时间。

② 执行 OB 时的应答错误。

③ 应为向前修改时间而跳过日期时间中断 OB 的启动时间。

④ CiR（在 CPU 中组态）之后恢复为 RUN 模式。

如果 OB80 未编写程序，CPU 将转换到 STOP 模式。下面是用 STL 编写的 OB80 的程序代码，如果出现了时间错误，Q4.1 将被置位，并将 OB80 的启动事件信息保存到 MW110～MW119 中。

```
Network 1:
        AN        Q4.1
        S         Q4.1
        CALL      SFC20                       //数据块传送
        SRCBLK   : =#OB80_EV_CLASS            //指定源地址
        RET_VAL  : =MW210                     //保存可能的错误信息
        DSTBLK   : =P#M110.0 Byte 20          //指定目的地址，复制 20 个字节
```

可以在 PLCSIM 仿真软件中运行上述例程，运行时监视 M17.2、M17.4 和 MW2。M17.2 为 1 时表示日期时间中断被激活，M17.4 为 1 时表示已经装载了日期时间中断组织块 OB10。用 I0.0 激活日期时间中断，M17.2 变为 1 状态，每分钟 MW2 将被加 1。用 I0.1 禁止日期时间中断，M17.2 变为 0 状态，MW2 停止加 1。

5.5.4　延时中断组织块

PLC 中普通定时器的工作与扫描工作方式有关，其定时精度受到不断变化循环周期的影响。使用延时中断可以获得较高精度的延时，延时中断以 ms 为定时单位。S7 提供了 4 个延时中断 OB（OB20～OB23），它们用 SFC32“SRT_DINT”启动。延时时间在 SFC32 中设置，SFC32 启动后经过设定的延时时间后就会触发中断，调用 SFC32 指定的 OB。需要延时执行的操作放在 OB 中，如立即输出一个数字量信号。所以必须将延时中断 OB 作为用户程序的一部分下载到 CPU。延时中断组织块 OB20 的局域变量如表 5-12 所示。

表 5-12　　　　延时中断组织块 OB20 的局域变量表

参数	数据类型	描述
OB20_EV_CLASS	BYTE	事件级别和标识码，B#16#11：中断已被激活
OB20_STRT_INF	BYTE	B#16#20～B#16#23：OB20～OB23 的启动请求
OB20_PRIORITY	BYTE	优先级，默认值为 3（OB20）～6（OB23）
OB20_OB_NUMBR	BYTE	OB 号（20～23）
OB20_RESERVED_1	BYTE	保留
OB20_RESERVED_2	BYTE	保留
OB20_SIGN	WORD	用户号：调用 SFC32（SRT-DINT）时输入参数标记
OB20_DTIME	TIME	以 ms 为单位的延时时间
OB20_DATE_TIME	DATE_AND_TIME	OB 被调用的日期和时间

【例 5-2】在主程序 OB1 中实现下列功能。

① 在 I0.0 的上升沿用 SFC32 启动延时中断 OB20，10s 后 OB20 被调用，在 OB20 中将

Q4.0 置位，并立即输出。

② 在延时过程中如果 I0.1 由 0 变为 1，则 OB1 中用 SFC33 取消延时中断，OB20 不会再被调用。

③ I0.2 由 0 变为 1 时 Q4.0 被复位。

SFC34 输出的状态字节 STATUS 如表 5-13 所示。项目的名称为“OB20 例程”，下面是用 STL 编写的 OB1 程序代码。

```
Network 1: I0.0 的上升沿启动延时中断
      A     I      0.0
      FP    M      1.0
      JNB   m001                    //不是 I0.0 的上升沿则跳转
      CALL  "SRT_DINT"              //启动延时中断 OB20
       OB_NR  :=20                  //组织块编号
       DTIME  :=T#10S               //延时时间为 10s
       SIGN   :=MW12                //保存延时中断是否启动的标志
       RET_VAL:=MW100               //保存执行时可能出现的错误代码，为 0 时无错误
m001: NOP   0
Network 2: 查询延时中断
      CALL  "QRY_DINT"              //I0.1 的上升沿检测
       OB_NR  :=20                  //组织块编号
       RET_VAL:=MW102               //保存执行时可能出现的错误代码，为 0 时无错误
       STATUS :=MW4                 //保存延时中断的状态字，MB5 为低字节
Network 3: I0.1 上升沿时取消延时中断
      A     I      0.1              //I0.1 的上升沿检测
      FP    M      1.1              //延时中断未被激活或已完成（状态字第 2 位为 0）时跳转
      A     M      5.2
      JNB   m002
      CALL  "CAN_DINT"              //禁止 OB20 延时中断
       OB_NR  :=20                  //组织块编号
       RET_VAL:=MW104               //保存执行时可能出现的错误代码，为 0 时无错误
m002: NOP   0
      A     I      0.2
      R     Q      4.0              //I0.2 为“1”时复位 Q4.0
```

下面是用 STL 编写的 OB20 的程序代码。

```
Network 1:
         SET
         =          Q4.0            //将 Q4.0 无条件置位
Network 2:
         L          QW 4            //立即输出 Q4.0
         T          PQW 4
```

表 5-13　　SFC34 输出的状态字节 STATUS

位	取值	意义
0	0	延时中断以被允许
1	0	未拒绝新的延时中断
2	0	延时中断未被激活或已完成
3	0	—
4	0	没有装载延时中断组织块
5	0	日期时间中断组织块的执行没有被激活的测试功能禁止

可以用 PLCSIM 仿真软件模拟运行上述例程，运行时监视 M5.2 和 M5.4。进入 RUN 模式

时，M5.4 马上变为 1 状态，表示 OB20 已经下载到了 CPU 中。用 I0.0 启动延时中断后，M5.2 变为 1 状态，延时时间到时 Q4.0 变为 1 状态，M5.2 变为 0 状态。在掩饰过程中用 I0.1 禁止 OB20 延时，M5.2 也会变为 0 状态。

5.5.5　循环中断组织块

循环中断组织块用于按一定时间间隔循环执行中断程序，如周期性的定时执行闭环控制系统的 PID 运算程序，间隔时间从 STOP 模式切换到 RUN 模式时开始计算。用户定义时间间隔时，必须确保在两次循环中断之间的时间间隔中有足够的时间处理循环中断程序。循环中断组织块的临时局域变量如表 5-14 所示。

表 5-14　　循环中断组织块的临时局域变量

参数	数据类型	描述
OB35_EV_CLASS	BYTE	事件级别与标示符：11H 为中断被激活
OB35_STRT_INF	BYTE	B#16#30～B#16#39：OB30～OB38 的启动请求
OB35_PRIORITY	BYTE	优先级，默认值为 7（OB30）～15（OB38）
OB35_OB_NUMBR	BYTE	OB 号（30～38）
OB35_RESERVED_1	BYTE	保留
OB35_RESERVED_2	BYTE	保留
OB35_PHASE_OFFSET	WORD	相位偏移（ms）
OB35_RESERVED_3	INT	保留
OB35_FREQ	INT	执行的时间间隔（ms）
OB35_DATE_TIME	DATE_AND_TIME	OB 被调用的日期和时间

循环中断组织块 OB30～OB38 默认的时间间隔和中断优先级如表 5-15 所示，用户可以通过参数设置来改变优先级。CPU318 只能使用 OB32 和 OB35，其余的 S7-300 CPU 只能使用 OB35。S7-400 CPU 可以使用日期时间中断 OB 的个数与 CPU 型号有关。

表 5-15　　循环 OB 默认的参数

OB 号	时间间隔	优先级	OB 号	时间间隔	优先级
OB30	5s	7	OB35	100ms	12
OB31	2s	8	OB36	50ms	13
OB32	1s	9	OB37	20ms	14
OB33	500ms	10	OB38	10ms	15
OB34	200ns	11			

如果两个 OB 的时间间隔成整数倍，不同的循环中断 OB 可能同时请求中断，造成处理循环中断程序的时间超过指定的循环时间。为了避免出现这样的错误，用户可以定义一个相位偏移。相位偏移用于在循环时间间隔到达时，延时一定的时间后再执行循环中断。相位偏移 m 的单位为 ms，应有 $0 \leqslant m < n$，式中 n 为循环的时间间隔。

假设 OB38 和 OB37 的时间间隔分别为 10ms 和 20ms，它们的相位偏移分别为 0ms 和 3ms，OB38 分别在 t=10ms，20ms…60ms 时产生中断，而 OB37 分别在 t=23ms、43ms、63ms 时产生

中断。

没有专用的 SFC 来激活和禁止循环中断，可以用 SFC40 和 SFC39 来激活和禁止它们。SFC40 “EN_INT” 是用于激活新中断和异步错误的系统功能，其参数 MODE 为 0 时激活所有中断和异步错误；为 1 时激活部分中断和错误；为 2 时激活指定的 OB 编号对应的中断和异步错误。SFC39 “DIS_INT” 是禁止新的中断和异步错误的系统功能，MODE 为 21 时禁止指定的 OB 编号对应的中断和异步错误，MODE 必须用十六进制数来设置。

【例 5-3】在 I0.0 的上升沿时启动 OB35 对应的循环中断，在 I0.1 的上升沿禁止 OB35 对应的循环中断，在 OB35 中使 MW2 加 1。在 STEP 7 中生成名为“OB35 例程”的项目，选用 CPU312C，在硬件组态工具中打开 CPU 属性的组态窗口，由“Cyclic Interrupts”选项卡可知只能使用 OB35，其循环周期的默认值为 100ms，将它修改为 1000ms，如图 5-39 所示。将组态数据下载到 CPU 中。

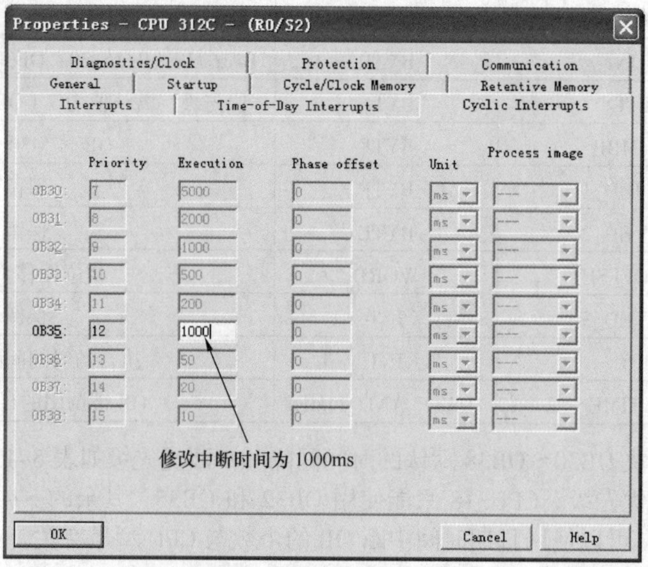

图5-39 设置OB35的中断时间

例 5-3 中的语句表程序如下所示。

```
Network 1: 在 I0.0 的上升沿激活循环中断
      A    I     0.0
      FP   M     1.1
      JNB  m001               //不是 I0.0 的上升沿时跳转
      CALL  "EN_IRT"          //激活 OB35 对应的循环中断
       MODE   :=B#16#2        //用 OB 编号指定中断
       OB_NR  :=35            //OB 编号
       RET_VAL:=MW100         //保存执行时可能出现的错误代码，为 0 时无错误
m001: NOP  0
Network 2: 在 I0.1 的上升沿禁止循环中断
      A    I     0.1
      FP   M     1.2
      JNB  m002               //不是 I0.1 的上升沿则跳转
      CALL  "DIS_IRT"         //禁止 OB35 对应的循环中断
       MODE   :=B#16#2        //用 OB 编号指定中断
       OB_NR  :=35            //OB 编号
```

```
        RET_VAL:=MW104          //保存执行时可能出现的错误代码，为 0 时无错误
    m002:  NOP   0
```

下面是用 STL 编写的 OB35 中断程序，每经过 1000ms，MW2 被加 1 一次。

```
Network 1
      L          MW2          //MW2 加 1
      +          1
      T          MW2
```

用 PLCSIM 仿真软件模拟运行上述程序，将程序和硬件组态参数下载到仿真 PLC，进入 RUN 模式后，便可以看到每秒 MW2 的值将加 1。用鼠标模拟产生 I0.1 的脉冲，循环中断被禁止，MW2 停止累加；用鼠标模拟 I0.0 的脉冲，循环中断被激活，MW2 又开始累加。

5.5.6　硬件中断组织块

硬件中断组织块（OB40～OB47）用于快速响应信号模块（SM，即输入/输出模块）、通信处理器（CP）和功能模块（FM）的信号变化。具有中断能力的信号模块将中断信号传送到 CPU 或当功能模块产生一个中断信号时，将触发硬件中断。

如果在处理硬件中断的同时，又出现了其他硬件中断事件，新中断按以下方法识别和处理：如果正在处理某一中断事件，又出现了同一模块同一通道产生完全相同的中断事件，新中断事件将丢失，即不处理它。图 5-40 所示的数字量模块输入信号的第 1 个上升沿触发中断时，由于正在用 OB40 处理中断，第 2 个和第 3 个上升沿产生的中断信号丢失。

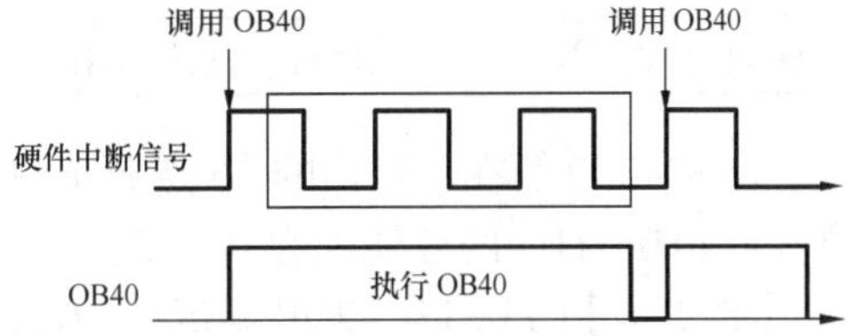

图5-40　硬件中断信号的处理

如果正在处理某一中断信号时同一模块中其他通道产生了中断事件，新的中断不会被立即触发，但是不会丢失。在当前已激活的硬件中断执行完后，再处理被暂停的中断。图 5-41 所示的数字量模块输入信号在上升沿触发了一个中断 OB41，而在下降沿又触发了另一个中断 OB42，由于触发中断 OB42 时正在执行中断程序 OB41，当执行完中断 OB41 后，会继续执行中断 OB42。

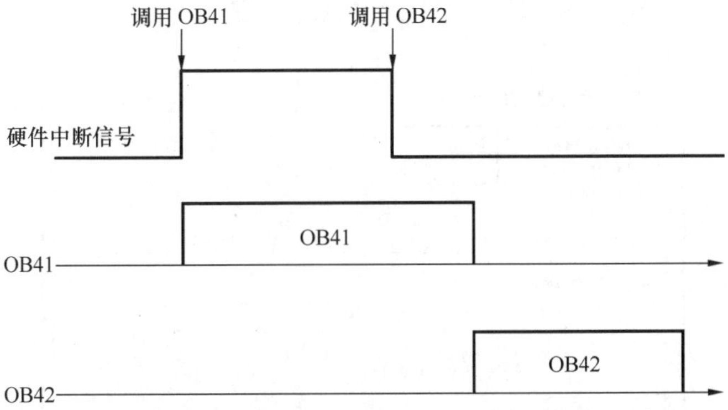

图5-41　处理某一中断信号时其他通道产生中断时的处理示意图

如果硬件中断被触发，并且它的 OB 被其他模块中的硬件中断激活，新的请求将被记录，空闲后再执行该中断。硬件中断组织块 OB40 的临时变量如表 5-16 所示。

表 5-16　　　　硬件中断组织块 OB40 的临时变量

参数	数据类型	描述
OB40_EV_CLASS	BYTE	事件级别与标识码，B#16#11：中断被激活
OB40_STRT_INF	BYTE	B#16#41：通过中断线 1 的中断 B#16#42～B#16#44：通过中断线 2～4（S7-400）的中断 B#16#45：WinAC 通过 PC 触发的中断
OB40_PRIORITY	BYTE	优先级，默认值为 16（OB40）～23（OB47）
OB40_OB_NUMBR	BYTE	OB 号（40～47）
OB40_RESERVED_1	BYTE	保留
OB40_IO_FLAG	BYTE	I/O 标志：输入模块为 B#16#54，输出模块为 B#16#55
OB40_MDL_ADDR	WORD	触发中断模块的起始字节地址
OB40_POINT_ADDR	WORD	数字量输入模块的位地址，第 0 位对应第一个输入；或模拟量模块超限的通道对应的位域，CP 和 FM 是模块的中断状态（与用户无关）
OB40_DATE_TIME	DATE_AND_TIME	OB 被调用的日期和时间

以 S7-300 插在 4 号槽的 16 点数字量输入模块为例，模块的起始地址为 0（IB0），模块内输入点 I0.0～I1.7 的位地址为 0～15。

【例 5-4】CPU313C-2DP 集成的 16 点数字量输入 I124.0，I125.7 可以逐点设置中断特性，通过 OB40 对应的硬件中断，在 I124.0 的上升沿将 CPU313C-2DP 集成的数字量输出 Q124.0 置位，在 I124.1 的下降沿将 Q124.0 复位。此外要求在 I0.2 的上升沿时激活 OB40 对应的硬件中断，在 I0.3 的下降沿禁止 OB40 对应的硬件中断。

在 STEP 7 中生成“OB40 例程”项目，选用 CPU313C-2DP，在硬件组态工具中打开 CPU 属性的组态窗口，由“Interrupts”选项卡可知在硬件中断中，只能使用 OB40。双击机架中 CPU313C-2DP 内的集成 I/O“DI16/DO16”所在的行，在打开的对话框“Inputs”选项卡中，如图 5-42 所示，设置在 I124.0 的上升沿和 I124.1 的下降沿产生中断。

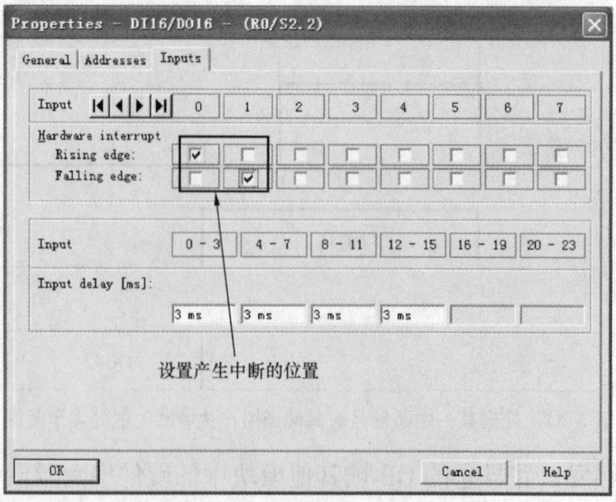

图5-42　设置产生中断位置的对话框

下面是用 STL 编写的 OB1 的程序代码。

```
Network 1: 在 I0.2 的上升沿激活硬件中断
      A     I      0.2
      FP    M      1.2
      JNB   m001                    //不是 I0.2 的上升沿时则跳转
      CALL  "EN_IRT"                //激活 OB40 对应的硬件中断
       MODE    :=B#16#2             //用 OB 编号指定中断
       OB_NR  :=40                  //OB 编号
       RET_VAL:=MW100               //保存执行时可能出现的错误代码，为 0 时无错误
m001: NOP   0
Network 2: 在 I0.3 的上升沿禁止硬件中断
      A     I      0.3
      FP    M      1.3
      JNB   m002                    //不是 I0.3 的上升沿时则跳转
      CALL  "DIS_IRT"               //禁止 OB40 对应的硬件中断
       MODE    :=B#16#2             //用 OB 编号指定中断
       OB_NR  :=40                  //OB 编号
       RET_VAL:=MW104               //保存执行时可能出现的错误代码，为 0 时无错误
m002: NOP   0
```

下面是用 STL 编写的硬件中断组织块 OB40 的程序代码，在 OB40 中通过比较指令“= =”用来判别是哪个模块或者点输入产生的中断。在 I124.0 的上升沿将 Q124.0 置位，在 I124.1 的下降沿将 Q124.0 复位。

OB40_POINT_ADDR 是数字量输入模块内的位地址（第 0 位对应第一输入），或模拟量模块超限通道对应的位域。对于 CP 和 FM 是模块的中断状态（与用户无关）。

```
Network 1:
        L                  #OB40_MLD_ADDR
        L                  124
        = =I
        = M0.0                       //如果模块起始地址为 IB124，则 M0.0 为 1 状态
Network 2:
        L                  #OB40_POINT_ADDR
        L                  0
        = =I
        = M0.1                       //如果是第 0 位产生的中断，则 M0.1 为 1 状态
Network 3:
        L                  #OB40_POINT_ADDR
        L                  0
        = =I
        = M0.2                       //如果是第 0 位产生的中断，则 M0.2 为 1 状态
Network 4:
        A                  M0.0
        A                  M0.1
        S                  Q124.0  //如果是 I124.0 产生的中断，将 Q124.0 置位
Network 5:
        A                  M0.0
        A                  M0.2
        S                  Q124.0  //如果是 I124.1 产生的中断，将 Q124.0 置位
```

5.5.7　背景数据块

如果用户用 STEP 7 定义最小的扫描循环时间，且该时间比实际的扫描循环时间长，则

CPU 在循环程序结束时，还有处理时间。该时间用于执行背景数据块 OB。如果用户的 CPU 中没有 OB90，则 CPU 等待，直到定义的最小扫描循环时间到达位置。因此，对于那些对运行时间要求不高的过程，用户可以用 OB90，而避免等待时间。

1. 背景 OB 的优先级

背景 OB 的优先级为 29，对应的优先级 0.29。因此，该 OB 的优先级最低。其优先级不能通过参数设置进行修改。

在 CPU 中处理的背景循环、主程序循环和 OB10 如图 5-43 所示。

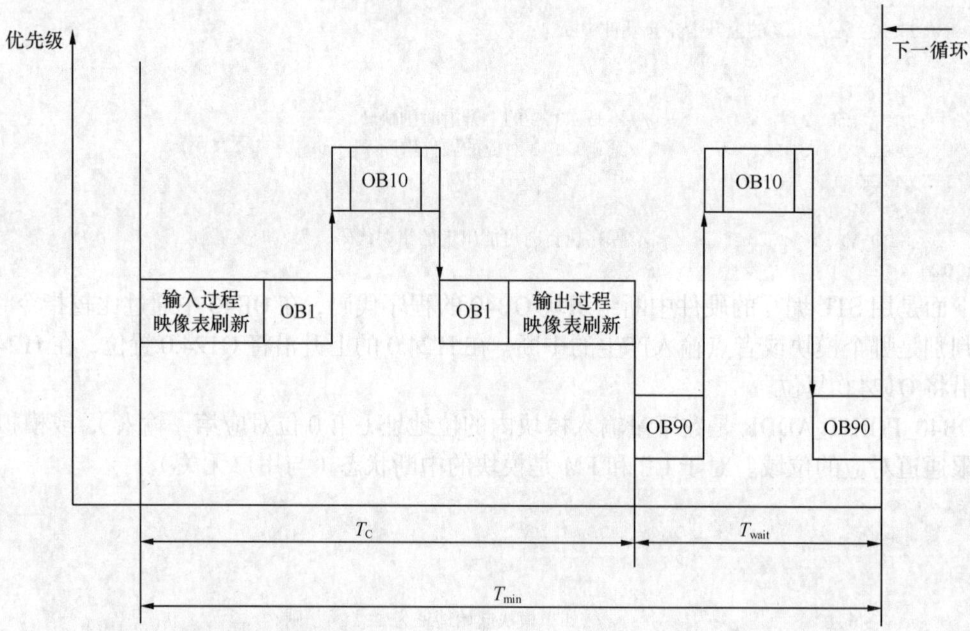

T_C= 主程序循环所需的实际循环时间。

T_{wait}= 下一个循环开始之前所剩的循环时间。

T_{min}= 用 STEP 7 设定的最小循环时间。

图5-43 在CPU中处理的背景循环、主程序循环和OB10

2. OB90 的编程

由于 OB90 的运行时间不受 CPU 操作系统的监视，因此，用户可以在 OB90 中编写的程序的长度不受限制。为确保在背景程序中的数据具有一致性，在编程时要注意以下两个问题。

① OB90 的清零事件。

② 过程映像的刷新与 OB90 不同步。

5.5.8 启动时使用的组织块

1. CPU 模块启动方式

CPU 有 3 种启动方式：热启动（仅 S7-400 有）、暖启动和冷启动。用 STEP 7 设置 CPU 属性时可以选择 CPU 的启动方式。

（1）热启动（Hot Restart）

在 RUN 模式时如果电源突然掉电，然后又重新上电，S7-400 CPU 将执行初始化程序，自动地完成热启动。热启动从上次 RUN 模式结束时程序被中断之处继续执行，不对计数器等进行复位。热启动只能在 STOP 模式时没有修改用户程序的条件下才能进行。对 CPU 进行热启动的设置如图 5-44 所示。

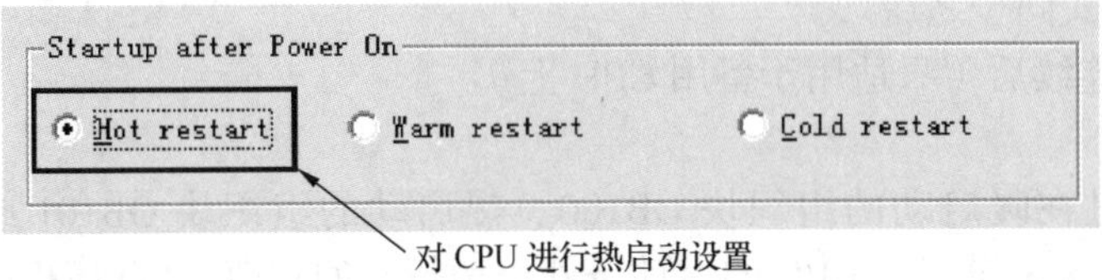

图5-44 对CPU进行热启动的设置

（2）暖启动（Warm Restart）

暖启动时，过程映像数据以及非保持的存储器位、定时器和计数器被复位。具有保持功能的存储器位、定时器、计数器和所有的数据块将保持原来的值。程序将重新开始运行，执行启动 OB 或 OB1。对 CPU 进行暖启动的设置如图 5-45 所示。

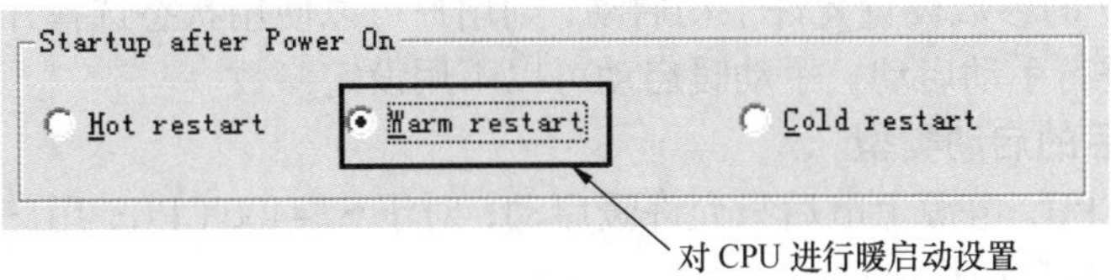

图5-45 对CPU进行暖启动的设置

（3）冷启动（Cold Restart）

冷启动时，过程数据区的所有过程映像数据、存储器位、定时器、计数器和数据块均被清除，即被复位为零，包括有保持功能的数据。用户程序将重新开始运行，执行启动 OB 或 OB1。对 CPU 进行冷启动的设置如图 5-46 所示。

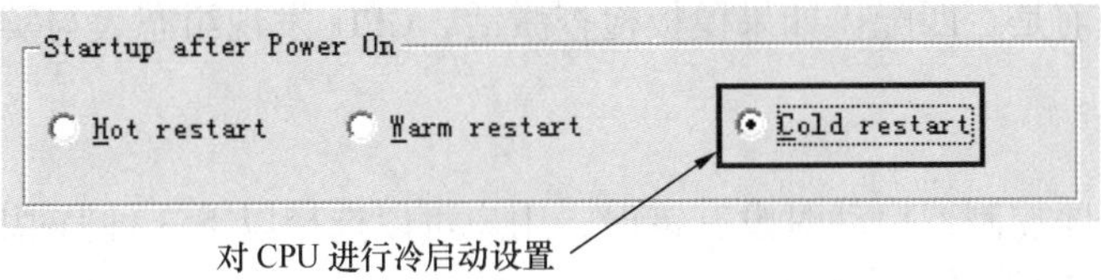

图5-46 对CPU进行冷启动的设置

手动冷启动时将模式选择开关扳到 STOP 模式，STOP LED 亮，再扳到 MRES 模式，STOP LED 灭 1s、亮 1s、再灭 1s 后保持常亮。

不同的启动类型，操作系统调用不同的 OB，如表 5-17 所示。

表 5-17 启动类型对应相关的 OB

启动类型	相关 OB
热启动	OB101
冷启动	OB102
暖启动	OB100

2. CPU 执行启动功能时的事件

当下列事件发生后，CPU 执行启动功能。

① 电源上电后。

② 用户将 CPU 的状态选择开关从 STOP 模式扳到 RUN/RUN-P 模式后。
③ 从通信功能来的请求后。
④ 多 CPU 方式同步之后。
⑤ H 系统中连续后（只适用于备用 CPU 上）。

3. 启动程序

用户可以通过在暖启动的组织块 OB100、热启动的组织块 OB101 或冷启动的组织块 OB102 中编写程序，来设定其 CPU 的启动条件（运行时的初值，I/O 模板的启动值）。

启动程序没有长度限制，也没有时间限制，因为循环监视还没有激活。在启动程序中，不能执行时间中断或硬件中断程序。在启动过程中，所有数字量输出的信号状态都为“0”。

4. 手动启动后的启动类型

S7-300 CPU 只允许手动暖启动或冷启动（只有 CPU318-2）。对于某些 S7-400 CPU，如果用户通过 STEP 7 的参数设置允许手动启动，则用户可以使用状态选择开关和启动类型开关（CRST/WRST），进行手动启动。手动暖启动可以不用设定参数。

5. 自动启动后的启动类型

对于 S7-300 CPU，电源上电后只允许暖启动；对于 S7-400 CPU，用户可以定义电源上电后是自动暖启动还是自动热启动。

6. 过程映像清零

当 S7-400 CPU 启动时，将执行保留的循环，并作为默认设置，清零输出过程映像表。如果用户希望在启动之后继续在用户程序中使用旧值，也可以不将过程映像清零。

7. 模板存在/类型监视

当用户进行组态表的参数设置时，可以决定是否需要在组态表中检查模板是否存在，以及模板类型与启动前是否匹配。如果模板检查激活，CPU 发现组态表与实际组态不相符时，CPU 将不启动。

8. 监视时间

为确保可编程序控制器启动时没有错误，用户可以选择以下 3 种监视时间。
① 模板传递参数的最大允许时间。
② 上电后，模板准备好用于操作的信号所允许的最大时间。
③ 对于 S7-400 CPU，热启动期间中断所允许的最大时间。

5.5.9 错误处理组织块

1. 错误处理概述

S7-300/400 有很强的错误（或称故障）检测和处理能力。这里所说的错误是 PLC 内部功能性错误或编程错误，而不是外部传感器或执行机构的故障。CPU 检测到某种错误后，操作系统调用相应的组织块，用户可以在组织块中编程，对发生的错误采取相应的措施。对于大多数错误，如果没有给组织块编程，出现错误时 CPU 将进入 STOP 模式。

系统程序可以检测出下列错误：不正确的 CPU 功能、系统程序执行中的错误、用户程序中的错误和 I/O 错误。当 CPU 检测到错误时，会调用适当的组织块，如表 5-18 所示，如果没有相应的错误处理 OB，CPU 将进入 STOP 模式。用户可以在错误处理 OB 中编写如何处理这种错误的程序，以减小或消除错误的影响。

表 5-18　错误处理组织块

OB 号	错误类型	优先级
OB70	I/O 冗余错误（仅 H 系列 CPU）	25
OB72	CPU 冗余错误（仅 H 系列 CPU）	28
OB73	通信冗余错误（仅 H 系列 CPU）	35
OB80	时间错误	26
OB81	电源故障	26/28
OB82	诊断中断	
OB83	插入/取出模块中断	
OB84	CPU 硬件故障	
OB85	优先级错误	
OB86	机架故障或分布式 I/O 的站故障	
OB87	通信错误	
OB121	编程错误	引起错误的 OB 的优先级
OB122	I/O 访问错误	

为了避免发生某种错误时 CPU 进入停机状态，可以在 CPU 中建立一个对应的空组织块。

2. 错误的分类

被 S7-300/400 系列 PLC CPU 检测到并且用户可以通过组织块对其进行处理的错误可分为两种基本类型。

① 异步错误。异步错误是与 PLC 的硬件或操作系统密切相关的错误，与程序执行无关。异步错误的后果一般都比较严重。异步错误对应的组织块为 OB70～OB73 和 OB80～OB87，有最高的优先级。

② 同步错误。同步错误是与程序执行有关的错误，OB121 和 OB122 用于处理同步错误，它们的优先级与出现错误时被中断的优先级相同。对错误进行适当处理后，可以将处理结果返回被中断的块。

5.6 本章小结

本章主要介绍了 S7-300/400 系列 PLC 的用户程序结构，通过本章的学习，读者应该重点掌握以下几个内容。

① 用户程序中逻辑块由 OB、FB、FC、SFB 和 SFC 组成。

② 功能块（FB）和功能（FC）的生成和调用。应该重点掌握在何种情况下调用功能块或功能。

③ 时间中断和硬件中断的指令及其使用方法。

④ S7-300/400 系列 PLC CPU 的启动方式包括热启动、暖启动和冷启动。这些启动方式的应用场合及其特点。

第6章 S7-300/400 系列 PLC 的通信与网络

随着计算机通信网络技术的日益成熟及企业对工业自动化成都要求的不断提高，自动控制系统也从传统的集中式控制向多级分布式控制方向发展。这就要求构成控制系统的 PLC 必须要具备通信和网络的功能，能够相互连接、远程通信、构成网络。强烈的市场需求促使各 PLC 生产厂家纷纷为所推出的产品增加通信及联网等功能，研制开发各自的 PLC 网络产品。

PLC 通信及网络技术的内容十分丰富，各生产厂家的 PLC 网络也各不相同。本章主要介绍西门子 S7-300/400 的通信和网络技术。

6.1 计算机通信方式与串行通信接口

在实际工作中，无论是计算机之间还是计算机的 CPU 与外部设备之间常常要进行数据交换。不同的独立系统由传输线路互相交换数据就是通信，构成整个通信的线路称之为网络。通信的独立系统可以是计算机、PLC 或其他的有数据通信功能的数字设备，称为数据终端（Data Terminal Equipment，DTE）。传输线路的介质可以使双绞线、同轴电缆、光纤、无线电波等。

6.1.1 计算机的通信方式

计算机的通信方式可分为并行通信与串行通信，按传输方式可分为单工、半双工与双工通信。

1. 并行通信与串行通信

① 并行通信。并行通信方式如图 6-1 所示。并行数据通信是以字节或字为单位的数据传输方式，除了 8 根或 16 根数据线、一根公共线，还需要通信双方联络用的控制线。并行通信的传送速度快，但是传输线的根数多，抗干扰能力较差，一般用于近距离数据传送，如 PLC 的模块之间的数据传送。

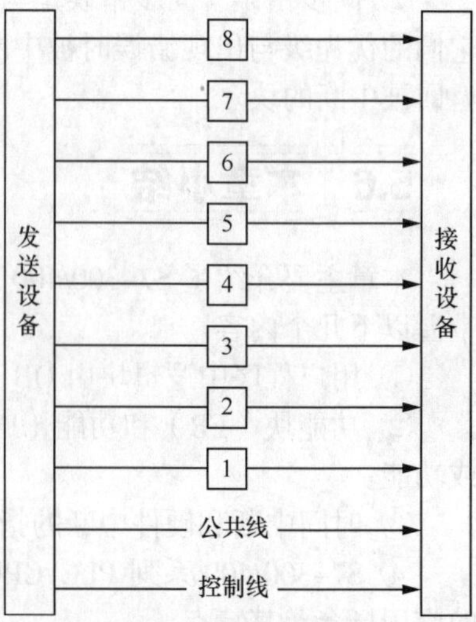

图6-1 并行通信方式

② 串行通信。串行通信方式如图 6-2 所示。串行数据通信是以二进制的位（bit）为单位的数据传输方式，每次只传送一位，最少只需要两根线（双绞线）就可以连接多台设备，组成控制网络。串行通信需要的信号线少，适用于距离较远的场合。计算机和 PLC 都有通用的串行通信

接口，如 RS-232C 或 RS-485 接口，工业控制中计算机之间的通信一般采用串行通信方式。

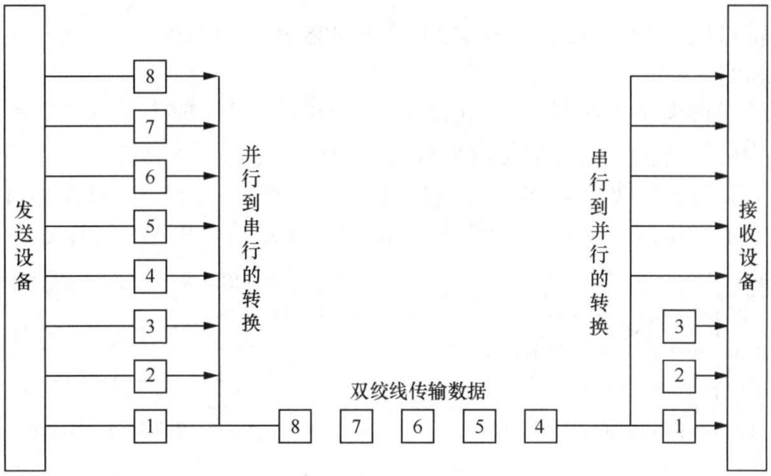

图6-2　串行通信方式

2. 单工、半双工与双工通信

① 单工。单工通信方式如图 6-3 所示。单工通信只能沿单一方向传输数据。如图 6-3 所示，A 端发送数据，B 端只能接收数据。

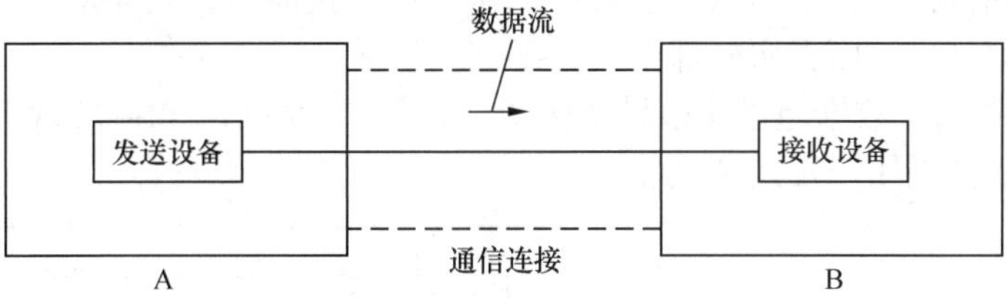

图6-3　单工通信方式

② 半双工。半双工通信方式如图 6-4 所示。半双工通信就指数据可以在两个方向上传送，但是同一时刻只限于一个方向传送。如图 6-4 所示，或者 A 端发送 B 端接收，或者 B 端发送 A 端接收。

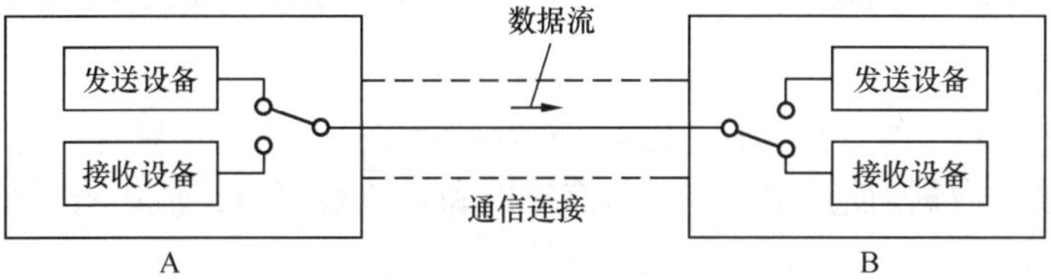

图6-4　半双工通信方式

③ 全双工。全双工通信方式如图 6-5 所示。全双工通信能在两个方向上同时发送和接收数据。如图 6-5 所示，A 端和 B 端都是一边发送数据，一边接收数据。

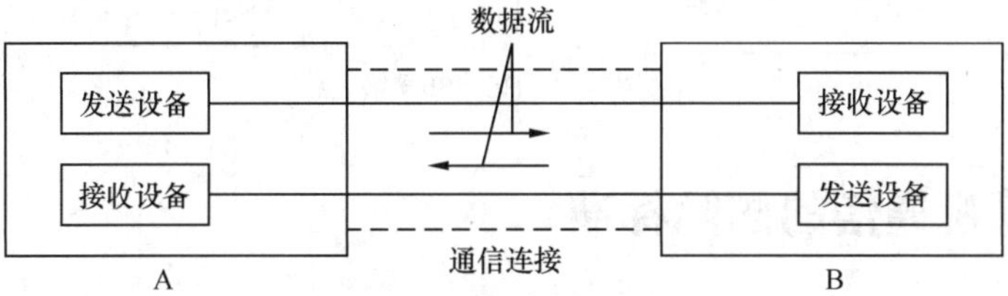

图6-5　全双工通信方式

6.1.2 串行通信接口类型

串行通信接口包括 RS-232C、RS-422A、RS-485 共 3 种类型。

1. RS-232C

RS-232C 是美国电子工业联合会（EIC）在 1969 年公布的通信协议，至今仍在计算机和控制设备通信中广泛使用。当通信距离较近时，通信双方可以直接连接，在通信中不需要控制联络信号，只需要 3 根线（发送线、接收线和信号底线），连接方法如图 6-6 所示，便可以实现全双工异步串行通信。RS-232C 使用单端驱动、单端接收电路，如图 6-7 所示。

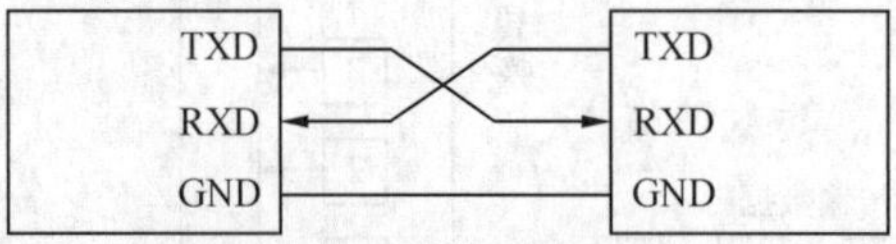

图6-6 RS-232的信号线连接

图6-7 单端驱动、单端接收电路

2. RS-422A

RS-422A 采用平衡驱动、差分接收电路，如图 6-8 所示，从根本上取消了信号地线。平衡驱动器相当于两个单端驱动器，其输入信号相同，两个输出信号互为反相信号。外部输入的干扰信号是以共模方式出现的，两根传输线上的共模干扰信号相同，因接收器是差分输入，共模信号可以互相抵消。只要接收器有足够的抗共模干扰能力，就能从干扰信号中识别出驱动器输出的有用信号，从而克服外部干扰的影响。

在 RS-422A 模式，数据通过 4 根导线传送，如图 6-9 所示。RS-422A 是全双工电路，两对平衡差分信号线分别用于发送和接收。

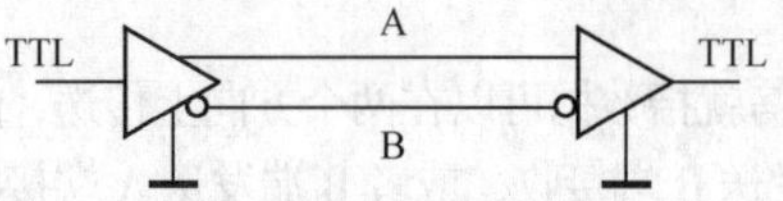

图6-8 平衡驱动、差分接收电路

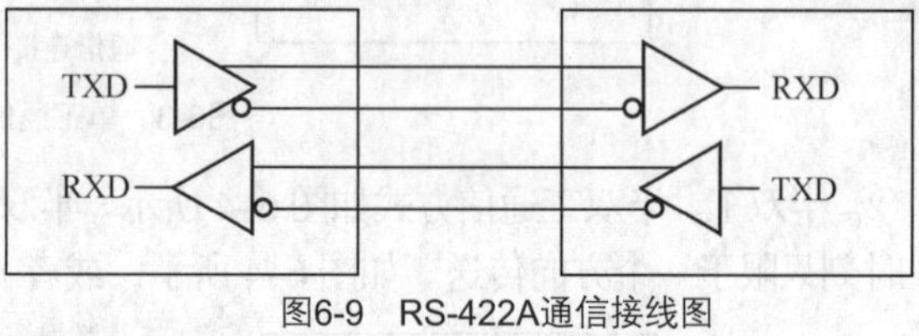

图6-9 RS-422A通信接线图

3. RS-485

RS-485 是 RS-422A 的变形电路，RS-485 为半双工通信方式，只有一对平衡差分信号线，不能同时发送和接收数据。使用 RS-485 通信接口和双绞线可以组成串行通信网络，如图 6-10 所示。

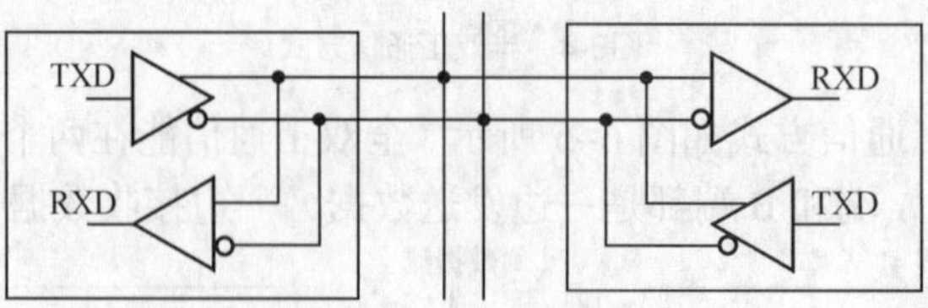

图6-10 RS-485网络

6.2 计算机通信的国际标准

自 1980 年以来，许多国家和国际标准化机构都在积极进行局域网的标准化工作，如果没有一套通用的计算机网络通信标准，要实现不同厂家生产的职能设备之间的通信，将会付出昂贵的代价。下面就介绍两种常用的计算机通信标准。

6.2.1　开放系统互连模型（OSI）

国际标准化组织 ISO 提出了开放系统互连模型 OSI，作为通信网络国际标准化的参考模型，它详细描述了软件功能的 7 个层次，如图 6-11 所示。

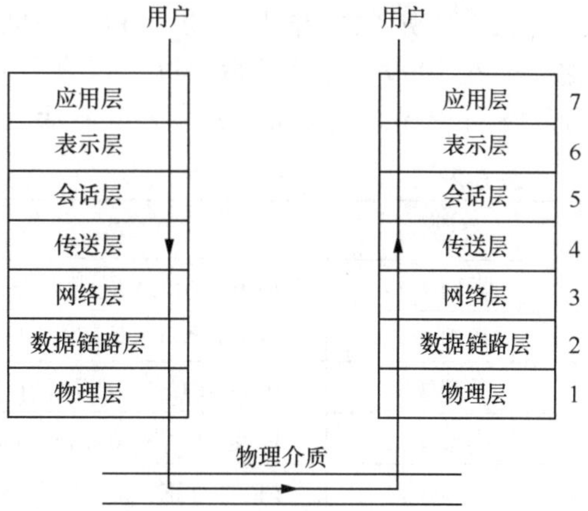

图6-11　开放系统互连模型

7 层模型分为两类，一类是面向用户的第 5～7 层，另一类是面向网络的第 1～4 层，如表 6-1 所示。前者给用户提供适当的方式去访问网络系统，后者描述数据怎么样从一个地方传输到另一个地方。

表 6-1　　7 层模型的内容及说明

内容	说明
物理层	物理层的下层是物理媒体，如双绞线、同轴电缆等。物理层为用户提供建立、保持和断开物理连接的功能，RS-232C、RS-422A、RS-485 等就是物理层标准的例子
数据链路层	数据以帧（Frame）为单位传送，每一帧包含一定数量的数据和必要的控制信息，如同步信息、地址信息、差错控制和流量控制信息等。数据链路层负责在两个相邻节点间的链路上，实现差错控制、数据成帧、同步控制等
网络层	网络层的主要功能是报文包的分段、报文包阻塞的处理和通信子网中路径的选择
传输层	传输层的信息传送单位是报文（Message），它的主要功能是流量控制、差错控制、连接支持，传输层向上一层提供一个可靠的端到端（end_to_end）的数据传送服务
会话层	会话层的功能是支持通信管理和实现最终用户应用进程之间的同步，按正确的顺序收发数据，进行各种对话
表示层	表示层用于应用层信息内容的形式变换。例如，数据加密/解密、信息压缩/解压和数据兼容，把应用层提供的信息编程能够共同理解的形式
应用层	应用层作为 OSI 的最高层，为用户的应用服务提供信息交换，为应用接口提供操作标准

6.2.2　现场总线及其国际标准

国际电工委员会（IEC）对现场总线的定义是“安装在制造和过程区域的现场装置与控制室内的自动控制装置之间数字式、串行、多点通信数据总线称为现场总线”。现场总线以开放的、独立的、全数字化的双向多变量通信代替 0～10mA 或 4～20mA 现场电动仪表信号。现场总线 I/O 集检测、数据处理、通信功能为一体，可以代替变送器、调节器、记录仪等模拟仪表。它不需要框架、机柜，可以直接安装在现场导轨槽上。现场总线 I/O 的接线极为简单，只需一根电缆，从主机开始，沿数据链从一个现场总线 I/O 连接到下一个现场总线 I/O。使用现场总线后，自控系统的配线、安装、调试和维护等方面的费用可以节约三分之二，因此，现场总线 I/O 与 PLC 可以组成高性价比的数据通信（DCS，Data Communication System）系统。

IEC 的现场总线国际标准（IEC 61158）是迄今为止制定时间长、意见分歧大的国际标准之一。在 1999 年年底获得通过，容纳了 8 种互不兼容的协议，这 8 种协议在 IEC 61158 中分别为 8 种现场总线类型，如表 6-2 所示。

表 6-2 现场总线的类型

类型	说明
类型 1	原 IEC 61158 技术报告，即现场总线基金会（FF）的 H1
类型 2	Control Net（美国 Rockwell 公司支持）
类型 3	PROFIBUS（德国西门子公司支持）
类型 4	P-Net（丹麦 Process Data 公司支持）
类型 5	FF 的 HSE（原 FF 的 H2，高速以太网，美国 Fisher Rosemount 公司支持）
类型 6	Swift Net（美国波音公司支持）
类型 7	WorldFIP（法国 Alston 公司支持）
类型 8	Interbus（德国 Phoenix Contact 公司支持）

各类型将自己的行规纳入 IEC 61158，且遵循以下两个原则。

① 不改变 IEC 61158 技术报告的内容。

② 不改变各行规的技术内容，各组织按 IEC 技术报告（类型 1）框架组织各自的行规，并提供对类型 1 的网关或连接器。用户在使用各种类型时仍需遵循各自的行规。因此，IEC 61158 标准不能完全代替各行规，除非今后出现完整的现场总线标准。

IEC 标准的 8 种类型都是平等的，类型 2～8 都对类型 1 提供接口，标准并不要求类型 2～8 之间提供接口。

6.3 S7-300/400 的通信网络

6.3.1 工业自动化网络

现代大型工业企业中，一般采用多级网络的形式。可编程控制器制造商经常用生产金字塔结构来描述其产品可以实现的功能。国际标准化组织（ISO）确定了企业自动化系统的初步模型，如图 6-12 所示。

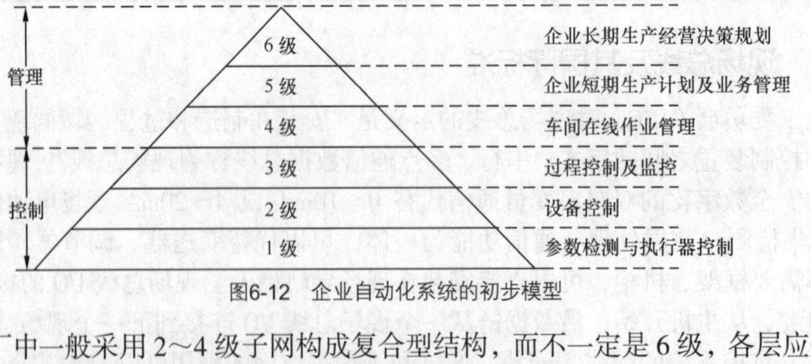

图6-12 企业自动化系统的初步模型

实际工厂中一般采用 2～4 级子网构成复合型结构，而不一定是 6 级，各层应采用相应的通信协议。图 6-12 中的下半部的控制部分包括参数检测与执行、设备控制、过程控制及监控对应着实际的现场设备层、单元层和工厂管理层。

1. 现场设备层

现场设备层的主要功能是连接现场设备。例如，分布式 I/O、传感器、驱动器、执行机构和开关设备等，以完成现场设备控制及设备间连锁控制。主站（PLC、PC 或其他控制器）负责总线通信管理及与从站的通信。总线上所有设备的生产工艺控制程序均存储在主站中，并由主站统一执行。

2. 单元层

单元层又称车间监控层，用来完成车间主生产设备之间的连接，实现车间级设备的监控。车间级监控包括生产设备状态的在线监控、设备故障报警及维护等。通常还具有诸如生产统计、生产调度等车间级生产管理功能。车间级监控通常要设立车间监控室，有操作员工作站及打印设备。车间级监控网络可采用 PROFIBUS–FMS 或工业以太网，PROFIBUS–FMS 是一个多主网络，这一级数据传输速率不是最重要的，但是应能传送大容量的信息。

3. 工厂管理层

车间操作员工作站可以通过集线器与车间办公管理网连接，将车间生产数据送到车间管理层。车间管理网作为工厂主网的一个子网，通过交换机、网桥、路由器等连接到厂区骨干网，将车间数据集成到工厂管理层。

S7-300/400 带有 PROFIBUS–DP 和工业以太网的通信模块、点对点通信模块，而 CPU 模块集成有 MPI 和 DP 通信接口，因此 S7-300/400 具有很强的通信能力。通过 PROFIBUS–DP 或 AS–i 现场总线，CPU 与分布式 I/O 模块之间可以周期性地自动交换数据（过程映像数据交换）。在自动化系统中，PLC 与计算机和 HMI（人机接口）站之间可以交换数据。

6.3.2 S7–300/400 的通信网络

S7–300/400 的通信网络示意图如图 6–13 所示。

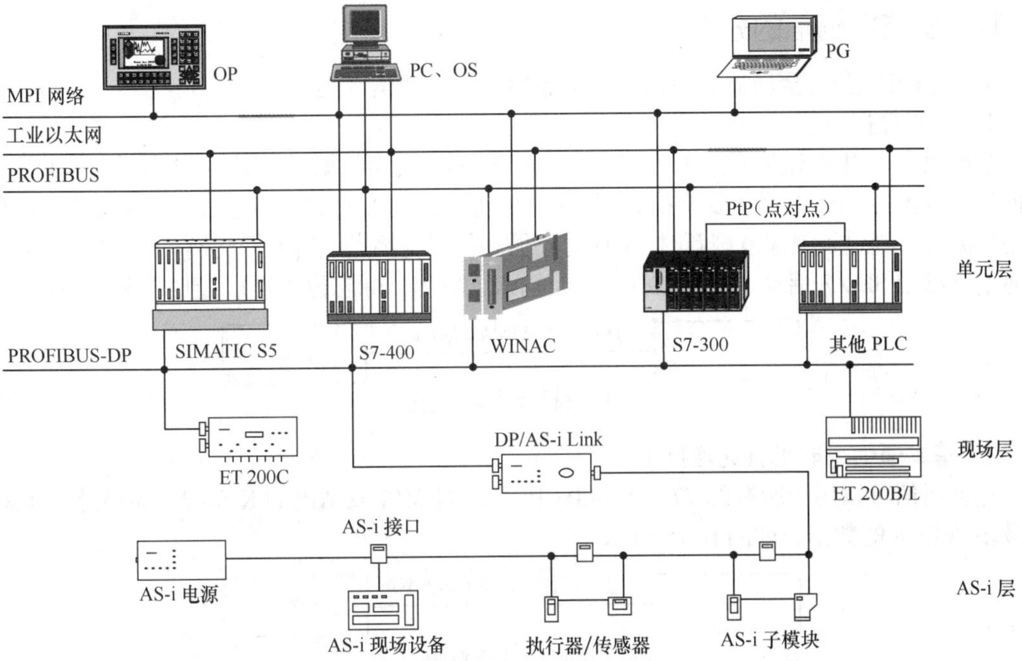

图6-13 S7-300/400的通信网络示意图

1. 通过多点接口（MPI）协议的数据通信

MPI 是多点接口（Multi Point Interface）的简称。S7-300/400 CPU 都集成了 MPI 通信协议，MPI 的物理层是 RS-485，最大传输速率为 12Mbit/s。PLC 通过 MPI 能同时连接运行 STEP 7 的编程器、计算机、人机界面（HMI）及其他 SIMATIC S7、M7 和 C7。这是一种经济而有效的解决方案。STEP 7 的用户界面提供了通信组态功能，使通信的组态变得非常简单。

2. PROFIBUS

工业现场总线 PROFIBUS 是用于车间级监控和现场层的通信系统，它符合 IEC 61158 标准，具有开放性，符合该标准的各厂商生产的设备都可以接入同一网络中。S7-300/400 系列 PLC 可以通过通信处理器或集成在 CPU 上的 PROFIBUS-DP 接口连接到 PROFIBUS-DP 网络上。

3. 工业以太网

工业以太网（Industrial Ethernet）是用于工厂管理和单元层的通信系统，符合 IEEE 802.3 国际标准，用于对时间要求不太严格但需要传送大量数据的通信场合。工业以太网支持广域的开放型网络模型，可以采用多种传输介质。西门子的工业以太网的传输速率为 10Mbit/s 或 100Mbit/s，最多 1024 个网络节点，网络的最大传输距离为 150km。

4. 点对点连接

点对点连接（Point to Point Connections）可以连接两台 S7 PLC 和 S6 PLC 以及计算机、打印机、机器人控制系统、扫描仪、条码阅读器等非西门子设备。使用 CP340、CP341 和 CP441 通信处理模块，或通过 CPU313-2PtP 和 CPU314C-2PtP 集成的通信接口，可以建立经济而方便的点对点连接。

5. 通过 AS-i 的过程通信

执行器-传感器接口（Actuator-Sensor-Interface）简称 AS-i，是位于自动控制系统最底层的网络，用来连接有 AS-i 接口的现场二进制设备，只能传送如开关状态等的少量数据。

6.3.3 S7 通信的分类

S7 通信可以分为全局数据通信、基本通信及扩展通信 3 类。

1. 全局数据通信

全局数据（GD）通信通过 MPI 接口在 CPU 间循环交换数据，如图 6-14 所示。GD 用全局数据表来设置各 CPU 之间需要交换数据存放的地址区和通信的速率。通信是自动实现的，不需要用户编程。当过程映像被刷新时，GD 将在循环扫描检测点进行数据交换。S7-400 的全局数据通信可以用 SFC 来启动。全局数据可以是输入、输出、标志位（M）、定时器和计数器。

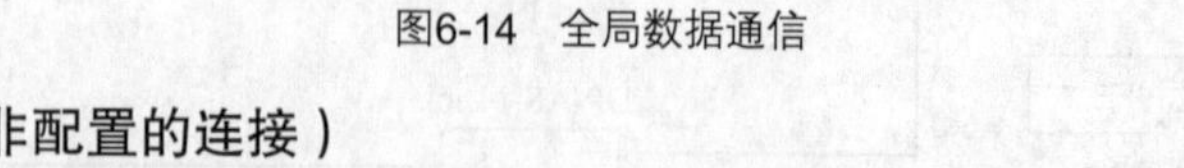

图6-14 全局数据通信

2. 基本通信（非配置的连接）

这种通信可以用于所有的 S7-300/400 CPU，通过 MPI 或站内的 K 总线（通信总线）来传送最多 76Byte 的数据，如图 6-15 所示。

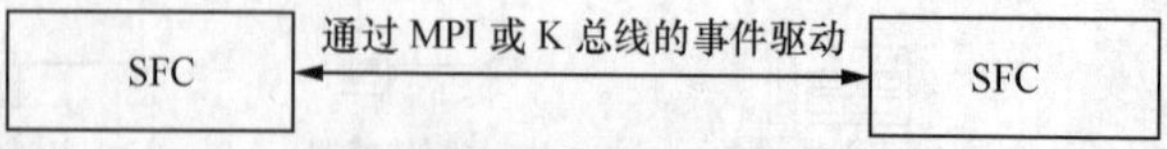

图6-15 基本通信

3. 扩展通信（配置的通信）

这种通信可以用于所有的 S7-300/400 CPU，通过 MPI、PROFIBUS 和工业以太网最多可以传送 64KB 的数据，如图 6-16 所示。扩展通信是通过系统功能块（SFB）来实现的，支持有应答的通信。

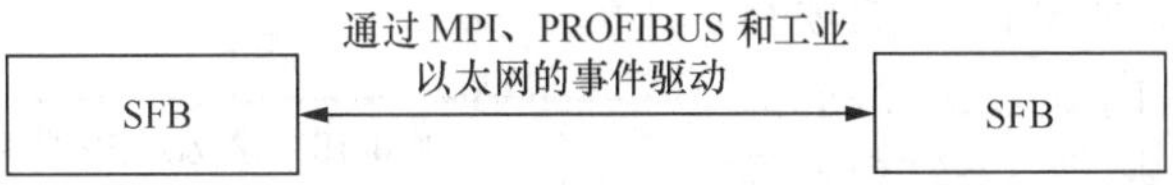

图6-16　扩展通信

6.4　MPI 网络与全局数据通信

MPI 网络可以用来访问 PLC 的所有智能模块。通过全局数据通信，一个 CPU 可以访问另一个 CPU 的位存储器、输入/输出映像区、定时器、计数器和数据块中的数据。

6.4.1　MPI 网络

MPI 是多点接口（Multi Point Interface）的简称，其网络示意图如图 6-17 所示。

在 S7-300 中，MPI 总线在 PLC 中与 K 总线（通信总线）连接在一起，S7-300 机架上 K 总线的每一个节点（功能模块 FM 和通信处理器 CP）也是 MPI 的一个节点，并拥有自己的 MPI 地址。

在 S7-400 中，MPI（187.5kbit/s）通信模式被转换为内部 K 总线（10.5Mbit/s）。S7-400 只有 CPU 有 MPI 地址，其他智能模块没有独立的 MPI 地址。

通过 MPI 接口，CPU 可以自动广播其总线参数组态（如波特率）。然后 CPU 可以自动检索正确的参数，并连接至一个 MPI 子网。

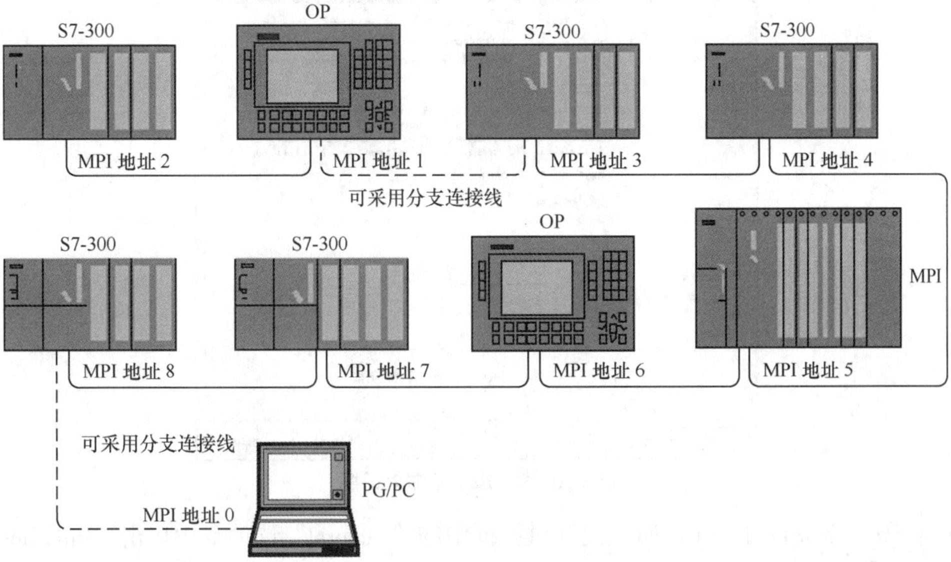

图6-17　MPI网络示意图

6.4.2　MPI 网络的组态

下面通过建立 S7-300 与 S7-400 PLC CPU 的通信来介绍 MPI 网络组态的步骤。

① 在 STEP 7 中生成“MPI 全局数据通信”项目，首先在 SIMATIC 管理器中生成两个站，其 CPU 分别为 CPU413-1 和 CPU313C（1），如图 6-18 所示。

② 选中管理器左边窗口中的项目对象，在右边的工作区内双击 MPI 图标，打开 NetPro 工具，出现了一条红色的标有 MPI（1）的网络，和没有与网络相连的两个站的图标，如图 6-19 所示。

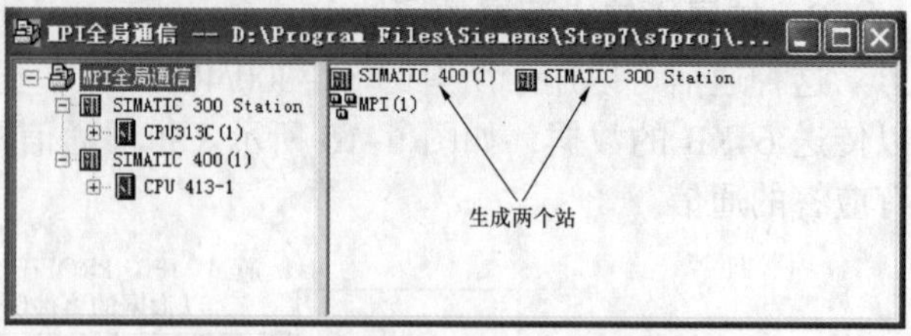

图6-18 建立STEP项目，生成两个站

③ 双击某个站标有小红方块的区域（不要双击小红方块），打开 CPU（以 CPU313 为例）的属性设置对话框，如图 6-20 所示。

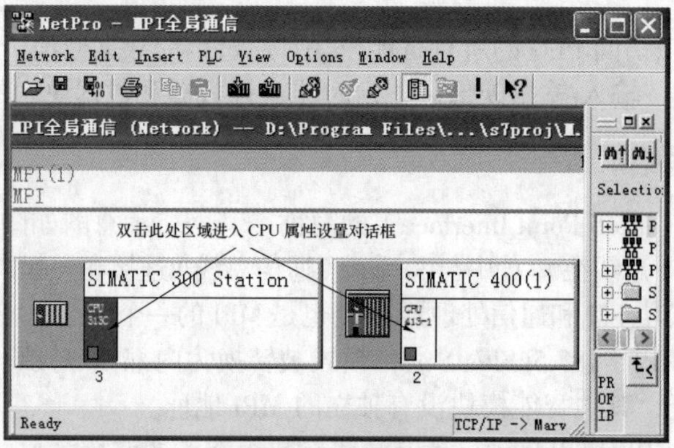

图6-19 NetPro窗口

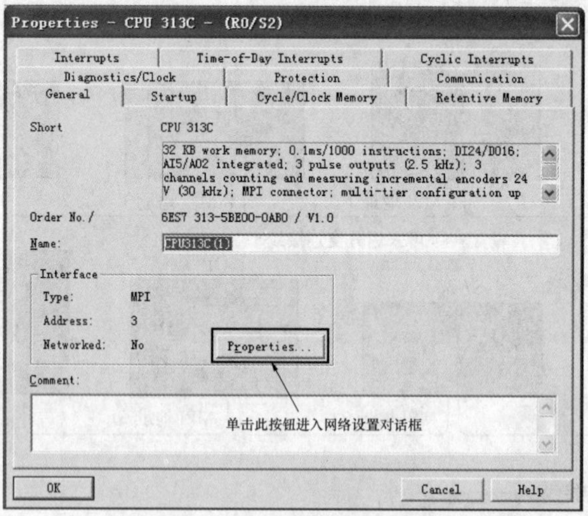

图6-20 CPU属性设置对话框

④ 在图 6-20 所示的 CPU 属性设置对话框中的“General”选项卡中单击“Interface”（接口）区内的【Properties】按钮，打开“Properties-MPI Interface”窗口，如图 6-21 所示。通过“Parameters”选项卡中的“Adress”列表框，设置 MPI 站地址，在“Subnet”（子网）显示框中，如果选择 MPI（1），该 CPU 就被连接到 MPI（1）子网上，选择“not networked”，将断开与 MPI（1）子网的连接。

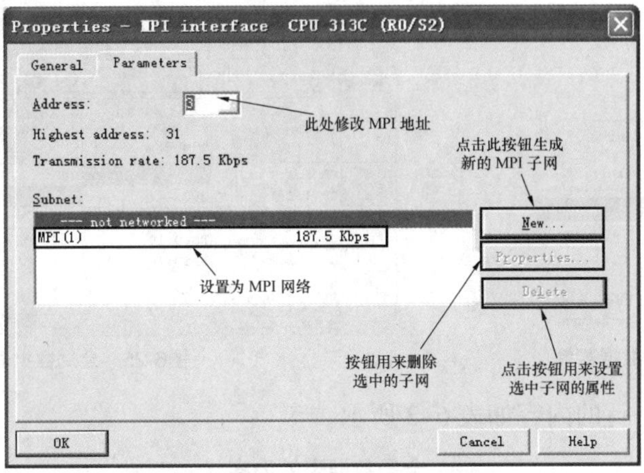

图6-21　Properties-MPI Interface窗口

⑤ 设置完两个 CPU 的 MPI 的属性后，在 NetPro 中组态好的 MPI 网络如图 6-22 所示。

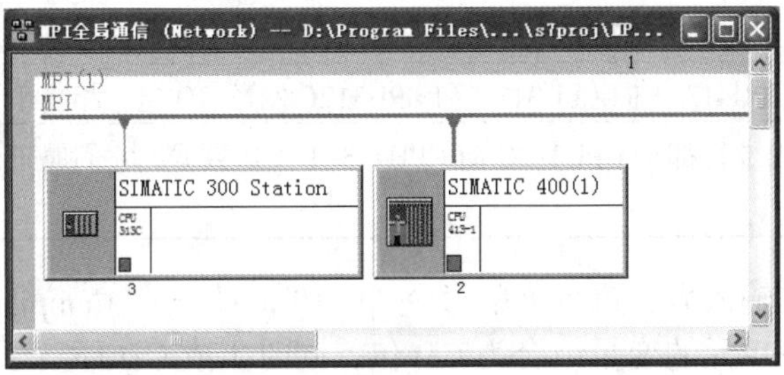

图6-22　MPI网络的组态

6.4.3　全局数据表

1. 全局数据（GD）通信用全局数据表（GD 表）来设置

全局数据通信的组态步骤如图 6-23 所示。

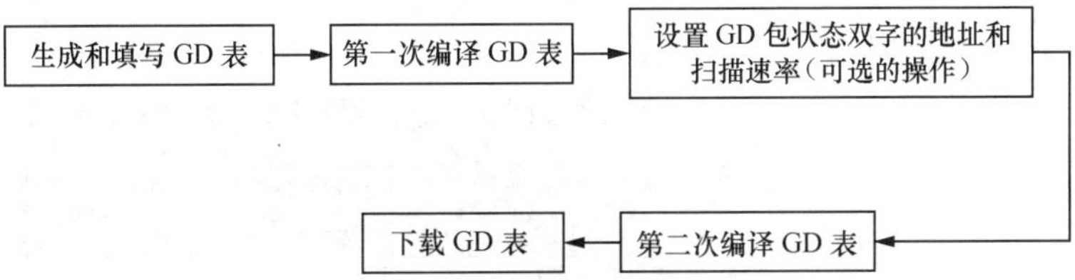

图6-23　全局数据通信的组态步骤

2. 生成和填写 GD 表

在“NetPro”窗口中用右键单击 MPI 网络线，在弹出的窗口中执行菜单命令“Define Global Data”（定义全局数据），如图 6-24 所示。在出现的 GD 窗口（如图 6-25 所示），对全局数据通信进行配置。

在表的第一行输入 3 个 CPU 的名称。鼠标右键单击 CPU413-1 下面的单元（方格），如图 6-25 所示，在出现的菜单中选择“Sender”（发送者），输入要发送的全局数据的地址 MW0。在每一行中只能有一个 CPU 发送方。同一行中各个单元的字节数应相同。单击 CPU313C 下面的单元，输入 QW0，该格的背景为白色，如图 6-25 所示，表示 CPU313C 是接收站。

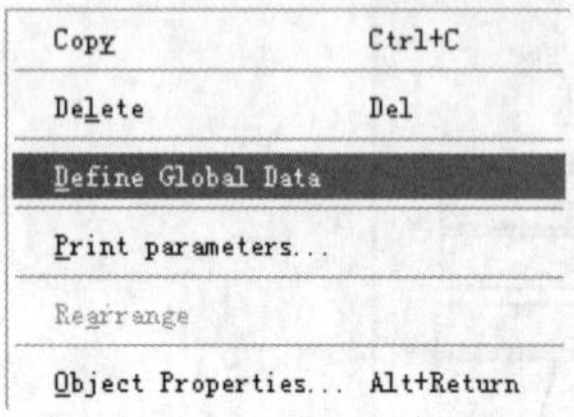

图6-24 定义全局数据菜单

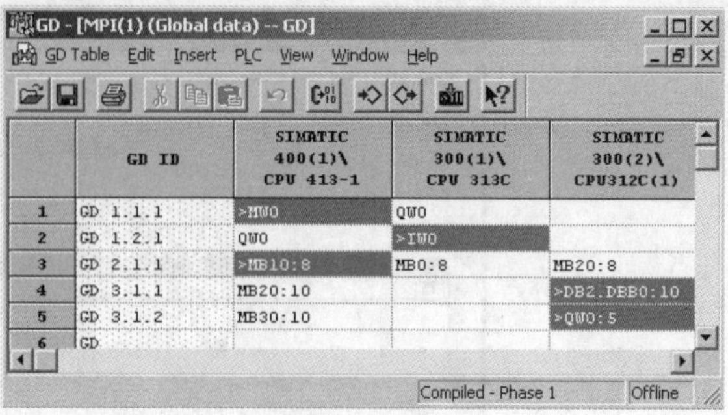

图6-25 全局数据表

图 6-25 中的每一行的内容如表 6-3 所示。

表 6-3 全局数据表的内容

行数	内容
1～2 行	CPU413-1 和 CPU313C 在 1、2 行组成 1 号 GD 环，分别向对方发送 GD 包，同时接收对方的 GD 包，相当于全双工通信方式
3 行	第 3 行是 CPU413-1 向 CPU313C 和 CPU312C 发送 GD 包，相当于 1:*N* 的广播通信方式
4～5 行	第 4 行和第 5 行都是 CPU312C 向 CPU413-1 发送数据，它们属于 3 号 GD 环 1 号 GD 包中的两组数据

完成全局数据表的输入后，执行菜单命令“GD Table”→“Compile…”，如图 6-26 所示，进行第一次编译，将各单元的变量组合为 GD 包，同时生成 GD 环。

3. 设置扫描速率和状态双字的地址

扫描速率用来定义 CPU 刷新全局数据的时间间隔。在第一次编译后，执行菜单命令“View”→“Scan Rates”，每个数据包将增加标有“SR”的行，如图 6-27 所示，用来设置该数据包的扫描速率（1～255）。扫描速率的单位是 CPU 的循环扫描周期，S7-300 默认的扫描速率为 8，S7-400 的为 22，用户可以修改默认的扫描速率。如果选择 S7-400 的扫描速率为 0，表示是事件驱动的 GD 发送和接收。

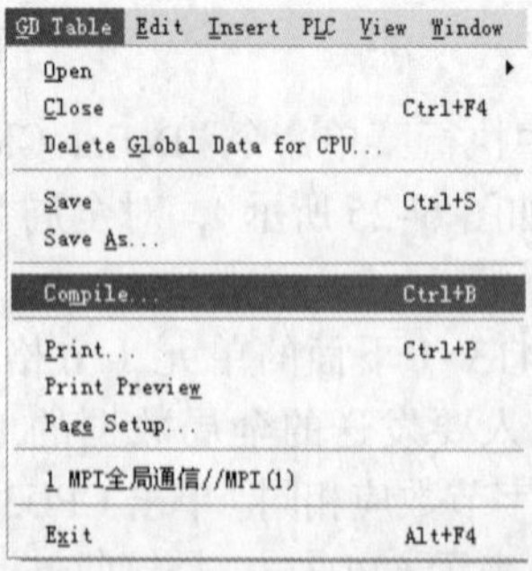

图6-26 对全局数据包进行编译的菜单命令

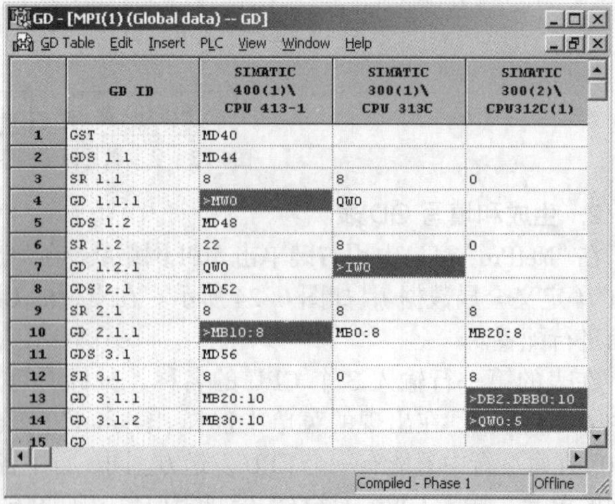

图6-27 第一次编译后的全局数据表

用 GD 数据传输的状态双字来检查数据是否被正确地传送，第一次编译后执行菜单命令“View”→“GD Status”，如图 6-28 所示。在出现的 GDS 行中可以给每个数据包指定一个状态双字的地址，最上面一行的全局状态双字 GST 是各 GDS 行中的状态双字相“与”的结果。状态双字中使用的各位的意义如表 6-4 所示，被置位的位保持其状态不变，直到它被用户程序复位。

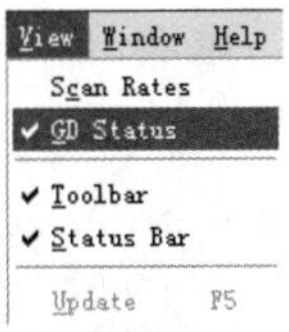

图6-28　检查数据是否被正确地传送的菜单命令

表 6-4　GD 通信状态双字

位号	说明	状态位设定者
0	发送方地址区长度错误	发送或接收 CPU
1	发送方找不到存储 GD 的数据块	发送或接收 CPU
3	全局数据包在发送方丢失 全局数据包在接收方丢失 全局数据包在链路上丢失	发送 CPU 发送或接收 CPU 接收 CPU
4	全局数据包语法错误	接收 CPU
5	全局数据包 GD 对象遗漏	接收 CPU
6	接收方和发送方数据长度不匹配	接收 CPU
7	接收方地址区长度错误	接收 CPU
8	接收方找不到存储 GD 的数据块	接收 CPU
11	发送方重新启动	接收 CPU
31	接收方接收到新数据	接收 CPU

状态双字使用户程序能及时了解通信的有效性和实时性，增强了系统的故障诊断能力。

6.4.4　事件驱动的全局数据通信

使用 SFC60“GD_SEND”和 SFC61“GD_RCV”，如图 6-29 所示，S7-400 可以用事件驱动的方式发送和接收 GD 包，进而实现全局通信。在全局数据表中，必须对要传送的 GD 包组态，并将扫描速率设置为 0。

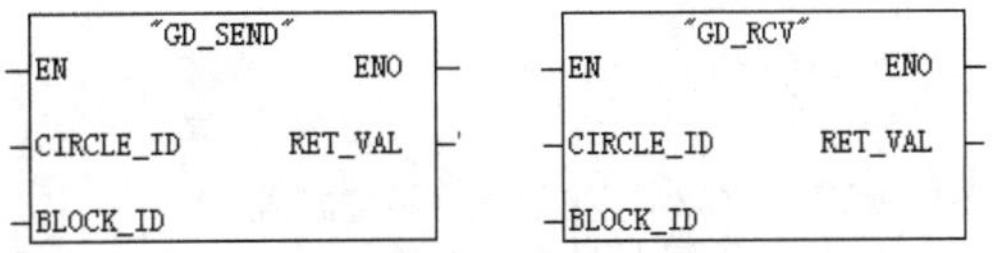

图6-29　事件驱动的全局数据通信命令

为了保证全局数据交换的连续性，在调用 SFC60 之前应调用 SFC39“DIS_IRT”或 SFC41“DIS_AIRT”来禁止或延迟更高级的中断和异步错误。SFC60 执行完后调用 SFC40“EN_IRT”或 SFC42“EN_AIRT”来确认高优先级的中断和异步错误。下面是用 SFC60 发送 GD3.1 的程序。

```
Network 1：延迟处理高中断优先级的中断和异步错误
      CALL  "DIS_AIRT"              //调用 SFC41，延迟处理高中断优先级的中断和异步错误
       RET_VAL:=MW100               //返回的故障信息
Network 2：发送全局数据
      CALL  "GD_SEND"               //调用 SFC60
       CIRCLE_ID:=B#16#3            //GD 环编号，允许值为 1～16
       BLOCK_ID :=B#16#1            //GD 包编号，允许值为 1～4
       RET_VAL  :=MW102             //返回的故障信息
Network 3：允许处理高中断优先级的中断和异步错误
      CALL  "EN_AIRT"               //调用 SFC42，允许处理高中断优先级的中断和异步错误
       RET_VAL:=MW104               //返回的故障信息
```

CIRCLE_ID 和 BLOCK_ID 分别是要发送的全局数据包的 GD 环和 GD 包的编号，允许的取值范围可查阅 CPU 的技术数据。上述编号是用 STEP 7 配置 GD 数据表时设置的。

RET_VAL 是返回的故障信息，故障信息代码可以查阅相关的文献。

6.4.5 不用连接组态的 MPI 通信

不用连接组态的 MPI 通信用于 S7-300 之间、S7-300 与 S7-400 之间、S7-300/400 与 S7-200 之间，是一种应用广泛的通信方式。

1. 需要双方编程的 S7-300/400 之间的通信

首先建立一个项目，对两个 PLC 的 CPU 进行 MPI 网络组态，假设 A 站和 B 站的 MPI 地址分别设置为 2 和 3。下面程序的功能是将 A 站中 M20～M24 中的数据发送到 B 站的 M30～M34。

在 A 站的循环中断组织块 OB35 中调用系统功能 SFC65 "X_SEND"，将 MB20～MB24 中 5Byte 的数据发送到 B 站。在 B 站的 OB1 中调用系统功能 SFC66 "X_RCV"，接收 A 站发送的数据，并存放到 MB30～MB34 中。

下面是发送方 A 站的 OB35 中的程序。

```
Network 1：通过 MPI 发送数据
      CALL  "X_SEND"
       REQ     :=TRUE               //激活发送请求
       CONT    :=TRUE               //发送完成后保持连续
       DEST_ID:=W#16#3              //接收方的 MPI 地址
       REQ_ID :=DW#16#1             //任务标识符
       SD     :=P#M 20.0 BYTE 5     //本地 PLC 发送区
       RET_VAL:=LW0
       BUSY   :=L2.0                //=1：发送未完成
```

输入 REQ 等号之后的值时输入"1"，输入后自动变为"TRUE"。下面是接收方（B 站）的 OB1 中的程序。

```
Network 1：从 MPI 接收数据
      CALL  "X_RCV"
       EN_DT  :=TRUE                //将接收到的数据复制到接收区
       RET_VAL:=LW0                 //返回的错误代码，=W#16#7000 时无错误
       REQ_ID :=LD2                 //SFC65"X_SEND"的任务标识符
       NDA    :=L6.0                //为 0 没有新的排队数据；为 1 且 EN_DT 为 1 新数据被复制
       RD     :=P#M 30.0 BYTE 5     //本地 PLC 的数据接收区
```

2. 只需一个站编程的 S7-300/400 之间的通信

假设 A 站和 B 站的 MPI 地址分别为 2 和 3，B 站不用编程，在 A 站的循环中断组织块 OB35 中调用发送功能 SFC68"X_PUT"，将 MB40～MB49 的 10Byte 的数据发送到 B 站 MB50～MB59

中。同时 A 站调用接收功能 SFC67 “X_GET”，将对方的 MB60～MB69 中 10Byte 的数据读入到本站 MB70～MB79 中。下面是 A 站 OB35 的程序。

```
Network 1: 用 SFC68 从 MPI 发送数据
      CALL  "X_PUT"
      REQ     :=TRUE                    //激活发送请求
      CONT    :=TRUE                    //发送完成后保持连接
      DEST_ID :=W#16#3                  //接收方的 MPI 地址
      VAR_ADDR:=P#M 50.0 BYTE 10        //对方的数据接收区
      SD      :=P#M 40.0 BYTE 10        //本地的数据发送区
      RET_VAL :=LW0                     //返回的故障信息
      BUSY    :=L2.1                    //为 1 发送未完成
Network 2: 用 SFC67 从 MPI 读取对方的数据到本地 PLC 的数据区
      CALL  "X_GET"
      REQ     :=TRUE                    //激活请求
      CONT    :=TRUE                    //接收完成后保持连接
      DEST_ID :=W#16#3                  //对方的 MPI 地址
      VAR_ADDR:=P#M 60.0 BYTE 10        //要读取对方的数据区
      RET_VAL :=LW4                     //返回的故障信息
      BUSY    :=L2.2                    //为 1 发送未完成
      RD      :=P#M 70.0 BYTE 10        //本地的数据接收区
```

SFC69 “X_ABORT” 可以中断一个由 SFC “X_SEND” “X_GET” 或 “X_PUT” 建立的连接。如果上述 SFC 的工作已完成，即 BUSY=0，调用 SFC69 “X_ABORT” 后，通信双方的连接资源被释放。

6.5　执行器传感器接口 AS-i 网络

AS-i 是执行器传感器接口（Actuator Sensor Interface）的缩写，它是用于现场自动化设备（即传感器和执行器）的双向数据通信网络，位于工厂自动化网络的最底层。目前，AS-i 已被列入 IEC 62026 国际标准的第 2 部分。AS-i 特别适用于连接需要传送开关量的传感器和执行器等设备。例如，读取各种接近开关、光电开关、压力开关、温度开关、物料位置开关的状态，控制各种阀门、声光报警器、继电器盒接触器等，AS-i 也可以传送模拟量数据。

6.5.1　AS-i 的网络结构

AS-i 属于主从式网络，每个网段只能有一个主站（见图 6-30）。主站是网络通信的中心，负责网络的初始化以及设置从站的地址和参数等。它具有错误校验功能，发现传输错误将重发报文。传输的数据很短，一般只有 4 位。

AS-i 从站是 AS-i 系统的输入通道和输出通道，它们仅在被 AS-i 主站访问时才被激活。接到命令时，它们触发动作或者将信息传送给主站。

AS-i 电源模块的额定电压为 DC 24V，最大输出电流为 2A。AS-i 所有分支电路的最大总长度为 100m，可以用中继器延长。传输介质可以是屏蔽的或非屏蔽的两芯电缆，支持总线供电，即两根电缆同时可以作信号线和电源线。网络树形结构允许电缆中任意点作为新分支的起点。

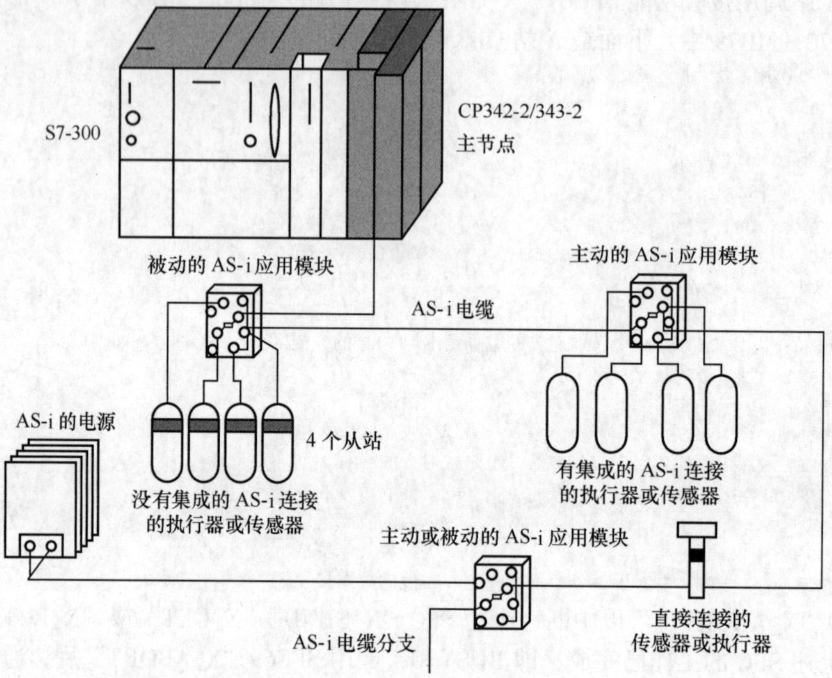

图6-30　AS-i 网络示意图

6.5.2　AS-i 的寻址模式

1. 标准寻址模式

AS-i 的节点（从站）地址为 5 位二进制数，每一个标准从站占一个 AS-i 地址，最多可以连接 31 个从站，地址 0 仅供产品出厂时使用，在网络中应改用别的地址。每一个标准 AS-i 从站可以接收 4 位数据或发送 4 位数据，所以一个 AS-i 总线网段最多可以连接 124 个二进制输入点和 124 个输出点，对 31 个标准从站的典型轮询时间为 5ms，因此 AS-i 适用于工业过程开关量高速输入/输出的场合。

用于 S7-200 的通信处理器 CP242-2 和用于 S7-300、ET 200M 的通信处理器 CP342-2 都属于标准 AS-i 主站。

2. 扩展的寻址模式

在扩展的寻址模式中，两个从站分别作为 A 从站和 B 从站，使用相同的地址，这样使可寻址从站的最大个数增加到 62 个。由于地址的扩展，使用扩展寻址模式时每个从站的二进制输出减少到 3 个，每个从站最多 4 点输入和 3 点输出。一个扩展的 AS-i 主站可以操作 186 个输出点和 248 个输入点。使用扩展寻址模式时对从站的最大轮询时间为 10ms。

6.5.3　AS-i 的主从通信方式

AS-i 是单主站系统，AS-i 通信处理器（CP）作为主站控制现场的通信过程。主从通信过程如图 6-31 所示，主站轮流询问每个从站，询问后等待从站的响应。

地址是 AS-i 从站的标识符，可以用专用的地址单元或主站来设置各从站的地址。

AS-i 使用电流调制的传输技术保证了通信的高可靠性。主站如果检测到传输错误或从站的故障，将会发送报文给 PLC，提醒用户进行处理。在正常运行时增加或减少从站，不会影响其他从站的通信。

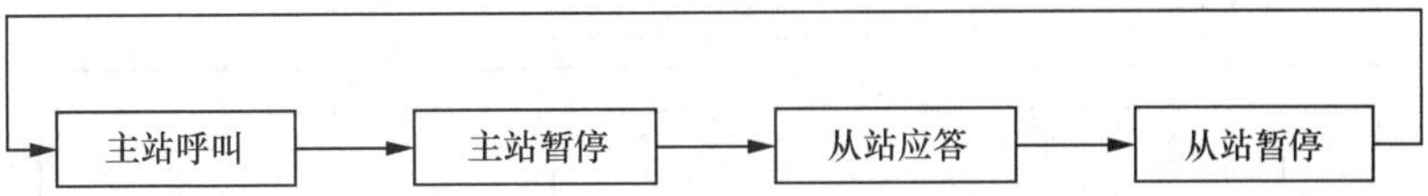

图6-31　AS-i主从通信过程

根据扩展的 AS–i 接口技术规范 V2.1 最多允许连接 62 个从站，主站可以对模拟量进行处理。AS–i 的报文主要有主站呼叫发送报文和从站应答报文，如图 6–32 所示。在主站呼叫发送报文中，ST 是起始位，其值为 0。SB 是控制位，为 0 或为 1 时分别表示传送的是数据或命令。A4～A0 是从站地址，I4～I0 为数据位。PB 是奇偶校验位，在报文中不包括结束位在内各位中 1 的个数应为偶数。EB 是结束位，其值为 1。在 7 个数据位组成的从站应答报文中，ST、PB 和 EB 的意义与取值与主站呼叫发送报文的相同。

ST	SB	A4	A3	A2	A1	A0	I4	I3	I2	I1	I0	PB	EB

主站呼叫发送报文

ST	I3	I2	I1	I0	PB	EB

从站应答报文

图6-32　AS-i的通信报文

6.5.4　AS–i 从站的通信接口

AS–i 的从站由专用 AS–i 通信芯片和传感器或执行器部分组成，如图 6–33 所示。AS–i 的从站包括以下功能单元：电源供给单元、通信的发送器和接收器、微处理器、数据输入/输出单元、参数输出单元和 EEPROM 存储器芯片。微处理器是实现通信功能的核心，接收来自主站的呼叫发送报文，对报文进行解码和出错检查，实现主、从站之间的双向通信，把接收到的数据传送给传感器和执行器，向主站发送响应报文。

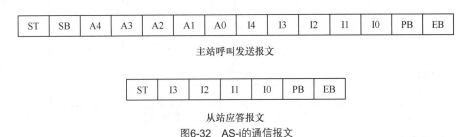

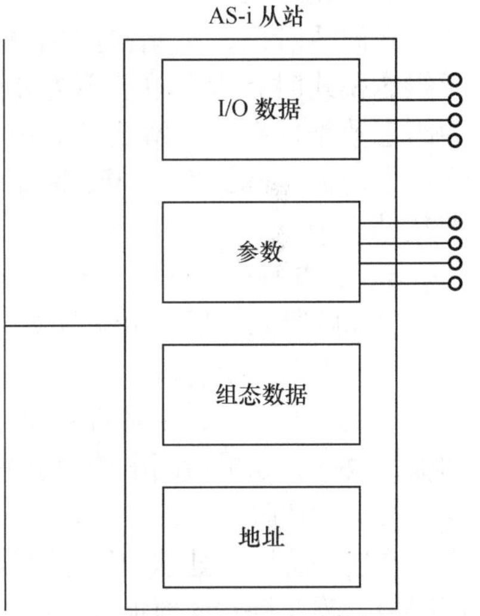

图6-33　AS-i从站的通信接口

6.5.5　AS–i 的工作阶段

AS–i 的工作阶段示意图如图 6–34 所示。

1. 离线阶段

离线阶段又称为初始化模式，在该阶段设置主站的基本状态。模块上电后或重新启动时被初始化。在初始化期间，所有从站输入和输出数据的映像被设置为 0（未激活）。

2. 启动阶段

在启动阶段，主站检测 AS–i 电缆上连接有哪些从站以及它们的型号。厂家制造 AS–i 从站时通过组态数据，将从站型号永久地保存在从站中，主站可以请求上传这些数据。状态文件中包含了 AS–i 从站的 I/O 分配情况和从站的类型（ID 代码）。主站将检测到从站存放在检测到的从站表中。

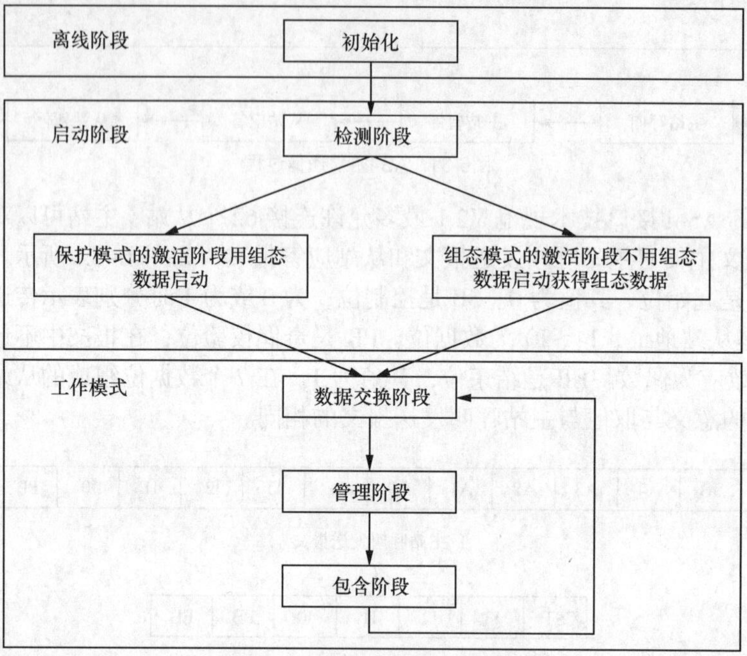

图6-34 AS-i 的工作阶段示意图

3. 激活阶段

在激活阶段，主站检测到 AS-i 从站后，通过发送特殊的呼叫激活这些从站。主站处于组态模式时，所有地址不为 0 的从站被激活。在这一模式，可以读取实际值并将它们作为组态数据保存。主站处于保护模式时，只有储存在主站组态中的从站被激活。如果在网络上发现的实际组态不同于期望的组态，主站将显示出来。主站把激活的从站存入被激活的从站表中。

4. 工作模式

启动阶段结束后，AS-i 主站切换到正常循环工作模式。

（1）数据交换阶段

在正常模式下，主站将周期性地发送输出数据给各从站，并接收它们返回的应答报文，即输入数据。如果检测出传输过程中出现错误，主站将重复发出询问。

（2）管理阶段

在这一阶段，处理和发送可能用到的控制应用任务，将 4 个参数位发送给从站，如设置门限值、改变从站的地址。

（3）包含（inclusion）阶段

在这一阶段，新加入的 AS-i 从站将被更新到主站已检测到的从站列表中，如果它们的地址不为 0，将被激活。主站如果处于保护模式，只有储存在主站期望组态中的从站可以被激活。

6.6 工业以太网

工业以太网是为工业应用专门设计的，是遵循国际标准 IEEE 802.3（Ethernet）的开放式、多供应商、高性能的区域和单元网络。工业以太网已经广泛应用于控制网络最高层，并且有向控制网络中间层和底层（现场层）发展的趋势。

企业内部互联网（Intranet）、外部互联网（Extranet）以及国际互联网（Internet）不但进入了办公室领域，而且已经广泛应用于生成和过程自动化。继 10Mbit/s 以太网成功运行之后，具有交换功能、全双工和自适应的 100Mbit/s 高速以太网（Fast Ethernet，符合 IEEE 802.3u 标准）也已成功运行多年。SIMATIC NET 可以将控制网络无缝集成到管理网络和互联网中。

工业以太网可以采用下面的 3 种方案，如图 6-35 所示。

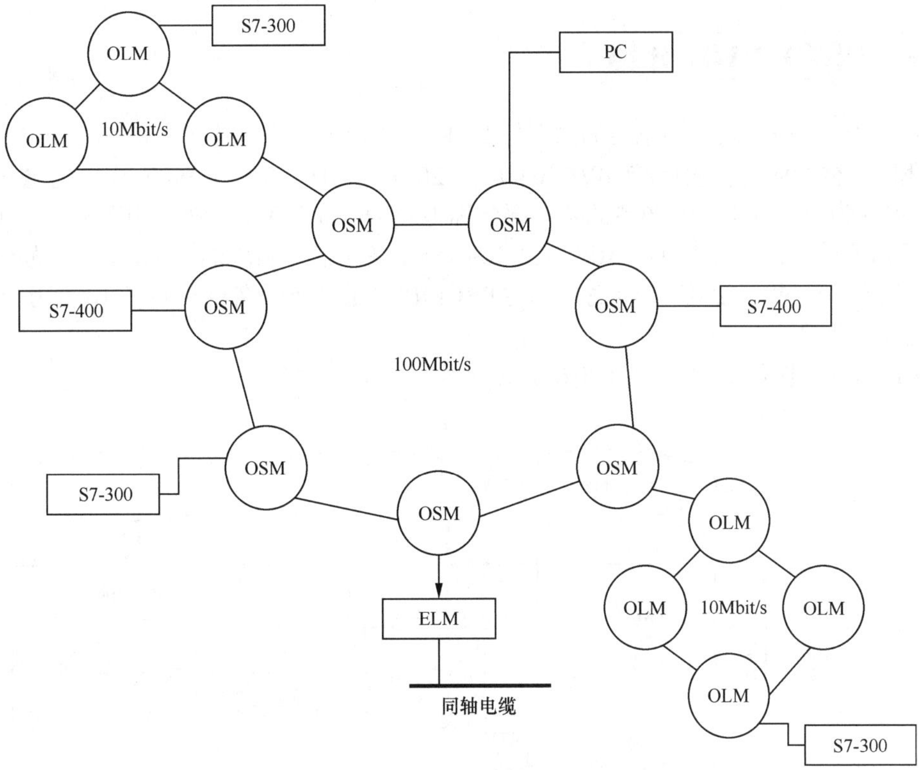

图6-35　工业以太网

6.6.1　三同轴电缆网络

网络以三同轴电缆作为传输介质，由若干条总线段组成，每段的最大长度为 500m。一条总线段最多可以连接 100 个收发器，可以通过中继器接入更多的网段。

网络为总线型结构，因为采用了无源设计和一致性接地的设计方式，极其坚固耐用。网络中各设备共享 10Mbit/s 带宽。

三同轴电缆网络有分别带 1 个或 2 个终端设备接口的收发器，中继器用来将最长 500m 的分支网段接入网络中。

6.6.2　双绞线和光纤网络

双绞线和光纤网络的传输速率为 10Mbit/s，可以是总线型或星形拓扑结构，使用光纤连接模块（OLM）和电气连接模块（ELM）。

OLM 和 ELM 是安装在 DIN 导轨上的中继器，它们遵循 IEEE 820.3 标准，带有 3 个工业双绞线接口，OLM 和 ELM 分别有 2 个和 1 个 AUI 接口。在一个网络中最多可以连接 11 个 OLM 或 13 个 ELM。

6.6.3 高速工业以太网

高速工业以太网的传输速率为 100Mbit/s，使用光纤交换模块（OSM）或电气交换模块（ESM）。工业以太网与高速工业以太网的数据格式、CSMA/CD 访问方式和使用的电缆都是相同的，但高速以太网最好用交换模块来构建。

6.7 PROFIBUS 介绍

PROFIBUS 已被纳入现场总线的国际标准 IEC 61158 和欧洲标准 EN 50170，并于 2001 年被定为我国机械行业的行业标准(JB/T 10308.3—2001)。PROFIBUS 在 1999 年 12 月通过的 IEC 61156 中被称为 Type 3，PROFIBUS 的基本部分称为 PROFIBUS-V0。在 2002 年新版的 IEC 61156 中增加了 PROFIBUS-V1、PROFIBUS-V2、RS-485IS 等内容。新增的 PROFINet 规范作为 IEC 61158 的类型 10。截至 2003 年年底，安装 PROFIBUS 的节点设备已突破了 1000 万个，在中国有超过 150 万个。

PROFIBUS 的协议结构示意图如图 6-36 所示。

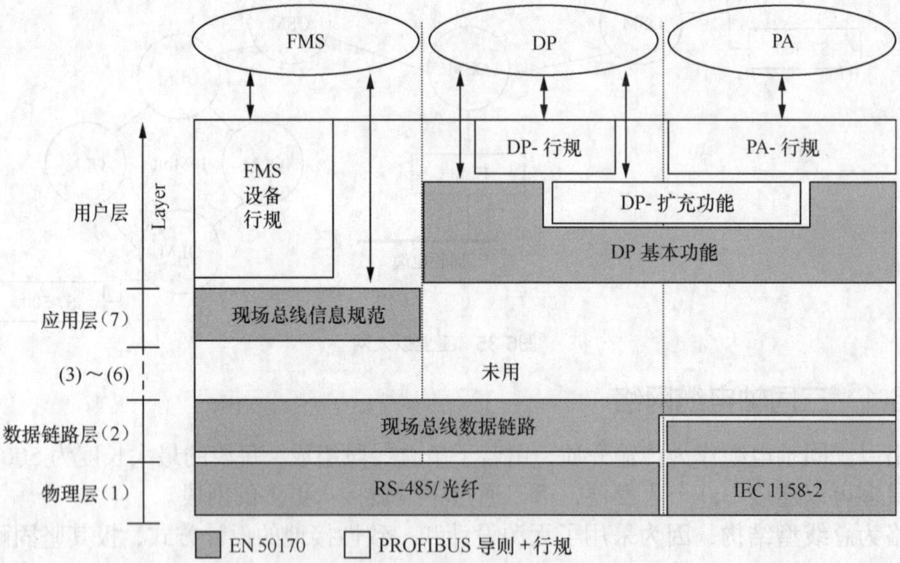

图6-36 PROFIBUS的协议结构示意图

6.7.1 PROFIBUS 的组成

1. PROFIBUS-FMS（Fieldbus Message Specification，现场总线报文规范）

它主要用于系统级和车间级不同供应商的自动化系统之间数据传输，处理单元级（PLC

和 PC）的多主站数据通信，如图 6–37 所示。

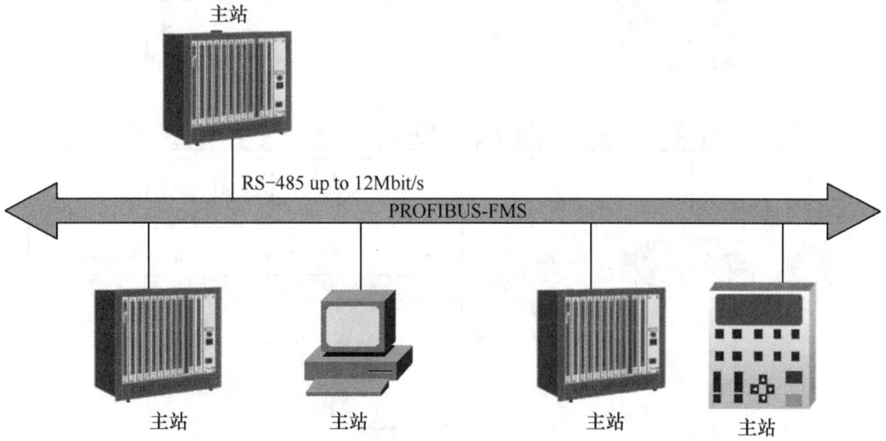

图6-37　PROFIBUS-FMS通信模式

2. PROFIBUS–DP（Decentralized Periphery，分布式外部设备）

它用于自动化系统中单元级控制设备与分布式 I/O（如 ET 200）的通信。主站之间的通信为令牌方式，主站与从站之间为主从方式以及这两种方式的混合通信，如图 6–38 所示。

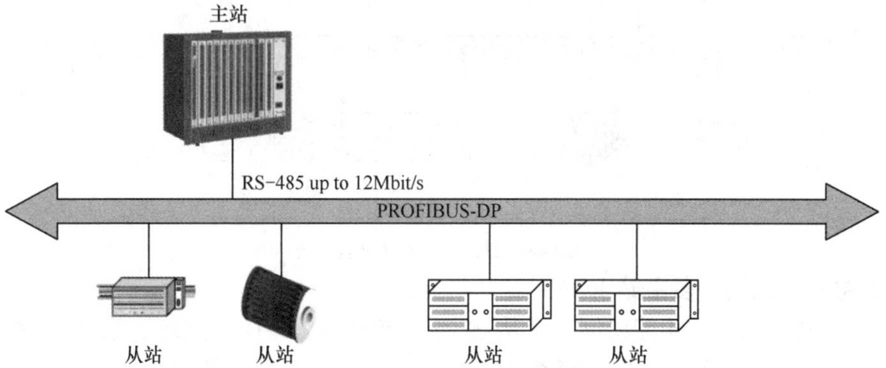

图6-38　PROFIBUS-DP通信模式

3. PROFIBUS–PA（Process Automation，过程自动化）

它用于过程自动化的现场传感器和执行器的低速数据传输，使用扩展的 PROFIBUS–DP 协议。传输技术采用 IEC 1158–2 标准，可以用于防爆区域传感器和执行器与中央控制系统的通信。使用屏蔽双绞线电缆连接，由总线提供电源，如图 6–39 所示。

6.7.2　PROFIBUS 介质存取协议

PROFIBUS 通信规程采用了统一的介质存取协议，此协议由 OSI 参考模型的第 2 层来实现。

使用介质存取方式时，PROFIBUS 可以实现以下 3 种系统配置。

1. 纯主—从系统（单主站）

单主系统可实现最短的总线循环时间。以 PROFIBUS–DP 系统为例，一个单主系统由一个 DP–主站（1 类）和 1～125 个 DP–从站组成，典型系统如图 6–40 所示。

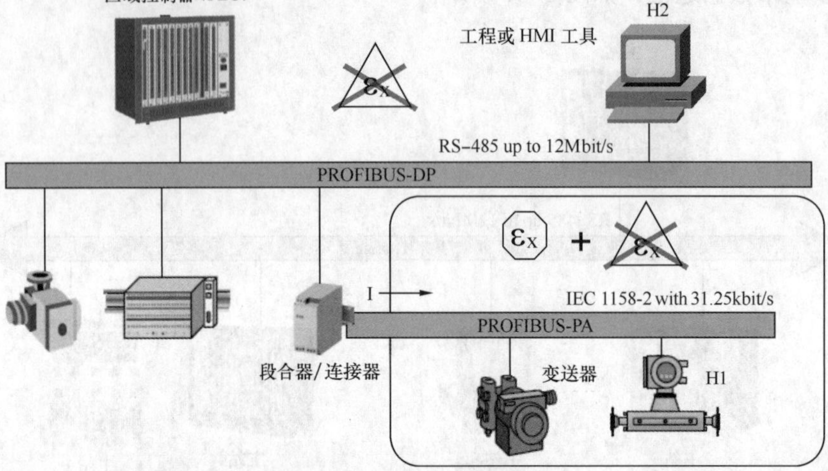

图6-39　PROFIBUS-PA通信模式

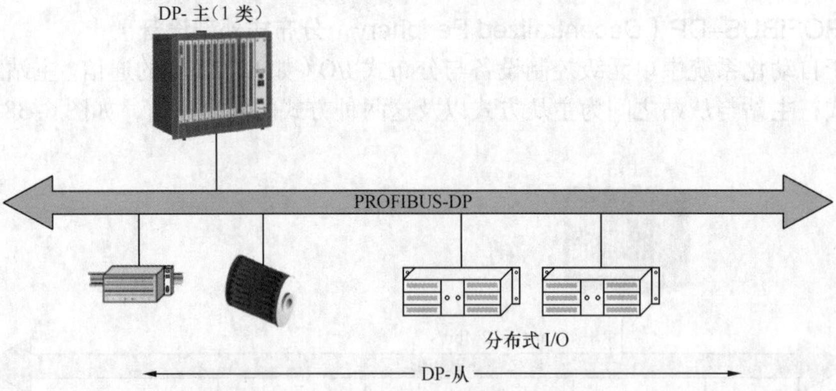

图6-40　纯主—从系统典型系统

2. 纯主—主系统（多主站）

若干个主站可以用读功能访问一个从站。以 PROFIBUS-DP 系统为例，多主系统由多个 DP-主设备（1 类或 2 类）和 1～124 个 DP-从设备组成，典型系统如图 6-41 所示。

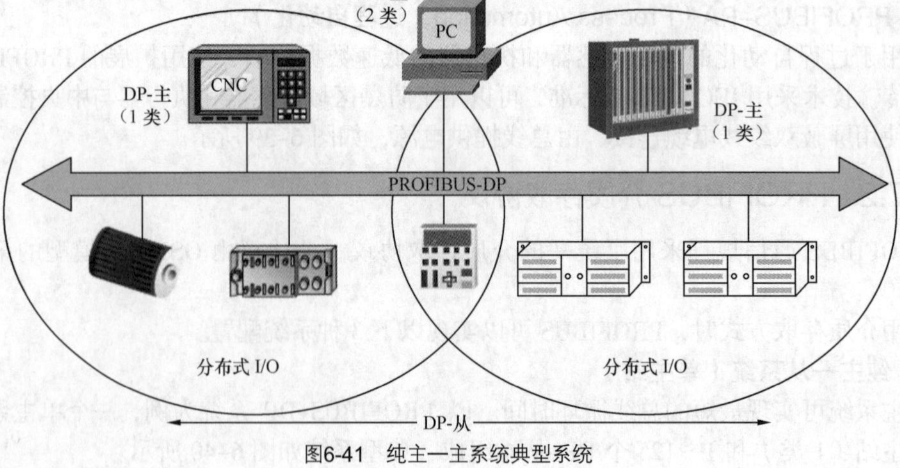

图6-41　纯主—主系统典型系统

3. 两种配置的组合系统（多主—多从）

两种配置的组合系统的典型系统如图 6-42 所示。

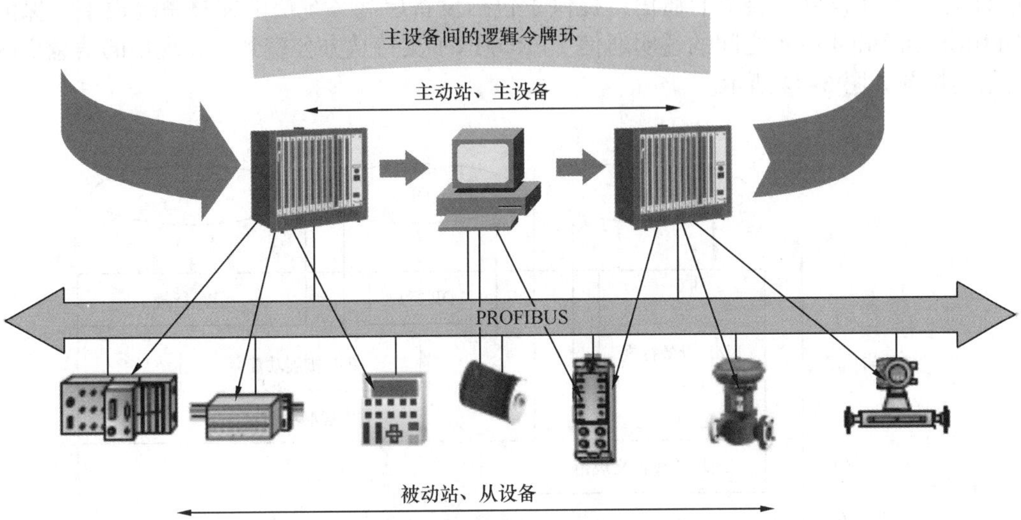

图6-42 两种配置的组合系统典型系统

6.7.3 PROFIBUS-DP 设备的分类

PROFIBUS-DP 设备可以分为以下 3 类。

1. 1 类 DP 主站

1 类 DP 主站（DPM1）是系统的中央控制器，DPM1 与 DP 从站循环地交换信息，并对总线通信进行控制。

2. 2 类 DP 主站

2 类 DP 主站（DPM2）是 SP 网络中的编程、诊断和管理设备。DPM2 除了具有 1 类主站的功能外，还可以读取 DP 从站的输入/输出数据和当前的组态数据，并能够给 DP 从站分配新的总线地址。

3. DP 从站

DP 从站是进行输入信息采集和输出信息发送的外围设备，DP 从站只与组态它的 DP 主站交换用户数据，可以向该主站报告本地诊断中断和过程中断。

6.7.4 PROFIBUS 的通信协议

1. PROFIBUS 的数据链路层

PROFIBUS 的总线存取方式如图 6-43 所示。

在总线的存取中，有两个基本要求。

① 保证在确切时间间隔中，任何一个站点有足够的时间来完成通信任务。

② 尽可能简单快速完成数据的实时传输，因通信协议而增加的数据传输时间应尽量少。

DP 主站与 DP 从站间的通信基于主从传递原理，DP 主站按轮询表依次访问 DP 从站。报文循环由 DP 主站发出的请求帧（轮询报文）和 DP 从站返回的响应帧组成。

2. PROFINet

PROFINet 提供了一种全新的工程方法，即基于组件对象模型（COM）的分布式自动化技术。它以微软的 OLE/COM/DCOM 为技术核心，最大程度地实现了开放性和可扩展性。向下兼容传统工控系统，使分散职能设备组成的自动化系统模块化。PROFINet 指定了 PROFIBUS 与国际 IT 标准之间开放和透明的通信；提供了包括设备层和系统层的完整系统模型，保证了 PROFIBUS 和 PROFINet 之间的透明通信。PROFINet 支持从办公室到工业现场的信息集成，其通信连接图如图 6-44 所示。

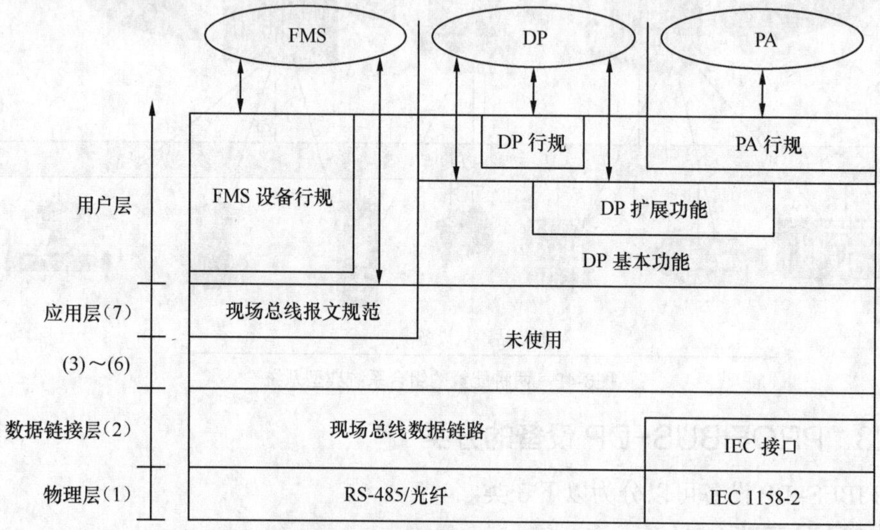

图6-43　PROFIBUS的总线存取方式

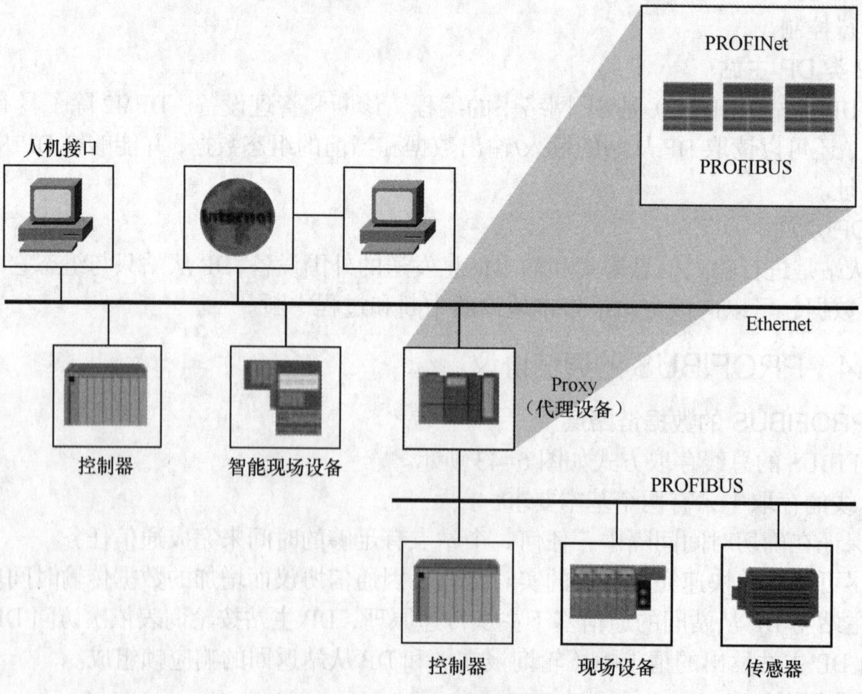

图6-44　PROFINet通信连接图

6.7.5　基于组态的 PROFIBUS 通信

1. PROFIBUS-DP 从站的分类

PROFIBUS-DP 从站的类型及功能如表 6-5 所示。

表 6-5　　PROFIBUS-DP 从站的类型及功能

从站类型	功能及说明
紧凑型 DP 从站	ET200B 模块系列
模块式 DP 从站	可以扩展 8 个模块。在组态时 STEP 7 自动分配紧凑型 DP 从站和模块式 DP 从站的输入/输出地址
智能从站（I 从站）	某些型号的 CPU 可以作为 DP 从站。智能 DP 从站提供给 DP 主站的输入/输出区域不是实际的 I/O 模块使用的 I/O 区域，而是从站 CPU 专门用于通信的输入/输出映像区

2. PROFIBUS-DP 网络的组态

通过以下实例来介绍 PROFIBUS-DP 网络组态的步骤。

在本例中，主站是 CPU416-2DP，将 DP 从站 ET 200B-16DI/16DO、ET 200M 和智能从站 CPU315-2DP 连接起来，其传输速率为 1.5Mbit/s。

① 生成一个 STEP 7 项目，如图 6-45 所示。

② 设置 PROFIBUS 网络。右键单击“DP 主从通信 1”对象，如图 6-46 所示，生成网络对象 PROFIBUS(1)。

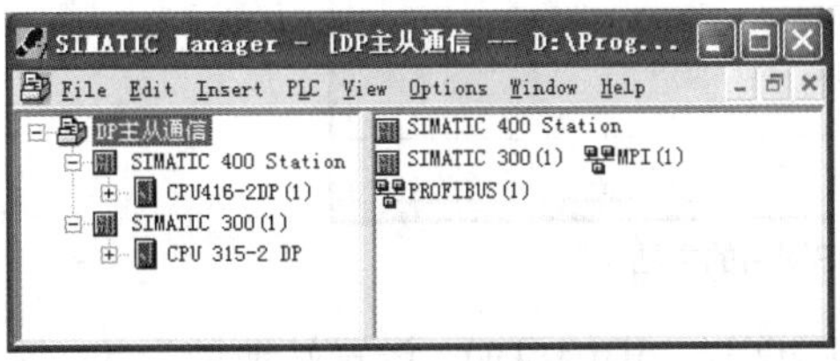

图6-45　SIMATIC管理器

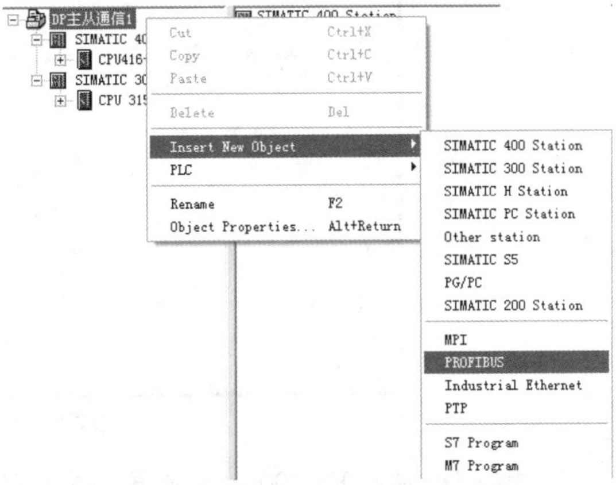

图6-46　插入一个PROFIBUS 网络

③ 双击网络对象 PROFIBUS(1)，打开的网络组态工具 NetPro 窗口，如图 6-47 所示。

④ 双击图 6-47 中的 PROFIBUS 网络线，设置传输速率为 1.5Mbit/s，总线行规为 DP，最高站地址使用默认值 126，如图 6-48 所示。

⑤ 设置主站的通信属性。选择“400 主站”对象，打开 HW Config 工具。双击机架中“DP”所在的行，在“Operating Mode”选项卡中选择该

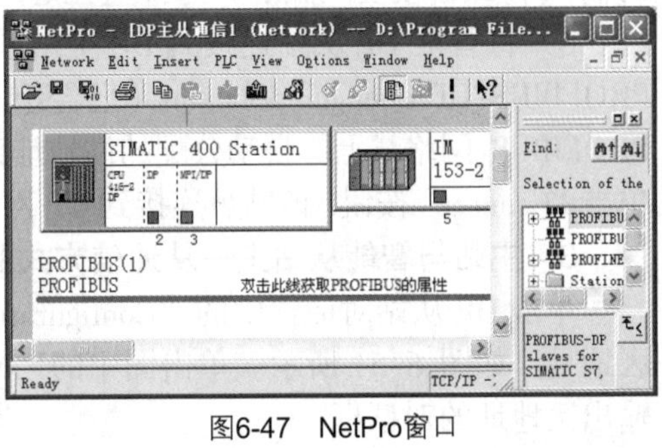

图6-47　NetPro窗口

站为 DP 主站。默认的站地址为 2，如图 6-49 所示。

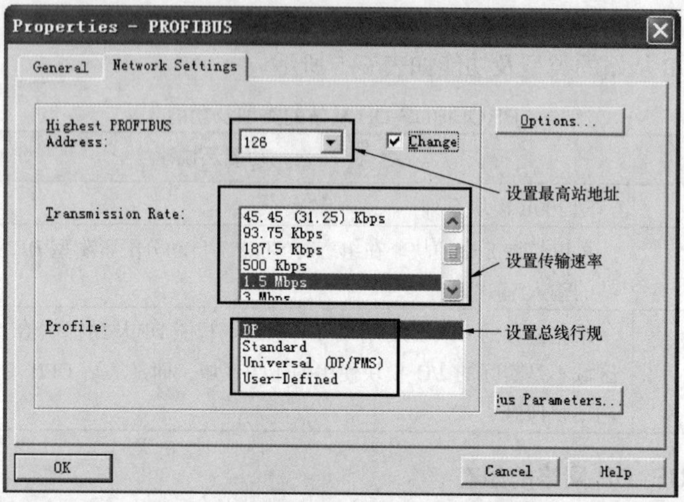

图6-48　PROFIBUS 网络参数设置对话框

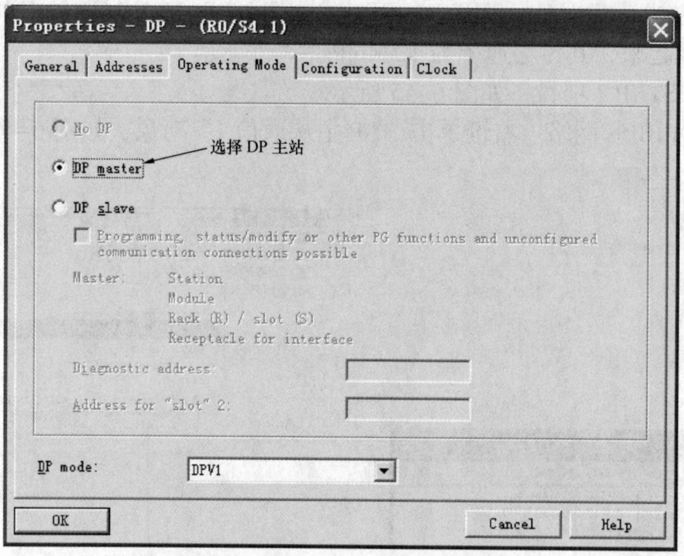

图6-49　设置PROFIBUS网络的主站

⑥ 组态 DP 从站 ET 200B。组态第一个从站 ET 200B-16DI/16DO，设置站地址为 4。各站的输入/输出自动统一编址，选择监控定时器功能。

⑦ 将智能 DP 从站连接到 DP 主站系统中。返回到组态 S7-400 主站硬件的屏幕。打开\PROFIBUS-DP\ConfiguredStations（已经组态的站）文件夹，将“CPU31x”拖到屏幕左上方的 PROFIBUS 网络线上。自动分配的站地址为 6。在“Connection”选项卡中选中 CPU315-2DP，单击“Connect”按钮，该站被连接到 DP 网络中。组态好的 PROFIBUS-DP 网络如图 6-50 所示。

3. 主站与智能从站主—从通信方式的组态

单击 DP 从站对话框中的“Configuration”标签，为主—从通信的智能从站配置输入/输出区地址，如图 6-51 所示。单击图中的“New”按钮，弹出图 6-52 所示的设置 DP 从站输入/输出区地址的对话框。

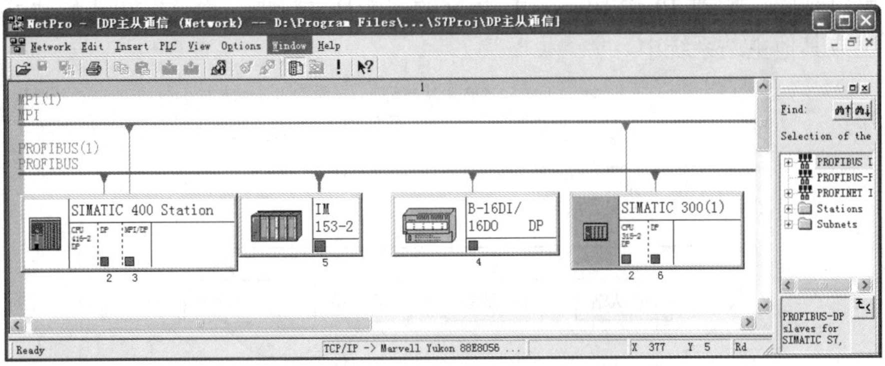

图6-50　组态好的PROFIBUS-DP网络

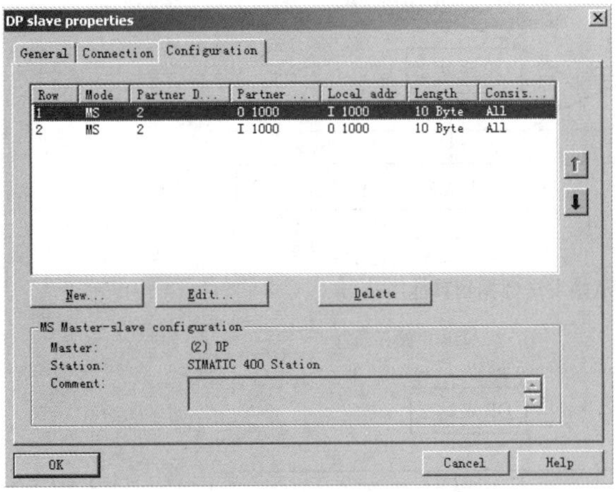

图6-51　DP主—从通信地址的组态

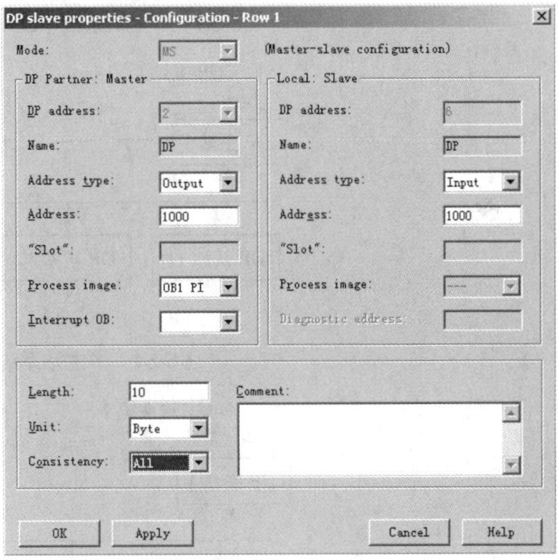

图6-52　设置DP从站输入/输出区地址的对话框

4. 直接数据交换通信方式的组态

（1）直接数据交换

直接数据交换（Direct Data Exchange）简称为 DX，又称为交叉通信。在直接数据交换通信的组态中，智能 DP 从站或 DP 主站的本地输入地址区被指定为 DP 通信伙伴的输入地址区。智能 DP 从站或 DP 主站利用它们来接收从 PROFIBUS-DP 通信伙伴发送给它的 DP 主站的输入数据。在选型时应注意某些 CPU 没有直接数据交换功能。

① 单主站系统中 DP 从站发送数据到智能从站（I 从站），其示意图如图 6-53 所示。使用这种组态，从 DP 从站来的输入数据可以迅速传送给 PROFIBUS-DP 子网智能从站（I 从站）。所有 DP 从站或其他智能从站原则上都能提供用于 DP 从站之间直接数据交换的数据，只有智能 DP 从站才能接收这些数据。

② 多主站系统中从站发送数据到其他主站，如图 6-54 所示。同一个物理 PROFIBUS-DP 子网中有几个 DP 主站的系统称为多主站系统。智能 DP 从站或简单 DP 从站的输入数据，可以被同一物理 PROFIBUS-DP 子网中不同 DP 主站系统的主站直接读取。这种通信方式也叫作“共享输入”，因为输入数据可以跨 DP 主站系统使用。

③ 多主站系统中从站发送数据到智能从站，如图 6-55 所示。在这种组态下，DP 从站的

输入数据可以被同一物理 PROFIBUS-DP 子网的智能从站读取。而这个智能从站可以在同一个主站系统或其他主站系统中。

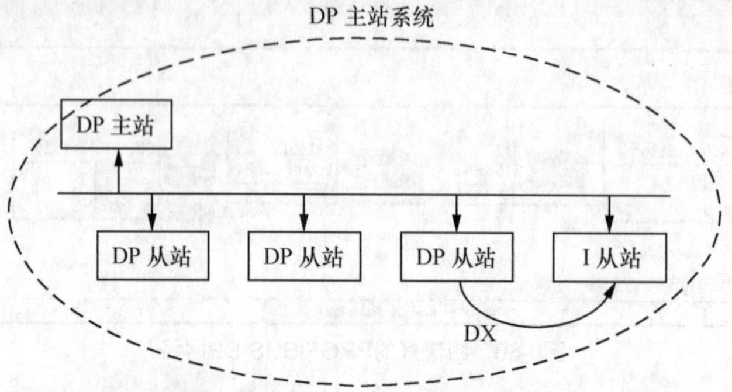

图6-53　单主站系统中DP从站发送数据到智能从站（I从站）

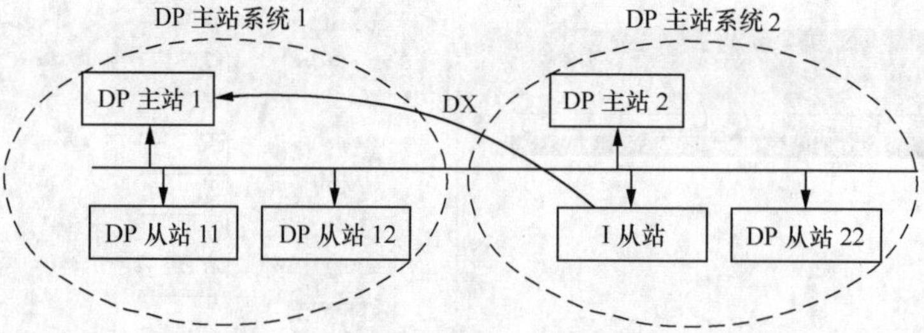

图6-54　多主站系统中从站发送数据到其他主站

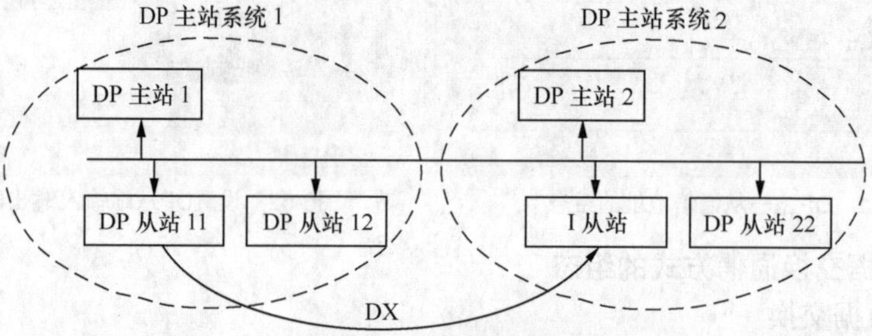

图6-55　多主站系统中从站发送数据到智能从站

原则上所有 DP 都可以提供用于 DP 从站之间进行直接数据交换的输入数据，这些输入数据只能被智能 DP 从站使用。

（2）直接数据交换组态举例

DP主站系统中有3个CPU，如图 6-56 所示。DP 主站 CPU417-4 的符号名为“DP 主站 417”，站地址为 2。DP 从站 CPU315-2 DP 的符号名为“发送从站 315”，站地址为 3。DP 从站 CPU316-2DP 的符号名为“接收从站 316”，站地址为 4。

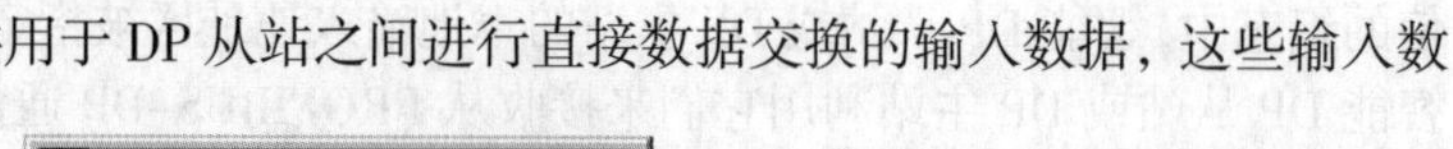

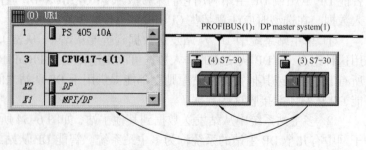

图6-56　直接数据交换组态

通信要求如下：4 号站发送连续的 4 个字到 DP 主站；3 号站发送连续的 8 个字到 DP 主

站，4 号站用直接数据交换功能接收这些数据中的第 3 至第 6 个字。

6.8　点对点通信

6.8.1　点对点通信的硬件与通信协议

点对点（Point to Point，PtP）通信使用带有 PtP 通信功能的 CPU 或通信处理器，可以与 PLC、计算机等带串口的设备通信。

没有集成 PtP 串口功能的 S7-300 CPU 模块可用通信处理器 CP340 或 CP341 实现点对点通信。S7-400 CPU 模块用 CP440 和 CP441 实现点对点通信。

S7-300/400 点对点串行通信的协议主要有 ASCII Driver、3964（R）和 RK512。它们在 ISO 7 层参考模型中的位置如图 6-57 所示，接下来将分别介绍这 3 种通信协议。

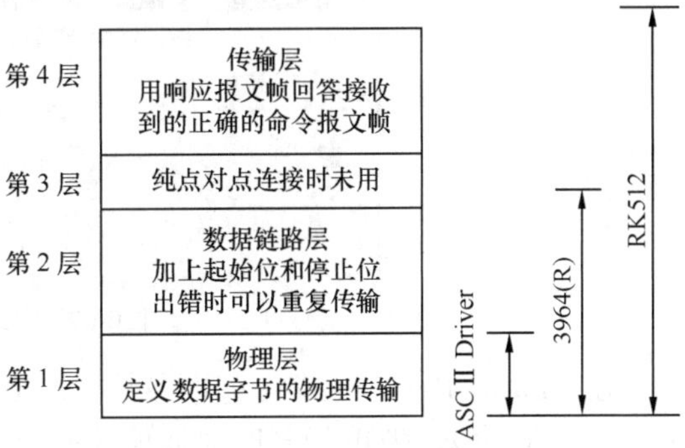

图6-57　PtP协议在ISO参考模型中的位置

6.8.2　ASCII Driver 通信协议

1. ASCII Driver 的报文帧格式

ASCII Driver 用于控制 CPU 和一个通信伙伴之间点对点连接的数据传输，可以将全部发送报文帧发送到 PtP 接口，提供一种开放式的报文帧结构。接收方必须在参数中设置一个报文帧的结束判据，发送报文帧的结构可能不同于接收报文帧的结构。

使用 ASCII Driver 可以发送和接收开放式的数据（所有可以答应的 ASCII 字符），8 个数据位的字符帧可以发送和接收 00～FFH 的所有字符，7 个数据位的字符帧可以发送和接收所有 00～7FH 的所有字符。

ASCII driver 可以用结束字符、帧的长度和字符延迟时间作为报文帧结束的判据。用户可以在 3 个结束判据中选择一个。

① 用结束字符作为报文帧结束的判据。用 1～2 个用户定义的结束字符表示报文帧的结束，应保证在用户数据中不包括结束字符。

② 用固定的字节长度（1～1024 字节）作为报文帧结束的判据。如果在接收完设置的字符之前，字符延迟时间到，将停止接收，同时生成一个出错报文。接收到的字符长度大于设置的固定长度，多余的字符将被删除。接收到的字符长度小于设置的固定长度，报文帧将被删除。

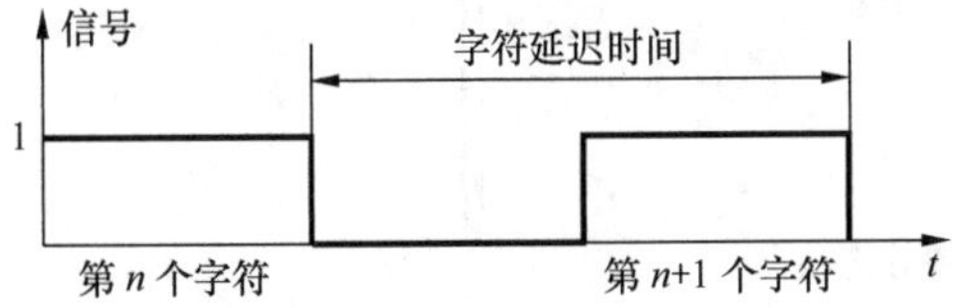

图6-58　字符延迟时间

③ 用字符延迟时间作为报文帧结束的判据。报文帧没有设置固定的长度和结束符；接收方在约定的字符延迟时间内（见图 6-58）未收到新的字符则认为报文帧结束（超时结束）。

2. ASCII Driver 的参数设置

下面以 CPU313C-2PtP 为例来介绍 ASCII Driver 的 ASCII 通信参数的设置。

（1）基本参数的设置

打开 PtP 属性对话框，首先在最上面的选择框中选择通信协议为“ASCII”，如图 6-59 所示。在“Addresses”选项卡中，可以定义输入的起始地址，关闭该选项卡时自动修改结束地址。系统选择的默认起始地址为 1023。

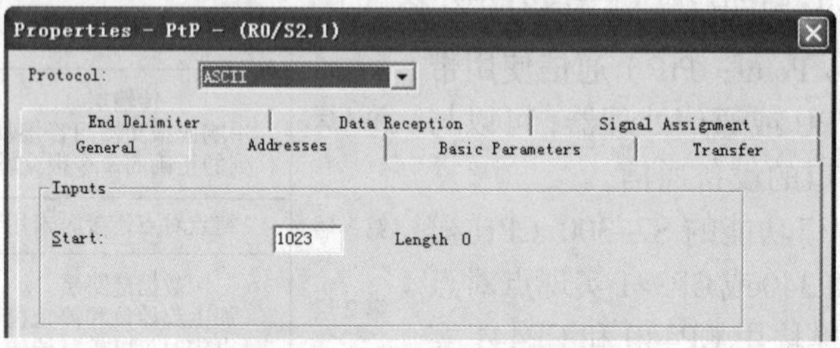

图6-59　定义PtP的起始地址

在“Basic Parameters”（基本参数）选项卡中，如图 6-60 所示，可以选择是否允许诊断中断和 CPU 进入 STOP 模式时对通信的处理（停止或继续）。在“Transfer”（传输）选项卡中，如图 6-61 所示，可以设置通信速率（300～38400kbit/s）、数据位的位数（7 位或 8 位）、结束位的位数（1 位或 2 位）和奇偶校验方式。Odd、Even 和 None 分别是奇校验、偶校验和无校验，当数据位的位数为 7 时不能选择无校验。

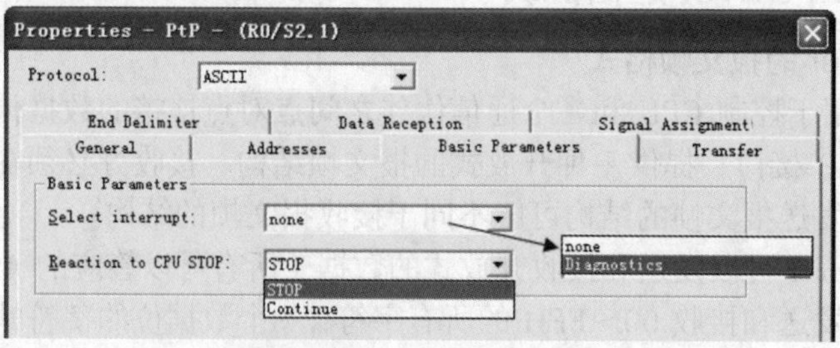

图6-60　基本参数设置选项卡

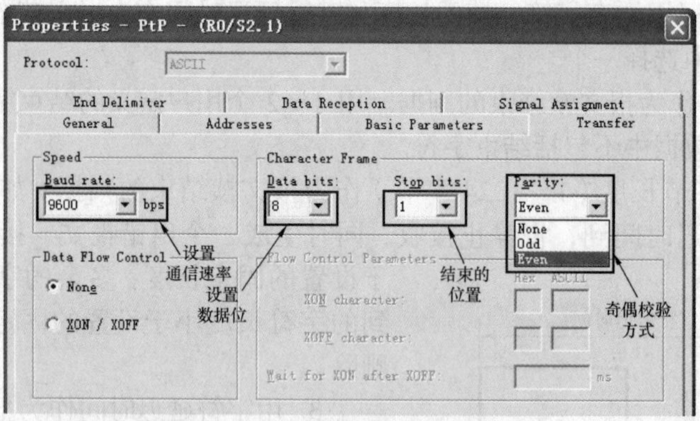

图6-61　“Transfer”参数设置选项卡

如果选择了“Data Flow Control”（数据流控制），可以设置 XON 和 XOFF 字符，默认值分别为十六进制数 11H 和 13H。还可以设置在发送之后等待接收到 XON 字符的时间（20～65530ms），它以 10ms 为增量，默认值为 20000ms。

在“Data Reception”（数据接收）选项卡中，如图 6-62 所示，如果选择“Clear CPU receive buffer at startup”，CPU 从 STOP 模式切换到 RUN 模式时清除接收缓冲区；如果选择“Prevent overwriting”，可以防止在接收缓冲区装载时数据被改写。

（2）报文帧结束判断的设置

在图 6–63 中的“End Delimiter”（结束分界符）参数设置选项卡中，可以选择 3 种报文帧的判据，如表 6–6 所示。

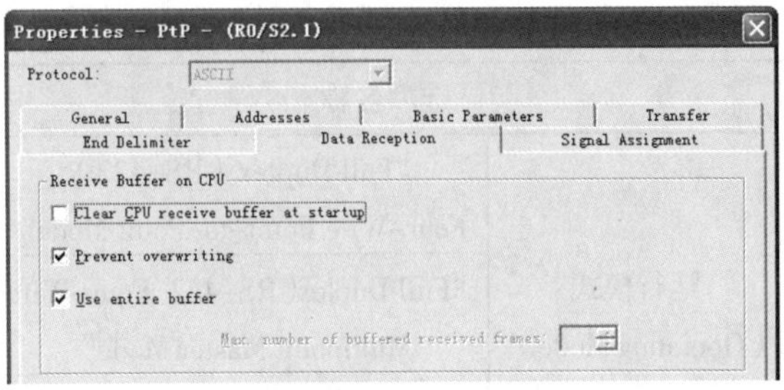

图6-62 “Data Reception”参数设置选项卡

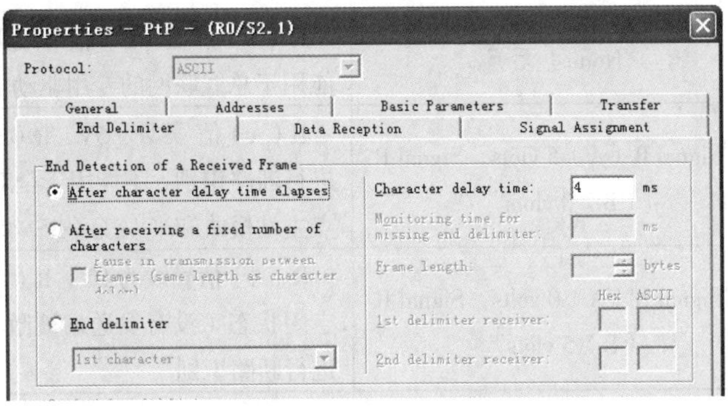

图6-63 “End Delimiter”参数设置选项卡

表 6-6 3 种报文帧判据的说明

选项	说明
After character delay time elapses	默认选项，若选择该选项，则用字符延迟时间（1～65535ms，默认值为 4ms）作为报文帧结束的判据，最短的字符延迟时间与传输速率有关，传输速率为 38.4kbit/s 时为 1ms
After receiving a fixed number of characters	若选择该选项，则用固定字节长度作为报文帧结束的判据。在这种情况，接收到报文帧的长度总是相同的
End delimiter	报文帧的结束判据，若选择该选项，用 1 个或 2 个结束符来表示报文帧的结束，在报文的正文中不允许出现与结束标志相同的字符，以避免通信伙伴误认为报文帧结束

（3）信号组态

信号组态对话框如图 6–64 所示。图 6–64 中的各个选项框的含义如表 6–7 所示。

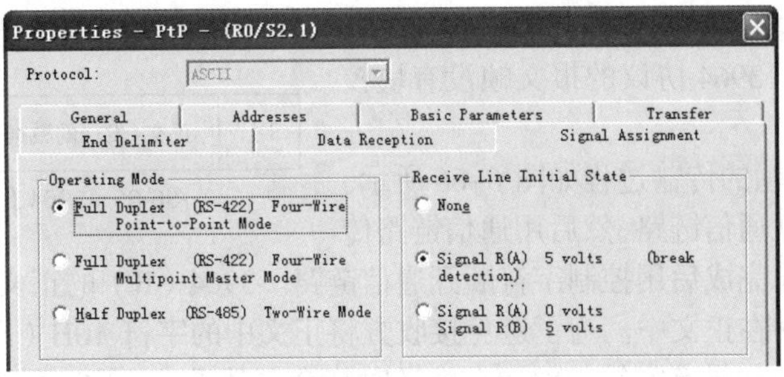

图6-64 信号组态对话框

表 6-7　　信号组态对话框中的各个选项的含义

选项名称		含义
运行模式（Operating Mode）	"Full Duplex（RS-422）Four-Wire Point-to-Point Mode"	四线点对点全双工（RS-422）模式
	"Full Duplex(RS-422)Four-Wire Multipoint Master Mode"	全双工（RS-422）四线多点主站模式
	"Half Duplex（RS-485）Two-Wire Mode"	是半双工（RS-485）两线模式，CPU 可以作为主站或从站
"Receive line initial state"（接收线的初始状态）	"None（无）"	R（A）和 R（B）信号线无初始电压，该设置只能用于总线联网的专用驱动器
	"Signal R（A）5 vlots，Signal R（B）0 vlots"	R（A）信号线为 5V，R（B）信号线为 0V，只能进行断路识别，不能用于全双工（RS-422）四线多点主站模式和半双工（RS-485）双线操作模式
	"Signal R（A）0 volts，Signal R（B）5 vlots"	R（A）信号线为 0V，R（B）信号线为 5V，表示空闲状态（没有发送站被激活），在该状态下不能进行断路识别

6.8.3　3964（R）通信协议

3964（R）协议用于 CP 或 CPU31xC-2PtP 和一个通信伙伴之间的点对点数据传输。

1．3964（R）协议使用的控制字符与报文帧格式

3964（R）协议将控制字符（见表 6-8）添加到用户数据中，控制字符用来表示报文帧的开始和结束。通信伙伴使用这些控制字符检查数据是否被正确和完整地接收。

表 6-8　　3964（R）协议使用的控制字符

控制字符	数值	说明
STX	02H	被传送文本的起始点
DLE	10H	数据链路转换（Data Link Escape）或肯定应答
ETX	03H	被传送文本的结束点
BCC		块校验字符（Block Check Character），只用于 3964（R）
NAK	15H	否定应答（Negative Acknowledge）

3964（R）传输协议的报文帧，如图 6-65 所示，有附加的块校验字符（BCC），用来增强数据传输的完整性，3964 协议的报文帧没有块校验字符。

SXT	正文（发送的数据）	DLE	ETX	BCC

图6-65　3964（R）报文帧格式

3964（R）报文帧的传输过程如图 6-66 所示。首先用控制字符建立通信链路，然后用通信链路传输正文，最后在传输完成后用控制字符断开通信链路。3964（R）的正文字符是完全透明的，即任何字符都可以用在正文中。为了避免接收方将正文中的字符 10H（即 DLE）误认为是报文结束标志，正文中如果有字符 10H，在发送时将会自动重发一次。接收方在收到两个连续

10H 时将会自动地剔除一个。

2. 建立发送数据的连接

发送方首先应发送控制字符 STX。在“应答延迟时间（ADT）”到来之前，接收发来的控制字符 DLE，表示通信链路已成功地建立。如果通信伙伴返回 NAK 或返回除 DLE 和 STX 之外的其他控制代码，或应答延迟时间到时没有应答，程序将再次发送 STX，重试连接。若约定的重试次数到后，都没有成功建立通信链路，程序将放弃建立连接，并发送 NAK 给通信伙伴，同时通过输出参数 STATUS 向功能块 P_SND_RK 报告出错。

3. 3694（R）通信协议的参数设置

设置 3694（R）通信协议的参数时，“Adresses”“Basic Parameters”“Data Reception”与“Signal Assignment”选项卡中的参数设置方法与 ASCII driver 通信协议中的相同。

在“Transfer”选项卡中，如图 6-67 所示，除了设置通信速率、数据位和结束位的位数以及奇偶校验位以外，还可以设置其他参数。图 6-67 选项卡中各个选项的名称及说明如表 6-9 所示。

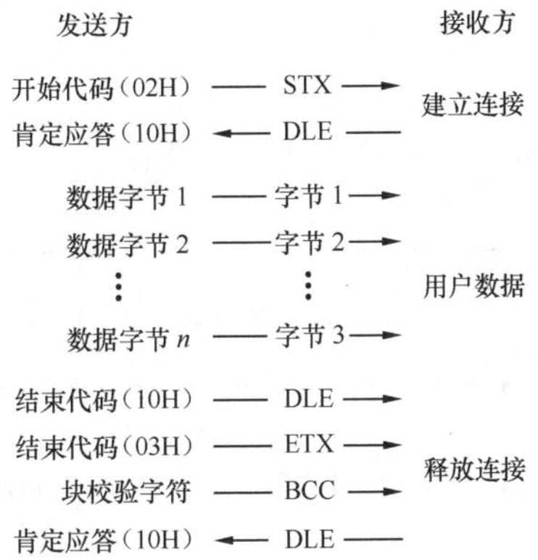

图6-66　3964（R）报文帧传输过程

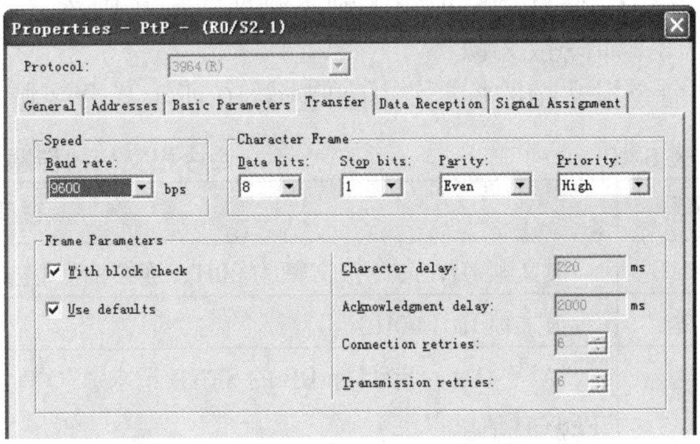

图6-67　3694（R）通信协议的参数设置

表 6-9　　3694（R）通信协议的参数设置的选项

选项名称	说明
使用块校验（With block check）	选择使用块校验时，当接收方检测到字符串“DLE，ETX，BCC”便中断数据接收。它将进行上述的块校验操作。 未选择使用块校验时，接收方检测到 DLE，ETX 字符串便停止接收操作。如果是无错误的接收，它将发送 DLE 字符给通信伙伴，否则将发送 NAK 字符
优先级（Priority）	在优先级选择框内，可以选择高优先级（High）或低优先级（Low）。默认的设置为“High”。可以选择是否使用块校验（With block check）。必须为两个通信伙伴设置不同的优先级，即一个为高优先级，另一个为低优先级
字符延迟时间（Character delay）	定义了报文中接收的两个相邻字符之间允许的最大时间间隔。设置范围为 20～65530ms，间隔为 10ms，默认值为 220ms
应答延迟时间（Acknowledgement delay）	定义了当建立连接或关闭连接时与通信伙伴之间的应答最大允许时间。建立连接时的应答延迟时间是指发送 STX 和通信伙伴返回 DLE 应答之间的延迟时间，断开连接时的应答延迟时间是发送方发出的 DLE，ETX 和接收方发出 DLE 应答之间的延迟时间。设置范围为 20～65530ms，间隔为 10ms，默认值为 2000ms

续表

选项名称	说明
连接尝试（Connection retries）	定义了建立一个连接的最大尝试次数（1～255 次），默认值为 6 次
传输尝试（Transmission retries）	定义了出错时传输一个报文帧的最大尝试次数，包括第 1 个报文帧，可以设置为 1～255，默认值为 6 次

6.8.4 RK512 通信协议

RK512 协议又称为 RK512 计算机连接，用于控制与一个通信伙伴之间的点对点数据传输。与 3964（R）协议相比，RK512 协议包括 ISO 参考模型的物理层（第 1 层）、数据链路层（第 2 层）和传输层（第 4 层），提供了较高的数据完整性和先进的寻址选项。

1. RK512 的报文帧

（1）响应报文帧

RK512 协议用响应报文帧来响应每个正确接收到的命令帧。

（2）命令报文帧

命令报文帧的标题结构如表 6-10 所示。命令帧包括 SEND 和 FETCH 报文帧。

表 6-10 命令报文帧的标题结构

字节	说明
1	报文帧 ID，命令报文帧为 00H，连续命令报文帧为 FFH
2	报文帧 ID（00H）
3	“A”（41H）：带目标 DB 的 SEND 请求，“O”（4FH）：带目标 DX 的 SEND 请求，“E”（45H）：FETCH 请求
4	被传送的数据来自（发送时只能选“D”）“D”（44H）：数据块；“X”（58H）：扩展数据块；“E”（45H）：输入字节；“A”（41H）：输出字节；“M”（4DH）：存储字节；“T”（54H）：时间单元；“Z”（5AH）：计数器单元
5，6	SEND 请求的数据目标，或 FETCH 请求的数据源，如字节 5=DB 号，字节 6=DW 号
7，8	数据长度：根据类型，被传送数据长度的字节数或字数
9	处理器系通信标志位（KM）的字节编号；如果没有指定处理器通信标志位，输入数值 FFH
10	位 0～3：处理器通信标志位的位编号。如果没有指定处理器通信标志位，输入数值 FH。 位 4～7：CPU 编号（1～4）；如果没有设置 CPU 编号（其值为 0），但是设置了处理器通信标志位，输入数值 0H；如果没有设置 CPU 编号或处理器标志位，输入数值 FH

SEND（发送）报文帧：当传送一个 SEND 报文帧时，CPU 将传送一个包括用户数据的指令帧，通信伙伴返回一个不带用户数据的响应报文帧。

FETCH（读取）报文帧：FETCH 报文帧用来读取通信伙伴的数据区，它是带有用户数据区地址的命令帧，通信伙伴返回一个带有用户数据的响应报文帧。

（3）连续报文帧（Continuation Message Frame）

如果数据长度超过 128Byte，发送的报文帧将自动的分为 SEND（或 FETCH）报文帧和连续报文帧。

（4）响应报文帧

在发送命令报文帧后，RK512 在监控时间内等待通信伙伴的响应报文帧。监控时间的长短取决于传输速率（波特率），300bit/s～76.8kbit/s 时为 10s。响应报文帧由 4 个字节组成，如表 6-11 所示。

表 6-11　　响应报文帧

字节	说明
1	报文帧 ID（标识符）：响应报文帧为 00H，连续报文帧为 FFH
2	报文帧 ID（00H）
3	指定为 00H
4	响应报文帧中通信伙伴的错误编号：00H 表示传输过程中没有出现错误，>00H 为错误编号

根据响应报文帧中的错误编号，将自动生成功能块的输出参数“STATUS”中的事件号。

2. SEND 报文帧的数据传输过程

RK512 协议用 SEND 报文帧发送数据的传输过程如图 6-68 所示。

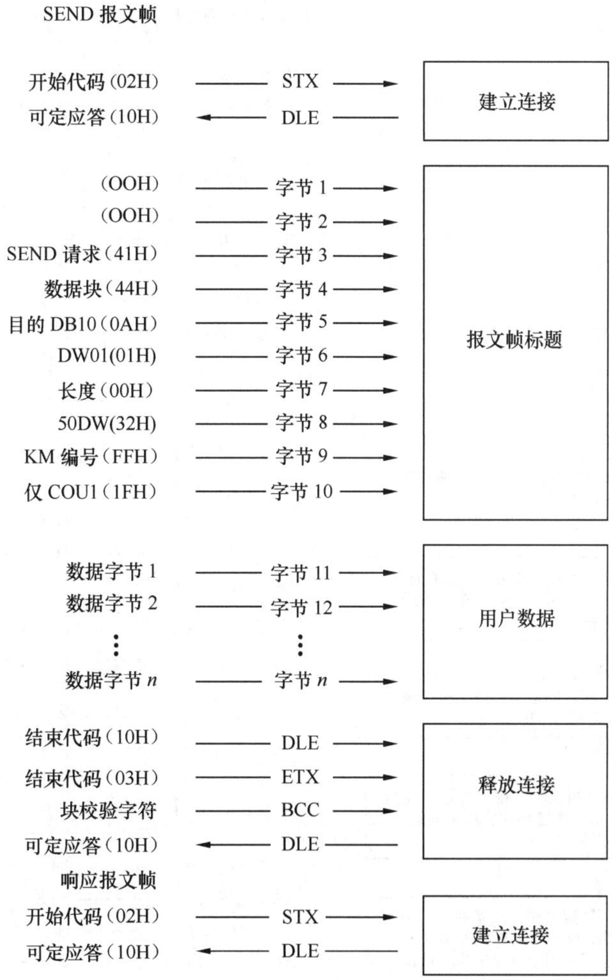

图6-68　SEND报文帧的数据传输过程

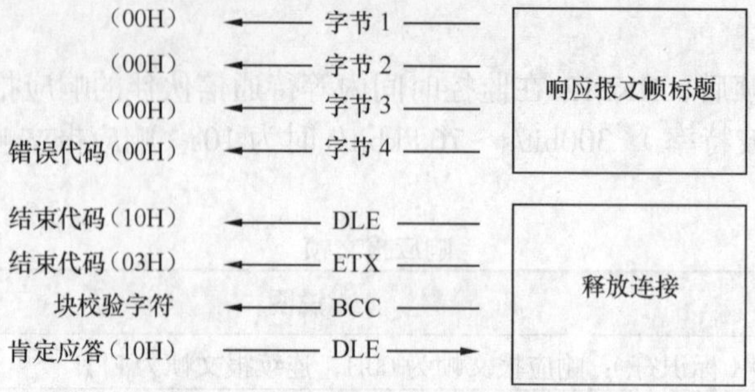

图6-68　SEND报文帧的数据传输过程（续）

SEND 请求须按照图 6-69 所示的顺序执行。

3. 连续 SEND 报文帧

如果用户数据长度超过 128Byte，它将被启动一个连续 SEND 报文帧，其处理方法与 SEND 报文帧相同。

发送的字节如果超出了 128Byte，多余的字节将自动地在一个或多个连续报文帧中发送。

使用一个连续响应报文帧发送一个连续 SEND 报文帧时的数据传输过程如图 6-70 所示。

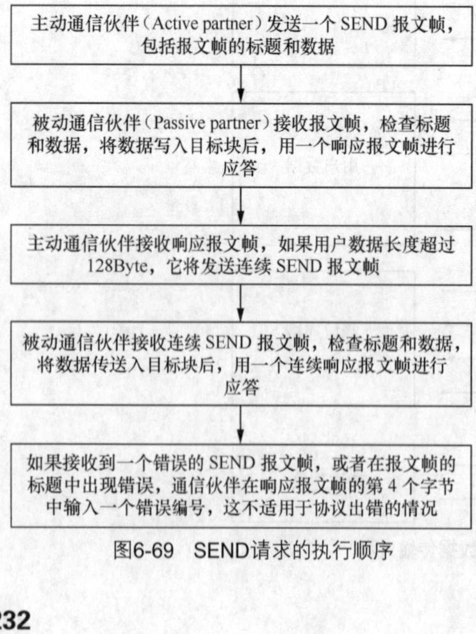

图6-69　SEND请求的执行顺序

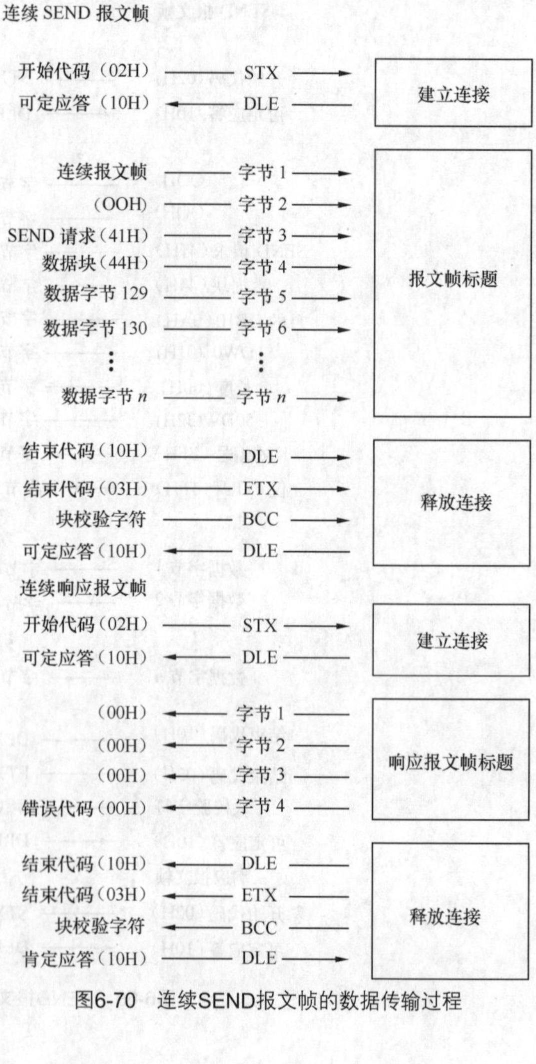

图6-70　连续SEND报文帧的数据传输过程

4. FETCH 报文帧的数据传输过程

RK512 协议用 FETCH 报文帧读取数据的传输过程如图 6-71 所示。

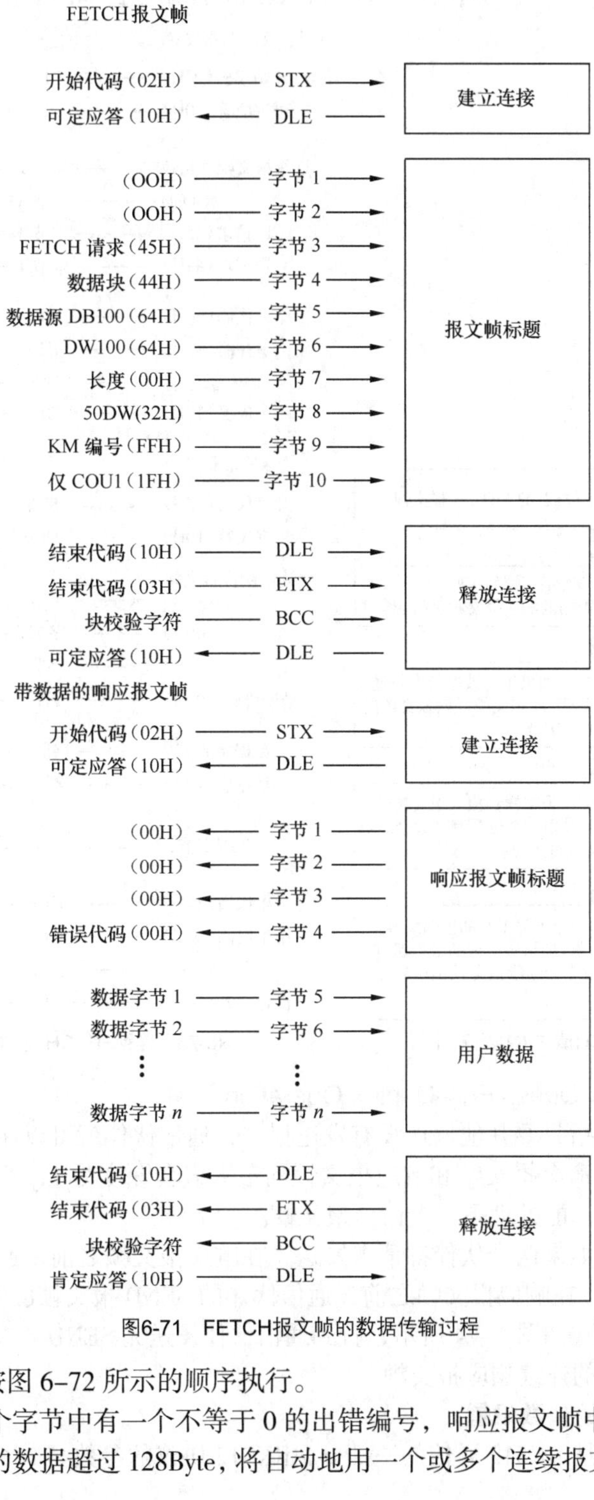

图6-71　FETCH报文帧的数据传输过程

FETCH 请求须按图 6-72 所示的顺序执行。

① 如果在第 4 个字节中有一个不等于 0 的出错编号，响应报文帧中不包含任何数据。

② 如果被请求的数据超过 128Byte，将自动地用一个或多个连续报文帧读取额外的字节。

③ 如果接收到一个错误的 FETCH 报文帧，或在报文帧的标题中出现一个错误，通信伙伴在响应报文帧的第 4 个字节中输入一个错误编号。出现协议错误时在响应报文帧中不包含信息。RK512 协议用一个连续响应报文帧读取数据的传输过程如图 6-73 所示。

图6-72 FETCH请求的执行顺序

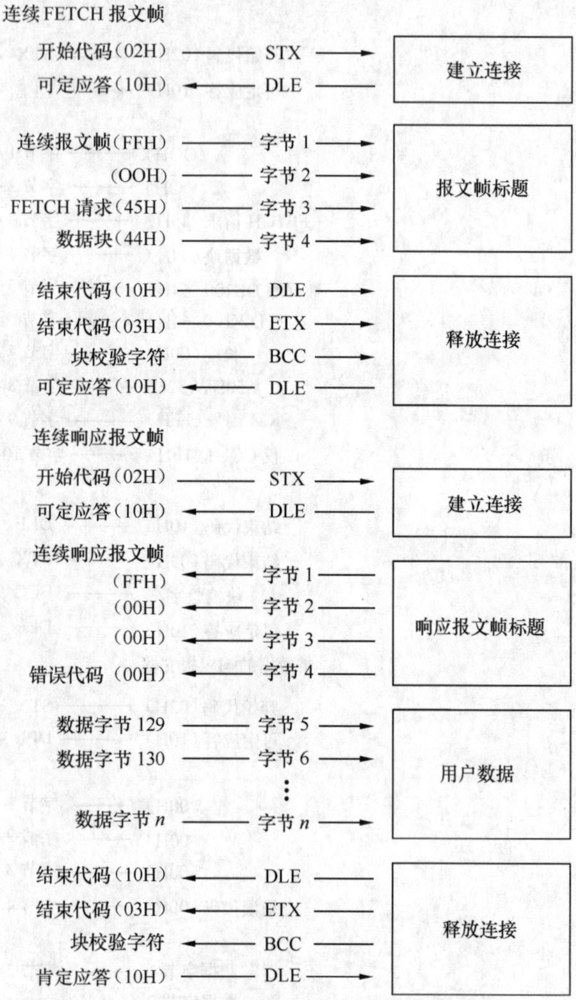

图6-73 连续FETCH报文帧的数据传输过程

5. 伪双工操作（Quasi-Full-Duplex Operation）

伪全双工操作是指只要其他伙伴没有发送报文，通信伙伴就可以在任何时候发送命令报文帧和响应报文帧。命令报文帧和响应报文帧的最大嵌套深度为 1，即只有前一个报文帧被响应报文帧应答后，才能处理下一个命令报文帧。

在某些情况下，如果两个伙伴都请求发送，在响应报文帧之前，通信伙伴可以发送一个 SEND 报文帧。例如，在响应报文帧之前，通信伙伴的 SEND 报文帧已经进入了发送缓冲区。

伪全双工工作方式如图 6-74 所示，直到通信伙伴发送完 SEND 报文帧，才发送响应第 1 个连续 SEND 报文帧的连续响应报文帧。

6. RK512 通信的参数设置

由于 3964（R）是 RK512 通信的一部分，RK512 协议的参数与 3964（R）协议的参数基本相同。但是两者有下列区别：RK512 的字符固定设为 8 位，没有接收缓冲区，也没有接收数据的参数。必须在使用的系统功能块（SFB）中规定数据目标和数据源的参数。

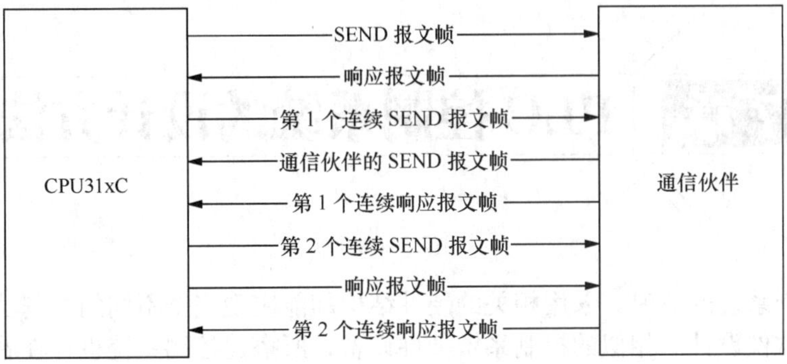

图6-74　伪全双工工作方式

6.9　本章小结

本章主要介绍了 S7-300/400 系列 PLC 的几种主要的通信方式，包括 MPI 网络、AS-i 网络、工业以太网、PROFIBUS 通信协议、点对点通信协议等。

① 熟悉 S7 通信的分类，S7-300/400 系列通信网络的组成及其国际标准。

② 了解工业以太网的通信方案，包括三同轴电缆网络、双绞线和光纤网络以及高速以太网。

③ 了解执行传感器接口 AS-i 网络，包括它的网络结构、寻址模式、通信方式、通信接口和工作阶段等内容。

④ 掌握 MPI 网络与全局数据通信，学会利用 MPI 网络组态的一般步骤。

⑤ 掌握 PROFIBUS 的组成、通信协议以及组态等。

第7章 PLC 控制系统的设计方法

软件是控制系统的灵魂。采用相关的硬件结构却能实现完全不同的控制功能，这就取决于控制系统的软件设计。相似的控制系统硬件设备，所搭建控制系统也存在着很大的差异。一套优秀的控制系统软件不仅能够实现预定的控制功能，同时还具有简洁、高效、可靠、移植性强等优点。因此，控制系统的软件设计也是项目成功与否的关键之一。在掌握了 PLC 的指令系统和编程方法后，就可以结合实际问题进行 PLC 控制系统的设计，将 PLC 应用于实际的工业控制系统中。本章从工程实际出发，介绍如何应用前面所学的知识，设计出经济实用的 PLC 控制系统。

7.1 PLC 控制系统的设计流程

一个完整的 PLC 应用系统包含 PLC 控制系统和人机界面。PLC 控制系统对控制现场进行参数采集并完成控制功能，人机界面是人与控制系统进行信息及数据交流的一个窗口。设计人员不仅要熟悉 PLC 的硬件，还要熟悉 PLC 软件，以及人机界面软件的编制方法和遵循的原则。此处主要介绍 PLC 应用系统的总体设计方法，包括一个具体 PLC 控制系统的详细设计步骤和设计过程中应该遵循的原则。

7.1.1 PLC 控制系统的基本原则

任何一个控制系统都是为了实现生产设备或生产过程的控制要求和工艺需要，以提高产品质量和生产效率。因此，在设计 PLC 应用系统时，应遵循以下基本原则。

（1）充分发挥 PLC 的功能，最大限度地满足被控对象的控制要求

充分发挥 PLC 的功能，最大限度地满足被控对象的控制需求，是设计 PLC 控制系统的首要前提，也是设计中最重要的一条原则。这就要求设计人员在设计前就要深入现场进行调查研究，收集控制现场的资料，收集相关先进的国内、国外资料。同时要注意和现场的工程管理人员、工程技术人员、现场操作人员紧密配合，拟定控制方案，共同解决设计中的重点问题和疑难问题。

（2）在满足控制要求的前提下，力求使控制系统简单、经济、使用及维修方便

一个新的控制工程固然能提高产品的质量和数量，带来巨大的经济效益和社会效益，但新工程的投入、技术的培训、设备的维护也将导致运行成本的增加。因此，在满足控制要求的前提下，一方面要注意不断地扩大工程的效益，另一方面也要注意不断地降低工程的成本。这就要求设计者不仅应该使控制系统简单、经济，而且要使控制系统的使用和维护方便、成本低，不宜盲目追求自动化和高指标。

（3）保证控制系统安全、可靠

保证 PLC 控制系统能够长期安全、稳定、可靠运行，是设计控制系统的重要原则之一。这就要求设计者在系统设计、元器件选择、软件编程上要全面考虑，以确保控制系统安全可靠。例如，应该保证 PLC 程序不仅在正常条件下运行，而且在非正常情况下（如突然掉电再上电、按钮按错等），也能正常工作。控制系统的稳定、可靠是提高生产效率和产品质量的必要保证，是衡量控制系统好坏的因素之一。只有稳定、可靠的控制系统才能为客户提供真正的方便。要保证系统的稳定可靠，不仅前期的系统需求分析要做得很充分，而且设计过程中也应该综合考虑现场的实际应用情况，从硬件角度添加相应的保护措施，软件方面采取一些消噪措施。

（4）适应发展的需要

由于技术的不断发展，控制系统的要求也将会不断提高，设计时要适当考虑生产的发展和工艺的改进。在选择 PLC 的型号、I/O 点数和存储器容量等内容时，应适当地留有余量，以满足生产发展和工艺改进的需要。

（5）控制系统应具有良好的人机界面

良好的人机界面可以方便用户与控制系统的沟通，降低整个控制系统操作的复杂度。软件设计时应该充分考虑用户的使用习惯，根据用户的特点设计方便用户使用的界面。

7.1.2　PLC 控制系统的设计内容

PLC 控制系统的硬件设备主要由 PLC 及输入/输出设备构成，下面将重点讲述 PLC 控制系统中硬件系统设计的基本步骤和硬件系统设计中完成的主要任务。

（1）选择输入/输出设备

输入设备（如按钮、操作开关、限位开关和传感器等）输入参数给 PLC 控制系统，PLC 控制系统接收这些参数，执行相应的控制；输出设备（如继电器、接触器、信号灯等执行机构）是控制系统的执行机构，执行 PLC 输出的控制信号。控制系统中，输入/输出设备是 PLC 与控制对象连接的唯一桥梁。需求分析中，应该详细分析控制中涉及的输入设备、输出设备，并确定输入设备的输入点数、输入类型和输出设备的输出点数、输出类型。

（2）选择合适的 PLC

PLC 是控制系统的核心部件，选择合适的 PLC 对于保证整个控制系统的性能指标和质量有着决定性影响。选择 PLC 时，应从 PLC 的机型、容量、输入/输出模块和电源等角度综合考虑，根据工程实际需求做出合理的决定。

① 输入/输出点的分配。根据输入/输出设备的类型、输入/输出的点数，绘制输入/输出端子的连接图，保证合理分配输入/输出点。

② PLC 容量的选择。容量选择应该考虑输入/输出点数和程序的存储容量，输入/输出点数已在输入/输出分配中确定，程序的存储容量不仅和控制的功能密切相关，而且和设计者的代码编写水平、编写方式密切相关。应该根据系统功能、设计者本人对代码编写的熟练程度选择程序存储容量并且留有裕量。此处给出一个参考的估算公式：存储容量（字节）＝开关量输入/输出点数×10+模拟量输入/输出通道数×100，在此基础上可再加 20%～30%的裕量。

③ 控制台、电气柜的选择。根据设计的 PLC 控制系统硬件结构图，选择相应的电气柜。

④ 控制程序的设计。控制程序是整个控制系统发挥作用、正常工作的核心环节，是保证系统工作正常、安全、可靠的关键部分之一。控制程序的设计过程中，首先应该根据系统控

制需求画出流程图，按照流程图设计各模块。设计者可以分块调试各模块，各子模块调试完成后，整个程序联合调试，直到满足要求为止。

⑤ 控制系统技术文件的编制。系统技术文件包括说明书、电气原理图、电气布置图、元器件明细表、PLC 梯形图等。说明书介绍了整个控制系统的功能与性能指标；电气原理图说明了控制系统的硬件设计、PLC 的输入/输出口与输入/输出设备之间的连接；电气布置图及电气安装图说明了控制系统中应用的各种电气设备之间的联系及安装；PLC 梯形图一般不提交给使用者，这是因为提交给使用者可能会因为使用者修改程序而影响控制系统功能的稳定性，所以，PLC 梯形图一般只在产品开发设计者内部传递。

7.1.3 PLC 控制系统的设计步骤

如图 7-1 所示，PLC 控制系统设计的基本步骤如下。

1. 了解工艺过程，分析控制要求

首先要详细了解被控对象的工作原理、工艺流程、机械结构和操作方法，了解工艺过程和机械运动与电气执行元件之间的关系和对控制系统的要求，了解设备的运动要求、运动方式和步骤，在此基础上确定被控对象对 PLC 控制系统的控制要求，画出被控对象的工艺流程图。对于较复杂的控制系统，根据生产工艺要求画出工作循环图表，必要时画出详细的状态流程图表，它能清楚地表明动作的顺序和条件。

2. 确定输入/输出设备

根据系统控制要求，选用合适的用户输入、输出设备。常用的输入设备有按钮、行程开关、选择开关、传感器等，输出设备有接触器、电磁阀、指示灯等。

3. 设计硬件

（1）选择 PLC

主要包括 PLC 机械、容量、I/O 模块、电源的选择。

（2）分配 PLC 的 I/O 地址，绘制 PLC 外部 I/O 接线图

根据已经确定的 I/O 设备和选定的 PLC，列出 I/O 设备与 PLC 的 I/O 点地址对照表，以便绘制 PLC 外部 I/O 接线图和编制程序。画出系统其他部分的电气线路图，包括主电路和未进入 PLC 的控制电路等。

由 PLC 的 I/O 连接图和 PLC 外部电气线路图组成系统的电气原理图。到此为止系统的硬件电气线路已经基本确定。硬件系统的详细设计过程请参见 7.2 节的介绍。

4. PLC 控制程序设计

根据系统的控制要求，采用合适的设计方法来设计 PLC 程序。程序要以满足系统控制要求为主线，逐一编写实现各控制功能或各子程序的任务，逐步完善系统指定的功能。另外，还需要包括如下 PLC 程序。

（1）初始化程序。在 PLC 上电后，一般都做一些初始化的操作，为启动做必要的准备，避免系统发生误动作。初始化程序的主要内容有对某些数据区、计算器等进行清零，对某些数据区所需数据进行恢复，对某些继电器进行置位或复位，对某些初始状态进行显示等。

（2）检测、故障诊断和显示等程序。这些程序相对独立，一般在程序设计基本完成时再添加。

（3）保护和联锁程序。保护和联锁是程序中不可缺少的部分，必须认真加以考虑。它可以避免由于非法操作而引起的控制逻辑混乱。

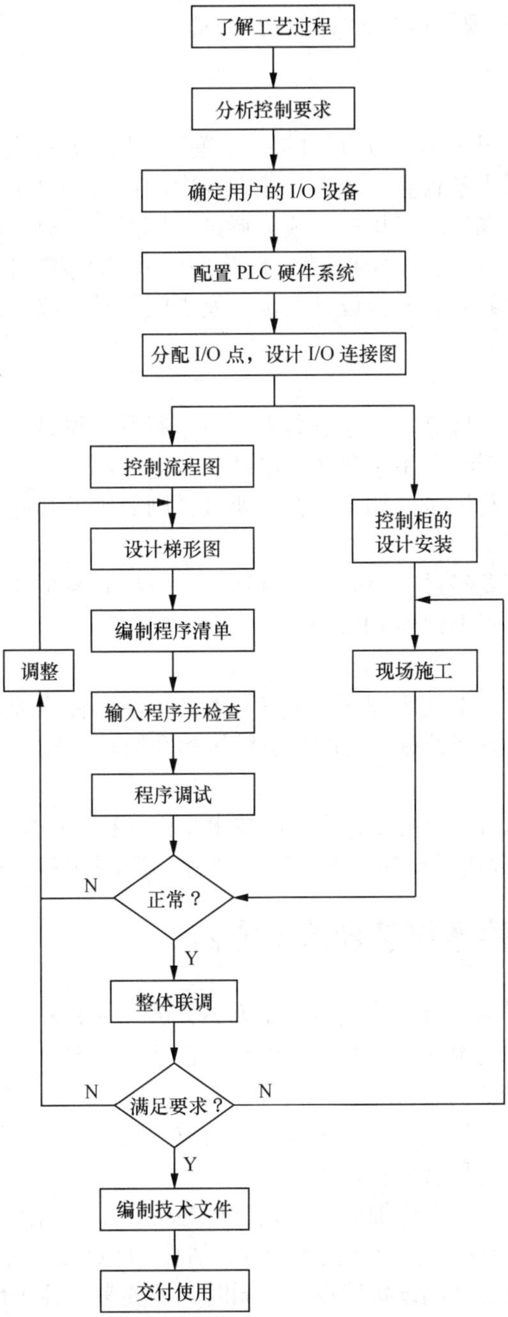

图7-1　PLC控制系统设计流程图

PLC 程序的详细设计过程请参见 7.3 节的介绍。

5. 控制台（柜）的设计和现场施工

为了缩短 PLC 控制系统的设计周期，可以与 PLC 程序设计同时进行控制台（柜）的设计和现场施工，其主要内容包括如下几点。

① 设计控制柜和操作台等部分的电气布置图及安装接线图。

② 设计系统各部分之间的电气互连图。

③ 根据施工图纸进行现场接线，并进行详细检查。

6. 调试

（1）模拟调试

程序模拟调试的基本思想是，以方便的形式模拟产生现场实际状态，为程序的运行创造必要的环境条件。首先要逐条检查，改正程序设计中的逻辑、语法、数据错误或输入过程中的按键及传输错误，然后在实验室里进行模拟调试。模拟调试时，输入信号用按钮来模拟，各输出量的通/断状态用 PLC 上有关的发光二极管来显示，观察在各种可能的情况下各个输入量、输出量之间的变化关系是否符合设计要求，发现问题及时修改，直到完全满足控制要求为止。

（2）联机调试

程序模拟调试通过后，将 PLC 安装在控制现场进行联机调试。开始时，先带上输出设备（接触器线圈、信号指示灯等），不带负载（电动机和电磁阀等）进行调试。各部分都调试正常后，再带上实际负载进行调试。如果不符合要求，则对硬件和程序进行调整，直到完全满足设计要求为止。

全部调试完成后，还要经过一段时间的试运行，以检验系统的可靠性。如果工作正常，程序不需要修改，应将程序固化到 EPROM 中，以防程序丢失。

7. 编制技术文件

编写控制系统说明书、电气原理图、电气布置图、元器件明细表、PLC 梯形图等文件，可方便现场施工的安装，方便控制系统的日后维护和升级。

8. 交付

系统试运行一段时间后，便可以将全套的技术文件和相关试验、检验证明交付给用户。

以上是 PLC 自动控制系统设计的一般步骤，可根据实际情况和控制对象具体情况适当调整。

7.2 PLC 的硬件系统设计选型方法

在 PLC 控制系统设计时，首先应确定控制方案，再进行 PLC 的工程设计选型。其中，工艺流程的特点和应用要求是设计选型的主要依据。选型的基本原则：兼容性，与整个控制系统相兼容；扩展性，为系统的验证预留一定的扩展空间，以便后续的升级改造。所选用的 PLC 应是成熟可靠的系统，最好具有在相关领域应用的成功案例。PLC 的系统硬件、软件配置及功能应与装置的规模和控制要求相适应。

工程设计选型和估算时，应详细分析工艺过程的特点，明确控制任务和范围，确定所需的操作和动作，再根据控制精度要求等技术指标，估算 I/O 点数、估算储存器容量、确定 PLC 的功能、选择合适的机型及外部设备特性等。同时，还要考虑经济性，尽量选择满足功能需求的性价比高的 PLC 产品。

考虑经济性时，应同时考虑系统的可扩展性、可操作性、投入产出比等因素。通过综合评估，兼顾各方面因素，最终选出较满意的产品。I/O 点数对整套 PLC 控制系统成本有直接影响。每增加一个 I/O 模块就需要增加一定的费用。当点数增加到一定数值后，相应的存储器容量、机架、母版等也要相应增加。因此，点数的增加对 CPU 的选用、存储器容量、控制功能范围等都有影响。在估算和选用时应充分考虑，使整个控制系统有较高的性价比。

7.2.1　PLC 硬件系统设计基本流程

在对项目任务书进行详细分析后，便可以开始初步的 PLC 硬件系统设计。如图 7–2 所示，PLC 硬件系统设计基本流程如下：① 估算 I/O 点数，确定自动控制系统规模；② 根据 I/O 点数估算存储器容量；③ 根据项目控制对象的特点，技术指标等参数要求，确定 PLC 硬件需要具备的主要功能需求；④ 根据 I/O 点数、存储器容量、硬件功能需求来选择合适的主机和 CPU；⑤ 综合考虑系统性能指标和经济性等多方面因素，选配外部设备及专用模块。

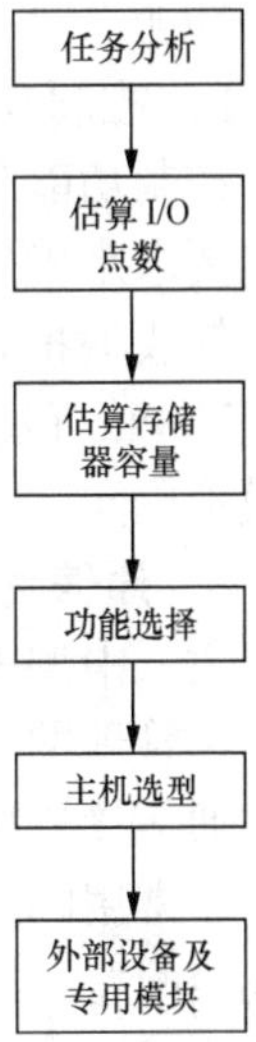

图7-2　PLC 硬件系统设计基本流程图

7.2.2　估算 I/O 点数

在自动控制系统设计之初，就应该对控制点数有一个准确的统计，这往往是选择 PLC 的首要条件，在满足控制要求的前提下力争所选的 I/O 点数最少。但是，PLC 面向的对象就是工业领域的自动化控制，在项目进展过程中，经常遇到增加控制功能、需求修改等任务书的变更。这些势必增加 I/O 点数，因此考虑以下几种因素，PLC 的 I/O 点数还应预留一定的 10%～15%备用量（并在系统设计时，考虑后续可能扩展 I/O 模块的需求）。

① 可以弥补设计过程中遗漏的 I/O 点。

② 能够保证在运行过程中个别点有故障时，可以替换至其他 I/O 通道。

③ 后续系统升级改造，可能扩展的 I/O 点。

7.2.3　估算存储器容量

存储器容量是 PLC 本身能够提供的硬件存储单元的大小，程序容量是存储器中用户应用程序所占用的存储单元的大小，因此，存储器容量必须大于程序容量需求。设计阶段，由于用户应用程序还未完成编制，即程序容量的大小在设计阶段未知，准确的程序容量只有在调试之后才知道。有经验的系统设计开发人员，大多根据系统的 I/O 点数规模来估算存储器容量。

目前，很多文献资料提供不同的公式来进行估算存储器容量。大体上是按数字量 I/O 点数的 10～15 倍与模拟量 I/O 点数的 100 倍之和，以此估算出内存的总字数（16 位或 32 位为一个字），同时，还要考虑 25%的余量。

7.2.4　功能选择

工程实践中，在选择 PLC 时，并不是功能越多、越强大就越好，而应该根据项目控制对象的特点，技术指标等参数要求，遵循“适用即可”的原则来选择 PLC 硬件系统需要具备的功能。PLC 的功能包括运算功能、控制功能、通信功能、编程功能、自诊断功能和处理速度等。

1. 运算功能

微小型 PLC 的运算功能包括逻辑运算、计时和计数功能；中型 PLC 的运算功能还包括数据移位、比较等运算功能，有些甚至可以进行代数运算、数据传送等较复杂的运算；大型 PLC 还有模拟量的 PID 运算及其他高级运算功能。设计选型时，应从实际出发，合理选用所需的运算功能。大多数应用场合，逻辑运算、计时和计数功能就已经能够满足系统的功能需求；当需要进行通信和组网数据交换时，才需要数据传递和比较运算，而随着技术的不断发展，目前大多数主流 PLC 品牌的产品已经具备了通信功能；当用于模拟量测量和控制时，才会使用代数运算、数值转换和 PID 运算等功能；当配置了数据显示功能时，才需要译码和编码运算等功能。

2. 控制功能

控制功能包括 PID 控制运算、前馈补偿控制运算、比值控制运算等，应根据项目的具体控制要求来确定。PLC 主要用于顺序逻辑控制，因此，大多数场合采用单回路或多回路控制器来解决模拟量的控制问题，有时也会配置专用的智能 I/O 单元来完成所需的控制功能，进而提高 PLC 的处理速度和节省存储器空间，如采用 PID 控制单元、高速计数器、带速度补偿的模拟单元、ASCII 码转换单元等。

3. 通信功能

大、中型 PLC 系统应支持多种现场总线和标准通信协议（如 TCP/IP 协议），需要时应能与工厂管理网（TCP/IP）相连接。通信协议符合 ISO/IEEE 通信标准的开放通信网络，PLC 系统的通信接口可包括串行和并行通信接口（RS-232C/422A/423/485）、RIO 通信接口、工业以太网、常用的 DCS 接口等；针对大、中型 PLC 通信总线（含接口设备和电缆）应预留 1∶1 的冗余配置，通信总线应符合国际标准，通信距离应满足装置实际要求。

为了减轻 CPU 的通信任务，根据网络组成形式的实际需要来选择具有不同通信功能的通信处理器。在 PLC 系统的通信网络中，上级的网络通信速度应大于 1Mbit/s，通信负载不大于 60%。PLC 系统的通信网络主要有以下几种形式。

① PC 为主站，多台同型号的 PLC 为从站，组成简易 PLC 网络。

② 1 台 PLC 为主站，其他同型号 PLC 为从站，构成主从式 PLC 网络。

③ PLC 网络通过特定的网络接口连接到大型 DCS 中作为 DCS 的子网。

④ 专用 PLC 网络（各 PLC 供应商的专用 PLC 通信网络）。

4. 编程功能

目前，主流 PLC 厂商均提供了各自的编程工具。PLC 编程方式可分为离线编程和在线编程两种。

（1）离线编程方式

PLC 和编程器共用一个 CPU，编程器在编程模式时，CPU 只为编程器提供服务，不再对现场设备进行控制。待完成编程后，编程器切换至运行模式，CPU 对在线设备进行控制，此时，不能再进行编程。离线编程方式可显著降低系统成本，但使用和调试不方便。

（2）在线编程方式

PLC 主机和编程器有各自的 CPU，主机 CPU 负责现场设备控制，并在一个扫描周期内与编程器进行数据交换，编程器把在线编制的程序或数据发送到主机，下一个扫描周期，主机将根据新收到的程序运行。这种方式虽然成本较高，但是系统调试和操作方便，在大、中型 PLC 中经常采用。

PLC 编程功能还包括编程语言，大部分厂商的 PLC 均提供了 2～3 种标准化（IEC 6113123）编程语言方式，包括梯形图（LD）、顺序工程流程图（SFC）、功能模块图（FBD）3 种图形化语言和指令表（IL）、结构化文本（ST）两种文本语言。同时，还能支持多种语言编程形式，如 C、Basic 等，以满足特殊控制场合的控制要求。

5. 自诊断功能

PLC 的自诊断功能包括硬件和软件的诊断。硬件诊断是通过硬件的逻辑来确定硬件的故障位置；软件诊断又分为内诊断和外诊断。内诊断是通过软件对 PLC 内部的性能和功能进行诊断，外诊断是通过软件对 PLC 的 CPU 与外部 I/O 等部件的信息转换功能进行诊断。

PLC 的自诊断功能的强弱，直接影响操作、维护以及维修时间。因此，通常会选择自诊断功能较强的 PLC 产品。

6. 处理速度

因为 PLC 采用的是扫描方式工作，从实时性角度来看，处理速度应越快越好。如果信号持续时间小于扫描时间，则 PLC 将无法扫描到该信号，造成数据丢失。而影响 PLC 处理速度的因素有很多：CPU 处理速度、用户程序的长短、软件质量等。目前，PLC 的响应速度不断提高，每条二进制指令执行时间可达到 0.2～0.4μs。小型 PLC 的扫描时间不大于 0.5ms/千步；大、中型 PLC 的扫描时间不大于 0.2ms/千步。

7.2.5 机型选择

目前，市场上的 PLC 厂商众多，可供选择的同类机型也很多。选择机型时，需要遵循的基本原则为“适用即可”，在满足工程生产自动控制需要，实现预期的所有功能，具有很好的可靠性，预留一定扩展空间的情况下来选择性价比最高系统配置和 PLC 机型。

1. PLC 主机及 CPU

PLC 按结构分为整体型和模块型两类。在 PLC 控制系统设计开发阶段，通常是按照控制功能和 I/O 点数来选型的。整体型 PLC 的 I/O 点数固定，单台难以扩展，主要用于小型控制系统中；模块型 PLC 提供了多种 I/O 模块，可以灵活地选配各种功能模块，I/O 点数扩展方便灵活，多用于大、中型控制系统中。

PLC 按应用环境分为现场安装和集控室安装两类。现场安装的 PLC 对可靠性、抗干扰能力都有较高的要求，因此，通常现场安装的 PLC 会比集控室安装的价格略高一些。然而，对于绝大多数工程项目，集控室安装的 PLC 也是按照现场安装的 PLC 标准选配的，目的是提高整个系统的可靠性，为系统提供足够的冗余。

PLC 按 CPU 字长可分为 1 位、4 位、8 位、16 位、32 位、64 位机。CPU 是 PLC 的核心器件，是 PLC 的控制运算中心，主要完成逻辑运算、数学运算、协调系统内部各部分分工等任务。PLC 常用的 CPU 有微处理器、单片机和双极片式微处理器 3 种类型，包括 8080、8086、80286、80386、单片机 8031、8096 以及位片式微处理器 AM2900、AM2901、AM2903 等。PLC 的档次越高，CPU 的字长位数也就越高，处理能力就越强，速度也越快，功能指令也就越强，价格也越高。

2. 电源模块

PLC 的供电电源一般为 220V 的市电，电源模块将交流 220V 转换成 PLC 内部 CPU 和存储器等电子电路工作所需的直流电。通常，在 PLC 内部会设计一个优良的独立电源，用锂电池作为停电后的后备电源，有些型号的 PLC 还会提供 24V 的直流电源输出，用于为外部传感器供电。在选择 PLC 的电源模块时，应充分考虑所有供电设备，并根据 PLC 说明书要求来设计选用。在重要的应用场合，通常都会采用不间断电源或稳压电源供电。同时为了避免外部高压电因误操作而引入 PLC，通常都会对输入和输出信号采取必要的隔离措施，如简单的二极管或熔丝隔离等。

3. 存储器

随着计算机集成芯片技术的不断发展，存储器的价格已显著下降。存储器成本在整个系统成本中的占比也在不断下降。存储器容量选择已不再是决定系统价格的主要因素。因此，为保证应用项目的正常投运，一般要求 PLC 的存储器容量要按 256 个 I/O 点至少选 8KB 存储器的原则来选择。需要负责控制功能时，应选择容量更大、档次更高的存储器。

4. I/O 模块

I/O 模块的选择应考虑与应用要求的统一。例如，对输入模块应考虑信号电平、信号传输距离、信号隔离、信号供电方式等。对输出模块应考虑选用的输出模块类型，通常继电器输出模块价格低、使用电压范围广、寿命短、响应时间长；晶闸管输出模块适用于开关频繁，电感性低功率因数负载场合，但是价格较贵，过载能力较差；输出模块还有直流输出、交流输出、模拟量输出和数字量输出等类型，一定要根据系统的应用对象而对应选择。

必要时，可以根据项目的工程实际要求，考虑扩展机架或远程 I/O 机架等；甚至可以考虑选用智能型输入/输出模块，以便提高系统的控制水平。

7.2.6 外部设备及专用模块

市场上的 PLC 厂商提供丰富的外部设备和专用模块，用户可以根据实际需要进行选配。

1. 外部设备

编程器是 PLC 必不可少的重要外部设备，主要用于输入、检查、修改、调试用户程序，也可用来监视 PLC 的运行状态。手持编程器分简易型和智能型两种：简易型编程器只能进行联机编程，价格低廉，多用于小型 PLC；智能型编程器价格高昂，一般用于要求比较高的场合。另一类智能型编程器为计算机，在计算机上配备适当的硬件和编程软件，可以直接编制、显示、运行梯形图，并能进行 PC 与 PLC 直接的通信。

根据需要 PLC 还可以配备其他外部设备，如盒式磁带机、打印机、EPROM 写入器以及高分辨率大屏幕彩色图形监控系统，用以显示或减少有关部分的运行状态。

2. 专用模块

为了减轻 CPU 的负担、提升 PLC 的处理速度、实现专用功能而开发了大量专用模块，如通信模块、变频器模块、智能 I/O 模块、专用温度模块、专用称重模块、专用无线模块等。在 PLC 工业生产自动化控制系统设计开发阶段，设计人员可以根据系统的功能需求来适当选择专用模块。专用模块具有功能单一、精度高、速度快、编程容易、调试周期短和占用系统资源（CPU）少等优点，同时和用户编程实现对应功能相比，成本较高。

7.3 PLC 的控制程序设计方法

7.3.1 PLC 控制程序设计步骤

如图 7-3 所示，PLC 控制系统软件开发的过程与任何软件的开发一样，需要进行需求分析、软件设计、编码实现、软件调试和修改等几个环节。

（1）需求分析

需求分析是指设计者从功能、性能、设计约束等方面分析目标软件系统的期望需求；通过理解与分析应用问题及其环境，建立系统化的功能模型，将用户需求精确化、系统化，最终形成需求规格说明。而用户要求、功能要求、性能要求以及运行环境约束通常需要设计者与用户之间进行反复的沟通，逐步深入交换意见后才能形成软件需求说明书。需求分析主要包括如下 3 点。

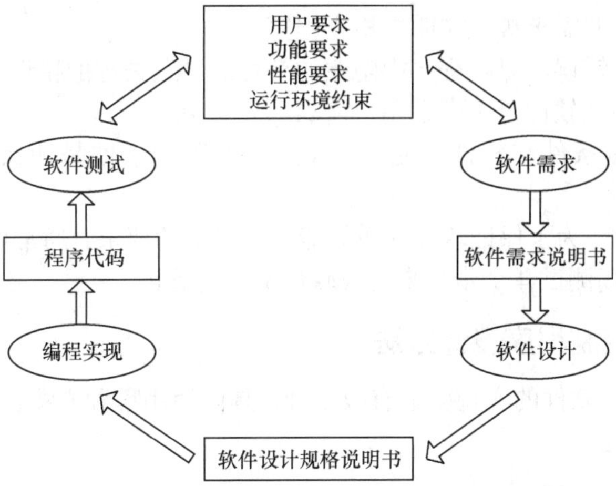

图7-3　PLC应用系统软件设计与开发主要环节关系图

① 功能分析。

② 输入/输出信号及数据结构分析。

③ 编写需求规格说明书。

（2）软件设计

软件设计是将需求规格说明逐步转化为源代码的过程。软件设计主要包括两个部分：一是根据需求确定软件和数据的总体框架，二是将其精化成软件的算法表示和数据结构。对于较复杂的控制系统，需绘制控制系统流程图，以清楚地表明动作的顺序和条件。

（3）编程实现

编码的过程就是把设计阶段的结果翻译成可执行代码的过程。设计梯形图和语句表是程序设计关键的一步，也是比较难的一步。要设计好梯形图，首先要十分熟悉控制要求，同时还要有一定的电气设计实践经验。程序设计力求做到正确、可靠、简短、省时、可读和易改。编码阶段不应单纯追求编码效率，而应全面考虑编写程序、测试程序、说明程序和修改程序等各项工作。

（4）软件调试和修改

在编码过程中，程序中不可避免地存在逻辑上、设计上的错误。实践表明，在软件开发过程中要完全避免出错是不可能的，也是不现实的，问题在于如何及时地发现和排除明显的或隐藏的错误，因此需要做软件测试工作。各种不同的软件有不同的测试方法和手段，但它们测试的内容大体相同。如图 7–4 所示，软件测试的步骤主要包括以下几个。

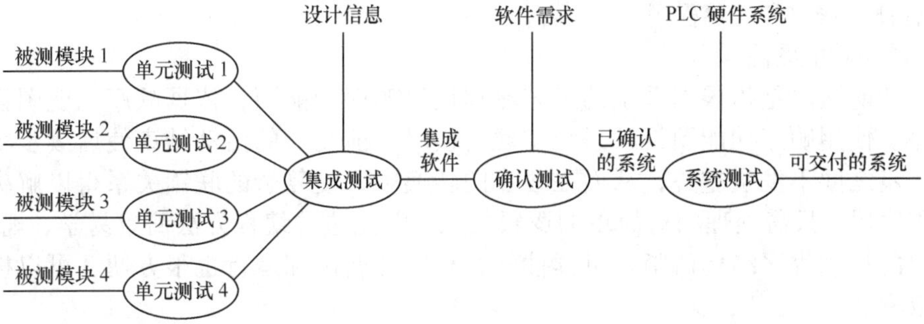

图7-4　软件测试的主要步骤

① 检查程序。按照需求规格说明书检查程序。

② 寻找程序中的错误。寻找程序中隐藏的有可能导致失控的错误。

③ 测试软件。测试软件是否满足用户需求。

④ 程序运行限制条件与软件功能。程序运行的限制条件是什么，明确该软件不能做什么。

⑤ 验证软件文件。为了保证软件的质量能满足以上的要求，通常可以按单元测试、集成测试、确认测试和现场测试 4 个步骤来完成软件文件的验证。

7.3.2 PLC 控制程序设计方法

在实际的工作中，软件的实现方法有很多种，具体使用哪种方法，因人因控制对象而异，以下是几种常用的方法。

（1）经验设计法

在一些典型的控制环节和电路的基础上，根据被控制对象的实际需求，凭经验选择、组合典型的控制环节和电路。对设计者而言，这种设计方法没有一个固定的规律，具有很大的试探性和随意性，需要设计者的大量试探和组合，最后得到的结果也不是唯一的，设计所用的时间、设计的质量与设计者的经验有关。

对于一些相对简单的控制系统的设计，经验设计法是很有效的。但是，由于这种设计方法的关键是设计者的开发经验，如果设计者开发经验较丰富，则设计的合理性、有效性越高，反之，则越低。所以，使用该法设计控制系统，要求设计者有丰富的实践经验，熟悉工业控制系统和工业上常用的各种典型环节。对于相对复杂的控制系统，经验设计法由于需要大量的试探、组合，设计周期长，后续的维护困难。所以，经验设计法一般只适合于比较简单的或与某些典型系统相类似的控制系统的设计。

（2）逻辑设计法

传统工业电气控制线路中，大多使用继电器等电气元件来设计并实现控制系统。继电器、交流接触器的触点只有吸合和断开两种状态，因此，用“0”和“1”两种取值的逻辑代数设计电气控制线路。逻辑设计方法同样也适用于 PLC 程序的设计。用逻辑设计法设计应用程序的一般步骤如下。

① 列出执行元件动作节拍表。

② 绘制电气控制系统的状态转移图。

③ 进行系统的逻辑设计。

④ 编写程序。

⑤ 检测、修改和完善程序。

（3）顺序功能图法

顺序功能图法是指根据系统的工艺流程设计顺序功能图，依据顺序功能图设计顺序控制程序。使用顺序功能图设计系统实现转换时，前几步的活动结束使后续步骤的活动开始，各步之间不发生重叠，从而在各步的转换中，使复杂的联锁关系得以解决；对于每一步程序段，只需处理相对简单的逻辑关系。因此这种编程方法简单易学，规律性强，且设计出的控制程序结构清晰、可读性好，程序的调试和运行也很方便，可以极大地提高工作效率。

7.4 设计经验与注意事项

7.4.1 干扰和抗干扰措施

1. 干扰源

影响控制系统的干扰源大多产生在电流或电压剧烈变化的部位。其原因主要是由于电流改变而产生了磁场，对设备产生电磁辐射。通常电磁干扰按干扰模式不同，可分为共模干扰和差模干扰。PLC 系统中的干扰主要来源如下。

（1）强电干扰

PLC 系统的正常供电电源均为电网供电。由于电网覆盖范围广，会受到所有空间电磁干扰产生在线路上的感应电压影响。尤其是电网内部的变化，大型电力设备启停、交直流传动装置引起的谐波，电网短路瞬态冲击等，都会通过输电线路传到 PLC 电源。

（2）柜内干扰

控制柜内的高压电器、大的感性负载、杂乱的布线都容易对 PLC 造成一定程度的干扰。

（3）信号线引入的干扰

这种信号线引入的干扰主要有两种，一是通过变送器供电电源或共用信号仪表的供电电源串入的电网干扰；二是信号线上的外部感应干扰。

（4）接地系统混乱干扰

正确的接地，既能减少电磁干扰的影响，又能抑制设备向外发出干扰；而错误的接地，反而会引入严重的干扰信号，使 PLC 系统无法正常工作。

（5）系统内部干扰

系统内部干扰主要由系统的内部元器件及电路间的相互电磁辐射产生，如逻辑电路相互辐射及其对模拟电路的影响等。

（6）变频器干扰

变频器启动及运行过程中均会产生谐波，这些谐波会对电网产生传导干扰，引起电压畸变，影响电网的供电质量。另外，变频器的输出也会产生较强的电磁辐射干扰，影响周边设备的正常工作。

2. 主要抗干扰措施

（1）采用性能优良的电源，抑制电网引入的干扰

在 PLC 控制系统中，电源占有极其重要的地位。电网干扰串入 PLC 控制系统主要是通过 PLC 系统的供电电源（如 CPU 的电源、I/O 模块电源灯）、变送器供电电源和与 PLC 系统具有直接电气连接的仪表供电电源等耦合进入的。现在对于 PLC 系统供电的电源，一般采用隔离性能较好的电源，以减少其对 PLC 系统的干扰。

（2）正确选择电缆和实施分槽走线

不同类型的信号应分别由不同类型的电缆传输。信号电缆应按传输信号种类分层铺设，严禁用同一电缆的不同导线同时传输动力电源和信号，如动力线、控制线、PLC 的电源线和 I/O 线应分别配线。应将 PLC 的 I/O 线和大功率线缆分开走线，如果必须在同一线槽内，可加隔离板，以将干扰降到最低限度。

（3）硬件滤波及软件抗干扰措施

信号在接入计算机之前，在信号线与地间并接电容，以减少共模干扰；在信号两级间加

装滤波器可减少差模干扰。

由于电磁干扰的复杂性，要从根本上消除干扰的影响是不可能的，因此在 PLC 控制系统的软件设计和组态时，还应在软件方面进行抗干扰处理，以进一步提高系统的可靠性。常用的软件措施包括数字滤波和工频整形采样，可有效消除周期性干扰；定时校正参考点电位，并采用动态零点，可防止电位漂移；采用信息冗余技术，设计相应的软件标志位；采用间接跳转、设置软件保护等。

（4）正确选择接地点，完善接地系统

接地的目的一是安全，二是抑制干扰。完善的接地系统是 PLC 控制系统抗电磁干扰的重要措施之一。

（5）对变频器干扰的抑制

变频器的干扰处理一般有以下几种方法：加隔离变压器，主要是针对来自电源的传导干扰，可以将绝大部分的传导干扰阻隔在隔离变压器之前；使用滤波器能有效防止将设备本身的干扰传导给电源，有些滤波器还兼有尖峰电压吸收功能；使用输出电抗器减少变频器输出在能量传输过程中线路产生电磁辐射，影响其他设备的正常工作。

7.4.2 节省 I/O 点数的方法

1. 节省输入点数的方法

（1）采用分组输入

在实际系统中，大多有手动操作和自动操作两种状态。由于手动和自动不会同时操作，因此可将手动和自动信号叠加在一起，按不同控制状态进行分组输入。

如图 7-5（a）所示，系统中有自动和手动两种工作模式。将这两种工作模式的输入信号分成两组：自动工作模式开关 SA1、SA2、SA7，手动工作模式开关 S1、S2、S7。共用输入点 I1.1、I1.2、I1.7。用工作模式选择开关 S0 切换工作模式，并利用 I1.0 来判断是自动模式还是手动模式。图 7-5（a）中的二极管是为了防止出现寄生电流、产生错误输入信号而设置的。

（2）采用合并输入

如图 7-5（b）所示，进行 PLC 外部电路设计时，尽量把某些具有相同功能的输入点串联或并联后再输入到 PLC 中。某系统有两个启动信号 SB4、SB5，3 个停止信号 SB1、SB2、SB3，采用合并输入方式后，将两个启动信号并联，将 3 个停止信号串联。这样不仅节省了输入点数，还简化了程序设计。

（3）将某些信号设在 PLC 的外部接线中

控制系统中的某些信号功能单一，如热继电器 FR、手动操作按钮等输入信号，没有必要作为 PLC 的输入信号，就可以将这些信号设置在 PLC 外部接线中。

2. 节省输出点数的方法

（1）在输出功率运行的前提下，某些工作状态完全相同的负载可以并联在一起共用一个输出点。例如，在十字路口交通灯控制系统中，东边红灯就可以和西边红灯并联在一起，共用同一个输出点。

（2）尽量减少数字显示所需的输出点数。例如，在需要数码管显示时，可利用 CD4513 译码驱动芯片。在显示数字较多的场合，可使用 TD200 文本显示器等设备以减少输出点数。

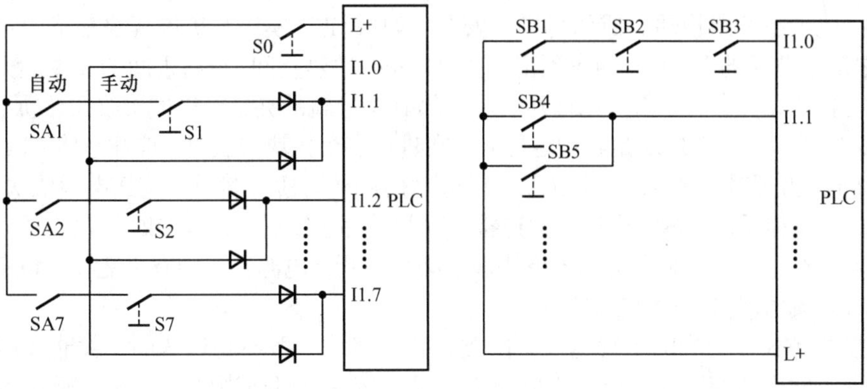

（a）分组输入　　　　　　　　（b）合并输入点

图7-5　节省输入点数的方法

7.4.3　PLC 的安装与维护

1．PLC 的工作环境

尽管 PLC 的设计生产过程中已经充分考虑了其工作环境恶劣，但是为了保证 PLC 控制系统的正常、可靠、稳定运行，在使用 PLC 过程中必须考虑以下因素。

（1）温度

正常温度下，环境温度对 PLC 的工作性能没有很大影响。一般而言，PLC 安装的环境温度范围为 0～55℃，安装的位置四周通风散热空间的大小以基本单元和扩展单元之间的间隔至少在 30mm 以上为标准。为防止太阳光的直接照射，开关柜上、下部应有通风的百叶窗。如果周围环境超过 55℃，需要安装电风扇强迫通风。

（2）湿度

防止空气湿度对 PLC 工作的影响，PLC 工作的环境空气相对湿度应小于 85%（无凝露），以保证 PLC 的绝缘性能。

（3）振动

超过一定程度的振动会严重影响 PLC 的正常可靠工作，因此，要避免 PLC 近距离接触强烈的振动源；当使用环境存在不可避免的振动时，必须采取减振措施，如采用减振胶等，减弱振动对 PLC 工作性能的影响。

（4）空气

空气质量对 PLC 的正常工作影响不是很大。但是，对于在某些存在化学变化、反应情况下工作的 PLC，应避免接触氯化氢、硫化氢等易腐蚀、易燃的气体；对于空气中存在较多粉尘或腐蚀性气体的空间，可将 PLC 密封起来，并安装于空气净化装置内。

2．PLC 的安装与布线

（1）安装

PLC 常用的安装方式有两种：一是底板安装，二是标准 DIN 导轨安装。底板安装时利用 PLC 机体外壳 4 个角上的安装孔，用螺钉将其固定在底板上。DIN 导轨安装是利用模块上的 DIN 夹子，把模块固定在一个标准的 DIN 导轨上。导轨安装既可以水平安装，又可以垂直安装。

在安装时，CPU 模块和扩展模块通过总线连接在一起，排成一排。在模块较多时，也可以扩展连接电缆把两组模块分成两排进行安装。如果 CPU 模块和扩展模块是采用自然对流散热形式，则每个单元的上、下方均应预留至少 25cm 的散热空间，与后板间的深度应大于 75cm。

模块安装到导轨上的步骤：先打开模块底部 DIN 导轨的夹子，把模块放在导轨上，再合上 DIN 夹子，然后检查一下模块是否固定好了。在进行多个模块安装时，应注意将 CPU 模块放在最左边，其他模块依次放在 CPU 的右边。在固定好各个模块后，将总线连接电缆依次连接即可。在拆卸时，顺序相反，先拆除模块上的连接电缆和外部接线后，松开 DIN 导轨夹子，取下模块即可。值得注意是，在安装和拆卸各模块前，必须先断开电源，否则有可能导致设备损坏。

（2）输入/输出端的输入接线

输入接线越长，受到的干扰越大，因此，输入接线一般不超过 30m；除非环境较好，各种干扰很少，输入线路两端的电压下降不大，输入接线可以适当延长。输入/输出接线最好分开接线，避免使用同一根电缆；输入/输出接线尽可能采用常开触点形式连接到 PLC 的输入/输出接口。

（3）输入/输出端的输出接线

输出端接线有两种形式，分别为独立输出和公共输出。如果输出属于同一组，输出只能采用同一类型、同一点电压等级的输出电压；如果输出属于不同组，应使用不同类型和电压等级的输出电压。另外，PLC 的输出接口应使用熔丝等保护元器件，因为焊接在电路板上的 PLC 输出元件与端子板相连接，如果负载发生短路，印制电路板将可能被烧毁，因此，应使用保护措施。针对感性负载选择输出继电器时，应选择寿命长的继电器。这是因为继电器形式输出所承受的感性负载会影响继电器的使用寿命。

3. PLC 的保护和接地

（1）外部安全电路

实际应用中存在一些威胁用户安全的危险负载，针对这类负载，不仅要从软件角度采取相应的保护措施，而且硬件电路上也应该采取一些安全电路。紧急情况下可以通过急停电路切断电源，使控制系统停止工作，减小损失。

（2）保护电路

硬件上除了设置一些安全电路外，还应设置一些保护电路。例如，外部电器设置互锁保护电路，保障正、反转运行的可靠性；设置外部限位保护电路，防止往复运行及升降移动超出应有的限度。

（3）电源过负载的防护

PLC 的供电电源对 PLC 的正常工作起着关键性影响，但是并不是只要电源切断，PLC 立刻就能停止工作。由于 PLC 内部特殊的结构，当电源切断时间不超过 10ms 时，PLC 仍能正常工作；但是如果电源切断时间超过 10ms，PLC 将不能正常工作，处于停止状态。PLC 处于停止状态后，所有 PLC 的输出点均断开，因此应采取一些保护措施，防止由于 PLC 的输出点断开引起的误动作。

（4）重大故障的报警及防护

如果 PLC 工作在容易发生重大事故的场合，为了在发生重大事故的情况下控制系统仍能够可靠地报警、执行相应的保护措施，应在硬件电路上引出与重大故障相关的信号。

（5）PLC 的接地

接地对 PLC 的正常、可靠工作有着重要影响，良好的接地可以减小电压冲击带来的危害。接地时，被控对象的接地端和 PLC 的接地端连接起来，通过接地线连接一个电阻值不小于

100Ω的接地电阻到接地点。

（6）冗余系统与热备用系统

某些实际生产场合对控制系统的可靠性要求很高，不允许控制系统发生故障。一旦控制系统发生故障，将造成重大的事故，导致设备损坏。例如，水电站控制机组转速的调速器对 PLC 的正常工作要求很高，对于大型水电站的水轮机调速器常使用两台甚至 3 台 PLC，构成备用调速器，防止单台 PLC 调速器发生故障。所以，生产实际中，针对可靠性要求较高的场合，通常通过多台 PLC 控制器构成备用控制系统，提高控制系统的可靠性。

4. PLC 的检修与维护

PLC 是由半导体器件组成的，长期使用后老化现象是不可避免的。所以，应定期对 PLC 进行检修和维护。检修时间一般为一年 1～2 次比较合适，若工作环境比较恶劣，应根据实际情况加大检修与维护频率。检修的主要项目包括如下内容。

① 检修电源：可在电源端子处测量电源的变化范围是否在允许的±10%范围内。

② 工作环境：重点检查温度、湿度、振动、粉尘、干扰等是否符合标准工作环境。

③ 输入/输出用电源：可在相应的端子处测量电压变化范围是否满足规格。

④ 检查各模块与模块相连的各导线及模块间的电缆是否松动，元件是否老化。

⑤ 检查后备电池电压是否符合标准、金属部件是否锈蚀等。

在检修与维护的过程中，若发现有不符合要求的情况，应及时调整、更换、修复以及记录备查。

5. PLC 的故障诊断

PLC 系统的常见故障，一方面可能来自 PLC 内部，如 CPU、存储器、电源、I/O 接口电路等；另一方面也可能来自外部设备，如各种传感器、开关以及负载等。

由于 PLC 本身可靠性较高，并且具有自诊断功能，通过自诊断程序可以非常方便地找到出故障的部件。而大量的工程实践表明，外部设备的故障发生率远高于 PLC 自身的故障率。针对外部设备的故障，我们可以通过程序进行分析。例如，在机械手抓紧工件和松开工件的过程中，有两个相对的限位开关不可能同时导通，说明至少有一个开关出现了故障，应停止运行进行维护。在程序中，可以将这两个限位开关对应的常开触点串联来驱动一个表示限位开关故障的存储器位。表 7-1 给出了 PLC 常见故障及其解决方法。

表 7-1 PLC 常见故障及其解决方法

问题描述	故障原因分析	解决方法
PLC 不输出	① 程序有错误； ② 输出的电气浪涌使被控设备出现故障； ③ 接线不正确； ④ 输出过载； ⑤ 强制输出	① 修改程序； ② 当接电动机等感性负载时，需接抑制电路； ③ 检查接线； ④ 检查负载； ⑤ 检查是否有强制输出
CPU SF 灯亮	① 程序错误：看门狗错误 0003、间接寻址错误 0011、非法浮点数 0012 等； ② 电气干扰：0001～0009； ③ 元器件故障：0001～0010	① 检查程序中循环、跳转、比较等指令是否正确； ② 检查接线； ③ 找出故障原因并更换元器件

续表

问题描述	故障原因分析	解决方法
电源故障	电源线引入过电压	把电源分析器连接到系统，检查过电压尖峰的幅值和持续时间，并给系统配置合适的抑制设备
电磁干扰问题	① 不合适的接地； ② 在控制柜中有交叉配线； ③ 为快速信号配置了输入滤波器	① 进行正确的接地； ② 进行合理布线。把 DC 24V 传感器电压的 M 端子接地； ③ 增加输入滤波器的延迟时间
通信网络故障	如果所有的非隔离设备连接在一个网络中，而该网络没有一个共同的参考点。通信电缆会出现一个预想不到的电源，导致通信错误或设备损坏	检查通信网络；更换隔离型 PC/PPI 电缆；使用隔离型 RS-485 中继器

7.5 本章小结

本章详细讲述了 PLC 控制系统的设计流程、硬件系统设计选型方法和控制程序设计方法等内容。最后详细介绍了设计经验与注意事项，并讲解了如何利用 PLC 来实现工业生产自动化控制的详细过程。

本章的重点是 PLC 的硬件系统设计选型方法和控制程序设计方法这两部分内容，难点是 PLC 控制系统的设计流程。通过本章的学习，读者基本掌握了各种常用 PLC 的设计流程，并能自主编写 PLC 程序，构建一个简单的 PLC 控制系统。

实践篇

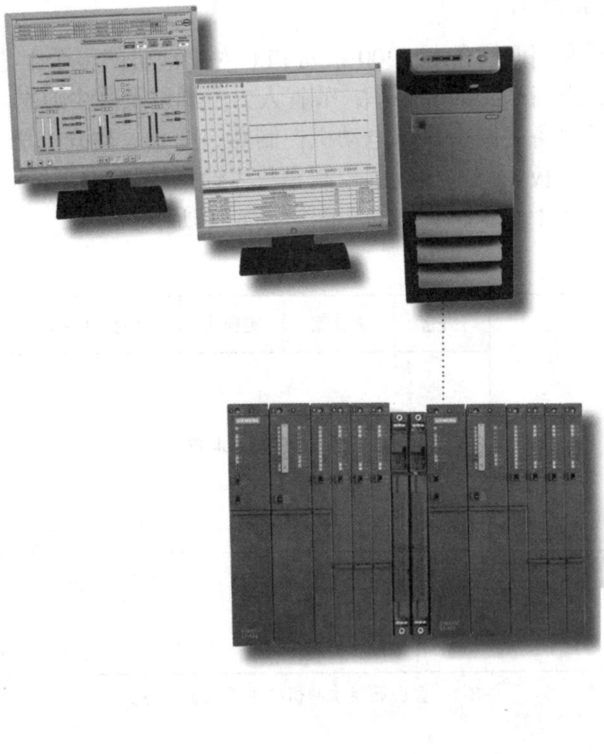

第8章 S7-300/400系列PLC在小功率金卤石英吹泡机控制系统中的应用

目前我国大部分吹泡机的控制系统是从国外进口的，不仅成本昂贵，而且在维护等方面也非常不方便，一旦出现故障就有停产的可能，这严重阻碍了企业的正常生产。针对这种情况，本系统需要对吹泡机控制系统进行改造。

在对系统进行改造前，必须对工艺流程、机械设备、原有控制系统进行分析、研究。进行改造之后的控制系统不仅在维护方面更加方便，而且也降低了成本，并提高了产品的质量。

8.1 系统总统设计

8.1.1 系统功能分析

本控制系统主要是利用西门子S7-300系列PLC对吹泡机的整个工艺流程进行自动控制，以实现更高的精确度，提高产品的合格率，节省人力资源以及减少原材料的浪费。

金卤石英吹泡机的设备主要由机床电动机控制器、头仓、尾仓、驱动电动机、定模夹、控制柜、火支架、控制面板（一些相应的控制参数可通过控制面板输入）等部件组成，它们的位置分布示意图如图8-1所示，它们的功能如表8-1所示。

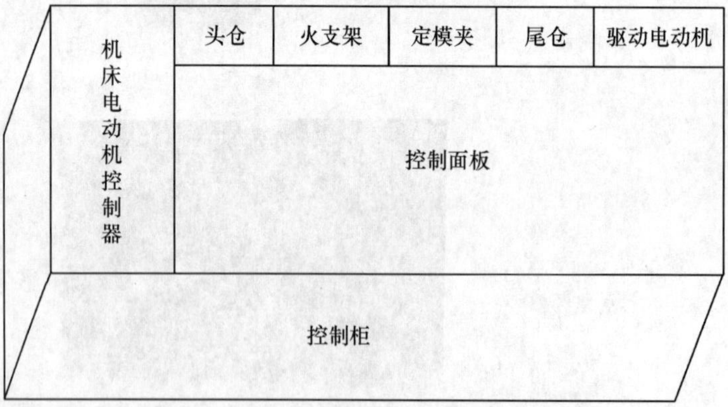

图8-1 金卤石英吹泡机的主要设备示意图

表 8-1　　金卤石英吹泡机的主要设备

设备名称	说明
机床电动机控制器	机床电动机控制器主要完成机床的运动控制（包括速度等），此控制器由人工手动完成，在自动控制模式下无须控制，只有在安装调试、检测或出现故障的情况下才可使用
头仓	头仓前端有一段圆柱形，中间带有一个 5mm 的夹头，其作用是用来夹料
尾仓	尾仓和头仓类似，料可以先夹在头仓，然后尾仓前进，夹紧；也可以将料夹在尾仓夹上，然后往头仓送，两者效果是一样的，要根据现场工艺以及设备的要求来选择
驱动电动机	驱动电动机主要是对尾仓和火支架的步进电动机进行控制，以期保持一定的速度到达指定的位置，实现准确的定位控制
定模夹	其功能是对加热以后的料管进行夹紧、定性，由电磁阀控制实现开、闭。由于存在器械上的延时，夹模延时时间的参数设置有严格要求。定模夹对整个产品的质量影响很大，因此参数的设置要根据经验，并且要多次实验，达到要求时才能固定下来。对于不同规格的产品，其参数也不完全相同，要重新调整之后才可使用
控制柜	设计控制柜尺寸时要根据所选择硬件的大小，尽量做到体积小，易固定
火支架	火支架上包含两个火苗：大火苗和小火苗，两者协调工作，以达到预热、加热的目的，火支架的移动速度、距离由 PLC 的 FM353 来实现精确的定位控制
控制面板	控制面板上包括开机、急停、状态指示灯等所有控制需要的键。每个开关有 3 种状态，中间为步进指示状态，上为 ON，下为 OFF。控制面板的左上角还有一个计数器（自带电池），用来计算产品的个数（可以复位）

8.1.2　系统原理分析

在 PLC 控制系统中，对产品的最终质量具有决定性影响的主要参数如表 8-2 所示。

表 8-2　　影响产品最终质量的参数及说明

参数名称	说明
打开氢气和氧气之间的时间延时参数	打开氢气后，再开氧气，这之间的延迟时间非常重要，如果打开氢气后到开氧之间的延时过短，就会出现轻微的爆炸声，比较危险；如果之间的时间过长，则会造成氢气的浪费，这个时间参数的设定需要平时经验的积累和实验
关闭氧气和氢气之间的时间延时参数	如果关闭氧气后到关闭氢气之间的延时过长，则会出现火苗进入管内的现象，容易出现不合格产品，且易出事故
加热时间参数	此项参数对整个工艺流程和产品最终的指令至关重要，如果控制不好将导致产品管壁无法符合要求，如加热时间过短则会使管壁过厚，加热时间过长则会使管壁过薄
夹模的延时时间参数	这项参数将直接关系到产品的最终定型是否符合标准。如果延时过长，管子已经冷却下来了，产品还没完全定型，那么产品最终就无法完全定型

续表

参数名称	说明
其他参数的设定	除了以上几个关键参数之外，其余参数对产品的最终质量没有太大影响，主要影响产品加工的效率，因此也需要经过实验测试，使它们效率达到最高

小功率金卤石英吹泡机主要有进料架、退料架、尾仓电动机、火苗电动机和主轴电动机 5 个运动部件。其中，尾仓电动机、火苗电动机是由两个专用的步进电动机定位模块 FM353 进行控制，其他部件由阀门控制。

如图 8-2 所示，输入信号是运送部件各个位置的霍尔开关量信号，输出信号主要是运送部件的控制信号和 3 种气体的控制信号。

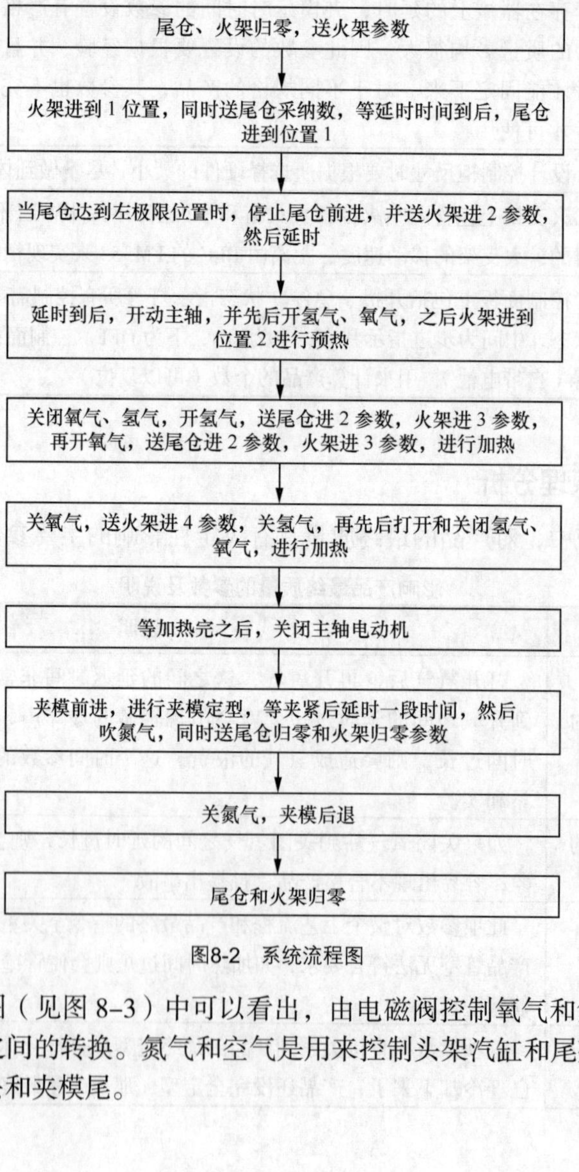

图8-2 系统流程图

从系统控制气路图（见图 8-3）中可以看出，由电磁阀控制氧气和氢气的密度，从而实现在大火苗和小火苗之间的转换。氮气和空气是用来控制头架汽缸和尾架汽缸的动作，空气还可以用来控制夹模头和夹模尾。

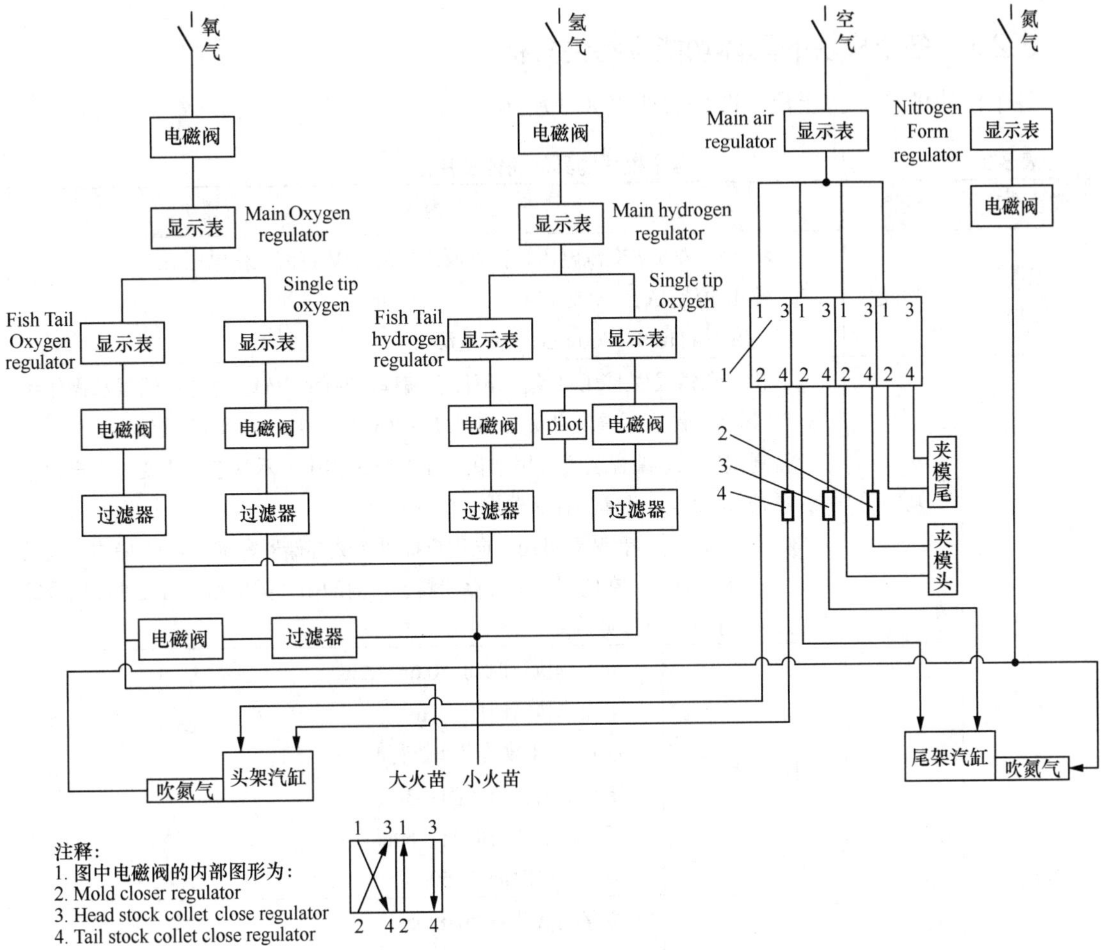

图8-3 系统控制气路图

8.2 系统 PLC 选型和资源配置

8.2.1 模块构成图

吹泡机控制系统模块图如图 8–4 所示。

电源模块	CPU	FM353	FM353	SM321	SM322	SM323

图8-4 吹泡机控制系统模块图

8.2.2 特殊模块功能概述

① FM353 是西门子公司开发的专用电动机控制功能模块，主要用来控制步进电动机的运动。在本系统中，两个 FM353 分别用来控制尾仓电动机和火架电动机。

② SM321 是数字输入模块，主要用来将外部信号输入到 PLC，如行程开关信号等。

③ SM322 是数字输出模块，主要用来控制信号输出到相应的器件，实现控制。

④ SM323 是数字输入/输出模块，兼有上述 SM321、SM322 的功能。

8.2.3 各个模块的具体功能及特性分析

各个模块的具体功能及特性分析如表 8-3 所示。

表 8-3 各个模块的具体功能及特性

模块名称	项目		内容
电源模块	功能		① 将 120V/230V 交流电压转化到所需要的 24V 直流工作电压。 ② 输出电流 2A、5A 或 10A。 ③ 为 SIMATIC S7-300 PLC 提供电源
CPU313	功能		① 状态和错误/故障 LED 指示硬件、编程、时间、I/O、电池的错误和操作状态，如运转、停止、重新启动及 CPU315-2DP 和 CPU318-2 的总线错误。 ② 测试功能。编程装置可用来在程序执行过程中显示状态，改变与用户程序无关的过程变量，并输出存储器堆栈的内容。 ③ 系统信息。编程装置可用来向用户提供有关存储器容量和 CPU 操作方式及用户 RAM 和目前正在使用的负载存储器、目前的循环类型和诊断缓冲器内容等信息，所有显示均为明码文本
	技术指标	执行时间	位操作执行时间：0.6～1.2μs 字操作执行时间：2μs 定时器/计数器操作执行时间：15μs 定点加的执行时间：3μs 浮点加的执行时间：60μs 检测扫描时间：150ms
		位存储器	位存储器共有 2048 个 用电池保持：0～576（M0.0～M71.7）个 无电池保持：0～576（M0.0～M71.7）个
		计数器	计数器共有 128 个 用电池保持：0～35 可选 定时范围：10ms～9990s
		定时器	数据传输速率：187.5kbits
		电源	电源额定值：24V 直流 电源电流消耗：1A 电源启动消耗：8A 电源功率消耗：8W
		尺寸及质量	尺寸（长 × 宽 × 高）：80mm × 125mm × 130mm；质量：530g
FM353	概述		① 该定位模块用于具有很高时钟频率的机床中的步进电动机。 ② 它可以用来控制简单的点到点定位，也可以用来复合往复运送模式
	应用		进给、调整、设定和传送带式轴（线性和旋转轴），用于金属加工、印刷、造纸、纺织和包装机床中吊运、装载和安装任务的设备

续表

模块名称	项目	内容
FM353	功能	① 调整。用点动键来移动轴（点动方式）。 ② 增量方式。按照表格中已存入的路径来移动轴。 ③ MDI（手动输入数据）和运行中的 MDI。以任何希望的速度定位于任何希望的位置。 ④ 自动后续块/单块控制。用于运行复杂的定位路径、连续/选择进给、前进/后退。 ⑤ 特殊功能。长度测量、通过 FM353 的快速输入启动和调整定位运转、变化率限制、运转中设定实际值
SM321	概述	① SIMATIC S7-300 的数字量输入。 ② 用于连接开关和 2 线接近开关（BERO）
	应用	数字量输入模块将从过程传输来的外部数字信号的电平转换为内部 S7-300 信号电平。该模块适用于连接开关和 2 线接近开关（BERO）
SM322	概述	① SIMATIC S7-300 数字量输出模块。 ② 用于连接电磁阀、接触器、小功率电动机等和电动机启动器
	应用	数字量输出模块将 S7-300 的内部信号电平转化为控制过程所需的外部信号电平。该模块使用连接电磁阀、接触器、小功率电动机等和电动机启动器
SM323	概述	① SIMATIC S7-300 的数字量输入/输出模块。 ② 用于连接开关、2 线接近开关（BERO）、电磁阀、接触器、小功率电动机、灯和电动机启动器
	应用	将控制过程的外部数字量电平转化为 S7-300 内部信号电平，并将 S7-300 内部信号电平转化为控制过程所需的外部信号电平

8.3 系统程序设计与调试

8.3.1 编程语言 STEP 7 的语言特点

所选用的 SIMATIC 工业软件 STEP 7 是用于西门子 S7、M7、C7 系列 PLC 的标准工具。

为了生成用户所写的程序，STEP 7 提供了标准化的 PLC 编程语言：语句表 STL、梯形图 LAD、功能图表 FBD。

STEP 7 可提供组织块（OB）、功能块（FB）、功能（FC）、数据块（DB）、系统功能块（SFB）等模块，其功能如表 8-4 所示。

表 8-4 STEP 7 功能块

名称	功能
组织块（OB）	用于控制程序的运行
功能块（FB）	包括实际的用户程序，提供包括各种数据类型的功能块
功能（FC）	包括常用功能的程序，在调用后必须立即处理所有初始值，它不需要任何背景数据块
数据块（DB）	储存用户数据的数据区
系统功能块（SFB）	集成到 CPU 操作系统中的功能块

8.3.2 系统工艺表图

系统工艺表图是按照整个工艺流程的具体步骤来实现的，一般在编写程序之前，应先写好功能表图，在此基础上实现软件编写，本例工艺功能图如图 8-5 所示。

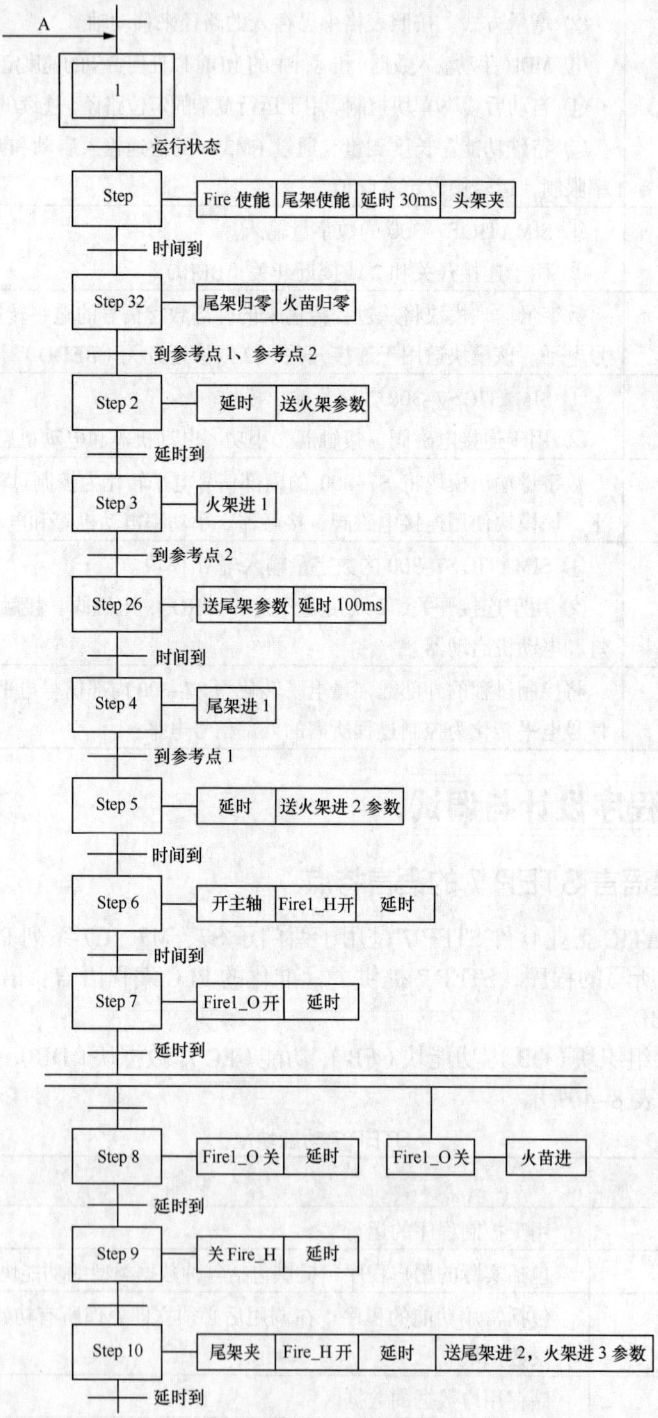

图8-5　工艺功能图

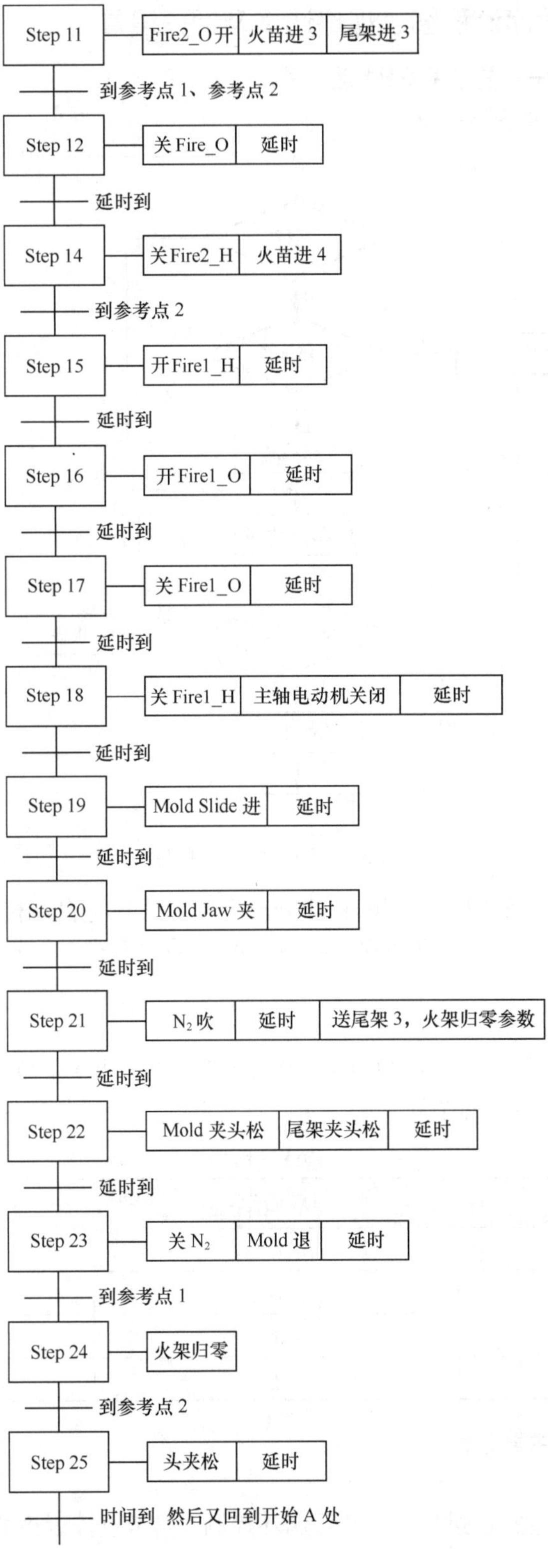
Step 11
Fire2_O开
火苗进 3
尾架进 3
到参考点 1、参考点 2
Step 12
关 Fire_O
延时
延时到
Step 14
关Fire2_H
火苗进 4
到参考点 2
Step 15
开Fire1_H
延时
延时到
Step 16
开 Fire1_O
延时
延时到
Step 17
关 Fire1_O
延时
延时到
Step 18
关 Fire1_H
主轴电动机关闭
延时
延时到
Step 19
Mold Slide 进
延时
延时到
Step 20
Mold Jaw 夹
延时
延时到
Step 21
N2 吹
延时
送尾架 3，火架归零参数
延时到
Step 22
Mold 夹头松
尾架夹头松
延时
延时到
Step 23
关 N2
Mold 退
延时
到参考点 1
Step 24
火架归零
到参考点 2
Step 25
头夹松
延时
时间到 然后又回到开始 A 处

图8-5　工艺功能图（续）

8.3.3 系统主程序流程图、规格选择及相关设置

1. 整个系统流程——主程序 OB1 流程图

主程序 OB1 流程图如图 8-6 所示。

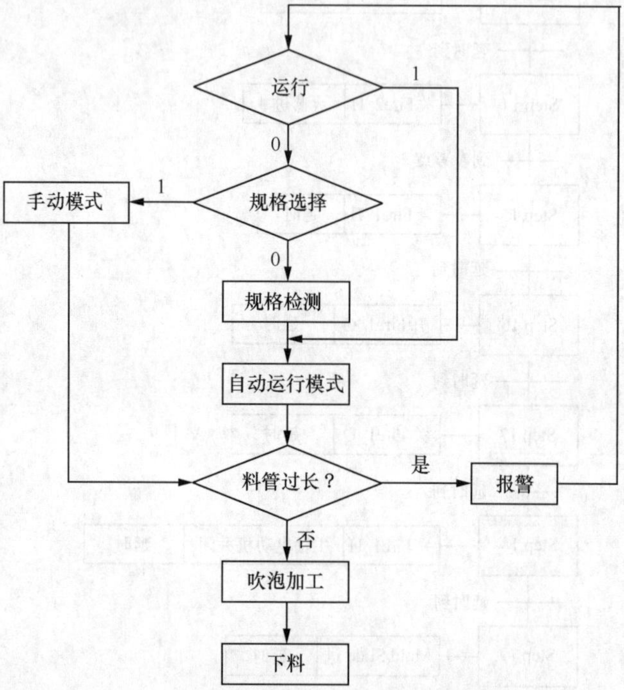

图8-6 主程序OB1流程图

在图 8-6 中，程序开始时，先判断程序处于手动模式还是自动模式。在自动模式下，主程序会按照步骤进行依次工作，直到程序结束；而在手动模式下，省去了规格检测等程序，直接对管长进行检测。

2. 成品管的规格确定

所需成品管的规格不同，吹泡过程中要求的各个行程和预热时间也不同。成品管的规格由面板中 MODE1 和 MODE2 两个开关来确定。各种状态的定义如表 8-5 所示。

表 8-5 规格选择

功率	MODE1	MODE2
50W	0	0
70W	0	1
100W	1	0
150W	1	1

3. FM353 模块的主要功能

（1）模式控制

模式控制的功能是选择步进模式、开环循环控制、参考点接近模式、相对增量模式、MDI（手动输入数据）模式、自动模式等。

（2）定位

FM353 在 S7-300 系列 PLC 的 CPU 中用于“顺序控制”和“启动和停止定位动作”。

（3）控制步进电动机

FM353 可以控制步进电动机的以下 5 个项目。

① 控制速度。

② 输出方向信号。

③ 输出相应控制频率的步进脉冲。

④ 目标位置的精确定位。

⑤ 驱动设备的相电流控制。

（4）数据输入和输出

用户可以自己定义 4 位输入和 4 位输出，可以连接的开关有：参考点接近开关、外部开始开关、接触器等。

（5）不依赖于操作模式的设置和功能

除了模式外，自定义的功能可以在用户程序里被激活。

（6）软件极限开关

在同步记录以后，操作范围（由软件极限开关定义）是自动监控的。

（7）过程中断

需要过程中断的情况有：位置到达、规定长度完成、块转换时、输入坐标尺寸。

4. FM353 内部使能参数的确定

FM353 的功能十分强大，其内部有多种工作模式，需要设置工作模式的内部参数状态位以及在运动过程中生成的内部信号。

在主程序中应用到的内部使能参数如表 8-6 所示。

表 8-6　　FM353 内部使能参数

内部参数	说明	内部参数	说明
FERENCE1	尾仓电动机中间行程到位信号	FERENCE2	火苗电动机中间行程到位信号
CYCLE_FLAG	循环工作信号	FM353_CONTROL1	尾仓电动机中间行程控制字
FM353_CONTROL2	火苗电动机中间行程控制字	MOTOR.ENABLE	尾仓、火苗电动机使能信号

在功能程序中有 4 个内部数据块：CONTROL_SIGNALS、CHECKBACK_SIGNALS、PROG_SEL 和 JOB_WR。在本程序中，要用到 4 个内部数据块的状态位如表 8-7 所示。

表 8-7　　程序中用到的内部数据块的状态位

数据块名称	状态位及含义
CONTROL_SIGNALS	MODE（模式）、EN（内使能）、READ_EN（读使能）、DRV_EN（驱动使能）、START（内开始）、STOP（内停止）
CHECKBACK_SIGNALS	MODE（模式）、POS_ROD（中间行程到位）
PROG_SEL	NO（行程块号）、DIR（行程方向）
JOB_WR	BUSY（读写忙）、DONE（读写完）和 NO（读写块号）

如何正确使用这些标准的内部状态字是使用 FM353 模块进行本次设计工作的重点和难点。

5. FM353 的设置

① 首先要根据工程需要，选择所需的模块进行组态，然后打开 HARDWARE 项，在右边栏中选择所需要的模块用鼠标拖放到左边的框架上，如图 8-7 所示。

② 然后双击图 8-7 框架中的“FM353 STEPPER”，进入图 8-8 所示的对话框中。

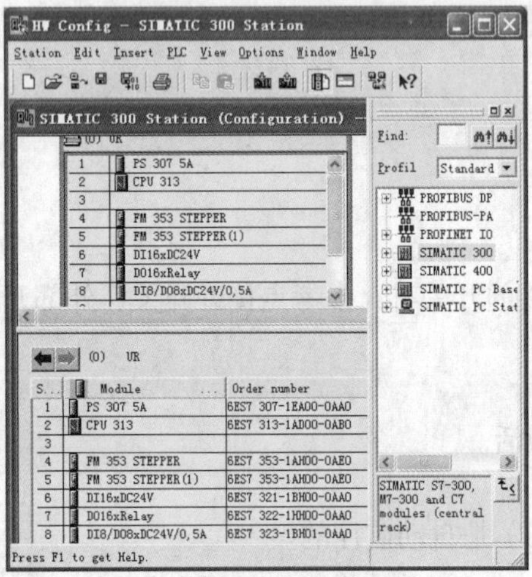

图8-7　建立工程项目

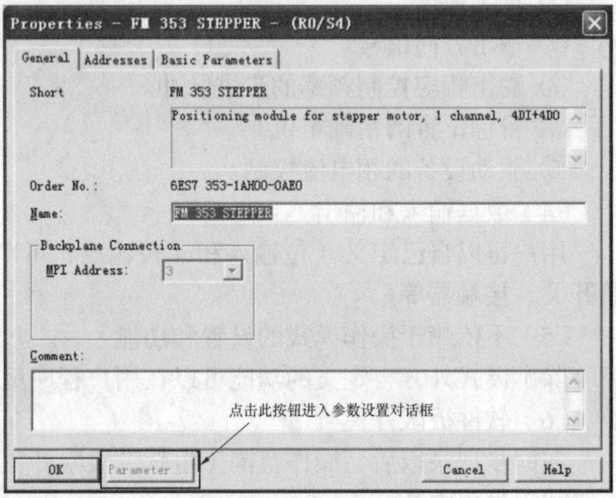

图8-8　FM353设置对话框

③ 按下电动机“Parameters”按钮，进入 FM353 的参数化设置对话框，如图 8-9 所示。

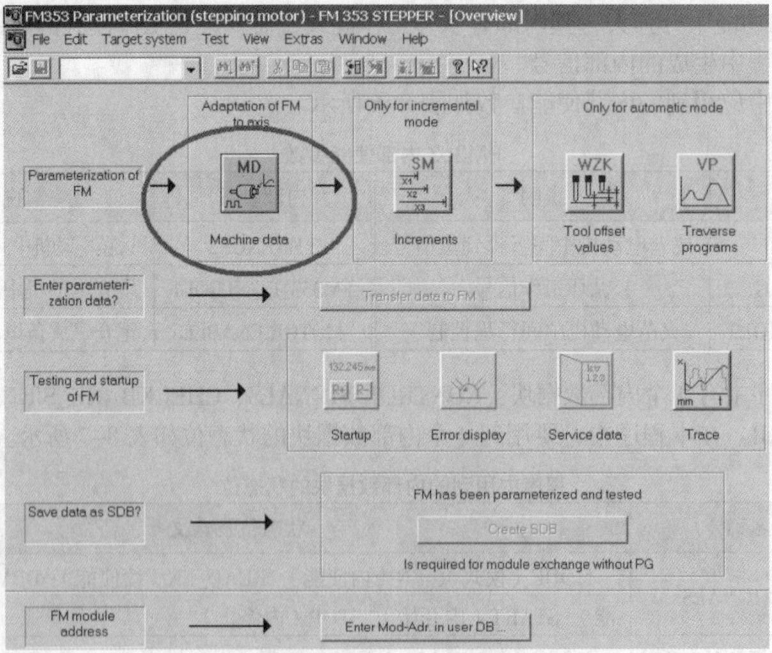

图8-9　FM353参数化设置对话框

单击图 8-9 中的“Machine data”(即图 8-9 中椭圆的区域)，即可对 FM353 进行参数设置。

6. 主程序构成

主程序块主要有 3 种模式：自动模式、手动模式和报警模式，如图 8-10 所示。

各个模式的含义及功能如表 8-8 所示。

7．程序的下载、安装和调试

将输入/输出端子和实际机床中的接近开关、限位开关、电磁阀门、继电器、指示灯、声/光报警器等正确连接，步进电动机驱动模块 FM353 的信号端与电动机驱动模块相连接，完成硬件的安装。

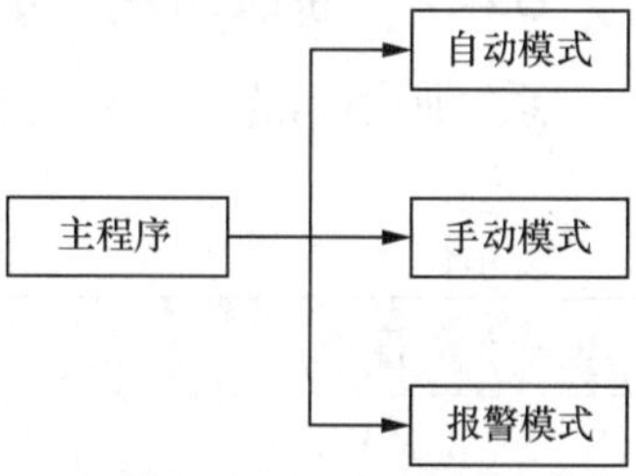

图8-10　主程序构成示意图

本程序在正常工作时存放在 Flash EPROM 存储卡中，若要修改程序，应先拔下存储卡，然后将 PLC 设定在 STOP 模式下，上位机同 PLC 采用标准的 RS-232 串口通信。运行 STEP 7 编程软件，打开系统工程项目组，即可在线调试。

表 8-8　主程序的工作模式说明

模式	说明
自动模式	在此模式下，PLC 将运行已经设置好的程序，在设备都正常工作时适用于此模式
手动模式	在系统出现问题时（如测试电动机运行情况，氢气、氧气的燃烧情况等），适用于此模式。在这种模式下，各工艺过程都是通过面板单步运行的
报警模式	此模式的设置是为了确保整个系统正常安全的运行。当头仓和尾仓超过极限位置（通过行程开关检测），或当加工材料过长时，就会自动进入此种模式。还有出现意外情况时，工作人员通过按急停键（EMERGENCY）也可使系统紧急停车

8.4　系统 PLC 程序

当编制好系统流程图、完成硬件的连接等前期的准备工作后，就可以利用软件来编写 PLC 程序。

8.4.1　程序的构成

本程序由图 8-11 所示的几个模块构成。图 8-11 中各模块的功能及说明如表 8-9 所示。

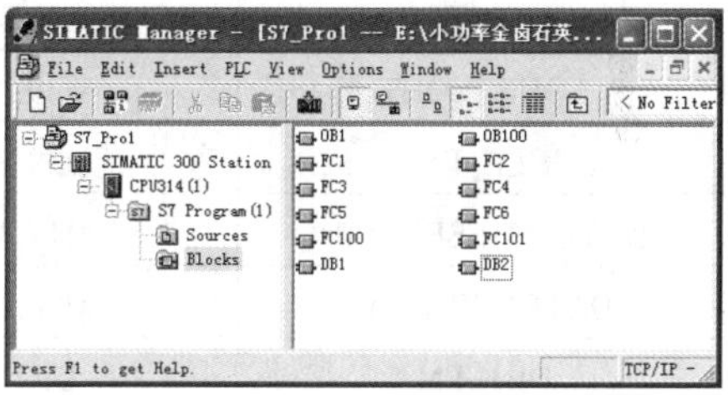

图8-11　程序的构成

表 8-9　程序的构成

程序名称	说明
主程序 OB1	完成对吹泡机整个工艺流程的控制
初始化程序（OB100）	完成 PLC 上电后的初始化工作
电动机驱动子程序（FC100，FC101）	完成对 FM353 步进电动机模块的控制程序，包括参数设定、数据调入等工作，供主程序调用 FC100 为尾仓电动机控制子程序，FC101 为火苗电动机控制子程序
数据块（DB1、DB2）	FM353 模块与 CPU 之间参数传递时使用
特殊功能子程序（FC~FC6）	系统程序调用

注：FC100 和 FC101 主要采用 G 指令和 M 指令来编写。

8.4.2 系统所用到的符号

系统所用到的符号如表 8-10 所示。

表 8-10 系统所用到的符号

符号	地址	数据类型	注释
A_MATIC1	M17.0	BOOL	
A_MATIC2	M16.3	BOOL	
ALARM	M5.7	BOOL	报警
ALARM_OUT	M39.0	BOOL	报警输出
AUFR_TF1	FC100	FC100	电动机的第一次上升沿
AUFR_TF2	FC101	FC101	电动机的第一次上升沿
AUTO_MODE1	M3.6	BOOL	用来确定生产型号
AUTO_MODE2	M3.7	BOOL	
B_100W	M36.2	BOOL	
B_150W	M36.3	BOOL	
B_50W	M36.0	BOOL	
B_70W	M36.1	BOOL	
BF_FS	M20.1	BOOL	操作错误
BUZZER_RESET	M3.3	BOOL	
BUZZER_RESET_FLP	M32.1	BOOL	
CONSIS	M20.6	BOOL	紧急停车
COUNT_OUT	M39.1	BOOL	
CYCLE_FLAG	M39.2	BOOL	循环标志
DATEN_LESEN_EIN	M17.3	BOOL	读入数据
DATENFEHLER	M20.2	BOOL	数据出错
DB1_FM	DB1	UDT 1	用户数据块 1
DB1_NR	MW10	WORD	用户数据块 1 序号
DB2_FM	DB2	UDT 1	用户数据块 2
DB2_NR	MW30	WORD	用户数据块 2 序号
DB3_FM	DB3	DB3	用户数据块 3
DIAG_INF	FC6	FC6	读诊断信息
DIAG_RD	FC4	FC4	读 OB82 的诊断信息
DIAGINF_LESEN	M0.5	BOOL	读诊断信息
DRIVER_ENABLE1	M16.7	BOOL	电动机 1 使能
DRIVER_ENABLE2	M16.5	BOOL	电动机 2 使能
EMERGENCY	M3.4	BOOL	紧急情况
ESCAPEMENT	M4.1	BOOL	压管汽缸

续表

符号	地址	数据类型	注释
FEHLER_QUITTIEREN	M17.1	BOOL	信息出错
FIRE_ENABLE	M4.2	BOOL	点火使能
FIRE_LIMIT	M2.7	BOOL	点火禁止
FIRE1	M2.2	BOOL	火苗 1
FIRE1_H	M4.3	BOOL	火苗 1 的氢气
FIRE1_O	M4.5	BOOL	火苗 1 的氧气
FIRE2	M2.3	BOOL	火苗 2
FIRE2_H	M4.4	BOOL	火苗 2 的氢气
FIRE2_O	M4.6	BOOL	火苗 2 的氧气
FLM_BAA	M1.0	BOOL	操作模式下的边缘位记忆
FLM_REACH1	M1.4	BOOL	尾仓所在的位置记忆
FLM_REACH2	M1.2	BOOL	尾架所在的位置记忆
FLM_ST_FM1	M17.7	BOOL	
FLM_ST_FM2	M20.5	BOOL	
FLM_START	M1.1	BOOL	边缘记忆开始
FLM_STOP	M1.7	BOOL	
FM_WORD1	MB34	BYTE	存放尾架电动机运动参数的起始地址
FM_WORD2	MB35	BYTE	存放火苗电动机运动参数的起始地址
FM353_CONTROL1	MB22	BYTE	存放尾仓电动机运动参数的起始地址
FM353_CONTROL2	MB24	BYTE	存放火苗电动机运动参数的起始地址
HAND_COLLECT1	M2.4	BOOL	手动尾架夹紧开关
HAND_COLLECT2	M38.2	BOOL	手动头架夹紧开关
HAND_COLLECT2_FLN	M40.5	BOOL	下降沿检测
HAND_COLLECT2_FLP	M40.4	BOOL	上升沿检测
HAND_ESCAPEMENT	M38.7	BOOL	手动拨料
HAND_ESCAPEMENT_FLN	M41.7	BOOL	下降沿检测
HAND_ESCAPEMENT_FLP	M41.6	BOOL	上升沿检测
HAND_INPUT	IB16	BYTE	手动输入
HAND_MOLD_BLOW	M38.6	BOOL	手动氮气吹
HAND_MOLD_FLN1	M36.6	BOOL	手动信号下降沿检测 1:1（MOLD 退，TUBESLIDE 进）

续表

符号	地址	数据类型	注释
HAND_MOLD_FLN2	M36.7	BOOL	手动信号下降沿检测 2:1（N_2不吹，MOLDJAW 合）
HAND_MOLD_FLP1	M36.4	BOOL	手动信号上升沿检测 1:1（MOLD 进，TUBESLIDE 退）
HAND_MOLD_FLP2	M36.5	BOOL	手动信号上升沿检测 2:1（N_2 吹，MOLDJAW 开）
HAND_MOLD_JAW	M38.5	BOOL	STOP
HAND_MOLD_SLIDE	M38.4	BOOL	手动夹模进
HAND_MOLDBLOW_FLN	M41.5	BOOL	下降沿检测
HAND_MOLDBLOW_FLP	M41.4	BOOL	上升沿检测
HAND_MOLDJAW_FLN	M41.3	BOOL	下降沿检测
HAND_MOLDJAW_FLP	M41.2	BOOL	上升沿检测
HAND_MOLDSLIDE_FLN	M41.1	BOOL	下降沿检测
HAND_MOLDSLIDE_FLP	M41.0	BOOL	上升沿检测
HAND_MOTOR	M38.1	BOOL	手动电动机使能
HAND_MOTOR_FLN	M40.3	BOOL	下降沿检测
HAND_MOTOR_FLP	M40.2	BOOL	上升沿检测
HAND_OUTPUT	QB16	BYTE	手动信号输出
HAND_SPINDLE	M38.0	BOOL	手动主轴旋转
HAND_SPINDLE_FLN	M40.1	BOOL	下降沿检测
HAND_SPINDLE_FLP	M40.0	BOOL	上升沿检测
HAND_TUBE_SLIDE	M38.3	BOOL	手动送料进
HAND_TUBESLIDE_FLN	M40.7	BOOL	下降沿检测
HAND_TUBESLIDE_FLP	M40.6	BOOL	上升沿检测
HEAD_COLLECT	M5.0	BOOL	头仓
IMAGE_HAND_INPUT	MB38	BYTE	手动信号输入映像
IMAGE_HAND_OUTPUT	MB39	BYTE	手动信号输出映像
IMAGE_INPUT	MW2	WORD	映像输入
IMAGE_OUTPUT	MW4	WORD	映像输出
INIT_DB	FC1	FC1	初始化通道数据块
INPUT	IW8	WORD	输入
MDATA1	M16.4	BOOL	电动机 1 数据
MDATA2	M16.2	BOOL	电动机 2 数据
MODE	M3.5	BOOL	规格
MODE_WR	FC2	FC2	写规格号和命令至 FM

续表

符号	地址	数据类型	注释
MOLD_BLOW	M5.4	BOOL	吹氮气
MOLD_JAW	M5.3	BOOL	夹头夹
MOLD_SLIDE	M5.2	BOOL	夹模进
MSRMENT	FC5	FC5	读测量值
MW_LESEN	M0.4	BOOL	读测量值的工作
NO:1_ERR_CODE_RD	MW14	INT	读 1 时出错的错误代码
NO:1_ERR_CODE_WR	MW12	INT	写 1 时出错的错误代码
NO:1_INIT_ERROR	M0.3	BOOL	初始化 1 时显示错误
NO:1_RD_ERROR	M0.2	BOOL	读 1 时显示错误
NO:1_WR_ERROR	M0.1	BOOL	写 1 时显示错误
NO:2_ERR_CODE_RD	MW28	INT	读 2 时出错的错误代码
NO:2_ERR_CODE_WR	MW26	INT	写 2 时出错的错误代码
NO:2_INIT_ERROR	M0.7	BOOL	初始化 2 时显示错误
NO:2_RD_ERROR	M0.6	BOOL	读 2 时显示错误
NO:2_WR_ERROR	M1.6	BOOL	写 2 时显示错误
OUTPUT Q	W12	WORD	输出字 1
OVER_LENGTH	M3.2	BOOL	管子过长
OVERRIDE	MB19	BYTE	运行过头
PARA	M20.3	BOOL	通道参数化
PEH	M21.6	BOOL	到达规定位置的一半
PROGRAMS_NO	MB37	BYTE	运动参数暂存器
RD_COM	FC3	FC3	从 FM 读数据记录
RD_REC	SFC59	SFC59	读数据记录
RDSYSST	SFC51	SFC51	读系统状态
REFERENCE1	M1.5	BOOL	参考点 1（行程开关 1）
REFERENCE2	M1.3	BOOL	参考点 2（行程开关 2）
RUN_STATUS	M21.4	BOOL	运行标志
SFG	M20.4	BOOL	开始标志
SINGLE_SETTINGS1	M17.6	BOOL	单步设定 1
SINGLE_SETTINGS2	M21.3	BOOL	单步设定 2
SPINDLE	M4.0	BOOL	主轴旋转
START	M16.0	BOOL	主程序开始
START_FM1	M16.6	BOOL	FM1 模块开始运行
START_FM2	M17.2	BOOL	FM2 模块开始运行
START_INPUT	M2.1	BOOL	开始输入

续表

符号	地址	数据类型	注释
STEP0	M20.0	BOOL	
STEP1	M6.0	BOOL	
STEP10	M7.1	BOOL	
STEP11	M7.2	BOOL	
STEP12	M7.3	BOOL	
STEP13	M7.4	BOOL	
STEP14	M7.5	BOOL	
STEP15	M7.6	BOOL	
STEP16	M7.7	BOOL	
STEP17	M8.0	BOOL	
STEP18	M8.1	BOOL	
STEP19	M8.2	BOOL	
STEP2	M6.1	BOOL	
STEP20	M8.3	BOOL	
STEP21	M8.4	BOOL	
STEP22	M8.5	BOOL	
STEP23	M8.6	BOOL	
STEP24	M8.7	BOOL	
STEP25	M9.0	BOOL	
STEP26	M9.1	BOOL	
STEP27	M9.2	BOOL	
STEP28	M9.3	BOOL	
STEP29	M9.4	BOOL	
STEP3	M6.2	BOOL	
STEP30	M9.5	BOOL	
STEP31	M9.6	BOOL	
STEP32	M9.7	BOOL	
STEP33	M32.0	BOOL	
STEP4	M6.3	BOOL	
STEP5	M6.4	BOOL	
STEP6	M6.5	BOOL	
STEP7	M6.6	BOOL	
STEP8	M6.7	BOOL	
STEP9	M7.0	BOOL	
STOP	M16.1	BOOL	Stop

续表

符号	地址	数据类型	注释
STOP_FM353	M20.7	BOOL	FM353 停止信号
STOP_INPUT	M2.0	BOOL	
STOP_RUN	M21.0	BOOL	循环结束后停止
ST_P	SFC46	SFC46	Stop
SWITCH_BACKWARD	M2.6	BOOL	送管限位开关后
SWITCH_FORWARD	M2.5	BOOL	送管限位开关前
SYN	M21.1	BOOL	同步
TAILSTOCK_COLLECT	M5.1	BOOL	尾仓
TAILSTOCK_ENABLE	M5.5	BOOL	尾仓使能
TAILSTOCK_LIMIT_LEFT	M3.1	BOOL	尾仓左限位
TAILSTOCK_LIMIT_RIGHT	M3.0	BOOL	尾仓右限位
TUBE_SLIDE	M4.7	BOOL	插管子
VELOCITY_TRANSFER1	M17.4	BOOL	传递运动等级 1
VELOCITY_TRANSFER2	M17.5	BOOL	传递运动等级 2
WR_REC	SFC58	SFC58	写数据记录

8.4.3 主程序

主程序的语句表程序如下所示，由于程序内容较多，被分布在多个页面，读者学习的时候，请对照程序注释。

1. 手动程序模块

```
NETWORK 1:MAIN PROGRAM
      A     "RUN_STATUS"               //如果为运动状态
      JC    RUN1                       //跳转到自动运行程序
      L     "INPUT"                    //输入映像
      T     "IMAGE_INPUT"
      A     "MODE"                     //模式选择
      JCN   AUTO
  //--------------手动程序------------------
      A     "HAND_COLLECT1"            //手动尾仓控制开关开
      R     "TAILSTOCK_COLLECT"        //手动尾仓夹紧开关松开
      AN    "HAND_COLLECT1"
      S     "TAILSTOCK_COLLECT"        //手动尾仓夹紧
      A     "HAND_SPINDLE"             //主轴旋转开关开
      FP    "HAND_SPINDLE_FLP"         //检测到主轴旋转上升沿
      S     "SPINDLE"                  //主轴旋转
      A     "HAND_SPINDLE"             //主轴旋转开
      FN    "HAND_SPINDLE_FLN"         //检测到主轴旋转下降沿
      R     "SPINDLE"                  //主轴停止旋转
      A     "HAND_MOTOR"               //手动电动机使能
      FP    "HAND_MOTOR_FLP"           //检测到电动机的上升沿
      S     "FIRE_ENABLE"              //点火使能
```

```
S     "TAILSTOCK_ENABLE"          //尾仓使能
A     "HAND_MOTOR"                //手动电动机使能
FN    "HAND_MOTOR_FLN"            //检测到电动机的下降沿
R     "FIRE_ENABLE"               //停止点火
R     "TAILSTOCK_ENABLE"          //尾仓停止
A     "HAND_COLLECT2"             //手动头仓夹紧开关开
FP    "HAND_COLLECT2_FLP"         //检测到上升沿
R     "HEAD_COLLECT"              //手动头仓松开
A     "HAND_COLLECT2"
FN    "HAND_COLLECT2_FLN"         //检测到下降沿
S     "HEAD_COLLECT"              //头仓夹紧
AN    "MOLD_SLIDE"                //夹模退
AN    "FIRE_LIMIT"                //点火禁止
A     "HAND_TUBE_SLIDE"           //手动送料开
FP    "HAND_TUBESLIDE_FLP"        //检测到上升沿
S     "TUBE_SLIDE"                //手动上料开始
AN    "MOLD_SLIDE"
AN    "FIRE_LIMIT"
A     "HAND_TUBE_SLIDE"
FN    "HAND_TUBESLIDE_FLN"        //检测到下降沿
R     "TUBE_SLIDE"                //手动上料结束
AN    "TUBE_SLIDE"                //手动上料结束
AN    "FIRE_LIMIT"                //点火禁止
A     "HAND_MOLD_SLIDE"           //手动夹模进
FP    "HAND_MOLDSLIDE_FLP"        //检测到上升沿
S     "MOLD_SLIDE"                //夹模进
AN    "TUBE_SLIDE"
AN    "FIRE_LIMIT"
A     "HAND_MOLD_SLIDE"
FN    "HAND_MOLDSLIDE_FLN"        //检测到下降沿
R     "MOLD_SLIDE"                //夹模退
A     "HAND_MOLD_JAW"             //手动夹头夹紧开关开
FP    "HAND_MOLDJAW_FLP"          //检测到上升沿
R     "MOLD_JAW"                  //松开夹头夹
A     "HAND_MOLD_JAW"
FN    "HAND_MOLDJAW_FLN"          //检测到下降沿
S     "MOLD_JAW"                  //夹头夹紧
A     "HAND_MOLD_BLOW"            //手动吹氮气开关开
FP    "HAND_MOLDBLOW_FLP"
S     "MOLD_BLOW"                 //开始吹氮气
A     "HAND_MOLD_BLOW"
FN    "HAND_MOLDBLOW_FLN"         //检测到下降沿
R     "MOLD_BLOW"                 //停止吹氮气
A     "HAND_ESCAPEMENT"
FP    "HAND_ESCAPEMENT_FLP"       //手动拨料开关闭合
S     "ESCAPEMENT"                //检测到上升沿
A     "HAND_ESCAPEMENT"           //拨料
FN    "HAND_ESCAPEMENT_FLN"
R     "ESCAPEMENT"                //拨料完成
A     "FIRE1"                     //火架 1 开关开
S     "FIRE1_H"                   //开火架 1 氢气
A     "FIRE1"
A     "FIRE1_H"
```

```
      L     S5T#300MS
      SS    T     21                        //定时启动
      A     "FIRE1_H"
      A     T     21                        //定时时间到
      S     "FIRE1_O"                       //开火架 1 氧气
      R     T     21
      AN    "FIRE1"                         //火架 1 点火开关关
      A     "FIRE1_H"                       //火架 1 关氢气
      R     "FIRE1_O"                       //火架 1 关氧气
      AN    "FIRE1"
      A     "FIRE1_H"
      L     S5T#300MS
      SS    T     22
      AN    "FIRE1"
      A     "FIRE1_H"
      A     T     22                        //定时到
      R     "FIRE1_H"                       //关火架 1 氢气
      R     T     22
      A     "FIRE2"                         //火架 2 开关开
      S     "FIRE2_H"                       //火架 2 开氢气
      A     "FIRE2"
      A     "FIRE2_H"
      L     S5T#300MS
      SS    T     23                        //定时启动
      A     "FIRE2_H"
      A     T     23                        //定时到
      S     "FIRE2_O"                       //开火架 2 氧气
      R     T     23
      AN    "FIRE2"                         //火架 2 开关关
      A     "FIRE2_H"
      R     "FIRE2_O"                       //关火架 2 氧气
      AN    "FIRE2"
      A     "FIRE2_H"
      L     S5T#300MS
      SS    T     24                        //定时
      AN    "FIRE2"
      A     "FIRE2_H"
      A     T     24                        //定时到
      R     "FIRE2_H"                       //关火架 2 氢气
      R     T     24                        //复位定时器
      JU    WAIT
//--------------手动程序结束----------------
```

以上手动程序主要在调试阶段、出现故障或紧急情况下使用，主要包括对尾仓夹、头仓夹、夹模、电动机、点火用的氢气和氧气的控制。

2. 规格检测和自动初始化模块

其语句表程序如下。

```
//--------------规格检测--------------------
AUTO:AN    "AUTO_MODE1"       // AUTO_MODE1, AUTO_MODE2 为 0, 0 表示规格为 50W
     AN    "AUTO_MODE2"
     S     "B_50W"
     R     "B_70W"
     R     "B_100W"
```

```
      R     "B_150W"
      AN    "AUTO_MODE1"      // AUTO_MODE1，AUTO_MODE2 为 0，1 表示规格为 75W
      A     "AUTO_MODE2"
      S     "B_70W"
      R     "B_50W"
      R     "B_100W"
      R     "B_150W"
      A     "AUTO_MODE1"      // AUTO_MODE1，AUTO_MODE2 为 1，0 表示规格为 100W
      AN    "AUTO_MODE2"
      S     "B_100W"
      R     "B_50W"
      R     "B_70W"
      R     "B_150W"
      A     "AUTO_MODE1"      // AUTO_MODE1，AUTO_MODE2 为 1，1 表示规格为 150W
      A     "AUTO_MODE2"
      S     "B_150W"
      R     "B_50W"
      R     "B_70W"
      R     "B_100W"
//------------规格检测结束------------
//-----------自动运行初始化-----------
      A     "B_50W"           //选择 50W 规格
      JCN   MOD1
      L     B#16#1
      T     "FM_WORD1"        //存放尾仓电动机运动参数的起始地址
      L     B#16#A
      T     "FM_WORD2"        //存放火苗电动机运动参数的起始地址
MOD1:A      "B_70W"           //选择 70W 规格
      JCN   MOD2
      L     B#16#15
      T     "FM_WORD1"
      L     B#16#1E
      T     "FM_WORD2"
MOD2:A      "B_100W"          //选择 100W 规格
      JCN   MOD3
      L     B#16#29
      T     "FM_WORD1"
      L     B#16#32
      T     "FM_WORD2"
MOD3:A      "B_150W"          //选择 150W 规格
      JCN   MOD4
      L     B#16#3D
      T     "FM_WORD1"
      L     B#16#46
      T     "FM_WORD2"
MOD4:SET
      S     "STEP0"
      R     "CONSIS"
      R     "STOP_RUN"        //解决循环后停车问题
      R     "STOP"
      R     "STEP33"
      R     "SPINDLE"
      R     "FIRE_ENABLE"
```

```
      R     "FIRE1_H"
      R     "FIRE2_H"
      R     "FIRE1_O"
      R     "FIRE2_O"
      R     "STOP_FM353"
      S     "HEAD_COLLECT"              //打开头架夹头
      S     "TAILSTOCK_COLLECT"         //打开尾架夹头
      R     "MOLD_SLIDE"
      S     "MOLD_JAW"
      R     "MOLD_BLOW"
      R     "TAILSTOCK_ENABLE"          //尾仓禁止运动
      R     "CYCLE_FLAG"                //复位循环标志位
      L     0
      T     MW    6
      T     MW    8
      L     B#16#0
      T     "FM353_CONTROL1"            //尾仓电动机控制参数的起始地址
      T     "FM353_CONTROL2"            //火苗电动机控制参数的起始地址
//--------------初始化结束---------------
      JU    WAIT
```

以上主要为规格检测和自动运行程序的初始化程序，规格检测通过检测 FM_WORD1 和 FM_WORD2 的值来确定为何种规格，当 FM_WORD1 和 FM_WORD2 的值为 0 和 0 时，功率为 75W，0 和 1 时功率为 70W，1 和 0 时功率为 100W，1 和 1 时功率为 150W；初始化程序主要完成两个电动机参数起始地址的装载，还有一些复位置位功能程序。

3. 自动运行模块

自动运行模块的程序如下。

```
//-------------自动运行开始--------------
RUN1:A     "STEP0"                      //STEP0....RUN1:
     A     "RUN_STATUS"                 //运行状态
     S     "FIRE_ENABLE"                //电动机使能
     S     "TAILSTOCK_ENABLE"           //尾仓使能
     A     "STEP0"
     L     S5T#300MS                    //定时 300ms
     SS    T     20
     A     "STEP0"
     A     T     20
     S     "STEP32"
     R     "STEP0"
     A     "STEP32"
     A     "RUN_STATUS"
     A     "REFERENCE1"                 //避免电动机二次触发
     A     "REFERENCE2"
     S     "STEP2"
     R     "STEP32"
     R     "REFERENCE1"
     R     "REFERENCE2"
     A     "STEP32"
     A     "RUN_STATUS"                 //判断是否有启动信号
     =     "START_FM1"                  //尾架找家
     =     "START_FM2"                  //火架找家
     A     "STEP32"
```

```
        R     T    20
        A     "STEP2"
        L     S5T#100MS
        SS    T    27
        A     "STEP2"
        JCN   GO01
        L     B#16#1
        T     "FM353_CONTROL1"
GO01:A        "STEP2"
        A     T    27
        A     "RUN_STATUS"
        S     "STEP3"
        R     "STEP2"
        A     "STEP3"
        R     T    27
        A     "STEP3"                     //STEP3
        A     "REFERENCE1"                //将条件判断放在上面避免电动机二次触发
        S     "STEP4"
        R     "STEP3"
        R     "REFERENCE1"
        A     "STEP3"
        JCN   STA0
        =     "START_FM1"                 //尾架第一推
STA0:A        "STEP4"                     //STEP4
        L     S5T#100MS
        SS    T    28
        A     "STEP4"
        JCN   GO02
        L     B#16#2
        T     "FM353_CONTROL1"
        L     B#16#1
        T     "FM353_CONTROL2"
GO02:A        "STEP4"
        A     T    28
        S     "STEP5"
        R     "STEP4"
        A     "STEP5"
        R     T    28
        A     "STEP5"                     //STEP5
        A     "REFERENCE1"
        A     "REFERENCE2"
        A     "OVER_LENGTH"               //调试中注释
        S     "STEP6"
        R     "STEP5"
        R     "REFERENCE1"
        R     "REFERENCE2"
        A     "STEP5"                     //选择序列:石英管过长报警,调试中注释
        L     S5T#5S
        SS    T    1
        A     "STEP5"
        A     T    1
        AN    "OVER_LENGTH"
        A     "REFERENCE1"
```

```
      A     "REFERENCE2"
      S     "STEP1"
      R     "STEP5"
      R     "REFERENCE1"
      R     "REFERENCE2"
      A     "STEP1"                         //STEP33:报警
      S     "ALARM_OUT"
      S     "CONSIS"
      R     T    1
      JC    ALAR
      A     "STEP5"
      JCN   STA1
      =     "START_FM1"                     //尾架第二推
      =     "START_FM2"                     //火架第一推
STA1:A      "STEP6"                         //STEP6
      R     T    1
      R     "HEAD_COLLECT"                  //输出,头架夹
      A     "STEP6"
      JCN   GO03
      L     B#16#3
      T     "FM353_CONTROL1"
GO03:A      "STEP6"
      L     S5T#1S                          //原为 500ms
      SS    T    2
      A     "STEP6"
      A     T    2
      S     "STEP7"
      R     "STEP6"
      R     T    2
      A     "STEP7"                         //STEP7
      A     "REFERENCE1"
      S     "STEP8"
      R     "STEP7"
      R     "REFERENCE1"
      A     "STEP7"
      JCN   STA2
      =     "START_FM1"                     //尾架退(夹头合拢前)
STA2:A      "STEP8"                         //STEP8
      S     "SPINDLE"                       //输出,主轴旋转
      S     "FIRE1_H"                       //输出,点多火
      A     "STEP8"
      L     S5T#300MS
      SS    T    3
      A     "STEP8"
      A     T    3
      S     "STEP9"
      R     "STEP8"
      R     T    3
      A     "STEP9"                         //STEP9
      S     "FIRE1_O"
      A     "STEP9"
      JCN   G004
      L     B#16#2
```

```
      T      "FM353_CONTROL2"
G004:A      "B_50W"                        //判断规格,然后根据规格
      JC     P50W                           //送相应预热时间常数
      A      "B_70W"
      JC     P70W
      A      "B_100W"
      JC     P100
      A      "B_150W"
      JC     P150
      JU     ALAR
P50W:A      "STEP9"
      L      S5T#3S
      SS     T      4
      JU     PREH
P70W:A      "STEP9"
      L      S5T#3S800MS
      SS     T      4
      JU     PREH
P100:A      "STEP9"
      L      S5T#3S800MS
      SS     T      4
      JU     PREH
P150:A      "STEP9"
      L      S5T#4S
      SS     T      4
PREH:A      "STEP9"
      A      T      4
      S      "STEP10"
      S      "STEP13"
      R      "STEP9"
      R      T      4
      A      "STEP10"                      //STEP10
      R      "FIRE1_O"                     //输出,关多火
      A      "STEP10"
      L      S5T#300MS
      SS     T      5
      A      "STEP10"
      A      T      5
      S      "STEP11"
      R      "STEP10"
      R      T      5
      A      "STEP13"
      JCN    STA3
      =      "START_FM2"                   //火架第二推
STA3:A      "STEP11"                       //STEP11
      R      "FIRE1_H"
      A      "STEP11"
      A      "STEP13"
      A      "REFERENCE2"
      S      "STEP12"
      R      "STEP11"
      R      "STEP13"
      R      "REFERENCE2"
```

```
      A     "STEP12"                    //STEP12
      R     "TAILSTOCK_COLLECT"         //输出,尾架夹
      S     "FIRE2_H"                   //开单火
      A     "STEP12"
      JCN   GO05
      L     B#16#4
      T     "FM353_CONTROL1"
      L     B#16#3
      T     "FM353_CONTROL2"
GO05:A     "STEP12"
      L     S5T#300MS
      SS    T     6
      A     "STEP12"
      A     T     6
      S     "STEP14"
      R     "STEP12"
      R     T     6
      A     "STEP14"                    //STEP14
      A     "REFERENCE1"
      A     "REFERENCE2"
      S     "STEP15"
      R     "STEP14"
      R     "REFERENCE1"
      R     "REFERENCE2"
      A     "STEP14"
      S     "FIRE2_O"                   //输出
      A     "STEP14"
      JCN   STA4
      =     "START_FM1"                 //尾架工进
      =     "START_FM2"                 //火架工进
STA4:A     "STEP15"                    //STEP15
      R     "FIRE2_O"                   //输出,关单火
      A     "STEP15"
      JCN   GO06
      L     B#16#4
      T     "FM353_CONTROL2"
GO06:A     "STEP15"
      L     S5T#300MS
      SS    T     8
      A     "STEP15"
      A     T     8
      S     "STEP16"
      R     "STEP15"
      R     T     8
      A     "STEP16"                    //STEP16
      R     "FIRE2_H"                   //输出
      A     "STEP16"
      A     "REFERENCE2"
      S     "STEP17"
      R     "STEP16"
      R     "REFERENCE2"
      A     "STEP16"
      JCN   STA5
```

```
      =     "START_FM2"                 //火架第四推
STA5:A      "STEP17"                    //STEP17
      S     "FIRE1_H"                   //输出,开多火,POSTHEAT
      A     "STEP17"
      L     S5T#300MS
      SS    T     9
      A     "STEP17"
      A     T     9
      S     "STEP18"
      R     "STEP17"
      R     T     9
      A     "STEP18"                    //STEP18
      S     "FIRE1_O"                   //输出
      A     "B_50W"                     //判断规格,然后根据规格
      JC    B50W                        //送相应后热时间常数
      A     "B_70W"
      JC    B70W
      A     "B_100W"
      JC    B100
      A     "B_150W"
      JC    B150
      JU    ALAR
B50W:A      "STEP18"
      L     S5T#4S
      SS    T     10
      JU    POST
B70W:A      "STEP18"
      L     S5T#7S
      SS    T     10
      JU    POST
B100:A      "STEP18"
      L     S5T#7S
      SS    T     10
      JU    POST
B150:A      "STEP18"
      L     S5T#10S300MS
      SS    T     10
POST:A      "STEP18"
      A     T     10
      S     "STEP19"
      R     "STEP18"
      R     T     10
      A     "STEP19"                    //STEP19
      R     "FIRE1_O"                   //输出,关多火
      A     "STEP19"
      L     S5T#300MS
      SS    T     11
      A     "STEP19"
      A     T     11
      S     "STEP20"
      R     "STEP19"
      R     T     11
      A     "STEP20"                    //STEP20
```

```
      R     "FIRE1_H"                  //输出
      R     "SPINDLE"                  //输出,关主轴
      A     "STEP20"
      L     S5T#0MS
      SS    T     12
      A     "STEP20"
      A     T     12
      S     "STEP21"                   //并行序列 1
      S     "STEP31"
      R     "STEP20"
      R     T     12
      A     "STEP21"                   //STEP21
      S     "MOLD_SLIDE"               //输出,夹模进
      R     "MOLD_JAW"                 //输出,打开夹具
      A     "B_50W"                    //判断规格,然后根据规格
      JC    M50W                       //送相应夹模进时间常数
      A     "B_70W"
      JC    M70W
      A     "B_100W"
      JC    M100
      A     "B_150W"
      JC    M150
      JU    ALAR
M50W:A      "STEP21"
      L     S5T#450MS
      SS    T     13
      JU    MOLD
M70W:A      "STEP21"
      L     S5T#500MS
      SS    T     13
      JU    MOLD
M100:A      "STEP21"
      L     S5T#500MS
      SS    T     13
      JU    MOLD
M150:A      "STEP21"
      L     S5T#500MS
      SS    T     13
MOLD:A      "STEP21"
      A     T     13
      S     "STEP22"
      R     "STEP21"
      R     T     13
      A     "STEP22"                   //STEP22
      S     "MOLD_JAW"                 //输出,合拢夹具
      A     "STEP22"
      L     S5T#300MS
      SS    T     14
      A     "STEP22"
      A     T     14
      S     "STEP23"
      R     "STEP22"
      R     T     14
```

```
      A     "STEP23"                    //STEP23
      S     "MOLD_BLOW"                 //输出,吹氮气
      A     "STEP23"
      JCN   GO07
      L     B#16#5
      T     "FM353_CONTROL1"
      L     B#16#0
      T     "FM353_CONTROL2"
GO07: A     "STEP23"
      L     S5T#1S900MS
      SS    T     15
      A     "STEP23"
      A     T     15
      S     "STEP24"
      R     "STEP23"
      R     T     15
      A     "STEP24"                    //STEP24
      R     "MOLD_JAW"                  //输出,打开夹具
      S     "HEAD_COLLECT"              //输出,头架夹头松
      A     "STEP24"
      L     S5T#1S
      SS    T     16
      A     "STEP24"
      A     T     16
      S     "STEP25"                    //并行序列 2
      S     "STEP33"
      R     "STEP24"
      R     T     16
      A     "STEP25"                    //STEP25
      A     "REFERENCE1"
      S     "STEP26"
      R     "STEP25"
      R     "REFERENCE1"
      A     "STEP25"
      JCN   STA6
      =     "START_FM1"                 //头架第一退
STA6: A     "STEP33"                    //STEP33
      JCN   STA7
      =     "START_FM2"                 //火架找家
STA7: A     "STEP26"                    //STEP26
      R     "MOLD_BLOW"                 //输出,关氮气
      S     "MOLD_JAW"                  //输出,合拢夹具
      S     "TAILSTOCK_COLLECT"         //输出,松尾架夹头
      A     "STEP26"
      JCN   GO08
      L     B#16#6
      T     "FM353_CONTROL1"
GO08: A     "STEP26"
      L     S5T#1S
      SS    T     17
      A     "STEP26"
      A     T     17
      S     "STEP27"
```

```
      R     "STEP26"
      R     T    17
      A     "STEP27"                    //STEP27
      A     "REFERENCE1"
      A     "STEP33"                    //并行序列 2 合并
      A     "REFERENCE2"
      S     "STEP28"
      R     "STEP27"
      R     "STEP33"
      R     "REFERENCE1"
      R     "REFERENCE2"
      A     "STEP27"
      JCN   STA8
      =     "START_FM1"                 //头架第二退
STA8:A      "STEP28"                    //STEP28
      R     "MOLD_SLIDE"                //输出，夹模退
      A     "STEP28"
      JCN   GO09
      L     B#16#0
      T     "FM353_CONTROL1"
GO09:A      "STEP28"
      L     S5T#1S
      SS    T    18
      A     "STEP28"
      A     T    18
      A     "STEP31"                    //并行序列 1 合并
      S     "STEP29"
      R     "STEP28"
      R     T    18
      R     "STEP31"
      A     "STEP29"                    //STEP29
      R     "MOLD_JAW"                  //输出，打开夹具，释放成品
      A     "STEP29"
      A     "REFERENCE1"
      S     "STEP30"
      R     "STEP29"
      R     "REFERENCE1"
      A     "STEP29"
      JCN   STA9
      =     "START_FM1"                 //尾架找家
STA9:A      "STEP30"                    //STEP30
      S     "MOLD_JAW"                  //输出,合拢夹具
      S     "COUNT_OUT"
      CD    C     1                     //计数
      L     C     1                     //计数
      T     "DB3_FM".CARE.CARE1         //对数据块 3 进行计数
      AN    C     1
      CD    C     10
      L     C     10
      T     "DB3_FM".CARE.CARE0         //对数据块 3 进行计数
      A     C     10
      AN    C     1
      L     "DB3_FM".CARE.CARE_RAD      //对数据 3 进行计数
```

```
      S     C     1
      L     "DB3_FM".CARE.CARE_RAD
      T     "DB3_FM".CARE.CARE1
      A     "STEP30"
      L     S5T#500MS
      SS    T    19
      A     "STEP30"
      A     T    19
      R     "RUN_STATUS"
      R     "CYCLE_FLAG"
      S     "STEP2"
      R     "STEP30"
      R     "COUNT_OUT"
      R     T    19
      A(
      O     "FIRE_LIMIT"
      O     "TAILSTOCK_LIMIT_RIGHT"
      O     "TAILSTOCK_LIMIT_LEFT"
      )
      JC    ALAR
WAIT:L     "INPUT"                         //采样输入信号
      T     "IMAGE_INPUT"
      L     "HAND_INPUT"
      T     "IMAGE_HAND_INPUT"
      A     "BUZZER_RESET"
      FP    "BUZZER_RESET_FLP"
      R     "ALARM_OUT"
      A     "MODE"
      JC    JUST
      A     "START_INPUT"                   //检测启动信号
      FP    "FLM_START"
      =     "START"
JUST:A(
      O     "START"
      O     "RUN_STATUS"
      )
      AN    "CONSIS"
      A     C     1
      A     C    10
      =     "RUN_STATUS"
      =     "CYCLE_FLAG"
A     "STOP_INPUT"                          //检测 STOP 信号
      FP    "FLM_STOP"
      =     "STOP"
      A     "STOP"
      S     "STOP_RUN"
      L     "IMAGE_OUTPUT"                  //控制结果送外设
      T     "OUTPUT"
      L     "IMAGE_HAND_OUTPUT"
      T     "HAND_OUTPUT"
      A     "EMERGENCY"                     //急停键处理
      JCN   GO10
//-------------报警处理--------------------
```

```
ALAR:SET
      S     "STEP0"
      R     "STEP33"
      R     "SPINDLE"
      S     "HEAD_COLLECT"                //打开头架夹头
      S     "TAILSTOCK_COLLECT"           //打开尾架夹头
      R     "MOLD_SLIDE"                  //夹模进
      S     "MOLD_JAW"                    //夹头夹
      R     "MOLD_BLOW"                   //吹氮气
      R     "TAILSTOCK_ENABLE"            //激活尾架使能
      L     0
      T     MW    6
      T     MW    8
      L     B#16#0
      T     "FM353_CONTROL1"              //控制尾仓运动
      T     "FM353_CONTROL2"              //控制火架运动
      SET
      S     "STOP_FM353"
      R     "REFERENCE1"
      R     "REFERENCE2"
      S     "ALARM_OUT"
      A     "EMERGENCY"
      R     "ALARM_OUT"
      A     "FIRE1_H"
      R     "FIRE1_O"                     //关火架 1 氧气
      A     "FIRE1_H"
      L     S5T#300MS                     //定时 300ms 后关氢气
      SS    T    25
      A     "FIRE1_H"
      A     T    25
      R     "FIRE1_H"                     //关火架 1 氢气
      R     T    25
      A     "FIRE2_H"
      R     "FIRE2_O"                     //关火架 2 氧气
      A     "FIRE2_H"
      L     S5T#300MS                     //定时 300ms 后关氢气
      SS    T    26
      A     "FIRE2_H"
      A     T    26
      R     "FIRE2_H"                     //关火架 2 氢气
      R     T    26
      L     "IMAGE_OUTPUT"
      T     "OUTPUT"
      L     "IMAGE_HAND_OUTPUT"
      T     "HAND_OUTPUT"
      SET
      R     "RUN_STATUS"                  //复位运行状态位
      R     "CYCLE_FLAG"                  //复位循环标志位
GO10: NOP   0
```

以上是系统的主程序，用于控制整个吹泡的工艺流程，包括对头仓夹、尾仓夹的夹紧和松开控制，对火架、尾仓电动机的运动控制，对吹泡所需的氮气控制和用于点火的氧气、氢气的控制，对吹泡管规格的选择，对工件的计数，在紧急情况下报警控制等程序。

网络 2 是调用尾仓电动机和火架电动机的子程序，代码如下。

```
NETWORK 2: CALLING THE TECHNOLOGY FUNCTIONS
    CALL  "AUFR_TF1"                                         //调用尾仓电动机控制子程序
    CALL  "AUFR_TF2"                                         //调用火架电动机控制子程序
BE
```

8.4.4 子程序

本系统用到了两个子程序，FC100 是尾架电动机控制子程序，FC101 是火架电动机控制子程序。下面就逐一介绍它们的内容和功能。

1. FC100 尾架电动机控制子程序

```
//FC100(尾架电动机控制子程序)
NETWORK 1: MODIFY INPUT(CONTROL SIGNAL)设置输入参数(控制信号)
 L     "FM353_CONTROL1"                                     //尾仓电动机中间行程控制字
     JL    LIS2                                             //跳转到 LIS2 程序
     JU    REFP                                             //跳转到 REFP 程序
     JU    AUT1                                             //跳转到 AUT1 程序
     JU    AUT2                                             //跳转到 AUT2 程序
     JU    AUT3                                             //跳转到 AUT3 程序
     JU    AUT4                                             //跳转到 AUT4 程序
     JU    AUT5                                             //跳转到 AUT5 程序
     JU    AUT6                                             //跳转到 AUT6 程序
     JU    ALAR                                             //跳转到 AUT7 程序
LIS2:JU    STOP                                             //跳转到 STOP 程序
REFP:L     B#16#3
     T     "DB1_FM".CONTROL_SIGNALS.MODE                    //设置控制信号模式
     L     B#16#1
     T     "DB1_FM".CONTROL_SIGNALS.MODE_PARAMETER          //设置控制信号模式的参数
     L     "DB1_FM".CHECKBACK_SIGNALS.MODE                  //确认 DB1.FM 的模式
     L     B#16#3
     <>I                                                    //如果两者不等
     JC    RN01                                             //跳转到 RN01 程序；相等，则继续执行
     A     "DRIVER_ENABLE1"                                 //激活驱动信号
     S     "DB1_FM".CONTROL_SIGNALS.DRV_EN                  //对控制信号驱动使能
     SET
     R     "DRIVER_ENABLE1"                                 //复位驱动信号
RN01:A     "DB1_FM".JOB_WR.BUSY                             //DB1.FM 读写忙
     JC    STOP                                             //跳转到 STOP 程序
     A     "START_FM1"
     FP    "FLM_ST_FM1"
     S     "DB1_FM".CONTROL_SIGNALS.START                   //控制信号内开始
     R     "START_FM1"                                      //复位控制信号
     JU    STOP                                             //跳转到 STOP 程序
AUT1:L     B#16#8                                           //装载数据 B#16#8
     T     "DB1_FM".CONTROL_SIGNALS.MODE                    //设置控制信号模式
     SET
     S     "DB1_FM".CONTROL_SIGNALS.READ_EN                 //控制信号读使能
     S     "A_MATIC1"                                       //自动运行
     L     "FM_WORD1"
     T     "DB1_FM".PROG_SEL.PROG_NO                        //载入行程块号
     L     B#16#0
     T     "DB1_FM".PROG_SEL.PROG_DIR                       //载入行程方向
```

```
      L      "DB1_FM".CHECKBACK_SIGNALS.MODE
      L      B#16#8
      <>I                                                //如果两者不等
      JC     A10                                         //跳转到 A101 程序，否则继续执行
      A      "DRIVER_ENABLE1"                            //激活驱动信号
      S      "DB1_FM".CONTROL_SIGNALS.DRV_EN             //对控制信号驱动使能
      SET
      R      "DRIVER_ENABLE1"                            //复位驱动信号
//由于 AUT1～AUT6 程序结构相同，在此只注释 AUT1
A101:A       "DB1_FM".JOB_WR.BUSY                        //DB1.FM 读写忙
      JC     STOP                                        //跳转到 STOP 程序
      A      "START_FM1"
      FP     "FLM_ST_FM1"
      S      "DB1_FM".CONTROL_SIGNALS.START              //开始控制信号
      R      "START_FM1"
      JU     STOP                                        //跳转到 STOP 程序
//由于 A101～A601 的程序结果相同，在此只注释 A101
AUT2:L       B#16#8
      T      "DB1_FM".CONTROL_SIGNALS.MODE
      SET
      S      "DB1_FM".CONTROL_SIGNALS.READ_EN
      S      "A_MATIC1"
      L      "FM_WORD1"
      INC    1
      T      "DB1_FM".PROG_SEL.PROG_NO
      L      B#16#0
      T      "DB1_FM".PROG_SEL.PROG_DIR
      L      "DB1_FM".CHECKBACK_SIGNALS.MODE
      L      B#16#8
      <>I
      JC     A201
      A      "DRIVER_ENABLE1"
      S      "DB1_FM".CONTROL_SIGNALS.DRV_EN
      SET
      R      "DRIVER_ENABLE1"
A201:A       "DB1_FM".JOB_WR.BUSY
      JC     STOP
      A      "START_FM1"
      FP     "FLM_ST_FM1"
      S      "DB1_FM".CONTROL_SIGNALS.START
      R      "START_FM1"
      JU     STOP
AUT3:L       B#16#8
      T      "DB1_FM".CONTROL_SIGNALS.MODE
      SET
      S      "DB1_FM".CONTROL_SIGNALS.READ_EN
      S      "A_MATIC1"
      L      "FM_WORD1"
      INC    1
      INC    1
      T      "DB1_FM".PROG_SEL.PROG_NO
      L      B#16#0
      T      "DB1_FM".PROG_SEL.PROG_DIR
```

```
      L     "DB1_FM".CHECKBACK_SIGNALS.MODE
      L     B#16#8
      <>I
      JC    A301
      A     "DRIVER_ENABLE1"
      S     "DB1_FM".CONTROL_SIGNALS.DRV_EN
      SET
      R     "DRIVER_ENABLE1"
A301:A     "DB1_FM".JOB_WR.BUSY
      JC    STOP
      A     "START_FM1"
      FP    "FLM_ST_FM1"
      S     "DB1_FM".CONTROL_SIGNALS.START
      R     "START_FM1"
      JU    STOP
AUT4:L     B#16#8
      T     "DB1_FM".CONTROL_SIGNALS.MODE
      SET
      S     "DB1_FM".CONTROL_SIGNALS.READ_EN
      S     "A_MATIC1"
      L     "FM_WORD1"
      INC   1
      INC   1
      INC   1
      T     "DB1_FM".PROG_SEL.PROG_NO
      L     B#16#0
      T     "DB1_FM".PROG_SEL.PROG_DIR
      L     "DB1_FM".CHECKBACK_SIGNALS.MODE
      L     B#16#8
      <>I
      JC    A401
      A     "DRIVER_ENABLE1"
      S     "DB1_FM".CONTROL_SIGNALS.DRV_EN
      SET
      R     "DRIVER_ENABLE1"
A401:A     "DB1_FM".JOB_WR.BUSY
      JC    STOP
      A     "START_FM1"
      FP    "FLM_ST_FM1"
      S     "DB1_FM".CONTROL_SIGNALS.START
      R     "START_FM1"
      JU    STOP
AUT5:L     B#16#8
      T     "DB1_FM".CONTROL_SIGNALS.MODE
      SET
      S     "DB1_FM".CONTROL_SIGNALS.READ_EN
      S     "A_MATIC1"
      L     "FM_WORD1"
      INC   1
      INC   1
      INC   1
      INC   1
      T     "DB1_FM".PROG_SEL.PROG_NO
```

```
      L     B#16#0
      T     "DB1_FM".PROG_SEL.PROG_DIR
      L     "DB1_FM".CHECKBACK_SIGNALS.MODE
      L     B#16#8
      <>I
      JC    A501
      A     "DRIVER_ENABLE1"
      S     "DB1_FM".CONTROL_SIGNALS.DRV_EN
      SET
      R     "DRIVER_ENABLE1"
A501:A     "DB1_FM".JOB_WR.BUSY
      JC    STOP
      A     "START_FM1"
      FP    "FLM_ST_FM1"
      S     "DB1_FM".CONTROL_SIGNALS.START
      R     "START_FM1"
      JU    STOP
AUT6:L     B#16#8
      T     "DB1_FM".CONTROL_SIGNALS.MODE
      SET
      S     "DB1_FM".CONTROL_SIGNALS.READ_EN
      S     "A_MATIC1"
      L     "FM_WORD1"
      INC   1
      INC   1
      INC   1
      INC   1
      INC   1
      T     "DB1_FM".PROG_SEL.PROG_NO
      L     B#16#0
      T     "DB1_FM".PROG_SEL.PROG_DIR
      L     "DB1_FM".CHECKBACK_SIGNALS.MODE
      L     B#16#8
      <>I
      JC    A601
      A     "DRIVER_ENABLE1"
      S     "DB1_FM".CONTROL_SIGNALS.DRV_EN
      SET
      R     "DRIVER_ENABLE1"
A601:A     "DB1_FM".JOB_WR.BUSY
      JC    STOP
      A     "START_FM1"
      FP    "FLM_ST_FM1"
      S     "DB1_FM".CONTROL_SIGNALS.START
      R     "START_FM1"
      JU    STOP
ALAR:NOP   0
STOP:A     "STOP_FM353"                              //停止运行 FM353
      =     "DB1_FM".CONTROL_SIGNALS.STOP            //内停止控制信号
      A     "DB1_FM".CHECKBACK_SIGNALS.POS_ROD       //确定中间行程是否到位
      FP    "FLM_REACH1"
      S     "REFERENCE1"                             //尾仓电动机中间行程到位信号
      JU    END                                      //跳转到结束指令
```

```
END: NOP   0

NETWORK 2: CONTROL MODES AND MODIFY WRITE JOBS 控制模式和修改写工作
      A     "DB1_FM".JOB_WR.BUSY                        //DB1.FM 读写忙
      JC    M001
      A     "VELOCITY_TRANSFER1"                        //速度转换
      JCN   MDIN
      A     "DB1_FM".JOB_WR.DONE                        //读写完成
      JCN   AT02
      R     "DB1_FM".JOB_WR.DONE                        //读写完成
      R     "VELOCITY_TRANSFER1"                        //速度转换
      JU    MDIN
AT02:L      B#16#1
      JU    M003
MDIN:A      "MDATA1"
      JCN   AUTO
      A     "DB1_FM".JOB_WR.DONE                        //读写完成
      JCN   M006
      R     "DB1_FM".JOB_WR.DONE                        //读写完成
      R     "MDATA1"
      JU    AUTO
M006:L      B#16#B
      JU    M003
AUTO:A      "A_MATIC1"                                  //自动模式
      JCN   MDIS
      A     "DB1_FM".JOB_WR.DONE                        //读写完成
      JCN   M011
      R     "DB1_FM".JOB_WR.DONE                        //读写完成
      R     "A_MATIC1"
      JU    MDIS
M011:L      B#16#11
      JU    M003
MDIS:A      "SINGLE_SETTINGS1"                          //信号设置
      JCN   M004
      A     "DB1_FM".JOB_WR.DONE                        //读写完成
      JCN   M002
      R     "DB1_FM".JOB_WR.DONE                        //读写完成
      R     "SINGLE_SETTINGS1"                          //信号设置
      JU    M004
M002:L      B#16#A
      JU    M003
M004:L      B#16#0
M003:T      "DB1_FM".JOB_WR.NO                          //DB1.FM 的读写块号
M001:CALL   "MODE_WR"
       DB_NO  :=W#16#1
       RET_VAL:="NO:1_ERR_CODE_WR"
      AN    BR
      S     "NO:1_WR_ERROR"                             //读写错误
      NOP   0
      BE                                                //程序结束
```

2. FC101 火架电动机控制子程序

```
NETWORK 1: MODIFY INPUTS (control signals) 修改输入变量（控制信号）
      L     "FM353_CONTROL2"                            //火架电动机中间行程到位信号
      JL    LI22                                        //跳转到程序 LI22
```

```
      JU    REF2                                    //跳转到程序 REF2
      JU    AU21                                    //跳转到程序 AU21
      JU    AU22                                    //跳转到程序 AU22
      JU    AU23                                    //跳转到程序 AU23
      JU    AU24                                    //跳转到程序 AU24
      JU    ALA2                                    //跳转到程序 AU25
LI22:JU     ST2P                                    //跳转到程序 ST2P
REF2:L      B#16#3                                  //转载数据 B#16#3
      T     "DB2_FM".CONTROL_SIGNALS.MODE           //载入控制信号模式
      L     B#16#1
      T     "DB2_FM".CONTROL_SIGNALS.MODE_PARAMETER //载入控制信号参数模式
      L     "DB2_FM".CHECKBACK_SIGNALS.MODE         ///确认 DB2.FM 的模式
      L     B#16#3
      <>I                                           //如果两者不等
      JC    RN21                                    //则跳转到程序 RN21，否则继续执行
      A     "DRIVER_ENABLE2"                        //激活驱动信号
      S     "DB2_FM".CONTROL_SIGNALS.DRV_EN         //对控制信号驱动使能
      SET
      R     "DRIVER_ENABLE2"                        //复位驱动信号
RN21:A      "DB2_FM".JOB_WR.BUSY                    // DB2.FM 读写忙
      JC    ST2P                                    //跳转到 ST2P 程序
      A     "START_FM2"
      FP    "FLM_ST_FM2"
      S     "DB2_FM".CONTROL_SIGNALS.START          //控制信号内开始
      R     "START_FM2"
      JU    ST2P                                    //跳转到 ST2P 程序
AU21:L      B#16#8                                  //装载数据 B#16#8
      T     "DB2_FM".CONTROL_SIGNALS.MODE           //载入控制信号模式
      SET
      S     "DB2_FM".CONTROL_SIGNALS.READ_EN        //控制信号读使能
      S     "A_MATIC2"                              //自动运行模式
      L     "FM_WORD2"
      T     "DB2_FM".PROG_SEL.PROG_NO               //载入行程块号
      L     B#16#0
      T     "DB2_FM".PROG_SEL.PROG_DIR              //载入行程方向
      L     "DB2_FM".CHECKBACK_SIGNALS.MODE
      L     B#16#8
      <>I                                           //如果两者不等
      JC    A121                                    //跳转到 A121 程序，如果相等，则继续执行
      A     "DRIVER_ENABLE2"                        //激活驱动信号
      S     "DB2_FM".CONTROL_SIGNALS.DRV_EN         //对控制信号驱动使能
      SET
      R     "DRIVER_ENABLE2"                        //复位驱动信号
//由于 AU21～AU24 程序结构相同，在此只注释 AUT1
A121:A      "DB2_FM".JOB_WR.BUSY                    //DB1.FM 读写忙
      JC    ST2P                                    //跳转到 ST2P 程序
      A     "START_FM2"
      FP    "FLM_ST_FM2"
      S     "DB2_FM".CONTROL_SIGNALS.START          //开始控制信号
      R     "START_FM2"
      JU    ST2P                                    //跳转到 ST2P 程序
//由于 A121～A421 程序结构相同，在此只注释 A121
AU22:L      B#16#8
```

```
      T     "DB2_FM".CONTROL_SIGNALS.MODE
      SET
      S     "DB2_FM".CONTROL_SIGNALS.READ_EN
      S     "A_MATIC2"
      L     "FM_WORD2"
      INC   1
      T     "DB2_FM".PROG_SEL.PROG_NO
      L     B#16#0
      T     "DB2_FM".PROG_SEL.PROG_DIR
      L     "DB2_FM".CHECKBACK_SIGNALS.MODE
      L     B#16#8
      <>I
      JC    A221
      A     "DRIVER_ENABLE2"
      S     "DB1_FM".CONTROL_SIGNALS.DRV_EN
      SET
      R     "DRIVER_ENABLE2"
A221:A      "DB2_FM".JOB_WR.BUSY
      JC    ST2P
      A     "START_FM2"
      FP    "FLM_ST_FM2"
      S     "DB2_FM".CONTROL_SIGNALS.START
      R     "START_FM2"
      JU    ST2P
AU23:L      B#16#8
      T     "DB2_FM".CONTROL_SIGNALS.MODE
      SET
      S     "DB2_FM".CONTROL_SIGNALS.READ_EN
      S     "A_MATIC2"
      L     "FM_WORD2"
      INC   1
      INC   1
      T     "DB2_FM".PROG_SEL.PROG_NO
      L     B#16#0
      T     "DB2_FM".PROG_SEL.PROG_DIR
      L     "DB2_FM".CHECKBACK_SIGNALS.MODE
      L     B#16#8
      <>I
      JC    A321
      A     "DRIVER_ENABLE2"
      S     "DB2_FM".CONTROL_SIGNALS.DRV_EN
      SET
      R     "DRIVER_ENABLE2"
A321:A      "DB2_FM".JOB_WR.BUSY
      JC    ST2P
      A     "START_FM2"
      FP    "FLM_ST_FM2"
      S     "DB2_FM".CONTROL_SIGNALS.START
      R     "START_FM2"
      JU    ST2P
AU24:L      B#16#8
      T     "DB2_FM".CONTROL_SIGNALS.MODE
      SET
```

```
      S     "DB2_FM".CONTROL_SIGNALS.READ_EN
      S     "A_MATIC2"
      L     "FM_WORD2"
      INC   1
      INC   1
      INC   1
      T     "DB2_FM".PROG_SEL.PROG_NO
      L     B#16#0
      T     "DB2_FM".PROG_SEL.PROG_DIR
      L     "DB2_FM".CHECKBACK_SIGNALS.MODE
      L     B#16#8
      <>I
      JC    A421
      A     "DRIVER_ENABLE2"
      S     "DB2_FM".CONTROL_SIGNALS.DRV_EN
      SET
      R     "DRIVER_ENABLE2"
A421:A      "DB2_FM".JOB_WR.BUSY
      JC    ST2P
      A     "START_FM2"
      FP    "FLM_ST_FM2"
      S     "DB2_FM".CONTROL_SIGNALS.START
      R     "START_FM2"
      JU    ST2P
ALA2:NOP    0
ST2P:A      "STOP_FM353"                          //停止运行 FM353
      =     "DB2_FM".CONTROL_SIGNALS.STOP         //内停止控制信号
      A     "DB2_FM".CHECKBACK_SIGNALS.POS_ROD    //确定中间行程是否到位
      FP    "FLM_REACH2"
      S     "REFERENCE2"                          //火架电动机中间行程到位信号
      JU    END                                   //程序结束
END:  NOP   0
NETWORK 2: CONTROL MODES AND MODIFY WRITE JOBS 控制模式和修改写工作
      A     "DB2_FM".JOB_WR.BUSY Y                //DB2.FM 读写忙
      JC    J001
      A     "VELOCITY_TRANSFER2"                  //速度转换
      JCN   MD2N
      A     "DB2_FM".JOB_WR.DONE                  //读写完成
      JCN   AT22
      R     "DB2_FM".JOB_WR.DONE                  //读写完成
      R     "VELOCITY_TRANSFER2"                  //速度转换
      JU    MD2N
AT22:L      B#16#1
      JU    J003
MD2N:A      "MDATA2"
      JCN   AU20
      A     "DB2_FM".JOB_WR.DONE                  //读写完成
      JCN   J006
      R     "DB2_FM".JOB_WR.DONE                  //读写完成
      R     "MDATA2"
      JU    AU20
J006:L      B#16#B
      JU    J003
```

```
AU20:A     "A_MATIC2"                              //自动模式
     JCN   MD2S
     A     "DB2_FM".JOB_WR.DONE                    //读写完成
     JCN   J011
     R     "DB2_FM".JOB_WR.DONE                    //读写完成
     R     "A_MATIC2"
     JU    MD2S
J011:L     B#16#11
     JU    J003
MD2S:A     "SINGLE_SETTINGS2"                      //信号设置
     JCN   J004
     A     "DB2_FM".JOB_WR.DONE                    //读写完成
     JCN   J002
     R     "DB2_FM".JOB_WR.DONE                    //读写完成
     R     "SINGLE_SETTINGS2"
     JU    J004
J002:L     B#16#A
     JU    J003
J004:L     B#16#0
J003:T     "DB2_FM".JOB_WR.NO                      //DB2.FM的读写块号
J001:CALL  "MODE_WR"
      DB_NO  :=W#16#2
      RET_VAL:="NO:2_ERR_CODE_WR"
     AN    BR
     S     "NO:2_WR_ERROR"                         //读写错误
     NOP   0
     BE                                            //程序结束
```

8.5 本章小结

通过对本控制系统的设计，可以总结出 S7-300/400 系列 PLC 具有以下 5 个特点。

① 可靠性高，抗干扰能力强。

② 编程简单，使用方便。

③ 设计、安装容易，维护工作量少。

④ 体积小，能耗低。

⑤ 性价比较高。

吹泡机控制系统充分利用了西门子 S7-300/400 系列 PLC 的上述特点，对驱动电动机、行程开关、电磁阀进行了精确的控制，提高了系统的控制精度，减少了原材料的浪费，提高了产品的合格率，实现了更高的经济效益。

第 9 章 S7-300/400 系列 PLC 在啤酒发酵自动控制系统中的应用

啤酒发酵是非常复杂的生化变化过程，在啤酒酵母所含酶的作用下，其主要代谢产物是酒精和二氧化碳。另外，还有一系列的副产物，如醇类、醛类、酯类、酮类、硫化物等。这些发酵物决定了啤酒的风味、泡沫、色泽、稳定性等各项理化性能，使啤酒具有其独特的风味。

啤酒发酵是放热反应的过程，随着反应的进行，罐内的温度会逐渐升高，随着二氧化碳等产物的不断产生，密闭罐内的压力会逐渐升高。发酵过程中的温度、压力直接影响到啤酒质量和生产效率，因此，对发酵过程中的温度、压力进行控制就显得十分重要。

9.1 系统总体设计

作为一个啤酒发酵控制系统，应该能够满足实际生产的要求。因此，从以下 3 个方面来考虑是十分必要的。

① 必须要符合啤酒发酵的工艺要求。

② 必须为用户提供较合理的控制解决方案。

③ 应该符合流程控制的一般要求，包括温度的采集和控制、压力的采集和控制、控制过程中的保护等。

9.1.1 系统功能分析

目前，啤酒发酵通常采用锥形大罐“一罐法”进行发酵，即前酵、后酵及储酒等阶段均在同一个大罐中进行。在前酵过程中，酵母通过有氧呼吸大量繁殖，大部分发酵糖类分解。在这一过程初期，反应放出的热量会使温度自然上升。随着反应的进行，酵母的活性变大，反应放热继续增加，双乙酰含量逐渐减少，而芳香类醇含量增多。后酵是前酵的延续，进一步使残留的糖分解成二氧化碳溶于酒内达到饱和；再降温到−1～0℃，使其低温陈酿促进酒的成熟和澄清。

在啤酒发酵过程中，其对象特性是时变的，并且存在很大的滞后。正是这种时变性和大的时滞性造成了温度控制的难点，而发酵温度直接影响着啤酒的风味、品质和产量，因而控制精度要求较高。

温度、浓度和时间是发酵过程中最主要的参数，三者之间相互制约又相辅相成。发酵温度低，浓度下降慢，发酵副产物少，发酵周期长。反之，发酵温度高，浓度下降快，发酵副产物增多，发酵周期短。因而必须根据产品的种类、酵母菌种、麦汁成分，控制在最短时间内达到发酵度和代谢产物的要求。

9.1.2 控制原理分析

啤酒发酵对象的时变性、时滞性及其不确定性，决定了发酵罐控制必须采用特殊的控制算法。由于每个发酵罐都存在个体的差异，而且在不同的工艺条件、不同的发酵菌种下，对象特性也不尽相同。因此很难找到或建立某一确切的数学模型来进行模拟和预测控制。

为了节省能源，降低生产成本，并且能够满足控制的要求，发酵罐的温度控制选择了检测发酵罐的上、中、下 3 段的温度，通过上、中、下 3 段液氨进口的二位式电磁阀来实现发酵罐温度控制的方法，其原理图如图 9-1 所示。

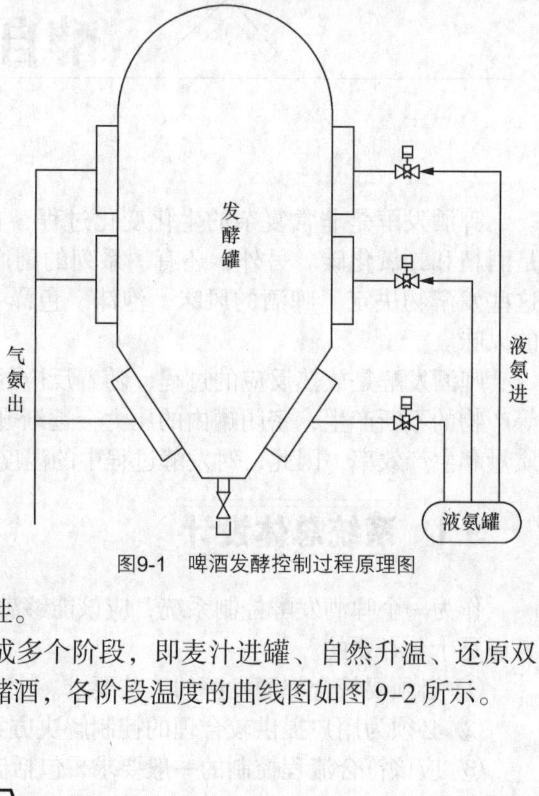

图9-1 啤酒发酵控制过程原理图

对于采用外部冷媒间接换热方式来控制体积大、惯性大的发酵罐温度的情况，采用普通的控制方案极易引起大的超调和持续的振荡，很难取得预期的控制效果。在不同的季节，甚至在同一个季节的不同发酵罐，要求生产不同品种的啤酒，这样就要求每个罐具有各自独立的工艺控制曲线。这不仅要求高精度、高稳定性的控制，还要求控制系统具有极大的灵活性。

根据锥形发酵罐的特性将发酵的全过程分成多个阶段，即麦汁进罐、自然升温、还原双乙酰、一次降温、停留观察、二次降温和低温储酒，各阶段温度的曲线图如图 9-2 所示。

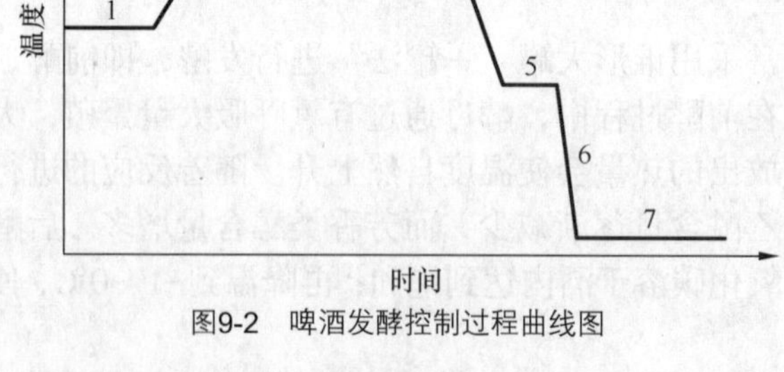

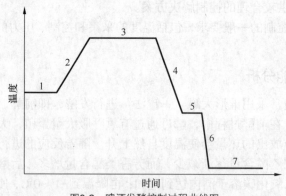

图9-2 啤酒发酵控制过程曲线图

在各个阶段，对象的特性相对稳定，温度和压力的控制方面存在一定的规律性。在发酵开始前，根据工艺的要求预先设定工艺控制的温度、压力曲线；在发酵过程中，根据发酵进行的程度（发酵时间、糖度、双乙酰含量），发酵罐上、中、下 3 段温度的差异，以及 3 段温度各自的变化趋势，自动正确选择各个阶段相应的控制策略，从而达到预期的控制效果。

各个阶段的说明如表 9-1 所示。

表 9-1　对各个阶段的说明

阶段	名称	说明
时间段 1	麦汁进料过程	在此过程中，由糖化阶段产生的麦汁原料经由连接管道由糖化罐进入发酵罐中
时间段 2	自然升温过程	麦汁进料过程中，随着酵母的加入，酵母菌逐渐开始生长和繁殖。在这个过程中，麦汁在酵母菌的作用下发生化学变化，产生大量的二氧化碳和热量，这就使原料的温度逐渐上升
时间段 3	还原双乙酰过程	在自然升温发酵过程中，化学反应能产生一种学名叫双乙酰的化学物质。这种物质对人体健康不利而且会降低啤酒的品质，所以在这个过程中需要将其除去，增强啤酒的品质
时间段 4～6	降温过程	在啤酒发酵完成后，降温过程其实属于啤酒发酵的后续过程，其作用是将发酵过程中加入的酵母菌进行沉淀、排出
时间段 7	低温储酒过程	降温过程完成以后，已经发酵完成的原料继续储存在发酵罐等待过滤、稀释、杀菌等过程的进行

9.2　系统 PLC 选型和资源配置

9.2.1　PLC 选型

根据啤酒发酵的工艺流程和实际需要，PLC 的选型需要满足以下两个条件。

① 具有模拟量的采集、处理过程及开关量的输入/输出功能。

② 具有简单回路控制算法。

一般的 PLC 厂商都提供具有模拟量采集、处理过程和开关量输入/输出功能的不同型号和规格的产品，所以选择的范围很广泛。

在实际工程应用中，为了降低工程实施的难度，经常使用简单的 PID 控制算法对啤酒发酵罐的上、中、下温度进行控制。如果配合一些特殊的控制策略，PID 控制算法能够保证控制精度在±0.5℃范围内。因此，要求 PLC 控制算法中必须能够提供 PID 回路，否则就需要自行编写 PID 模块。

在本例中，选择西门子的 S7-315DP 模块作为系统的 CPU。

9.2.2　PLC 的 I/O 资源配置

根据啤酒发酵控制原理可以得出：每只发酵罐有上温、中温、下温、压力 4 个模拟量需要测量，有些情况需要对发酵罐的液位进行测量；上温、中温、下温 3 个温度各需要一个二位式电磁阀进行控制，罐内压力需要一个二位式电磁阀进行控制。所以每只发酵罐的 I/O 点数为 5 个模拟量、4 个开关量。

9.2.3　PLC 其他资源配置

除 PLC 必需的 I/O 卡件之外，另外涉及的设备仪表有啤酒温度变送器、压力变送器、液位变送器等。

根据啤酒发酵过程的特点，啤酒发酵过程的温度范围最低可以到-1℃以下，最高到 12℃以上，一般可以选择量程为-5～45℃或-10～90℃的温度变送器；压力变送器可以选择的量程为 0～200kPa 或 0～400kPa。

9.2.4 PLC 硬件资源设计

根据系统的规模和现场的实际要求，设计出系统的硬件设备图如图 9-3 所示。

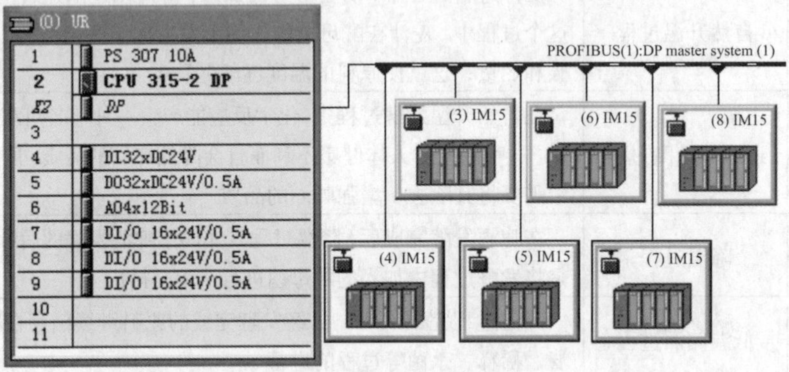

图9-3 系统的硬件设备图

各个 PROFIBUS 从站的硬件资源配置可以根据所处现场的实际情况来决定，这些从站的硬件配置基本上是相同的，这里仅列出一个站的资源，如表 9-2 所示。

表 9-2 硬件资源

编号	I/O 部件
1	DI32 × DC 24V
2	DI32 × DC 24V/0.5A
3	AO4 × 12bit
4	DI/O16 × 24V/0.5A
5	DI/O16 × 24V/0.5A
6	DI/O16 × 24V/0.5A

9.3 系统 PLC 程序设计

在发酵过程中，根据发酵进行的程度（发酵时间、糖度、双乙酰含量等），发酵罐上、中、下 3 段温度的差异，以及 3 段温度各自的变化趋势，为了达到预定的控制效果，采用自动或由操作人员手动选择控制的方法。

程序中设定了手动操作和自动控制选择开关，在任意阶段都能够实现两者的切换，实现了温度、压力的手动/自动选择控制。程序中有人工阶段选择开关，可以在任意阶段间跳转，从而避免了因操作人员操作失误而无法实现后续程序正常运行的情况。

9.3.1 程序流程图设计

根据 9.1.2 节中工艺流程的介绍，可以总结出基本的程序流程图如图 9-4 所示。

9.3.2　PLC 功能模块程序设计

① 计算出啤酒发酵时间。在程序中必须能够得到每个发酵罐的起始发酵时间，然后由当前时间计算出罐内啤酒的发酵时间。这个过程中需要考虑到的问题是，每个月的天数以及该年是否可能为闰年等。

② 计算当前时刻的设定温度。处在发酵过程中的每一个发酵罐根据各自的生产需要，都有一个工艺设定曲线。在计算出发酵的时间之后，可以通过计算得到当前时刻的设定温度。

③ 计算当前时刻的电磁阀开度。计算出当前时刻的设定温度之后，可以计算出温度的偏差值，使用简单的 PID 控制回路就可以计算出电磁阀的开度。由于电磁阀是二位式的，所以阀的开关动作为占空比连续变化的 PWM 输出。电磁阀 PWM 输出波形图如图 9-5 所示。

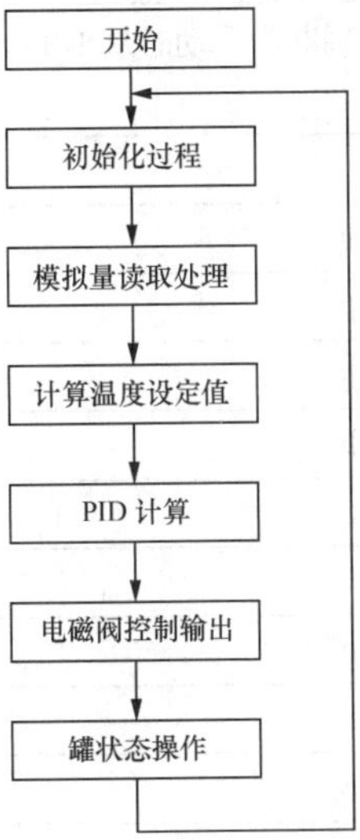

图9-4　啤酒发酵控制过程的程序流程图

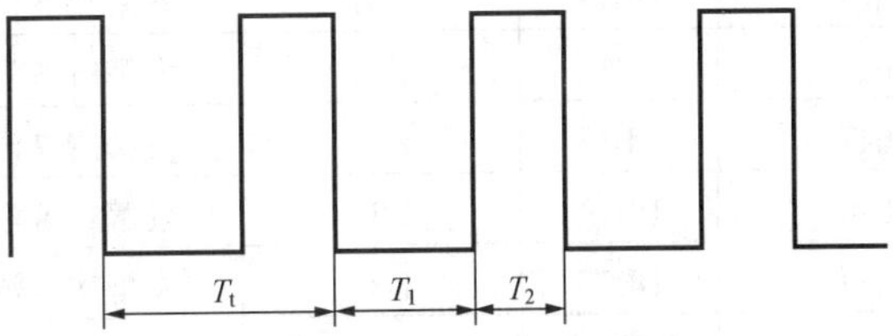

图9-5　电磁阀PWM输出波形图

图 9-5 中，T_t 为电磁阀动作周期，T_1 为电磁阀关闭时间，T_2 为电磁阀打开时间。T_t、T_1、T_2 之间的关系为 $T_t = T_1 + T_2$。电磁阀的阈位值=$T_2 / T_1 \times 100\%$。

9.4　系统程序模块

本控制系统需要用到的程序模块如图 9-6 所示，它们的含义将在程序中逐一介绍。

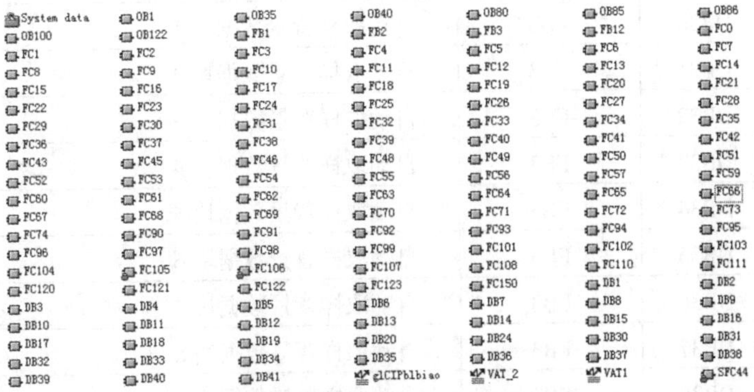

图9-6　系统所要用到的程序模块

为了编程方便，在工程里定义了符号表，如表 9-3 所示。

表 9-3 符号表

符号	地址	数据类型	说明
mnld	DB1	DB1	模拟量读：程序中使用 SCALE 模块从 I/O 口读入模拟量到 DB1 变量
kgl	DB2	DB2	开关量输入/输出：程序中使用 A 指令从 I/O 口读入开关量到 DB2 变量
nbsj	DB3	DB3	内部数据（上位机和下位机交互的有关数据）
A_or_M	DB4	DB4	手/自动切换：其中变量值表明了是自动还是手动
M_out	DB5	DB5	手动输出：在程序从 DB4 中判断为手动时从 DB5 中输出到 I/O 口
nbsj1	DB6	DB6	内部数据 1
fjg1	DB7	FB1	发酵罐 1 温度控制背景数据块
fjg2	DB8	FB1	发酵罐 2 温度控制背景数据块
fjg3	DB9	FB1	发酵罐 3 温度控制背景数据块
fjg4	DB10	FB1	发酵罐 4 温度控制背景数据块
fjg5	DB11	FB1	发酵罐 5 温度控制背景数据块
fjg6	DB12	FB1	发酵罐 6 温度控制背景数据块
fjg7	DB13	FB1	发酵罐 7 温度控制背景数据块
fjg8	DB14	FB1	发酵罐 8 温度控制背景数据块
fjg9	DB15	FB1	发酵罐 9 温度控制背景数据块
fjg10	DB16	FB1	发酵罐 10 温度控制背景数据块
fjg11	DB17	FB1	发酵罐 11 温度控制背景数据块
fjg12	DB18	FB1	发酵罐 12 温度控制背景数据块
bpbkzdb	DB19	FB2	变频泵控制背景数据块
loop_pid_db	DB20	FB12	单回路 PID 控制背景数据块
A_out	DB24	DB24	自动输出：在程序从 DB4 中判断为自动时从 DB24 中输出到 I/O 口
qydata1	DB30	FB3	自动取样背景数据块 1
qydata2	DB31	FB3	自动取样背景数据块 2
qydata3	DB32	FB3	自动取样背景数据块 3
qydata4	DB33	FB3	自动取样背景数据块 4
qydata5	DB34	FB3	自动取样背景数据块 5
qydata6	DB35	FB3	自动取样背景数据块 6
qydata7	DB36	FB3	自动取样背景数据块 7
qydata8	DB37	FB3	自动取样背景数据块 8
qydata9	DB38	FB3	自动取样背景数据块 9

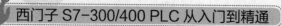

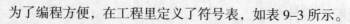

续表

符号	地址	数据类型	说明
qydata10	DB39	FB3	自动取样背景数据块 10
qydata11	DB40	FB3	自动取样背景数据块 11
qydata12	DB41	FB3	自动取样背景数据块 12
fjg_6_qy_db444	FC1	FC1	完成了模拟量开关量采集和输出功能（程序手动模式）
fjgwdkz	FB2	FB2	变频器控制
bpqkz	FB3	FB3	自动取样控制
pid_con	FB12	FB12	PID 控制
caiyang/shuchu	FC1	FC1	完成了模拟量开关量采集和输出功能（程序手动模式）
wdzhkz	FC2	FC2	温度转换控制
12fztimer	FC3	FC3	12min 定时器
3fztimer	FC4	FC4	3min 定时器
pidjs	FC5	FC5	PID 计算
k5g10	FC6	FC6	5s 开 10s 关脉冲定时器
10k15g	FC7	FC7	10s 开 15s 关脉冲定时器
1fztimer	FC8	FC8	1min 定时器
10fztimer	FC9	FC9	10min 定时器
30mztimer	FC10	FC10	30s 定时器
5mztimer	FC11	FC11	5s 定时器
10mztimer	FC12	FC12	10s 定时器
OFFDELAY	FC13	FC13	开泵关泵延时控制
subjs	FC14	FC14	计时控制子程序
qyzkz	FC15	FC15	取样总控制
CO_2cpkz	FC16	FC16	CO_2除泡控制
5fztimer	FC17	FC17	5min 定时器
S7 to S5 input control	FC18	FC18	从 S7 到 S5 的开关量输入控制
gCIPbengkz	FC19	FC19	罐 CIP 进泵出泵控制
kgl output control	FC20	FC20	开关量输出控制
S7 to S5 output control	FC21	FC21	从 S7 到 S5 的开关量输出控制
jmhsgCIPbengkz	FC22	FC22	酵母回收罐 CIP 进泵出泵循环泵控制
jskz	FC23	FC23	发酵罐单罐计时程序
bpbkz	FC24	FC24	变频泵控制
subjskz	FC25	FC25	计时控制子程序

续表

符号	地址	数据类型	说明
spjs	FC26	FC26	发酵罐温度 SP 自计算
flowinglj	FC27	FC27	流量累积子程序
zqjrtjkz	FC28	FC28	蒸汽加热温度调节控制
fjszkz	FC29	FC29	分计时控制
bzdkz	FC30	FC30	清洗泵连锁控制
mzjg_step1	FC31	FC31	麦汁进罐前管路清洗（麦汁进罐第 1 步）
mzjg_step2	FC32	FC32	麦汁顶水（麦汁进罐第 2 步）
mzjg_step3	FC33	FC33	转进罐（麦汁进罐第 3 步）
jmgxhcy	FC34	FC34	酵母循环充氧控制
jmtj	FC35	FC35	酵母添加
mzjg_step4	FC36	FC36	水顶麦汁（麦汁进罐第 4 步）
mzjg_step5	FC37	FC37	洗管路（麦汁进罐第 5 步）
mzjg_step6	FC38	FC38	麦汁进罐过程结束（第 6 步）
mzglCIP_step1	FC39	FC39	
jmhs_step1	FC40	FC40	
jmhs_step2	FC41	FC41	
jmhs_step3	FC42	FC42	
yzjm	FC43	FC43	
chujiu	FC45	FC45	
glCIPblbiao	VAT1		
VAT_2	VAT2		
VAT1	VAT3		

9.4.1 I/O 采样及输出程序

本程序的任务是采集 I/O 信号（包括模拟量信号），并把模拟量信号转换成工程量。本程序是在 FC1 模块中编制的，其语句表程序如下。

```
Network 1:
//开关量采样
      L    P#0.0
      LAR1
      L    P#0.0
      LAR2
      L    280
n1:   T    #loopjsq
      OPN  "kgl"                                      //将 DI 量的值读入到 DB2 中
      CLR
      A    I [AR1,P#0.0]
      =    DBX [AR2,P#0.0]
      L    P#0.1
```

```
      +AR1
      +AR2
      L     #loopjsq
      LOOP  n1
Network 2:
//模拟量采样
//发酵罐 1#2#3#温度
      L     P#256.0                           //PIW 起始地址
      LAR1
      L     P#0.0                             //DB1 温度起始地址
      LAR2
      L     7
n4:    T     #loopjsq
      L     PIW [AR1,P#0.0]
      T     #cyzc
      CALL  "wdzhkz"                          //温度转换控制，将模拟量转换成工程量
       inputpiw:=#cyzc
       outputpi:=#jg
      OPN   "mnld"
      L     #jg
      T     DBD [AR2,P#0.0]                   //将转换成的工程量传送到 DB1 中
      L     P#4.0
      +AR1
      L     P#4.0
      +AR2
      L     #loopjsq
      LOOP  n4

//发酵罐 4#5#6#的温度
      L     P#288.0                           //PIW 起始地址
      LAR1
      L     P#32.0                            //DB1 温度起始地址
      LAR2
      L     6
n5:    T     #loopjsq
      L     PIW [AR1,P#0.0]
      T     #cyzc
      CALL  "wdzhkz"                          //温度转换控制，将模拟量转换成工程量
       inputpiw:=#cyzc
       outputpi:=#jg
      OPN   "mnld"
      L     #jg
      T     DBD [AR2,P#0.0]                   //将转换后的工程量传送到 DB1 中
      L     P#4.0
      +AR1
      L     P#4.0
      +AR2
      L     #loopjsq
      LOOP  n5

//发酵罐 7#8#9#温度
      L     P#320.0                           //PIW 起始地址
      LAR1
```

```
      L     P#64.0                              //DB1 温度起始地址
      LAR2
      L     6
n6:   T     #loopjsq
      L     PIW [AR1,P#0.0]
      T     #cyzc
      CALL  "wdzhkz"                            //温度转换控制，将模拟量转换成工程量
       inputpiw:=#cyzc
       outputpi:=#jg
      OPN   "mnld"
      L     #jg
      T     DBD [AR2,P#0.0]                     //将转换成的工程量传送到 DB1 中
      L     P#4.0
      +AR1
      L     P#4.0
      +AR2
      L     #loopjsq
      LOOP  n6

//发酵罐 10#11#12#温度
      L     P#352.0                             //PIW 起始地址
      LAR1
      L     P#96.0                              //DB1 温度起始地址
      LAR2
      L     6
n7:   T     #loopjsq
      L     PIW [AR1,P#0.0]
      T     #cyzc
      CALL  "wdzhkz"                            //温度转换控制，将模拟量转换成工程量
       inputpiw:=#cyzc
       outputpi:=#jg
      OPN   "mnld"
      L     #jg
      T     DBD [AR2,P#0.0]                     //将转换成的工程量传送到 DB1 中
      L     P#4.0
      +AR1
      L     P#4.0
      +AR2
      L     #loopjsq
      LOOP  n7

//D 区倒罐系统控制温度 1TIC_0 001 温度 D 区倒罐系统控制温度 2TIC_0 002
//D 区热水温度 1TI_0 003  D 区热水温度 2TI_0 004
      L     P#384.0                             //PIW 起始地址
      LAR1
      L     P#128.0                             //DB1 温度起始地址
      LAR2
      L     4
n8:   T     #loopjsq
      L     PIW [AR1,P#0.0]
      T     #cyzc
      CALL  "wdzhkz"
       inputpiw:=#cyzc
```

```
     outputpi:=#jg
    OPN   "mnld"
    L     #jg
    T     DBD [AR2,P#0.0]
    L     P#4.0
    +AR1
    L     P#4.0
    +AR2
    L     #loopjsq
    LOOP  n8

//酵母回收流量控制量
    CALL  "scale"
     IN     :=PIW400
     HI_LIM :=3.000000e+002
     LO_LIM :=0.000000e+000
     BIPOLAR:=FALSE
     RET_VAL:=#jgfh
     OUT    :="mnld".FI_0 001

//出酒管流量控制量
    CALL  "scale"
     IN     :=PIW402
     HI_LIM :=3.000000e+002
     LO_LIM :=0.000000e+000
     BIPOLAR:=FALSE
     RET_VAL:=#jgfh
     OUT    :="mnld".FIC_0 002

//倒罐系统流量
    CALL  "scale"
     IN     :=PIW404
     HI_LIM :=4.500000e+001
     LO_LIM := -5.000000e+000
     BIPOLAR:=FALSE
     RET_VAL:=#jgfh
     OUT    :="mnld".FI_0 003

//进麦汁管路电导率
    CALL  "scale"
     IN     :=PIW410
     HI_LIM :=2.000000e+003
     LO_LIM :=0.000000e+000
     BIPOLAR:=FALSE
     RET_VAL:=#jgfh
     OUT    :="mnld".SIC_0 001

//出麦汁管路温度
    CALL  "scale"
     IN     :=PIW408
     HI_LIM :=1.550000e+002
     LO_LIM :=0.000000e+000
     BIPOLAR:=FALSE
```

```
      RET_VAL:=#jgfh
      OUT    :="mnld".TIS_0 001

//麦汁充氧
     CALL  "scale"
      IN     :=PIW416
      HI_LIM :=7.380000e+002
      LO_LIM :=0.000000e+000
      BIPOLAR:=FALSE
      RET_VAL:=#jgfh
      OUT    :="mnld".EFT_0 001

//麦汁充氧
     CALL  "scale"
      IN     :=PIW418
      HI_LIM :=1.800000e+002
      LO_LIM :=0.000000e+000
      BIPOLAR:=FALSE
      RET_VAL:=#jgfh
      OUT    :="mnld".EFT_0 002

//麦汁酵母添加
     CALL  "scale"
      IN     :=PIW420
      HI_LIM :=4.500000e+001
      LO_LIM := -5.000000e+000
      BIPOLAR:=FALSE
      RET_VAL:=#jgfh
      OUT    :="mnld".FC_0 004

//麦汁酵母添加
     CALL  "scale"
      IN     :=PIW422
      HI_LIM :=1.800000e+002
      LO_LIM :=0.000000e+000
      BIPOLAR:=FALSE
      RET_VAL:=#jgfh
      OUT    :="mnld".FI_0 005

//管路 CIP 回电导率
     CALL  "scale"
      IN     :=PIW424
      HI_LIM :=2.000000e+002
      LO_LIM :=0.000000e+000
      BIPOLAR:=FALSE
      RET_VAL:=#jgfh
      OUT    :="mnld".PI_0 001

//大罐 CIP 回清洗电导率
     CALL  "scale"
      IN     :=PIW426
      HI_LIM :=2.000000e+002
      LO_LIM :=0.000000e+000
```

```
      BIPOLAR:=FALSE
      RET_VAL:=#jgfh
      OUT    :="mnld".by11

//管路CIP回温度
     CALL  "scale"
      IN     :=PIW428
      HI_LIM :=1.000000e+002
      LO_LIM :=0.000000e+000
      BIPOLAR:=FALSE
      RET_VAL:=#jgfh
      OUT    :="mnld".by12

//管路CIP回清洗温度
     CALL  "scale"
      IN     :=PIW430
      HI_LIM :=1.000000e+002
      LO_LIM :=0.000000e+000
      BIPOLAR:=FALSE
      RET_VAL:=#jgfh
      OUT    :="mnld".by13
     CALL  "scale"
      IN     :=PIW416
      HI_LIM :=3.000000e+002
      LO_LIM :=0.000000e+000
      BIPOLAR:=FALSE
      RET_VAL:=#jgfh
      OUT    :="mnld".by10
     BEU
```

9.4.2 发酵罐的温度信号转换程序

本程序的作用是将从PIW通道中读入的模拟量信号转换成工程量，以便以后的温度调节使用。本程序是在FC2模块内编写的，其语句表程序如下。

```
Network 1:
      A(
      A(
      L     #inputpiw
      ITD
      T     #temp1
      SET
      SAVE
      CLR
      A     BR
      )
      JNB   _001
      L     #temp1
      DTR
      T     #temp2
      SET
      SAVE
```

```
      CLR
_001:A     BR
      )
      JNB   _002
      L     #temp2
      L     1.000000e+001
      /R
      T     #outputpi
_002:NOP  0
```

9.4.3 发酵温度控制程序

本程序是控制发酵罐温度，本程序是在模块 FB1 内编写的，FB1 内部临时变量如表 9-4 所示。

表 9-4　FB1 内部临时变量

编号	内部变量	说明
1	con_states	间歇总状态：0——非状态；1——CIP；2——空罐；4——麦汁进罐；5——发酵；6——出酒过滤
2	fj_states	发酵状态：0——非发酵状态；1——主醇；2——主醇降温；3——后醇；4——后醇降温；5——储酒；6——过滤至一半
3	ti0x01	发酵罐上部温度（x 代表发酵罐罐号）
4	ti0x02	发酵罐下部温度
5	ti0x03	发酵罐中部温度
6	zjswsp	主发醇上部温度设定值
7	zjxwsp	主发醇下部温度设定值
8	zjsxcz	主发醇上部温度和下部温度差值
9	zjjwsxcz	主发醇降温上部温度和下部温度差值
10	zjjw_time	主发醇降温过程总时间
11	hjswsp	后醇上部温度设定值
12	hjxwsp	后醇下部温度设定值
13	hjsxcz	后醇上部温度和下部温度差值
14	hjjwsxcz	后醇降温上部温度和下部温度差值大于 2
15	hjjwsxca1	后醇降温上部温度和下部温度差值小于 2
16	hjjw_time	后醇降温过程总时间
17	zjiuswsp	储酒上部温度设定值
18	zjiuxwsp	储酒下部温度设定值
19	zjiusxcz	储酒上部温度和下部温度差值
20	spvalue	主发醇降温实时上部温度设定值
21	Spvalue1	主发醇降温实时下部温度设定值
22	Spvalue2	后发醇降温实时上部温度设定值
23	Spvalue3	后发醇降温实时下部温度设定值

续表

编号	内部变量	说明
24	fvo001	发酵罐上阀输出控制
25	fvo002	发酵罐中阀输出控制
26	fvo003	发酵罐下阀输出控制

模块 FB1 中语句表程序如下。

```
Network 1:
//麦汁进罐 100%时的温度控制
      L     #con_states                    //如果是状态 4，麦汁进罐
      L     4
      ==I
      JC    m1                             //跳转到 m1
      L     #con_states                    //如果是状态 5，发酵
      L     5
      ==I
      JCN   end1                           //结束模块
m1:   NOP   0
      CLR
      L     #fj_states                     //如果是控制状态 4，麦汁进罐，发酵状态是 0——非发酵状态
      L     0
      ==I
      JC    end1                           //结束模块
      CLR
      L     #fj_states                     //如果是控制状态 4，麦汁进罐，发酵状态是 1——主酵状态
      L     1
      ==I
      JC    aa1                            //主酵保温控制
      CLR
      L     #fj_states                     //如果是控制状态 4，麦汁进罐，发酵状态是 2——主酵降温状态
      L     2
      ==I
      JC    aa2                            //主发酵降温控制
      CLR
      L     #fj_states                     //如果是控制状态 4，麦汁进罐，发酵状态是 3——后酵状态
      L     3
      ==I
      JC    aa3                            //后酵保温控制
      CLR
      L     #fj_states                     //如果是控制状态 4，麦汁进罐，发酵状态是 3——后酵降温状态
      L     4
      ==I
      JC    aa4                            //后酵降温控制
      CLR
      L     #fj_states                     //如果是控制状态 4，麦汁进罐，发酵状态是 3——储酒状态
      L     5
      ==I
      JC    aa5                            //储酒控制
      CLR
      L     #fj_states                     //如果是控制状态 4，麦汁进罐，发酵状态是 3——过滤状态
      L     6
```

```
      ==I
      JC    aa6                 //过滤控制
      JU    END
//主醇保温控制
aa1:  NOP   0
      L     #zjxwsp
      L     #zjsxcz
      +R
     T     #zjswsp
      R     #fvo003             //下阀不开
    CLR
      L     #ti0x01             //主发酵过程上阀控制
     L     #zjswsp
      -R
      L     2.000000e-001
      >R
      S     #fvo001
      CLR
      L     #ti0x01
      L     #zjswsp
      -R
      L     1.000000e-001
      <=R
      R     #fvo001
      CLR                       //主发酵过程根据下温控制上中阀
      L     #ti0x02             //主发酵过程中阀控制，下阀不开
      L     #zjxwsp
      -R
      L     2.000000e-001
      >R
      S     #fvo002
      S     #fvo001
      CLR
      L     #ti0x02
      L     #zjxwsp
      -R
      L     1.000000e-001
      <=R
      R     #fvo002
      R     #fvo001
      JU    eee3
//主发酵降温控制
aa2:  NOP   0
      L     #zjjwtime
      DTR
      T     #zjjwtimer
      CALL  "spjs"              //温度设定值计算过程
       tn   :=#zjjw_time
       tn_1 :=0.000000e+000
       szn  :=#zjxwsp
       szn_1:=#hjxwsp
       tf   :=#zjjwtimer
       spn  :=#spvalue1
```

```
      SET
      L     #spvalue1              //上温设定值计算
      L     #zjjwsxcz
      +R
      T     #spvalue
      L     #ti0x01                //主发酵降温过程上阀控制
      L     #spvalue
      -R
      L     2.000000e-001
      >R
      S     #fvo001
      L     #ti0x01
      L     #spvalue
      -R
      L     1.000000e-001
      <=R
      R     #fvo001
      L     #ti0x02                //主发酵降温过程中下阀控制
      L     #spvalue1
      -R
      L     2.000000e-001
      >R
      S     #fvo002
      S     #fvo003
      CLR
      L     #ti0x02
      L     #spvalue1
      -R
      L     1.000000e-001
      <=R
      R     #fvo003
      R     #fvo002
      JU    eee3
//后酵保温控制
aa3:  NOP   0
      L     #hjxwsp
      L     #hjsxcz
      +R
      T     #hjswsp
      L     #ti0x01                //后酵保温过程上阀控制
      L     #hjswsp
      -R
      L     2.000000e-001
      >R
      S     #fvo001
      L     #ti0x01
      L     #hjswsp
      -R
      L     1.000000e-001
      <=R
      R     #fvo001
      L     #ti0x02                //后酵保温过程中下阀控制
      L     #hjxwsp
```

```
        -R
        L     2.000000e-001
        >R
        S     #fvo002
        S     #fvo003
        L     #ti0x02
        L     #hjxwsp
        -R
        L     1.000000e-001
        <=R
        R     #fvo002
        R     #fvo003
        JU    eee3
//后酵降温控制
aa4:  NOP   0
        L     #hjjwtime
        DTR
        T     #hjjwtimer
        CALL  "spjs"
         tn   :=#hjjw_time
         tn_1 :=0.000000e+000
         szn  :=#hjxwsp
         szn_1:=#zjiuxwsp
         tf   :=#hjjwtimer
         spn  :=#spvalue3
        CLR                                        //后酵降温过程温度小于 2℃
        L     #ti0x01
        L     2.000000e+000
        >R
        JC    dd3
        SET
        L     #spvalue3
        L     #hjjwsxcz1
        +R
        T     #spvalue2
        JU    dd4
dd3:  NOP   0
        SET
        L     #spvalue3
        L     #hjjwsxcz
        +R
        T     #spvalue2
dd4:  NOP   0
        L     #ti0x01                              //后酵降温过程上阀控制
        L     #spvalue2
        -R
        L     2.000000e-001
        >R
        S     #fvo001
        L     #ti0x01
        L     #spvalue2
        -R
        L     1.000000e-001
```

```
      <=R
      R     #fvo001
      L     #ti0x02                              //后酵降温过程中下阀控制
      L     #spvalue3
      -R
      L     2.000000e-001
      >R
      S     #fvo002
      S     #fvo003
      CLR
      L     #ti0x02
      L     #spvalue3
      -R
      L     1.000000e-001
      <=R
      R     #fvo002
      R     #fvo003
      CLR                                        //后醇降温过程温度小于 2℃，不开上阀
      L     #ti0x01
      L     2.000000e+000
      >R
      JC    ddd3
      R     #fvo001
ddd3: JU     eee3
      JU    eee3
//储酒控制
aa5:  NOP   0
      L     #zjiuxwsp
      L     #zjiusxcz
      +R
      T     #zjiuswsp
      L     #ti0x01                              //储酒过程上阀控制
      L     #zjiuswsp
      -R
      L     3.000000e-001
      >R
      S     #fvo001
      L     #ti0x01
      L     #zjiuswsp
      -R
      L     2.000000e-001
      <=R
      R     #fvo001
      L     #ti0x02                              //储酒过程中下阀控制
      L     #zjiuxwsp
      -R
      L     3.000000e-001
      >R
      S     #fvo002
      S     #fvo003
      CLR
      L     #ti0x02
      L     #zjiuxwsp
```

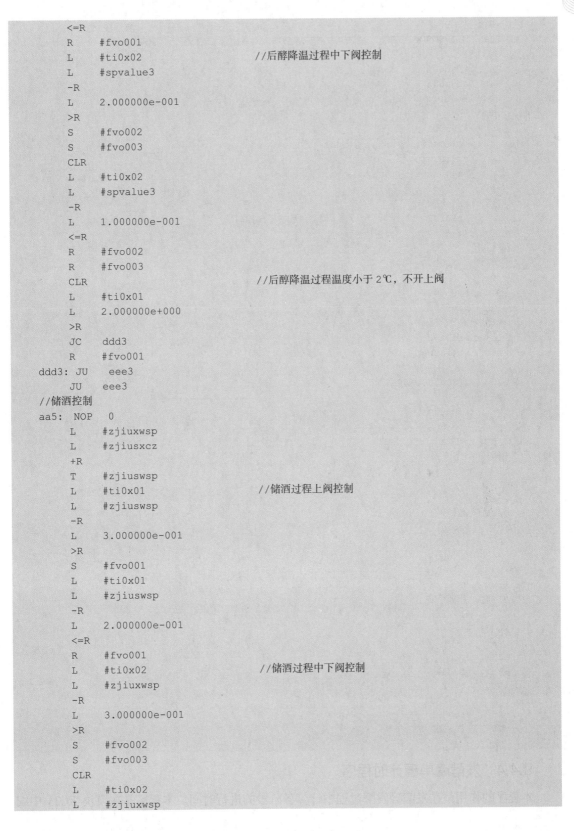

```
      -R
      L     2.000000e-001
      <=R
      R     #fvo002
      R     #fvo003
      JU    eee3
aa6:  NOP   0
      R     #fvo001
//      R     #fvo002
      L     #zjiuxwsp
      L     #zjiusxcz
      +R
      T     #zjiuswsp
      L     #ti0x02                    //储酒过程中下阀控制
      L     #zjiuxwsp
      -R
      L     3.000000e-001
      >R
      S     #fvo002
      S     #fvo003
      CLR
      L     #ti0x02
      L     #zjiuxwsp
      -R
      L     2.000000e-001
      <=R
      R     #fvo002
      R     #fvo003
eee3: NOP   0
//当 0%时，不开
      L     #fjflag
      L     0
      ==I
      JCN   n1
      R     #fvo001
      R     #fvo002
      R     #fvo003
      BEU
n1:   NOP   0
//当 75%时，上阀不开
      L     #fjflag
      L     2
      ==I
      JCN   END
      R     #fvo001
END:  BEU                              //结束
end1: R     #fvo001
      R     #fvo002
      R     #fvo003
      BEU
```

9.4.4 发酵罐单罐计时程序

本程序的作用是在发酵罐发酵过程中计算各阶段的进行时间。本程序是在模块 FC23 中编写的，FC23 内部临时变量如表 9-5 所示。

表 9-5　FC23 内部临时变量

编号	内部变量	说明
1	con_states	间歇总状态：0——非状态；1——脏罐；2——CIP；3——空罐；4——麦汁进罐；5——发酵；6——出酒过滤
2	fj_states	发酵状态：0——非发酵状态；1——主酵；2——主酵降温；3——后酵；4——后酵降温；5——储酒；6——过滤至一半
3	fjgcsj1	主醇保温时间
4	gjgcsj2	主醇降温时间
5	gjgcsj3	后醇保温时间
6	gjgcsj4	后醇降温时间
7	gjgcsj5	储酒时间
8	gjgcsj6	总发酵时间

FC23 中的语句表程序如下所示。

```
Network 1:
      SET
      L     #fjg_constat                        //如果该发酵罐控制状态是发酵状态
      L     5
      ==I
      JCN   n                                   //如果不是则结束本模块
      CALL  "subjskz"                           //调用计时子程序
       start :=TRUE
       result:=#fjgcsj6
      SET
      L     #fj_states                          //停止温控
      L     0
      ==I
      JC    end
      CLR                                       //主醇
      L     #fj_states
      L     1
      ==I
      JCN   n1
      CALL  "subjskz"
       start :=TRUE
       result:=#fjgcsj1
      BEU
n1:   CLR                                       //主醇降温
      L     #fj_states
      L     2
      ==I
      JCN   n2
      CALL  "subjskz"
       start :=TRUE
       result:=#fjgcsj2                         //主醇降温计时
      BEU
```

```
n2:   CLR                                        //后醇
      L     #fj_states
      L     3
      ==I
      JCN   n3
      CALL  "subjskz"
       start :=TRUE
       result:=#fjgcsj3                          //后醇保温计时
      BEU
n3:   CLR                                        //后醇降温
      L     #fj_states
      L     4
      ==I
      JCN   n4
      CALL  "subjskz"                            //后醇降温计时
       start :=TRUE
       result:=#fjgcsj4
n4:   CLR                                        //储酒
      L     #fj_states
      L     5
      ==I
      JCN   end
      CALL  "subjskz"                            //储酒计时
       start :=TRUE
       result:=#fjgcsj5
end:  BEU
n:    NOP   0                                    //如果发酵罐没有处于发酵状态，将所有计时清零
      CALL  "subjskz"                            //调用计时控制子程序 FC25
       start :=FALSE
       result:=#fjgcsj1
      CALL  "subjskz"                            //调用计时控制子程序 FC25
       start :=FALSE
       result:=#fjgcsj2
      CALL  "subjskz"                            //调用计时控制子程序 FC25
       start :=FALSE
       result:=#fjgcsj3
      CALL  "subjskz"                            //调用计时控制子程序 FC25
       start :=FALSE
       result:=#fjgcsj4
      CALL  "subjskz"                            //调用计时控制子程序 FC25
       start :=FALSE
       result:=#fjgcsj5
      CALL  "subjskz"                            //调用计时控制子程序 FC25
       start :=FALSE
       result:=#fjgcsj6
      BEU                                        //程序结束
```

9.4.5 分计时控制程序

本程序的作用是对各个发酵罐的发酵时间进行逐一计算，本程序是在模块 FC29 中编写的，FC29 内的语句表程序如下。

```
Network 1:
      CALL  "jskz"                               //调用发酵罐单罐计时控制（FC23）
```

```
                                        //将 FC23 所需的变量值传入
  fjg_constat:="nbsj".fjg1states        //发酵罐控制状态
  fj_states  :="nbsj".fjg1fjzt          //发酵状态
  fjgcsj1    :="nbsj".zjtime1           //主醇保温时间
  fjgcsj2    :="nbsj".zjjwtime1         //主醇降温时间
  fjgcsj3    :="nbsj".hjtime1           //后醇保温时间
  fjgcsj4    :="nbsj".hjjwtime1         //后醇降温时间
  fjgcsj5    :="nbsj".zjiutime1         //储酒时间
  fjgcsj6    :="nbsj".fjtime1           //发酵总时间
                                        //以下均相同，不再进行注释
 CALL  "jskz"
  fjg_constat:="nbsj".fjg2states
  fj_states  :="nbsj".fjg2fjzt
  fjgcsj1    :="nbsj".zjtime2
  fjgcsj2    :="nbsj".zjjwtime2
  fjgcsj3    :="nbsj".hjtime2
  fjgcsj4    :="nbsj".hjjwtime2
  fjgcsj5    :="nbsj".zjiutime2
  fjgcsj6    :="nbsj".fjtime2

 CALL  "jskz"
  fjg_constat:="nbsj".fjg3states
  fj_states  :="nbsj".fjg3fjzt
  fjgcsj1    :="nbsj".zjtime3
  fjgcsj2    :="nbsj".zjjwtime3
  fjgcsj3    :="nbsj".hjtime3
  fjgcsj4    :="nbsj".hjjwtime3
  fjgcsj5    :="nbsj".zjiutime3
  fjgcsj6    :="nbsj".fjtime3

 CALL  "jskz"
  fjg_constat:="nbsj".fjg4states
  fj_states  :="nbsj".fjg4fjzt
  fjgcsj1    :="nbsj".zjtime4
  fjgcsj2    :="nbsj".zjjwtime4
  fjgcsj3    :="nbsj".hjtime4
  fjgcsj4    :="nbsj".hjjwtime4
  fjgcsj5    :="nbsj".zjiutime4
  fjgcsj6    :="nbsj".fjtime4

 CALL  "jskz"
  fjg_constat:="nbsj".fjg5states
  fj_states  :="nbsj".fjg5fjzt
  fjgcsj1    :="nbsj".zjtime5
  fjgcsj2    :="nbsj".zjjwtime5
  fjgcsj3    :="nbsj".hjtime5
  fjgcsj4    :="nbsj".hjjwtime5
  fjgcsj5    :="nbsj".zjiutime5
  fjgcsj6    :="nbsj".fjtime5

 CALL  "jskz"
  fjg_constat:="nbsj".fjg6states
  fj_states  :="nbsj".fjg6fjzt
```

```
 fjgcsj1    :="nbsj".zjtime6
 fjgcsj2    :="nbsj".zjjwtime6
 fjgcsj3    :="nbsj".hjtime6
 fjgcsj4    :="nbsj".hjjwtime6
 fjgcsj5    :="nbsj".zjiutime6
 fjgcsj6    :="nbsj".fjtime6

CALL  "jskz"
 fjg_constat:="nbsj".fjg7states
 fj_states  :="nbsj".fjg7fjzt
 fjgcsj1    :="nbsj".zjtime7
 fjgcsj2    :="nbsj".zjjwtime7
 fjgcsj3    :="nbsj".hjtime7
 fjgcsj4    :="nbsj".hjjwtime7
 fjgcsj5    :="nbsj".zjiutime7
 fjgcsj6    :="nbsj".fjtime7

CALL  "jskz"
 fjg_constat:="nbsj".fjg8states
 fj_states  :="nbsj".fjg8fjzt
 fjgcsj1    :="nbsj".zjtime8
 fjgcsj2    :="nbsj".zjjwtime8
 fjgcsj3    :="nbsj".hjtime8
 fjgcsj4    :="nbsj".hjjwtime8
 fjgcsj5    :="nbsj".zjiutime8
 fjgcsj6    :="nbsj".fjtime8

CALL  "jskz"
 fjg_constat:="nbsj".fjg9states
 fj_states  :="nbsj".fjg9fjzt
 fjgcsj1    :="nbsj".zjtime9
 fjgcsj2    :="nbsj".zjjwtime9
 fjgcsj3    :="nbsj".hjtime9
 fjgcsj4    :="nbsj".hjjwtime9
 fjgcsj5    :="nbsj".zjiutime9
 fjgcsj6    :="nbsj".fjtime9

CALL  "jskz"
 fjg_constat:="nbsj".fjg10states
 fj_states  :="nbsj".fjg10fjzt
 fjgcsj1    :="nbsj".zjtime10
 fjgcsj2    :="nbsj".zjjwtime10
 fjgcsj3    :="nbsj".hjtime10
 fjgcsj4    :="nbsj".hjjwtime10
 fjgcsj5    :="nbsj".zjiutime10
 fjgcsj6    :="nbsj".fjtime10

CALL  "jskz"
 fjg_constat:="nbsj".fjg11states
 fj_states  :="nbsj".fjg11fjzt
 fjgcsj1    :="nbsj".zjtime11
 fjgcsj2    :="nbsj".zjjwtime11
 fjgcsj3    :="nbsj".hjtime11
```

```
    fjgcsj4    :="nbsj".hjjwtime11
    fjgcsj5    :="nbsj".zjiutime11
    fjgcsj6    :="nbsj".fjtime11

   CALL  "jskz"
    fjg_constat:="nbsj".fjg12states
    fj_states  :="nbsj".fjg12fjzt
    fjgcsj1    :="nbsj".zjtime12
    fjgcsj2    :="nbsj".zjjwtime12
    fjgcsj3    :="nbsj".hjtime12
    fjgcsj4    :="nbsj".hjjwtime12
    fjgcsj5    :="nbsj".zjiutime12
    fjgcsj6    :="nbsj".fjtime12
```

9.4.6　流量累积子程序

该程序主要实现的功能是流量累积，本程序是在模块 FC27 中编写的，FC27 内部临时变量如表 9-6 所示。

表 9-6　　FC27 内部临时变量

编号	内部变量	说明
1	qic_in	进罐的流量瞬时值
2	qic_out	出酒流量瞬时值
3	fjg_states	发酵罐状态
4	dfzt	底阀状态

FC27 的语句表程序如下所示。

```
Network 1:
      L     #fjg_states              //如果发酵罐控制状态是 1——脏罐状态
      L     1
      ==I
      JC    b1
      L     #fjg_states              //如果发酵罐控制状态是 2——CIP 状态
      L     2
      ==I
      JC    b1
      L     #fjg_states              //如果发酵罐控制状态是 3——空罐状态
      L     3
      ==I
      JC    b1
      L     #fjg_states              //如果发酵罐控制状态是 4——麦汁进罐
      L     4
      ==I
      JCN   a1                       //如果不是状态 4
      CLR                            //累积流量
      A     #dfzt
      JCN   end
      L     #qic_in
      L     3.600000e+003
      /R
      L     #qic_lj
```

```
      +R
      T     #qic_lj
      JU    end
a1:    L     #fjg_states               //如果是出酒过滤阶段
      L     6
      ==I
      JCN   end
      CLR
      A     #dfzt                      //减小累积的流量
      JCN   end
      L     #qic_out
      L     3.600000e+003
      /R
      L     #qic_lj
      TAK
      -R
      T     #qic_lj
      L     #qic_lj
      L     0.000000e+000              //其他状态下，累积的流量全部清零
      <R
      JCN   end
      L     0.000000e+000
      T     #qic_lj
end:   BEU
b1:    L     0.000000e+000
      T     #qic_lj

      BEU
```

9.4.7　单罐储酒控制程序

本程序主要实现的功能是控制发酵罐储酒，本程序是在模块 FC45 中编写的，FC45 内部临时变量如表 9-7 所示。

表 9-7　　FC45 内部临时变量

编号	内部变量	说明
1	qic_in	进罐的流量瞬时值
2	qic_out	出酒流量瞬时值

FC45 的语句表程序如下所示。

```
Network 1：出酒停止按钮
      L     "nbsj1".chujiugnumber          //需要储酒的罐号是否相符
      L     #gnumber
      ==I
      JCN   end                            //不相符则结束整个模块
      CLR
      A     "nbsj1".chujiustart            //判断出酒启动按钮的状态
      JCN   aa1
      L     6                              //设置发酵罐控制状态为出酒状态
      T     #states
      S     #fvo_0x051                     //打开发酵罐底阀 1/2/3
```

```
      S     #fvo_0x052
      S     #fvo_0x053
      CLR
      A     #lal0x01                     //如果发酵罐液位低信号有效，那么关闭底阀
      JC    aa1
      R     #fvo_0x051
aa1:  CLR
      A     "nbsj1".chujiustop           //如果停止出酒按钮按下，那么结束模块
      JCN   end
      R     "nbsj1".chujiustop           //清除开始/结束出酒按钮
      R     "nbsj1".chujiustart
      R     #fvo_0x051                   //关闭底阀 1/2，打开底阀 3
      R     #fvo_0x052
      S     #fvo_0x053
end:  NOP   0
Network 2:
      L     "nbsj".glcipnumber           //管路 CIP 发酵罐罐号
      L     #gnumber
      ==I
      JCN   end1
      CLR
      O     "nbsj".rsjCIPstep1           //热杀菌 CIP 第一步
      O     "nbsj".qmCIPstep1            //全面 CIP 第一步
      R     #fvo_0x051
      R     #fvo_0x052
      R     #fvo_0x053
      CLR
      O     "nbsj".ybCIPstep6            //一般 CIP 第六步
      O     "nbsj".qmCIPstep7            //全面 CIP 第七步
      O     "nbsj".rsjCIPstep3           //热杀菌 CIP 第三步
      R     #fvo_0x051
      R     #fvo_0x052
      S     #fvo_0x053
      CALL  "glCIPmain"
end1: NOP   0
```

9.4.8 出酒控制程序

本程序主要实现的功能是控制各个发酵罐的出酒过程，本程序是在模块 FC46 中编写的，FC46 中的语句表程序如下所示。

```
      CALL  "chujiu"                     //调用单罐储酒模块 FC45
       gnumber  :=1                      //罐号设置为 1
       lal0x01  :="kgl".LAL_0101         //罐液位低传感器信号
       fvo_0x051:="A_out".FVO_01051      //底阀 1 状态
       fvo_0x052:="A_out".FVO_01052      //底阀 2 状态
       fvo_0x053:="A_out".FVO_01053      //底阀 3 状态
       states   :="nbsj".fjg1states      //发酵罐状态
                                         //下面 2 号发酵罐的程序与 1 号相同，这里就不再注释
      CALL  "chujiu"
       gnumber  :=2
       lal0x01  :="kgl".LAL_0201
       fvo_0x051:="A_out".FVO_02051
```

```
 fvo_0x052:="A_out".FVO_02052
 fvo_0x053:="A_out".FVO_02053
 states   :="nbsj".fjg2states

CALL  "chujiu"
 gnumber  :=3
 lal0x01  :="kgl".LAL_0301
 fvo_0x051:="A_out".FVO_03051
 fvo_0x052:="A_out".FVO_03052
 fvo_0x053:="A_out".FVO_03053
 states   :="nbsj".fjg3states

CALL  "chujiu"
 gnumber  :=4
 lal0x01  :="kgl".LAL_0401
 fvo_0x051:="A_out".FVO_04051
 fvo_0x052:="A_out".FVO_04052
 fvo_0x053:="A_out".FVO_04053
 states   :="nbsj".fjg4states

CALL  "chujiu"
 gnumber  :=5
 lal0x01  :="kgl".LAL_0501
 fvo_0x051:="A_out".FVO_05051
 fvo_0x052:="A_out".FVO_05052
 fvo_0x053:="A_out".FVO_05053
 states   :="nbsj".fjg5states
CALL  "chujiu"
 gnumber  :=6
 lal0x01  :="kgl".LAL_0601
 fvo_0x051:="A_out".FVO_06051
 fvo_0x052:="A_out".FVO_06052
 fvo_0x053:="A_out".FVO_06053
 states   :="nbsj".fjg6states

CALL  "chujiu"
 gnumber  :=7
 lal0x01  :="kgl".LAL_0701
 fvo_0x051:="A_out".FVO_07051
 fvo_0x052:="A_out".FVO_07052
 fvo_0x053:="A_out".FVO_07053
 states   :="nbsj".fjg7states

CALL  "chujiu"
 gnumber  :=8
 lal0x01  :="kgl".LAL_0801
 fvo_0x051:="A_out".FVO_08051
 fvo_0x052:="A_out".FVO_08052
 fvo_0x053:="A_out".FVO_08053
 states   :="nbsj".fjg8states

CALL  "chujiu"
 gnumber  :=9
```

```
      lal0x01   :="kgl".LAL_0901
      fvo_0x051:="A_out".FVO_09051
      fvo_0x052:="A_out".FVO_09052
      fvo_0x053:="A_out".FVO_09053
      states   :="nbsj".fjg9states

     CALL  "chujiu"
      gnumber  :=10
      lal0x01   :="kgl".LAL_1001
      fvo_0x051:="A_out".FVO_10051
      fvo_0x052:="A_out".FVO_10052
      fvo_0x053:="A_out".FVO_10053
      states   :="nbsj".fjg10states
     CALL  "chujiu"
      gnumber  :=11
      lal0x01   :="kgl".LAL_1101
      fvo_0x051:="A_out".FVO_11051
      fvo_0x052:="A_out".FVO_11052
      fvo_0x053:="A_out".FVO_11053
      states   :="nbsj".fjg11states

     CALL  "chujiu"
      gnumber  :=12
      lal0x01   :="kgl".LAL_1201
      fvo_0x051:="A_out".FVO_12051
      fvo_0x052:="A_out".FVO_12052
      fvo_0x053:="A_out".FVO_12053
      states   :="nbsj".fjg12states
```

9.5　本章小结

啤酒发酵过程是一个比较复杂的物理、化学过程。整个工艺过程包括进料、保温、发酵、降温、储酒、出料，以及后续一些工段如空罐、洗罐等。在控制算法方面只涉及 PID 的单回路控制，使控制过程显得十分简单。但是，这里所涉及的只是整个工艺流程中的一部分，其余大部分程序将随现场用户需求以及其控制工艺的不同而改变。

因此，本实例同样适用于其他具有 PID 算法的控制任务，也可以稍加改动用于白酒的酿造控制之中。

附 录

附录 1　S7-300/400 系列 PLC 的指令一览表

指令助记符	说明
+	累加器 1 的内容与 16 位或 32 位整数常数相加，运算结果存放在累加器 1 中
=	赋值
)	右括号
+AR1	AR1 的内容加上累加器 1 中的地址偏移量，结果存放在 AR1 中
+AR2	AR2 的内容加上累加器 1 中的地址偏移量，结果存放在 AR2 中
+D	将累加器 1、2 中的双整数相加，双整数运算结果存放在累加器中
–D	累加器 2 中的双整数减去累加器 1 中的双整数，双整数运算结果存放在累加器 1 中
*D	将累加器 1、2 中的双整数相乘，32 位双整数运算结果存放在累加器 1 中
/D	累加器 2 中的双整数除以累加器 1 中的双整数，32 位商存放在累加器 1 中，余数被丢掉
? D	比较累加器 2 和累加器 1 中的双整数是否= =、< >、>、<、>=、<=，如果条件满足，RLO=1
+I	将累加器 1、2 低字中的整数相加，运算结果存放在累加器 1 的低字中
–I	累加器 2 低字中的整数减去累加器 1 低字中的整数，运算结果存放在累加器 1 的低字中
*I	将累加器 1、2 低字中的整数相乘，32 位双整数运算结果存放在累加器 1 中
/I	累加器 2 低字中的整数除以累加器 1 低字中的整数，商存放在累加器 1 的低字，余数存放在累加器 1 的高字
? I	比较累加器 2 和累加器 1 低字中的整数是否= =、< >、>、<、>=、<=，如果条件满足，RLO=1
+R	将累加器 1、2 中的浮点数减去累加器 1 中的浮点数，浮点数运算结果存放在累加器 1 中
*R	将累加器 1、2 中的浮点数相乘，浮点数乘积存放在累加器 1 中
/R	累加器 2 中的浮点数除以累加器 1 中的浮点数，浮点数商存放在累加器 1 中，余数被丢掉
? R	比较累加器 2 和累加器 1 中的浮点数是否= =、< >、>、<、>=、<=，如果条件满足，RLO=1
A	AND，逻辑与，电路或触点串联
A (	逻辑与加左括号
ABS	求累加器 1 中浮点数的绝对值
ACOS	求累加器 1 中的浮点数的反余弦函数
AD	将累加器 1 和累加器 2 中的双字的对应位相与，结果存放在累加器 1 中

续表

指令助记符	说明
AN	AND NOT，逻辑与非，常闭触点串联
AN (	AND NOT 加左括号
ASIN	求累加器 1 中的浮点数的反正弦函数
ATAN	求累加器 1 中的浮点数的反正切函数
AW	将累加器 1 和累加器 2 中的低字的对应位相与，结果存放在累加器 1 的低字中
BE	块结束
BEC	块条件结束
BEU	块无条件结束
BLD<number>	程序显示指令，并不执行什么功能，只是用于编程设备（PG）的图形显示
BTD	将累加器 1 中的 7 位 BCD 码转换成双整数
BTI	将累加器 1 中的 3 位 BCD 码转换成整数
CAD	交换累加器 1 中 4 个字节的顺序
CALL	调用功能（FC），功能块（FB），系统功能（SFC）或系统功能块（SFB）
CAR	交换地址寄存器 1 和地址寄存器 2 中的数据
CAW	交换累加器 1 低字节中两个字节的位置
CC	RLO=1 时条件调用
CD	减计数器
CDB	交换共享数据块与背景数据块
CLR	清除 RLO（逻辑运算结果）
COS	求累加器 1 中的浮点数的余弦函数
CU	加计数
DEC	累加器 1 的最低字节减 8 位常数
DTB	将累加器 1 中的双整数转换成 7 位 BCD 码
DTR	将累加器 1 中的双整数转换为浮点数
ENT	进入累加器堆栈，仅用于 S7-400
EXP	求累加器 1 中浮点数的自然对数
FN	下降沿检测
FR	使能计数器或使能定时器，允许定时器再启动
INC	累加器 1 的最低字节加 8 位常数
INVD	求累加器 1 中双整数的反码
INV1	求累加器 1 中低字中的 16 位整数的反码
ITB	将累加器 1 中的整数转换成 3 位 BCD 码
ITD	将累加器 1 中的整数转换成双整数
JBI	BR=1 时跳转
JC	RLO=1 时跳转

续表

指令助记符	说明
JCB	RLO=1 且 BR=1 时跳转
JCN	RLO=0 时跳转
JL	多分支跳转，跳步目标号在累加器 1 的最低字节
JM	运算结果为负时跳转
JMZ	运算结果小于等于 0 时跳转
JN	运算结果非 0 时跳转
JNB	RLO=0 且 BR=1 时跳转
JNBI	BR=0 时跳转
JO	OV=1 时跳转
JOS	OS=1 时跳转
JP	运算结果为正时跳转
JPZ	运算结果大于等于 0 时跳转
JU	无条件跳转
JUO	指令出错时跳转，如除数为 0、使用了非法的指令、浮点数比较时使用了非法的格式
JZ	运算结果为 0 时跳转
L<地址>	装入指令，将数据装入累加器 1，累加器 1 原有的数据装入累加器 2
LDBLG	将共享数据块的长度装入累加器 1
LDBND	将共享数据块的编号装入累加器 1
LDILG	将背景数据块的长度装入累加器 1
LDINO	将背景数据块的编号装入累加器 1
LSTW	将状态字装入累加器 1
LAR1	将累加器 1 的内容（32 位指针常数）装入地址寄存器 1
LAR1<D>	将 32 位双字指针<D>装入地址寄存器 1
LAR1 AR2	将地址寄存器 2 的内容装入地址寄存器 1
LAR2	将累加器 1 的内容（32 位指针常数）装入地址寄存器 2
LAR2<D>	将 32 位双字指针<D>装入地址寄存器 2
LC	定时器或计数器的当前值以 BCD 码的格式装入累加器 1
LEAVE	离开累加器堆栈，仅用于 S7-400
LN	求累加器 1 中的浮点数的自然对数
LOOP	循环跳转
MCR（	打开主控继电器区
）MCR	关闭主控继电器区
MCRA	启动主控继电器功能
MCRD	取消主控继电器功能
MOD	累加器 2 中的双整数除以累加器 1 中的双整数，32 位余数在累加器 1 中

续表

指令助记符	说明
NEGD	求累加器 1 中双整数的补码
NEG1	求累加器 1 低字中的 16 位整数的补码
NEGR	将累加器 1 中浮点数的符号位取反
NOP0	空操作指令，指令各位全为 0
NOP1	空操作指令，指令各位全为 1
NOT	将 RLO 取反
O	OR，逻辑或，电路或触点并联
O（	逻辑或加左括号
OD	将累加器 1 和累加器 2 中的双字的对应位相或，结果存放在累加器 1 中
ON	OR NOT，逻辑或非，常闭触点并联
ON（	OR NOT 加左括号
OPN	打开数据块
OW	将累加器 1 和累加器 2 中的低字的对应位相或，结果存放在累加器 1 的低字
POP	出栈，堆栈由累加器 1、2（S7-300）或累加器 1～4（S7-400）组成
PUSH	入栈，堆栈由累加器 1、2（S7-300）或累加器 1～4（S7-400）组成
R	RESET，复位指定的位或定时器、计数器
RET	条件返回
RLD	累加器 1 中的双字循环左移
RLDA	累加器 1 中的双字通过 CC1 循环左移
RND	将浮点数转换为四舍五入的双整数
RND-	将浮点数转换为小于等于它的最大双整数
RND+	将浮点数转换为大于等于它的最小双整数
RRD	累加器 1 中的双字循环右移
RRDA	累加器 1 中的双字通过 CC1 循环右移
S	SET，将指定的位置位，或设置计数器的预置值
SAVE	将状态字的 RLO 保存到 BR 位
SD	接通延时定时器
SE	扩展的脉冲定时器
SET	将 RLO 置位为 1
SF	断开延时定时器
SIN	求累加器 1 中的浮点数的正弦函数
SLD	将累加器 1 中的双字逐位左移指定的位数，空出的位添 0，移位位数在指令中或在累加器 2 中
SLW	将累加器 1 低字中的 16 位字逐位左移的位数，空出的位添 0，移位位数在指令中或在累加器 2 中
SP	脉冲定时器

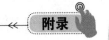

续表

指令助记符	说明
SQR	求累加器 1 中的浮点数的平方
SQRT	求累加器 1 中的浮点数的平方根
SRD	将累加器 1 中的双字逐位右移指定的位数，空出的位添 0，移位位数的指令中或在累加器 2 中
SRW	将累加器 1 低字中的 16 位字逐位左移的位数，空出的位添 0，移位位数在指令中或在累加器 2 中
SS	保持型接通延时定时器
SSD	将累加器 2 中的有符号双整数逐位右移指定的位数，空出的位添上与符号相同的数
SS1	将累加器 1 低字中的有符号整数逐位右移指定的位数，空出的位添上与符号位相同的数
T<地址>	传送指令，将累加器 1 的内容写入目的存储区，累加器 1 的内容不变
TSTW	将累加器 1 中的内容传送到状态字
TAK	交换累加器 1、2 的内容
TAN	求累加器 1 中的浮点数的正切函数
TAR1	将地址寄存器 1 的数据传送到累加器 1，累加器 1 中的数据保存到累加器 2
TAR1<D>	将地址寄存器 2 的内容传送到 32 位指针<D>
TAR1 AR2	将地址寄存器 1 的内容传送到地址寄存器 2
TAR2	将地址寄存器 2 的数据传送到累加器 1，累加器 1 中的数据保存到累加器 2
TAR2<D>	将地址寄存器 2 的内容传送到 32 位指针<D>
TRUNC	将浮点数转换为截位取整的双整数
UC	无条件调用
X	XOR NOT，逻辑异或，两个逻辑变量的状态相同时运算结果为 1
X（	逻辑异或加左括号
XN	XOR NOT，逻辑异或非，两个逻辑变量的状态相同时运算结果为 1
XN（	XOR NOT 加左括号
XOD	将累加器 1 和累加器 2 中的双字的对应位相异或，结果存放在累加器 1 中
XOW	将累加器 1 和累加器 2 中的低字的对应位相异或，结果存放在累加器 1 的低字

附录 2 组织块一览表

OB 编号	启动事件	默认优先级	说明
OB1	启动或上一次循环结束时执行 OB1	1	主程序循环
OB10～OB17	日期中断时间 0～7	2	在设置的日期和时间启动
OB20～OB23	时间延迟中断 0～3	3～6	延时后启动
OB30～OB38	循环中断 08，默认的时间间隔分别为 5s、2s、1s、500ms、200ms、100ms、50ms、20ms 和 10ms	7～15	以设定的时间为周期运行

续表

OB 编号	启动事件	默认优先级	说明
OB40～OB47	硬件中断 0～7	16～23	检测到来自外部模块的中断请求时启动
OB55	状态中断	2	
OB56	刷新中断	2	
OB57	制造厂商特殊中断	2	
OB60	多处理器中断，调用 SFC35 时启动	25	多处理器中断的同步操作
OB61～OB64	同步循环中断 1～4	25	同步循环中断
OB70	I/O 冗余错误	25	冗余故障中断，只用于 H 系列 CPU
OB72	CPU 冗余错误，如一个 CPU 发生故障	28	
OB73	通信冗余错误中断，如冗余连接的冗余丢失	25	
OB80	时间错误	26，启动时为 28	异步错误中断
OB81	电源故障	26，启动时为 28	
OB82	诊断中断	26，启动时为 28	
OB83	插入/拔出模块中断	26，启动时为 28	
OB84	CPU 硬件故障	26，启动时为 28	
OB85	优先级错误	26，启动时为 28	
OB86	扩展机架、DP 主站系统或分布式 I/O 站故障	26，启动时为 28	
OB87	通信故障	26，启动时为 28	
OB88	过程中断	28	
OB90	冷、热启动、删除块或背景循环	29	背景循环
OB100	暖启动	27	启动
OB101	热启动	27	
OB102	冷启动	27	
OB121 OB122	编程错误 I/O 访问错误	与引起中断的 OB 有相同的优先级	同步错误中断

注：优先级 29 相当于 0.29，即背景循环具有最低的优先权。

附录 3　系统功能（SFC）一览表

SFC 编号	SFC 名称	说明
SFC0	SET_CLK	设置系统时钟
SFC1	READ_CLK	读取系统时钟
SFC2	SET_RTM	设置运行时间定时器

续表

SFC 编号	SFC 名称	说明
SFC3	CTRL_RTM	启动/停止运行时间定时器
SFC4	READ_RTM	读取运行时间定时器
SFC5	GADR_LGC	查询通道的逻辑地址
SFC6	RD_SINFO	读取 OB 的启动信息
SFC7	DP_PRAL	触发 DP 主站的硬件中断
SFC9	EN_MSG	激活与块相关，符号相关和组状态的信息
SFC10	DIS_MSG	禁止与块相关，符号相关和组状态的信息
SFC11	SYC_FR	同步或锁定 DP 从站组
SFC12	D_ACT_DP	激活或取消 DP 从站组
SFC13	DPNRM_DG	读取 DP 从站的诊断信息（从站诊断）
SFC14	DPRD_DAT	读取标准 DP 从站的一致性数据
SFC15	DPWR_DAT	写入标准 DP 从站的一致性数据
SFC17	ALARM_SQ	生成可应答的与块相关的报文
SFC18	ALARM_S	生成永久性的可应答的与块相关的报文
SFC19	ALARM_SC	查询最后的 ALARM_SQ 状态报文的应答状态
SFC20	BLKMOV	复制多个变量
SFC21	FILL	初始化存储器
SFC22	CREAT_DB	生成一个数据块
SFC23	DEL_DB	删除一个数据块
SFC24	TEST_DB	测试一个数据块
SFC25	COMPRESS	压缩用户存储器
SFC26	UPDAT_PI	刷新过程映像输入表
SFC27	UPDAT_PO	刷新过程映像输出表
SFC28	SET_TINT	设置实时时钟中断
SFC29	CAN_TINT	取消实时时钟中断
SFC30	ACT_TINT	激活实时时钟中断
SFC31	QRY_DINT	查询实时时钟中断的状态
SFC32	SRT_DINT	启动延迟中断
SFC33	CAN_DINT	取消延迟中断
SFC34	QRY_DINT	查询延迟中断
SFC35	MP_ALM	触发多 CPU 中断
SFC36	MSK_FLT	屏蔽同步错误
SFC37	DMSK_FLT	解除同步错误的屏蔽
SFC38	READ_ERR	读取错误寄存器
SFC39	DIS_AIRT	禁止新的中断和异步错误处理

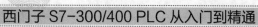

续表

SFC 编号	SFC 名称	说明
SFC40	EN_IRT	允许新的中断和异步错误处理
SFC41	DIS_AIRT	延迟高优先级的中断和异步错误处理
SFC42	EN_AIRT	允许高优先级的中断和异步错误处理
SFC43	RE_TRIGR	重新触发扫描时间监视
SFC44	REPL_VAL	将替换值传送到累加器 1 中
SFC46	STP	将 CPU 切换到 STOP 模式
SFC47	WAIT	延迟用户程序的执行
SFC48	SNC_RTCB	同步从站的实时时钟
SFC49	LGC_GADR	查询一个逻辑地址的插槽和机架
SFC50	RD_LGADR	查询模块所有的逻辑地址
SFC51	RDSYSST	读取系统状态表或局部系统状态表
SFC52	WR_USMSG	将用户定义的诊断事件写入诊断缓冲器
SFC54	RD_PARM	读取定义的参数
SFC55	WR_PARM	写入动态的参数
SFC56	WR_DPARM	写入默认的参数
SFC57	PARM_MOD	指定模块的参数
SFC58	WR_REC	写入一个数据记录
SFC59	RD_REC	读取一个数据记录
SFC60	GD_SND	发送 GD（全局数据）包
SFC61	GD_RCV	接收全局数据包
SFC62	CONTROL	查询属于 S7-400 的本地通信 SFB 背景的连接状态
SFC63	AB_CALL	调用汇编代码块
SFC64	TIME_TCK	读取系统时间
SFC65	X_SEND	将数据发送到局域 S7 站外的一个通信伙伴
SFC66	X_RCV	接收局域 S7 站外的一个通信伙伴的数据
SFC67	X_GET	读取局域 S7 站外的一个通信伙伴的数据
SFC68	X_PUT	将数据写入局域 S7 站外的一个通信伙伴
SFC69	X_ABORT	中止与局域 S7 站外的一个通信伙伴的连接
SFC72	I_GET	从局域 S7 站内的一个通信伙伴读取数据
SFC73	I_PUT	将数据写入局域 S&站内的一个通信伙伴
SFC74	I_ABORT	中止与局域 S&站内的一个通信伙伴的连接
SFC78	OB_RT	确定 OB 程序的运行时间
SFC79	SET	置位输出范围
SFC80	RSET	复位输出范围
SFC81	UBLKMOV	不能中断的块传送

续表

SFC 编号	SFC 名称	说明
SFC82	CREA_DBL	生成装载存储器中的数据块
SFC83	READ_DBL	读取装载存储器中的一个数据块
SFC84	WRIT_DBL	写入装载存储器中的一个数据块
SFC87	C_DIAG	实际连接状态的诊断
SFC90	H_CTRL	H 系统的控制操作
SFC100	SET_CLKS	设置日期时间和日期时间状态
SFC101	RTM	处理运行时间计时器
SFC102	RD_DPARA	重新定义参数
SFC103	DP_TOPOL	识别 SP 主系统中的总线拓扑
SFC104	CiR	控制 CiR
SFC105	READ_SI	读取动态系统资源
SFC106	DEL_SI	删除动态系统资源
SFC107	ALARM_DQ	生成可应答的与块有关的报文
SFC108	ALARM_D	生成永久的可应答的与块有关的报文
SFC126	SYNC_PI	同步刷新过程映像输入表
SFC127	SYNC_PO	同步刷新过程映像输出表

附录 4 系统功能块（SFB）一览表

SFB 编号	SFB 名称	说明
SFB0	CTU	加计数
SFB1	CTD	减计数
SFB2	CTUD	加/减计数
SFB3	TP	生成一个脉冲
SFB4	TON	产生 ON 延迟
SFB5	TOF	产生 OFF 延迟
SFB8	USEND	不对等的数据发送
SFB9	URCV	不对等的数据接收
SFB12	BSEND	发送段数据
SFB13	BRCV	接收段数据
SFB14	GET	从远程 CPU 读取数据
SFB15	PUT	向远程 CPU 写入数据
SFB16	PRINT	发送数据到打印机
SFB19	START	初始化远程装置的暖启动或冷启动

续表

SFB 编号	SFB 名称	说明
SFB20	STOP	将远程装置切换到 STOP 状态
SFB21	RESUME	初始化远程装置的热启动
SFB22	STATUS	查询远程装置的状态
SFB23	USTATUS	接收远程装置的状态
SFB29	HS_COUNT	集成的高速计数器，仅用于 CPU312IFM 和 CPU314IFM
SFB30	FREQ_MES	集成的频率计，仅用于 CPU312IFM 和 CPU314IFM
SFB31	NOTIFY_8P	生成不带应答指示的与块相关的报文
SFB32	DRUM	实现一个顺序控制器
SFB33	ALARM	生成带应答指示的与块相关的报文
SFB34	ALARM_8	生成与 8 个信号值无关的与块相关的报文
SFB35	ALARM_8P	生成与 8 个信号值有关的与块相关的报文
SFB36	NOTIFY	生成不带应答显示的与块相关的报文
SFB37	AR_SEND	发送归档数据
SFB38	HSC_A_B	集成的 A/B 相高速计数器
SFB39	POS	集成的定位功能
SFB41	CONT_C	连续 PID 控制
SFB42	CONT_S	步进 PID 控制
SFB43	PULSEGEN	脉冲发生器
SFB44	ANALOG	使用模拟输出的定位，仅用于 S7-300 CPU
SFB46	DIGITAL	使用数字输出的定位，仅用于 S7-300 CPU
SFB47	COUNT	计数器控制，仅用于 S7-300 CPU
SFB48	FREQUENC	频率测量控制，仅用于 S7-300 CPU
SFB49	PULSE	脉冲宽度调制控制，仅用于 S7-300 CPU
SFB52	RDREC	从 DP 从站读取数据记录
SFB53	WRREC	向 DP 从站写入数据记录
SFB54	RALRM	从 DP 从站接收中断
SFB60	SEND_PTP	发送数据(ASCII 协议或 3694(R)协议),仅用于 S7-300 CPU
SFB61	RCV_PTP	接收数据(ASCII 协议或 3694(R)协议),仅用于 S7-300 CPU
SFB62	RES_RCCB	删除接收缓冲区[ASCII 协议或 3694(R)协议]，仅用于 S7-300 CPU
SFB63	SEND_RK	发送数据（RK512 协议），仅用于 S7-300 CPU
SFB64	PETCH_RK	获取数据（RK512 协议），仅用于 S7-300 CPU
SFB65	SERVE_RK	接收/提供数据（RK512 协议），仅用于 S7-300 CPU
SFB75	SALRM	向 DP 主站发送中断

附录 5 IEC 功能一览表

IEC 名称	说明
	数据类型格式或转换
FC3D_TOD_DT	将 DATE 和 TIME_OF_DAY 数据类型的数据合并为 DT（日期时间）格式的数据
FC6DT_DATE	从 DT 格式的数据中提取 DATE（日期）数据
FC7DT_DAY	从 DT 格式的数据中提取星期值数据
FC8DT_TOD	从 DT 格式的数据中提取 TIME_OF_DAY（实时时间）数据
FC33S5TI_TIM	将数据类型 S5TI_TIME（S5 格式的时间）转换为 TIME
FC40TIM_S6TI	将数据类型 TIME 转换为 S6TIME
FC16I_STRING	将数据类型 INT（整数）转换为 STRING（字符串）
FC5DI_STRING	将数据类型 DINT（双整数）转换为 STRING
FC30R_STRING	将数据类型 REAL（浮点数）转换为 STRING
FC38STRING_I	将数据类型 STRING 转换为 INT
FC37STRING_DI	将数据类型 STRING 转换为 DINT
FC39STRING_R	将数据类型 STRING 转换为 REAL
	比较 DT（日期时间）
FC9EQ_DT	DT 等于比较
FC12GE_DT	DT 大于等于比较
FC14GT_DT	DT 大于比较
FC18LE_DT	DT 小于等于比较
FC23LT_DT	DT 小于比较
FC28NE_DT	DT 不等于比较
	字符串变量比较
FC10EQ_STRING	字符串等于比较
FC13GE_STRING	字符串大于等于比较
FC15GT_STRING	字符串大于比较
FC19LE_STRING	字符串小于等于比较
FC24LT_STRING	字符串小于比较
FC29NE_STRING	字符串不等于比较
	字符串变量编辑
FC21LEN	求字符串变量的长度
FC20LEFT	提供字符串左边的若干个字符
FC32RIGHT	提供字符串右边的若干个字符
FC26MID	提供字符串中间的若干个字符

续表

IEC 名称	说明
FC2CONCAT	将两个字符串合并为一个字符串
FC17INSERT	将一个字符串中插入另一个字符串
FC4DELETE	删除字符串中的若干个字符
FC31REPLACE	用一个字符串替换另一个字符串的若干个字符
FC11FIND	求一个字符串在另一个字符串中的位置
Time_of_Day 功能	
FC1AD_DT_TM	将一个 Time 格式的持续时间与 DT 格式的时间相加，产生一个 DT 格式的时间
FC35SB_DT_TM	将一个 Time 格式的持续时间与 DT 格式的时间相减，产生一个 DT 格式的时间
FC34DB_DT_DT	将两个 DT 格式的时间相减，产生一个 Time 格式的持续时间
数值编辑	
FC22LIMIT	在变量的数值限制在指定的极限值内
FC25MAX	在 3 个变量中选取最大值
FC27MIN	在 4 个变量中选取最小值
FC36SEL	根据选择开关的值在两个变量中选择

附录 6 常用缩写词

缩写词	说明
ACCU	累加器
AI/AO	模拟量输入/模拟量输出
AR1/AR2	地址寄存器 1/地址寄存器 2
AS-i	执行器传感器接口，一种现场总线
BCD 码	二进制编码的十进制数
B	字节（Byte）
B 堆栈	块堆栈
BOOL	布尔变量，或称开关量、数字量
C7	由 S7-300、操作面板、I/O 以及通信和过程监控系统组成的控制装置
C#	计数器常数（BCD 码）
CC	中央机架，或称中央控制器
CiR	RUN 模式时修改系统的设置
CP	Communications Processor，通信处理器
CPU	Central Processing Unit，中央处理单元，CPU 模块的简称

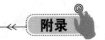

续表

缩写词	说明
C 总线	通信总线
DB	Data Block，数据块
DI	背景数据块
DI/DO	数字量输入/数字量输出
DINT	32 位整数，双整数（Double Integer）
DP	PROFIBUS-DP 的简称
DPM1	PROFIBUS 中的 1 类 DP 主站，系统的中央控制器
DPM2	PROFIBUS 中的 2 类 DP 主站，DP 网络中的编程、诊断和管理设备
DPV1	DP-V1 的简称
DP-V0，DP-V1，DP-V2	PROFIBUS 的 3 个版本
DW	双字（Double Word）
EEPROM	可以电擦除的 EPROM
EPROM	可擦除可编程的只读存储器
EU	扩展单元，扩展机架
FALSE	数字量的值（0）
FB	功能块图
FC	功能，不带存储器的子程序
FDL	Fieldbus Data Link，PROFIBUS 的数据链路层
FEPROM	Flash EPROM，快闪存储器
FM	功能模块
GD	用于 MPI 通信的全局数据
GSD 文件	电子设备数据库文件
H	小时
HMI	人机接口
HW Config	集成在 STEP 7 中的硬件组态工具
I/O	输入/输出
IDB	背景数据块
I 堆栈	中断堆栈
IEC	国际电工委员会
IM	接口模块
INT	16 位有符号整数（Integer）
K 总线	通信总线
L#	32 位双整数常数
LAD	梯形图
LAN	局域网

续表

缩写词	说明
L 堆栈	局域堆栈
LED	发光二极管
M7-300/400	作为 CPU 或功能模块使用，具有 AT 兼容计算机的功能
MAC	介质存取控制（Medium Access Control）
MMC 卡	位存储器卡
MPI	Multi Point Interface，多点接口
OB	组织块，操作系统与用户程序的接口
OB1	用户循环处理的组织块，用户程序中的主程序
OP	操作员面板
P#	地址指针常数，如 P#M2.0 是 M2.0 的地址
PC	Personal Computer，个人计算机
PG	Programming Unit，编程器
PI	外设输入存储区，可以通过它直接访问输入模块
PLC	Programmable Logic Controller，可编程控制器
PLCSIM	STEP 7 的仿真软件
PNO	PROFIBUS 用户组织
PQ	外设输出存储区，可以通过它直接访问输出模块
PRODAVE	用于 PC 与 SIMATIC PLC 通信的软件
PROFIBUS	一种现场总线
PtP	Point to Point，点对点通信
P 总线	I/O 总线
RAM	随机读写存储器
RLO	逻辑运算结果（Result of logic operation）
ROM	只读存储器
RUN	CPU 的运行模式
s	秒
S5	西门子早期 PLC 的型号
S5T#	16 位 S5 时间常数
S7 Graph	STEP 7 的顺序功能图语言
SDB	系统数据块
SFC	系统功能，集成在 CPU 模块中，通过它调用一些重要的系统功能，没有存储区
SFB	系统功能块，集成在 CPU 模块中，通过它调用一些重要的系统功能，没有存储区
SIMATIC	Siemens AG（西门子自动化集团）的注册商标

续表

缩写词	说明
SM	信号模块，数字量输入/输出模块和模拟量输入/输出模块的总称
STEP 7	S7-300/400 的编程软件
STL	语句表
STOP	CPU 的停止模式
T#	带符号的 32 位 IEC 时间常数
TOD#	32 位实时时间（Time of day）常数
TP	触摸屏
TRUE	数字量的值（1）
UDT	用户定义的数据类型（User_defined Data Types）
VAT	变量表